熱力學概論

陳呈芳　編著

全華圖書股份有限公司

序　言

熱力學爲研究有關能源的各學科之基礎，爲所有工程人員所必須熟悉的基本科學。本書之編排，係配合教育部訂定的課程標準，可作爲專科學校的教科書，同時亦極適於作爲自修者入門之參考用書，惟讀者最好具備有物理及微積分的基本觀念。全書着重於基本觀念的闡述，及實際應用的分析，而避免過於深奧的理論性探討。

本書共分爲十章，第一章至第六章爲熱力學基本理論之介紹，提供讀者解析問題之工具；第七章至第十章爲數種熱力學基本應用之介紹，使讀者瞭解若干機械設備之作用原理及其分析。第一章介紹熱力學常用術語及基本量的定義，並討論熱與功。第二章討論熱力學第一定律及其應用，並定義出內能及焓兩個熱力性質。第三章與第四章分別討論一般純質與理想氣體的熱力性質，並配合應用第一定律之分析。第五章敍述熱力學第二定律，及熱力溫標之定義。第六章討論由第二定律所定義出的熱力性質——熵，及熵在能量分析中之應用。第七章介紹氣體動力循環之作用原理與分析，包括內燃機與外燃機。第八章討論以水爲工作物的蒸汽動力循環之作用原理與分析。第九章介紹習用的蒸汽壓縮式冷凍循環及吸收式冷凍循環，並簡單討論氣體之液化。第十章討論空氣調節過程及其分析，並介紹濕度線圖之應用。

若使用本書爲一學期（三學分）熱力學概論課程的教科書，筆者建議之教學內容包括：第一章至第四章的全部，及第五章（第二、四節除外），第六章（第七節除外）

，第七章（第一、二、三、五等節），與第八章（第一、二節）等。

本書的每一章中，均舉有相當多的例題，而每一章最後並附有練習題。所舉的例題及所附之練習題，均着重於基本觀念的建立與應用，而不在於艱深問題之解析。期使讀者能建立熱力學良好的基礎，以利爾後更深入的研究與發展。書後並附有部分練習題的答案，可作為讀者解析練習題時之參考。

本書之著手編著，雖係基於筆者十數年熱力學的教學經驗，同時雖力求深入淺出，文句之暢通，及內容之完整，惟因筆者才疏學淺，故疏漏之處在所難免，但祈海內外學界先進及讀者諸君不吝指正為感。

承全華科技圖書公司之鼎力支持，使本書得以順利付梓，特此致謝。

編者　陳呈芳

編輯部序

「系統編輯」是我們的編輯方針，我們所提供給您的，絕不只是一本書，而是關於這門學問的所有知識，它們由淺入深，循序漸進。

現在我們就將這本「熱力學概論」呈獻給您。坊間有關熱力學書籍多半翻譯而來，所以著重於理論性，而缺乏啟發性的實際應用，本書除根據最新部頒標準所編寫之外，更是作者陳呈芳先生任教技術學院多年經驗的累積，全書注重基本觀念的建立與實際應用的分析。更爲建立讀者解析問題的能力，每章並附有習題與例題供讀者參考。若您在這方面有任何問題，歡迎來函連繫，我們將竭誠爲您服務。

相關叢書介紹

書號：0254004
書名：進入汽電共生的世界(第五版)
編著：涂寬
20K/304 頁/340 元

書號：0554301
書名：內燃機(修訂版)
編著：薛天山
20K/600 頁/520 元

書號：06134017
書名：流體力學(第七版)
(公制版)
(附部分內容光碟)
英譯：王珉玟、劉澄芳、徐力行
16K/624 頁/680 元

書號：0633101
書名：綠色能源科技原理與應用
(第二版)
編著：曾彥魁、霍國慶
16K/280 頁/420 元

書號：06285
書名：內燃機
編著：吳志勇、陳坤禾、許天秋、
張學斌、陳志源、趙怡欽
16K/304 頁/390 元

書號：06135
書名：電腦輔助工程模流分析
應用
編著：黃明忠
16K/304 頁/380 元

書號：0288904
書名：熱力學(第五版)
編著：陳呈芳
20K/392 頁/380 元

書號：06129
書名：熱力學(第七版)(國際版)
英譯：林正仁、江木勝、鄭宗杰
16K/768 頁/820 元

◎上列書價若有變動，請
以最新定價為準。

流程圖

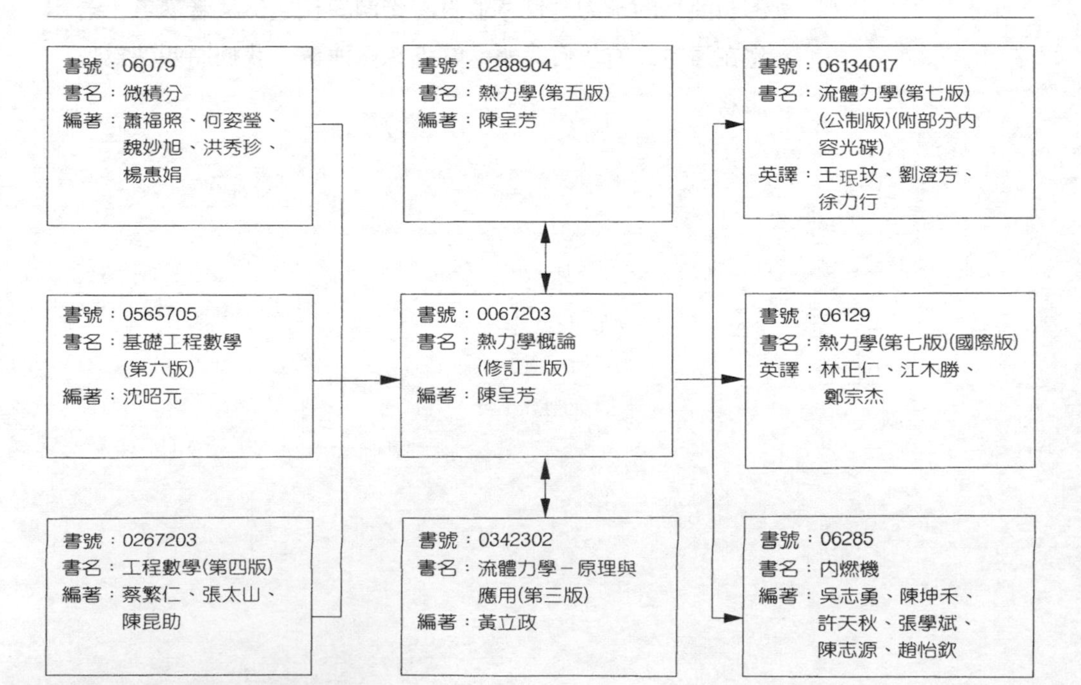

書號：06079
書名：微積分
編著：蕭福照、何姿瑩、
魏妙旭、洪秀珍、
楊惠娟
書號：0565705
書名：基礎工程數學
(第六版)
編著：沈昭元
書號：0267203
書名：工程數學(第四版)
編著：蔡繁仁、張太山、
陳昆助
書號：0288904
書名：熱力學(第五版)
編著：陳呈芳
書號：0067203
書名：熱力學概論
(修訂三版)
編著：陳呈芳
書號：0342302
書名：流體力學－原理與
應用(第三版)
編著：黃立政
書號：06134017
書名：流體力學(第七版)
(公制版)(附部分內
容光碟)
英譯：王珉玟、劉澄芳、
徐力行
書號：06129
書名：熱力學(第七版)(國際版)
英譯：林正仁、江木勝、
鄭宗杰
書號：06285
書名：內燃機
編著：吳志勇、陳坤禾、
許天秋、張學斌、
陳志源、趙怡欽

目　錄

1

概　　論

從事任何科學之研究，首先需確實瞭解有關的定義與原理。本章係說明熱力學之定義及習用之若干術語,雖然初學者可能需使用相當多的時間,但透徹的瞭解，奠定良好的基礎，有助於熱力學的深入研究。

1-1 熱力學與工程熱力學

熱力學係研究熱（heat）與功（work）兩種能量間之轉換，及與能量轉換有關之物質的物理性質之變化。當熱力學探討之對象爲所有型式的熱機、冷凍機、空氣調節、燃燒、流體之壓縮與膨脹等工程上之問題時，謂之工程熱力學。

本書係討論巨觀熱力學（macroscopic thermodynamics），或稱爲古典熱力學（classical thermodynamics），物質之物理性質係以物質整體總效應所顯示之性質爲代表，而不考慮組成分子之個別效應。相對地，若考慮各組成分子之個別效應，再以統計方法分析其總效應，而得到物質之物理性質，則稱爲微觀熱力學（microscopic thermodynamics），或統計熱力學（statistical thermodynamics）。

以下將以兩個簡單的例子，說明熱力學分析之領域，並使讀者對此等常用設備有初步的認識。

1. 簡單蒸氣動力廠

圖 1-1 所示爲一簡單蒸汽動力廠，其主要構件爲蒸汽發生器（steam generator）、蒸汽輪機（steam turbine）、冷凝器（condenser）及泵（pump）。

蒸汽發生器之作用係由外部供給熱量（如燃料之燃燒），使內部之水受熱而成爲蒸汽。由供給之水及產生之蒸汽的物理性質，可利用熱力學之觀念分析所需供給熱量的大小。

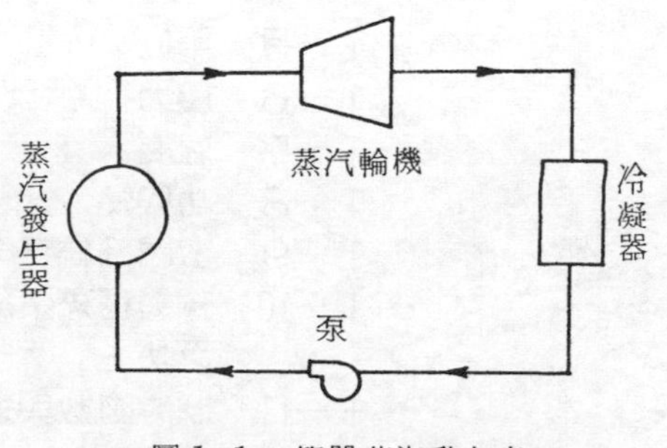

圖 1-1 簡單蒸汽動力廠

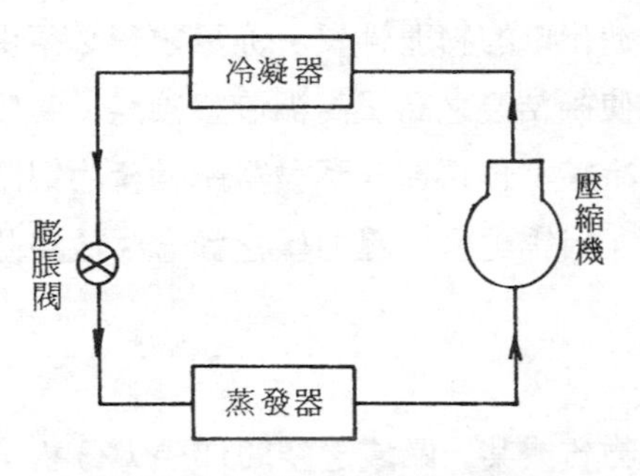

圖 1-2　蒸汽壓縮式冷凍機

蒸汽輪機之作用係使蒸汽發生器產生之蒸汽膨脹而得到功。由進入之蒸汽與膨脹後之蒸汽的物理性質，利用熱力學可求得輸出功的大小。

冷凝器之作用係以冷却水將膨脹後之蒸汽冷却凝結，俾再循環使用。由膨脹後之蒸汽與凝結後之水的物理性質，利用熱力學可分析必需放出熱量的大小；再由冷却水進出口的物理性質，可求得冷却水的供應量。

泵之作用係將凝結後的水，加壓至蒸汽發生器的作用壓力，送入蒸汽發生器再加熱循環使用。由凝結後之水與加壓後之水的物理性質，利用熱力學可分析必須加於泵之功的大小。

2.　冷凍機

圖1-2所示爲目前應用最廣的蒸汽壓縮式冷凍機（vapor-compression refrigerator），其主要構件爲蒸發器（evaporator）、壓縮機（compressor）、冷凝器（condenser）及膨脹閥（expansion valve）。

蒸發器之作用係使低壓低溫之液態（或液-汽混合）的工作物（即冷媒）自外界吸收熱量而產生製冷的效果，冷媒本身吸熱後蒸發成爲低壓低溫的汽態。由進入蒸發器之冷媒與蒸發後之冷媒的物理性質，利用熱力學可分析其冷凍效果。

壓縮機之作用係將蒸發器流出的低壓低溫汽體，加壓成爲高壓高溫汽體，使進入冷凝器再作用。由進出壓縮機之汽體冷媒的物理性質，利用熱力學可求得壓縮機所需之功的大小。

冷凝器之作用係使用冷却媒質（空氣或水），將壓縮機送出之高壓高溫汽體冷媒冷却並凝結，成爲高壓高溫之液體冷媒。由壓縮後之汽體冷媒與凝結後之液體冷媒的物理性質，利用熱力學可分析冷媒在冷凝器所必須放出熱量的大小；再利用冷却媒質進出口的物理性質，亦可求得必須供給冷却媒質量的大小。

膨脹閥之作用係使凝結後之高壓高溫液體冷媒，膨脹降壓成為低壓低溫液體（或液－汽混合）冷媒，俾再進入蒸發器繼續產生製冷的效果。膨脹閥之分析，除熱力學觀念外，尚需配合流體力學之觀念，故在此不予詳述。

1-2 熱力系統

若對某一定量之物質或某一區域之空間作熱力分析，則稱該物質或該空間為一熱力系統（thermodynamic system），或簡稱系統。

系統一般以邊界（boundary）予以限定，即該物質或該空間係包容於邊界之內。系統之邊界可為固定的或可變動的。例如，分析渦輪機之作用時，通常以渦輪機所佔之空間為系統，故其邊界為固定的；當分析汽缸內氣體對活塞之作用時，通常以汽缸內之氣體為系統，故其邊界為可變動的。系統之邊界亦可為眞實的或假想的。例如，前述之渦輪機系統與汽缸系統，其邊界為眞實的；在分析流體流經管道之特性時，通常以某一長度之管道內所包含之流體為系統，故其邊界為假想的。

系統邊界外的所有物質與空間，統稱為外界（surrounding），但通常僅將與系統有直接關係的物質與空間，始稱為系統的外界。

系統可分為密閉系統（closed system）與開放系統（open system）。若以某一定量之物質為系統，則該系統與外界間無質量交換，即無物質流經系統邊界，而稱之為密閉系統。但密閉系統與外界間可以有能量交換。若一密閉系統，與外界間亦無能量交換，則特稱之為隔絕系統（isolated system），此種系統之應用，將在第六章詳述之。密閉系統有時又稱為固定質量系統（fixed-mass system）。

若以某一區域的空間為系統，而系統與外界間有質量交換，即有物質流經系統邊界，則稱之為開放系統。開放系統與外界間當然可以有能量交換。開放系統有時又稱為控容（control volume），而其邊界稱為控面（control surface）。

在開放系統的熱力分析中，一個最常用、最簡單的特例稱為穩態穩流系統（steady-state，steady-flow system），此將在第十節中詳予討論。

1-3　性質、狀態、過程、循環與平衡

1.　性質(property)

物質之任何特性均稱爲該物質之性質。根據性質之由來，可分爲三大類：(1)可直接觀察或測量之性質，如壓力、溫度、容積等；(2)前述性質以數學方式結合而得，而視之爲一性質，如壓力與溫度之乘積、壓力與容積之乘積等；(3)由熱力學定律定義而得之性質，如內能(internal energy)、熵(entropy)等。

性質又可予區分爲內函性質(intensive property)與外延性質(extensive property)。對一均質性(homogeneous)系統而言，若系統內任一部分的某一性質，與整個系統的同一性質具有相同的值，則該性質稱爲內函性質；換言之，與系統取樣之質量大小無關的性質，稱爲內函性質，壓力、溫度及密度等均屬之。若均質性系統的某一性質，等於系統各部之同一性質的總和，則該性質稱爲外延性質；換言之，與系統取樣之質量大小成正比的性質，稱爲外延性質，容積、重量、內能、焓(enthalpy)及熵等均屬之。

一系統之外延性質除以系統之總質量，所得之性質具有內函之特性，而稱之爲比性質(specific property)。例如，系統之容積除以系統之質量，其結果稱爲比容(specific volume)；系統之內能、焓與熵分別除以系統之質量，其結果分別稱爲比內能、比焓與比熵。

習慣上，內函性質及比性質，以小寫英文字母表示，如壓力(p)、溫度(t)、比容(v)、比內能(u)、比焓(h)及比熵(s)等。由於在熱力分析中，經常需考慮物質之絕對溫度(absolute temperature)，爲了與習用之溫度區別起見，絕對溫度以大寫字母(T)表示。外延性質通常以大寫字母表示，如容積(V)、內能(U)、焓(H)及熵(S)等。由於使用此等符號系統，立即可分辨某性質係內函的或外延的，故爲了方便起見，比性質通常使用與外延性質相同之名稱，而省略「比(specific)」字，例如內能(U，u)、焓(H，h)及熵(S，s)等，惟一例外爲容積(V)與比容(v)。

2.　狀態(state)

物質(或系統)所存在的情況謂之狀態。狀態可以物質之性質予以明確的

表示，惟須有若干性質方可定出系統之狀態，則視系統之複雜性而定。一般物質之狀態，至少須有兩個獨立性質（ independent property ）方足以予以明確的表示，此將於第三章中詳述之。

3. 過程(process)

系統內之工作物自一狀態轉換至另一狀態，謂之進行了某一過程。在進行過程當中，工作物經歷了無限多的狀態，這些狀態的集合謂之該過程的途徑（ path ），惟有時途徑仍以過程稱之。

4. 循環(cycle)

系統內之工作物自一狀態，進行了二個或二個以上的過程，而最後又返回其最初的狀態，謂之完成了一個循環。構成一循環的諸過程，則稱循環過程（ cyclic process ）。由於性質可定出物質之狀態，相對地，狀態亦可指明物質在該狀態下所應具有的性質。相同的物質在相同的狀態下，應具有相同的性質。因此，若系統內的工作物完成了任一循環，則其性質的淨變化量（ net change）均爲零。

5. 平衡(equilibrium)

若無任何外來因素的影響，系統的狀態絕不發生任何改變，則謂該系統存在於平衡（或平衡狀態）之中。判斷系統是否處於平衡中，僅需將系統與外界完全隔絕，再測試其狀態是否有任何改變，若無任何改變，則該系統係處於平衡狀態之中。熱力學分析中，均假設系統存在於熱力平衡（ thermodynamic equilibrium ）中。所謂熱力平衡，系統之狀態必需處於下列諸平衡：

(1) 熱平衡（ thermal equilibrium ）

將系統與外界隔絕，若溫度不發生變化，則謂此系統達到熱平衡。若系統內存在有溫度梯度（ temperature gradient ），則即使將系統與外界隔絕，因其內工作物將進行內部的熱交換，而造成溫度的變化。故熱平衡之條件爲，系統具有均衡且單一的溫度。

(2) 機械平衡（ mechanical equilibrium）

將系統與外界隔絕，若壓力不發生變化，則謂此系統達到機械平衡。若系統內存在有壓力梯度（ pressure gradient ），則即使將系統與外界隔絕，因其內工作物將進行內部物質的流動，而造成壓力的變化。故機械平衡之條件爲，系統具有均衡且單一的壓力。

(3) 化學平衡（ chemical equilibrium ）

將系統與外界隔絕，若工作物組成成分之百分比不發生變化，則謂此系統達到化學平衡。若系統未達化學平衡，則即使將系統與外界隔絕，因其內之化學反應將繼續進行，故將造成工作物組成成分百分比之改變。故化學平衡之條件爲，系統具有均衡且單一的組成成分百分比。

(4) 相平衡（ phase equilibrium ）

將系統與外界隔絕，若相與相間之質量比例（或各相之質量百分比）不發生變化，則謂此系統達到相平衡。若系統未達相平衡，則即使將系統與外界隔絕，因其內之相變化將繼續進行，故將造成相與相間質量比例的改變。故相平衡之條件爲，系統具有均衡且單一的相間質量比例。

在分析一熱力問題時，物質之狀態係以熱力平衡下之性質所定義。一系統絕對需滿足熱平衡與機械平衡兩條件；當系統內工作物具有化學反應（如燃燒），則尙需滿足化學平衡；若系統內工作物有二相或三相共存，則尙需滿足相平衡。

兩狀態間的任一過程含有無限多的狀態，此等狀態嚴格地說並非達到熱力平衡。例如，將一密閉容器內之空氣，自某一溫度加熱至另一溫度，在加熱過程中，由於熱量並非均勻地加於全部的空氣，故容器內之空氣應有溫度梯度存在，即在加熱過程中任一瞬間將熱源移去，系統內之溫度仍將有些微之改變，故不滿足熱力平衡之條件。惟此等狀態偏離熱力平衡狀態通常極微，故一般均視之爲熱力平衡狀態，而稱爲似平衡狀態（ quasi-equilibrium state ），而該過程稱爲似平衡過程（quasi-equilibrium process）。本書所討論之過程均視爲似平衡過程。

1-4 密度、比容與比重量

將物質之質量（ m ）除以所佔之體積（ V ），即單位體積所含之質量，稱爲密度（ ρ ）。

$$\rho=\frac{m}{V}$$

對一均質性（ homogeneous ）物質而言，系統內各部分之密度均相同，而爲一內函性質。

將物質所佔之體積（ V ）除以其質量（ m ），即單位質量所佔之體積，稱爲比容（ v ），而爲密度之倒數。

$$v = \frac{V}{m} = \frac{1}{\rho}$$

將物質之重量（ W ）除以所佔之體積（ V ），即單位體積所含物質之重量，稱爲比重量（ γ ，specific weight ）。

$$\gamma = \frac{W}{V}$$

由牛頓運動第二定律，使質量爲 m 之物體產生加速度 a 所需之力 F 爲：

$$F = ma \tag{1-1}$$

若作用於物體之外力爲重力，即所謂的重量，而加速度爲重力加速度 g ，則方程式（ 1-1 ）可寫爲：

$$W = mg \tag{1-2}$$

方程式（ 1-2 ）爲重量與質量之基本關係式。若將方程式（ 1-2 ）除以體積 V ，可得比重量與密度間之關係。

$$\gamma = \rho g \tag{1-3}$$

1-5 單位

本書所使用之單位爲國際系統（ international system ）單位，或簡稱爲 SI 單位。

質量之 SI 單位爲仟克（ kilogram ），以kg表示。熱力學上經常使用的一個相關單位爲摩爾（ mole ），以mol 表示，但 mol 係指克-摩爾，g-mol ；有時亦使用較大的仟克-摩爾，kmol 。

長度之 SI 單位爲米（ meter ），以 m 表示，有時亦使用較小的厘米（cm ）及毫米（ mm ），或較大的仟米（ km ）。

時間之 SI 單位爲秒（second），以 s 或 sec 表示，有時亦使用分（min）、時（hr）及日（day）。

力之單位爲牛頓（Newton），以 N 表示，係定義爲將質量爲 1 kg 之物體，加速 1 m/sec^2 所需之力。

$$1\ \mathrm{N} = 1\ \mathrm{kg\text{-}m/sec^2}$$

重量之單位亦爲牛頓，N。

就此單位系統，前一節中之密度、比容及比重量的單位分別爲 kg/m^3、m^3/kg 及 N/m^3。

1-6　壓力

系統作用於其邊界單位面積上之力，稱爲壓力（pressure）。一個系統即使存在於平衡狀態中，但系統內各處之壓力可能不同。例如，考慮容器內含有的流體（液體或氣體）爲系統，即使系統處於平衡狀態中，但由於重力之作用，其壓力隨流體之高度而改變。但，在熱力問題之分析中，經常不考慮重力對壓力所造成之影響，而以單一壓力表示該系統之壓力。

壓力之 SI 單位爲巴斯卡（pascal），以 Pa 表示，係定義爲 1 N 之力作用於 1 m^2 之面積所產生的壓力。

$$1\ \mathrm{Pa} = 1\ \mathrm{N/m^2}$$

此外亦經常使用較大的 kPa（10^3 Pa）及 MPa（10^6 Pa）。

另有兩個經常被用以表示壓力的單位（非 SI 單位）爲巴（Bar）與標準大氣壓（atmosphere），分別以 bar 與 atm 表示。其間之關係爲

$$1\ \mathrm{bar} = 10^5\ \mathrm{Pa} = 0.1\ \mathrm{MPa}$$
$$1\ \mathrm{atm} = 1.01325 \times 10^5\ \mathrm{Pa} = 1.01325\ \mathrm{bar}$$

大部分的壓力檢測裝置（如波登壓力錶，Bourdon pressure gage），係量取流體之眞正壓力與大氣壓力間之差。若流體的眞正壓力稱爲絕對壓力（absolute pressure），而以 p_{abs} 表示；大氣壓力以 p_{atm} 表示；而壓力錶量取之壓力稱爲錶壓力（gage gressure），以 p_g 表示；則三個壓力間之關係，分別以圖 1-3 及下式表示之。

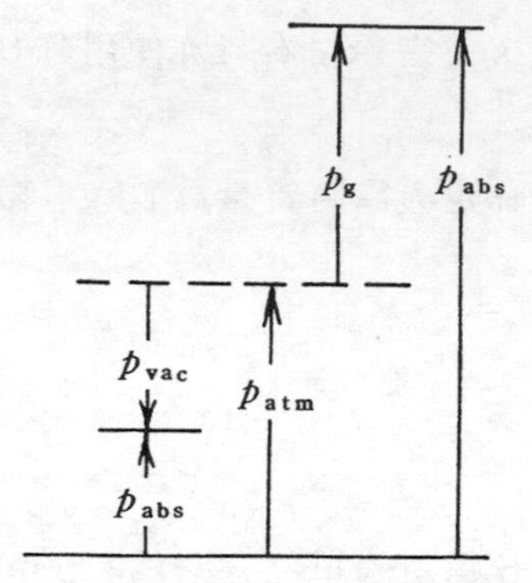

圖1-3 絕對、大氣及錶壓力間之關係

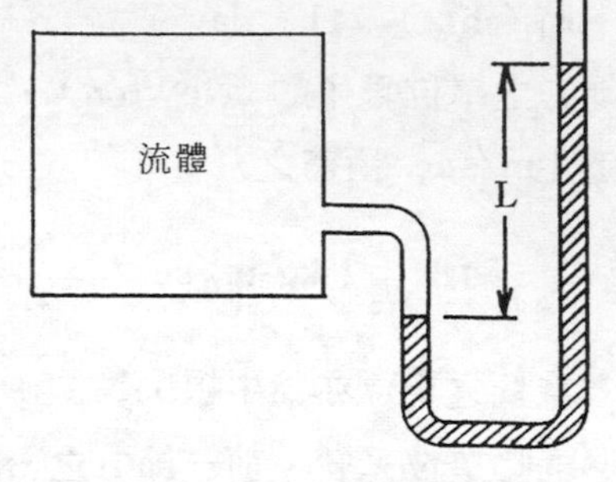

圖1-4 液體壓力計

$$p_{abs} = p_{atm} + p_g$$

錶壓力p_g可為正值，亦可為負值。若錶壓力為負值，即流體之絕對壓力低於大氣壓力，則稱之為眞空壓力。當絕對壓力為零，即所謂的絕對眞空。有時負的錶壓力，其負號不予示出，而以註脚表示，例如－5 Pa，有時以 5 Pa, vac 表示之。

另一經常使用之壓力計，稱為液體壓力計（manometer），如圖1-4所示。U型管中裝有某種液體（如水、水銀、酒精等），一端接至欲量取壓力之流體，而另一端與大氣接觸。當流體之壓力與大氣壓力不同時，則液面產生一高度差L。假設所使用之液體的密度ρ，在應用的溫度範圍內為常數；U型管之截面積為A；而重力加速度為g；則流體之錶壓力p_g為

$$p_g = (\rho A L) g / A = \rho L g \tag{1-4}$$

或由方程式（1-3），因$\gamma = \rho g$，故方程式又可寫為

$$p_g = \gamma L \tag{1-5}$$

由方程（1-4）與（1-5）可知，錶壓力僅與所使用之液體的性質（ρ或γ）及液面高度差L有關，而與使用之U型管的截面積（或直徑）無關。標準之重力加速度g為

$$g = 9.80665 \text{ m/sec}^2$$

【例題1-1】

若大氣壓力為 98 kPa，而壓力錶之讀數為(a) 2.1 kPa，(b) －2.1 kPa，

試求各別之絕對壓力。

解：(a)　$p_{abs}=p_{atm}+p_g=98+2.1$

$=100.1\ \text{kPa}$

(b)　$p_{abs}=p_{atm}+p_g=98+(-2.1)$

$=95.9\ \text{kPa}$

【例題 1-2】

一使用密度爲 800 kg/m³ 之液體的液體壓力計，兩液面高度差爲 300 mm，則顯示的壓力差爲若干？若以使用水銀（密度爲 13600 kg/m³）之液體壓力計量測相同的壓力差，則兩液面高度差爲若干？

解：由方程式（1-4），

$$\Delta p=\rho Lg=800\times(300\times10^{-3})\times9.80665$$
$$=2.35\ \text{kPa}$$

由方程式（1-4）知，對相同之壓力差，液面高度差與使用液體之密度成反比，因此

$$L_2=L_1\frac{\rho_1}{\rho_2}=300\times\frac{800}{13600}$$
$$=17.65\ \text{mm}$$

1-7　溫度

接觸某一物體時，對其「冷」、「熱」之感覺，爲溫度高低的指標。惟人體對冷熱之感覺爲相對性的，且可能因環境而異，故必須訂定測量溫度之標準與標度。

令兩物體（或兩系統）接觸，若其間無熱交換發生，則該兩物體具有相同的溫度，同時處於熱平衡之中。若兩物體分別與第三個物體處於熱（溫度）平衡，則該兩物體亦彼此處於熱（溫度）平衡中，此稱爲熱力學第零定律（Zeroth law of thermodynamics）。此第三個物體即一般所謂的溫度計，可作爲溫度之比較，但作爲量度之用，則首先需訂定適當之溫標（temperature scale）。

在 SI 單位中所使用的溫標爲攝氏溫標（Celsius scale），以°C表示。

攝氏溫標最初以水之冰點與沸點為基礎。在一大氣壓（ 1 atm = 1.01325×10^5 Pa ）下，冰和水之混合物與飽和空氣平衡共存時之溫度稱爲冰點。在一大氣壓下，水與水蒸汽平衡共存時之溫度稱爲沸點。在攝氏溫標中，此兩點溫度定爲 0 與 100。

爾後，攝氏溫標再以單一點（水的三相點）及理想氣體溫標予以重新定義，此溫標將於第五章中詳予討論。在此溫標中，水的三相點定爲 0.01°C，而據此所得之水的沸點爲 100℃。因此，兩種定義之溫標實質上是相同的。

第五章將討論由熱力學第二定律可得絕對溫標（ absolute temperature scale ），與純質之種類無關，故或稱爲熱力溫標。攝氏溫標之絕對溫標爲凱爾敏（ Kelvin ）溫標，以 K 表示。兩溫標間之關係爲

$$K = {}^\circ C + 273.15$$

惟應用上，經常以 273 取代 273.15 。

1-8 功與熱

就物理學之觀點而言，若有一力 F 之作用，在力之方向產生位移 x，則功（ work ）W 爲：

$$W = \int_1^2 F \cdot dx \qquad (1\text{-}6)$$

然而，在巨觀熱力學中，功係以系統、性質，及過程等觀念予以定義。功係定義爲，若系統與外界之能量交換，造成的整個且唯一之效果爲，相當於可將重物提升一距離，則謂系統向其外界作功。惟需注意的是，雖將重物提升一距離，爲力作用一距離之結果，但此處之定義，並非意指確有重物被提升一距離，或確有力作用一距離，而是指其效應相當於可將重物提升一距離。

現以數個例子說明功之觀念：

(1) 考慮一壓縮彈簧爲系統，當彈簧對其外界膨脹時，系統即對外界作功，雖然該彈簧之膨脹可能並非移動一物體，但此傳出之能量，確可使外界之重物提升一距離。

(2) 若考慮在一汽缸—活塞內之高壓氣體爲系統，當氣體膨脹帶動活塞往外移動，則系統對其外界作功，因將活塞連桿外接一負荷後，確可將重物提升

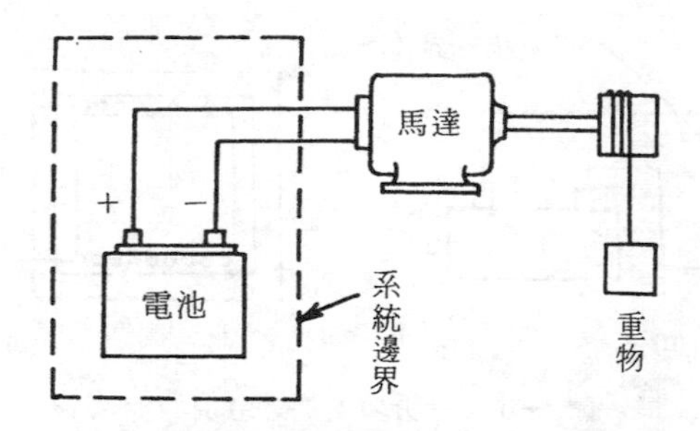

圖 1-5　電流流經系統邊界之功

一距離。

(3)　考慮一電池爲系統，如圖1-5所示。若電池以導線接至外界，而有電流與外界作用，則謂系統對其外界作功。因若將導線接至一馬達，則電流可使馬達運轉，而將一重物提升一距離。

功爲系統進行一過程時，與外界的能量交換，故系統存在於某一狀態時，不能謂之有功。系統可對其外界作功，而外界亦可作功於系統。故考慮能量關係時，必須定出其符號觀念。習慣上，定系統對外界所作之功爲正（＋），而外界作用於系統之功爲負（－）。功以W表示，由其符號即可瞭解功之方向，故不需加以註脚。工作物單位質量之功以w表示，而功率（ power ）則以$\dot{W}$表示。

在 SI 單位中，功之單位爲焦耳（ Joule ），以J表示：

$$1\ \text{J}=1\ \text{N-m}$$

單位時間之功的大小，稱爲功率，其 SI 單位爲瓦特（ Watt ），以W表示:

$$1\ \text{W}=1\ \text{J/sec}$$

因J與W爲極小之能量單位，故有時使用kJ，MJ，及kW等較大的單位。

若使兩不同溫度的物體彼此接觸，則高溫者溫度將降低，而低溫者溫度將升高，最後達到單一之溫度。兩物體的溫度改變，係由於能量之交換所造成，此能量稱爲熱（heat）。故熱係定義爲，當系統與其外界間有溫度差存在時，所造成的能量交換。當系統進行某一過程時，才可能有熱的交換，當系統存在於某一狀態時，不可謂之含有熱。熱以符號Q表示，而單位質量之熱交換量則以q表示，熱交換率以$\dot{Q}$表示。

熱可加於系統，亦可自系統傳出。在能量分析中，係將加於系統之熱定爲

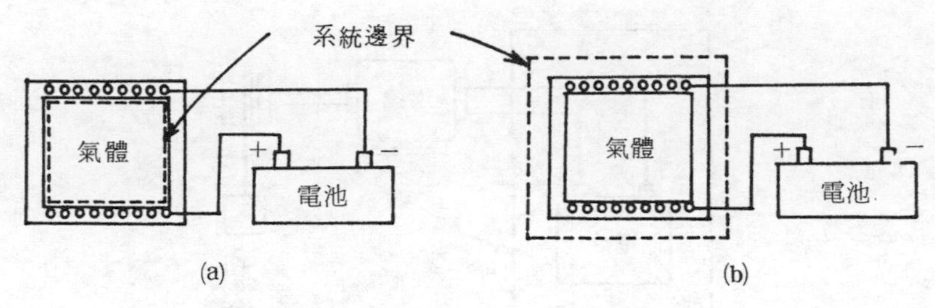

圖 1-6　說明功與熱之區別的簡例

正（＋），而自系統傳出之熱定為負（－），故不需另加註脚。

若系統所進行之過程與外界無熱之交換，則稱之為絕熱過程（ adiabatic process ）。

熱與功同為能量的一種，故其單位亦為焦耳，以 J 表示，惟亦經常使用kJ、MJ 等較大的單位。

由於功與熱均為能量的一種形式，故有予以區分的必要。在熱力學的分析中，一個最簡單的區分法為，當能量之交換係因溫度差而造成，則該能量為熱，而所有其它形式的能量交換，則皆屬於功。

現以一例子說明熱與功的區別。參考圖1-6(a)與1-6(b)，某一氣體裝於一剛性容器中，容器外側環繞電熱線，其端子接至一電池。(a)圖中考慮氣體為系統，當電流流經電熱線，由於容器壁之溫度高於氣體之溫度，故流經系統邊界之能量為熱。

(b)圖中，考慮容器及電熱線為系統，流經系統邊界之能量為電能（電流），故為功。

1-9　密閉系統無摩擦過程之功

考慮工作物在一密閉系統內，由於容積之改變，即邊界之移動，與外界功之交換為若干？首先假設工作物容積之改變，或邊界之移動為無摩擦。

圖1-7所示為一般在分析密閉系統時，最常使用的活塞-汽缸裝置，及壓-容（ p-V ）圖。若氣體壓力為 p，在活塞面積為 A 之汽缸內，膨脹作用使活塞移動 dL 之距離，則功 δW 為

$$\delta W = p A dL$$

由於 $AdL = dV$ ，即氣體容積之改變量，故

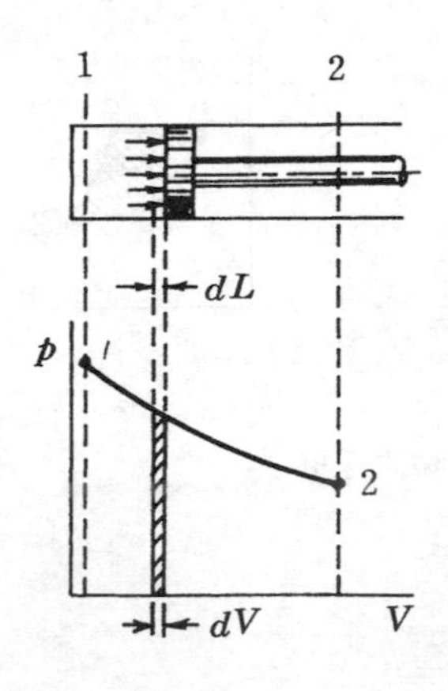

圖1-7　氣體在汽缸內膨脹之壓-容圖

$$\delta W = p dV \tag{1-7}$$

此功即爲圖1-7中壓-容圖上所示斜線部分面積大小。若氣體自狀態1膨脹至狀態2，則作用於活塞上之總功爲

$$W = \int_1^2 p\, dV \tag{1-8}$$

總功爲壓-容圖上，過程下兩所包含面積的大小。

當系統之容積增加（膨脹），功爲正，若系統之容積減小（壓縮），則功爲負。故將過程草繪於壓-容圖上，有助於分析功之作用方向。

若考慮系統內單位質量工作物之功，則方程式（1-8）可改寫爲

$$w = \int_1^2 p\, dv \tag{1-9}$$

由方程式（1-8）或（1-9）知，在相同的兩個狀態（如1與2）之間，功之大小決定於過程進行中，壓力與容積間變化的關係，亦即因過程之不同，功亦不同。故功爲一途徑函數（path　function），而非狀態函數（state function）。有關途徑函數與狀態函數，將在第十一節中詳予討論。

若一密閉系統進行二個或二個以上之過程，而完成一循環，則其淨功（net　work）爲各個過程之功的總和。茲以圖1-8爲例，說明淨功之觀念。若一循環由1-a、a-2、2-b，及b-1等四個過程所構成，則淨功W_{net}爲

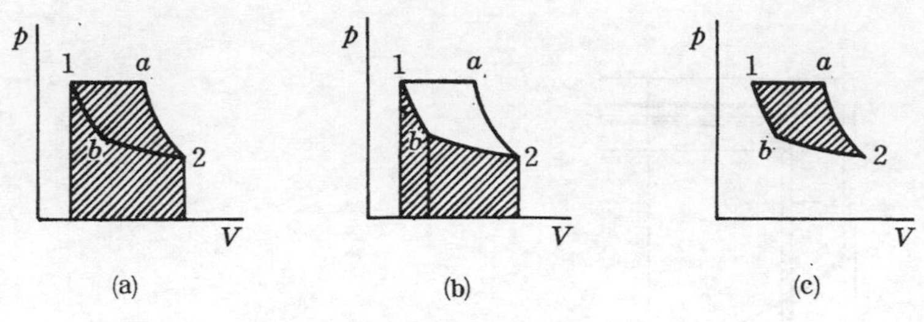

圖 1-8 密閉系統無摩擦循環之淨功

$$W_{\text{net}} = \oint p\,dV$$

$$= \int_1^a p\,dV + \int_a^2 p\,dV + \int_2^b p\,dV + \int_b^1 p\,dV$$

過程 1-a 與 a-2 之功均為正，其和為(a)圖中所示之斜線部分面積；過程 2-b 與 b-1 之功均為負，其和為(b)圖中所示之斜線部分面積。故淨功為兩面積之差，即(c)圖中所示之斜線部分面積，或循環所包圍之面積。圖 1-8 所示之循環，其淨功為正，蓋循環為順時鐘方向；若循環為逆時鐘方向，則淨功為負。

【例題 1-3】

圖 1-9 中，一截面積為 $A'\,\text{m}^2$ 之開口容器，內裝半滿之液體，比重量為 γ kN/m^3。另一相對極小，截面積為 $A\,\text{m}^2$ 之容器，開口朝下置於液體中，達到平衡後並予以固定。此時小容器內之空氣壓力為 p_1 kPa，容積為 $V_1\,\text{m}^3$。自外部對空氣加熱，造成空氣之膨脹，試求小容器內液面，比最初液面低 h m時，功之大小。

解：取小容器內之空氣為系統（密閉系統），並假設空氣之膨脹為無摩擦，則功為

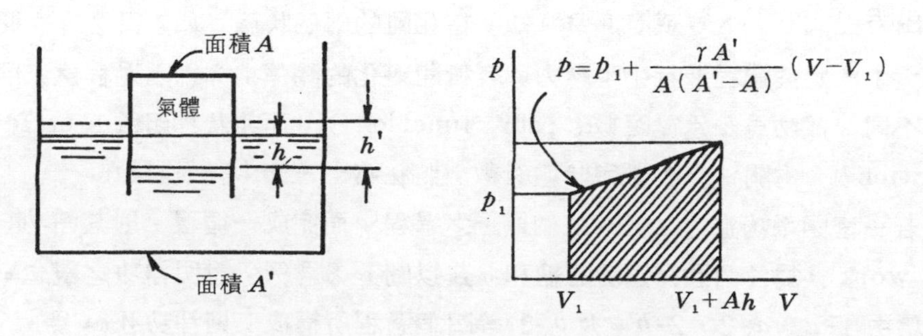

圖 1-9 例題 1-3

$$W=\int_{V_1}^{V} p\,dV$$

膨脹後空氣之容積V為

$$V=V_1+Ah \text{ m}^3$$

由於V_1與A均為常數，故

$$dV=Adh$$

若膨脹後，小容器內外液面之高度差為h'，則

$$h'=h+\frac{Ah}{A'-A}$$

故空氣之壓力p為

$$p=p_1+\gamma h'=p_1+\gamma\left(h+\frac{Ah}{A'-A}\right)$$

因此，空氣所作之功W為

$$W=\int_{V_1}^{V} p\,dV=\int_0^h\left[p_1+\gamma\left(h+\frac{Ah}{A'-A}\right)\right]Adh$$

$$=A\left[p_1h+\frac{\gamma}{2}\left(h^2+\frac{Ah^2}{A'-A}\right)\right]$$

$$=Ah\left[p_1+\frac{\gamma A'}{2(A'-A)}h\right]\text{kJ}$$

【例題1-4】

某氣體裝於一活塞－汽缸裝置內，壓力為200 kPa，而容積為0.04m^3。對氣體加熱，使容積增加至0.1m^3，試求氣體對外所作之功。

(a)若加熱過程中，氣體之壓力維持不變。

(b)若加熱過程中，氣體之壓力與容積間的關係為pV＝常數。

(c)若加熱過程中，氣體之壓力與容積間的關係為$pV^{1.3}$＝常數。

解：(a) $W=\int_1^2 p\,dV=p\int_1^2 dV=p(V_2-V_1)$

$$=200\times(0.1-0.04)=12.0\text{ kJ}$$

(b)因 $pV=C=p_1V_1=p_2V_2$

故加熱後之壓力 p_2 為

$$p_2 = p_1 \frac{V_1}{V_2} = 200 \times \frac{0.04}{0.1} = 80\ \text{kPa}$$

$$W = \int_1^2 p\,dV = \int_1^2 C\frac{dV}{V} = p_1V_1 \ln\frac{V_2}{V_1}$$

$$= 200 \times 0.04 \times \ln\frac{0.1}{0.04} = 7.33\ \text{kJ}$$

(c)因 $pV^{1.3} = C = p_1V_1^{1.3} = p_2V_2^{1.3}$

故加熱後之壓力 p_2 為

$$p_2 = p_1\left(\frac{V_1}{V_2}\right)^{1.3} = 200 \times \left(\frac{0.04}{0.1}\right)^{1.3} = 60.77\ \text{kPa}$$

$$W = \int_1^2 p\,dV = \int_1^2 CV^{-1.3}\,dV = \frac{C}{0.3}\left(V_1^{-0.3} - V_2^{-0.3}\right)$$

$$= \frac{1}{0.3}\left(p_1V_1 - p_2V_2\right)$$

$$= \frac{1}{0.3}\left(200 \times 0.04 - 60.77 \times 0.1\right) = 6.41\ \text{kJ}$$

【例題 1-5】

某氣體在一密閉容器內，自 80 kPa 之壓力與 $0.05\ \text{m}^3$ 之容積，膨脹至 20 kPa之壓力，過程之壓力與容積間的關係為 $pV = C$ 。接著系統進行一等容與一等壓過程，而完成循環。試求此循環之淨功。

解：此循環係由三個過程所構成，其壓力-容積（ p-V ）圖如圖 1-10 所示。

由於此循環為逆時鐘方向，故其淨功為負，即功自外界加於系統。

首先考慮過程 1-2。因 $pV = C = p_1V_1 = p_2V_2$ ，故膨脹後之容積 V_2 為

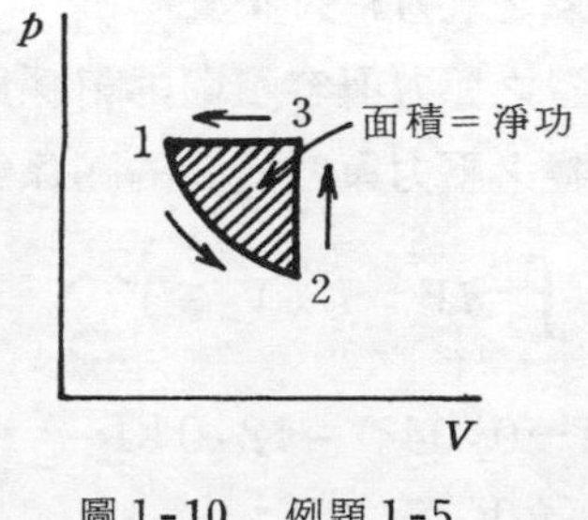

圖 1-10　例題 1-5

$$V_2 = V_1 \frac{p_1}{p_2} = 0.05 \times \frac{80}{20} = 0.2\,\mathrm{m^3}$$

故過程 1-2 之功 ${}_1W_2$ 爲

$${}_1W_2 = \int_1^2 p\,dV = \int_1^2 C\,\frac{dV}{V} = p_1 V_1 \ln \frac{V_2}{V_1}$$

$$= 80 \times 0.05 \times \ln \frac{0.2}{0.05} = 5.55\,\mathrm{kJ}$$

第二個過程 2-3，因係等容過程，故功爲零，即

$${}_2W_3 = 0$$

第三個過程 3-1 爲等壓過程，故功 ${}_3W_1$ 爲

$${}_3W_1 = \int_3^1 p\,dV = p_1 \int_3^1 dV = p_1 (V_1 - V_3) = p_1 (V_1 - V_2)$$

$$= 80 \times (0.05 - 0.2) = -12\,\mathrm{kJ}$$

故淨功 W_{net} 爲

$$W_{net} = {}_1W_2 + {}_2W_3 + {}_3W_1$$

$$= 5.55 + 0 + (-12) = -6.45\,\mathrm{kJ}$$

1-10　穩態穩流系統無摩擦過程之功

若一開放系統滿足下列條件，則稱之爲穩態穩流系統（steady-state steady-flow system），以 SSSF 簡稱之。其過程則稱爲穩態穩流過程。

(1) 系統內任一點之性質永遠維持固定，不隨時間而改變。

(2) 流體流經系統邊界時之性質永遠維持固定，但不同的進出口，可有不同的性質。

(3) 流體流經系統邊界時之質量流量永遠維持固定，但不同的進出口，可有不同的質量流量。

(4) 流進系統之質量流量，等於自系統流出之質量流量。亦即，雖然流體已經更換，但系統內所含有的流體質量永遠固定。

(5) 系統與外界間之能量交換（包括熱與功），維持穩定的速率。

如渦輪機、壓縮機、泵等，除在起動及關閉之時間外，其運轉可謂在一穩定之

情況下，故可視爲穩態穩流過程。

若流體流經系統邊界時之速度爲V（m/sec），密度爲ρ（kg/m³），或比容爲v（m³/kg），而截面面積爲A（m²），則其質量流量$\dot{m}$爲

$$\dot{m}=\rho AV=\frac{AV}{v}\text{（kg/sec）} \tag{1-10}$$

若一SSSF系統，僅有一進口i，及一出口e，則

$$\dot{m}_i=\dot{m}_e=\frac{A_iV_i}{v_i}=\frac{A_eV_e}{v_e} \tag{1-11}$$

方程式（1-11）稱爲質量之連續方程式（continuity equation）。

以下分析SSSF無摩擦過程之功。圖1-11所示爲流體微小塊（element）之自由體圖。無摩擦意指無剪力作用於流體上。在平行於流體流動之方向，作用於流體微小塊上之力如下：

(1) 緊臨流體作用於微小塊上游面之力，pA。
(2) 緊臨流體作用於微小塊下游面之力，$(p+\Delta p)(A+\Delta A)$。
(3) 微小塊重量在流體流動方向之分量，$mg\cos\theta$。
(4) 壁上垂直力在流體流動方向之分量。由於流體微小塊極小，故假設壓力p與流動距離ΔL成線性變化，即壁上之平均壓力爲$(p+\Delta p/2)$。因此分力爲$(p+\Delta p/2)\Delta A$。
(5) 作用於流體上之功，相對所施之力F_w。

故作用於微小塊上之合力爲

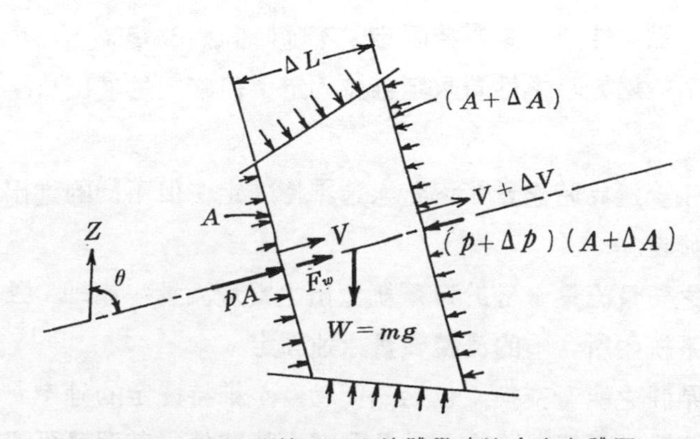

圖1-11 無摩擦SSSF流體微小塊之自由體圖

$$\Sigma F = pA - (p + \Delta p)(A + \Delta A) - mg\cos\theta + \left(p + \frac{\Delta p}{2}\right)\Delta A + F_w$$

$$= -A\Delta p - \frac{\Delta p\ \Delta A}{2} - mg\cos\theta + F_w \qquad (1\text{-}12)$$

由牛頓運動第二定律知，作用於流體微小塊之合力，等於 ma 。a 爲加速度，可以 $\Delta V/\Delta t$ 表示（ t 爲時間 ）；m 爲微小塊之質量，可以 $\rho\,(A+\Delta A/2)\Delta L$ 表示。因此

$$\Sigma F = ma = \rho\left(A + \frac{\Delta A}{2}\right)\Delta L \frac{\Delta V}{\Delta t}$$

式中 $\Delta L/\Delta t$ 爲平均速度，可以 $V + \Delta V/2$ 表示，因此

$$\Sigma F = \rho\left(A + \frac{\Delta A}{2}\right)\left(V + \frac{\Delta V}{2}\right)\Delta V \qquad (1\text{-}13)$$

由方程式（ 1-12 ）與（ 1-13 ），將 $\Delta p\,\Delta A$ 、$\Delta A\Delta V$ 及其高次項忽略不計，則

$$-A\,\Delta p - mg\cos\theta + F_w = \rho\,AV\,\Delta V$$

或 $$F_w = A\Delta p + \rho\,AV\,\Delta V + mg\cos\theta$$

因此，作用於微小塊之功爲

$$W_{in} = F_w\,\Delta L = A\,\Delta L\,\Delta p + \rho\,A\,\Delta LV\,\Delta V + mg\,\Delta L\cos\theta$$

式中，$A\Delta L$ 爲微小塊之容積，$\rho\,A\Delta L$ 爲微小塊之質量 m ，而 $\Delta L\cos\theta$ 爲高度差 ΔZ 。因此

$$W_{in} = (\text{容積})\,\Delta p + mV\,\Delta V + mg\,\Delta Z$$

若考慮單位質量，則

$$w_{in} = v\,\Delta p + V\,\Delta V + g\,\Delta Z$$

熱力學上，作用於系統之功定義爲負，故上式可寫爲

$$w = -v\,\Delta p - V\,\Delta V - g\,\Delta Z$$

若取ΔL趨近於dL，則上式可以微分式表示爲

$$\delta w = -v\,dp - V\,dV - g\,dZ \tag{1-14}$$

或考慮一SSSF系統，進口狀態爲i，而出口狀態爲e，則進出口之間（或過程）的功爲

$$w = -\int_i^e v\,dp - \frac{1}{2}(V_e^2 - V_i^2) - g(Z_e - Z_i) \tag{1-15}$$

在熟悉熱力學第二定律及另一重要的性質熵（ entropy ）之後，方程式（ 1-15 ）可更簡易的導出，此將在第六章中詳述之。

【例題 1-6】

一流體以1.5kg/sec之質量流量流經一SSSF系統。進口壓力爲300kPa，密度爲4kg/m³，根據$pv^2 = C$無摩擦地膨脹至100kPa的出口壓力。假設進出口間速度與高度的變化可忽略不計，試求功率。

解：因過程爲$pv^2 = C = p_i\left(\frac{1}{\rho_i}\right)^2 = p_e v_e^2$，故出口處之比容爲

$$v_e = \frac{1}{\rho_i}\left(\frac{p_i}{p_e}\right)^{1/2} = \frac{1}{4}\times\left(\frac{300}{100}\right)^{1/2} = 0.433\,\text{m}^3/\text{kg}$$

由方程式（ 1-15 ），因進出口間速度與高度之變化可忽略不計，故

$$w = -\int_i^e v\,dp = -\int_i^e C^{1/2}p^{-1/2}\,dp = -2C^{1/2}(p_e^{1/2} - p_i^{1/2})$$

$$= 2(p_i v_i - p_e v_e)$$

$$= 2\left(300\times\frac{1}{4} - 100\times 0.433\right) = 63.4\,\text{kJ/kg}$$

因此，功率$\dot{W}$爲

$$\dot{W} = \dot{m}w = 1.5\times 63.4$$

$$= 95.1\,\text{kW}$$

【例題 1-7】

某氣體無摩擦地、穩態穩流地流經一噴嘴（nozzle）。質量流量爲 0.1 kg/sec，進口壓力爲 280 kPa，比容爲 0.36 m^3/kg，而速度爲 150 m/sec。出口壓力爲 140 kPa。若過程之壓力與比容間的關係爲 $pv^{1.4}=C$，而進出口間的高度差可忽略不計，試求噴嘴出口之截面面積。

解：因過程爲 $pv^{1.4}=C=p_iv_i^{1.4}=p_ev_e^{1.4}$，故出口處之比容爲

$$v_e=v_i\left(\frac{p_i}{p_e}\right)^{1/1.4}=0.36\times\left(\frac{280}{140}\right)^{1/1.4}=0.59\,m^3/kg$$

由方程式（1-15），因進出口間高度差可忽略不計，因此

$$w=-\int_i^e v\,dp-\frac{1}{2}(V_e^2-V_i^2)$$

$$=-\int_i^e C^{1/1.4}p^{-1/1.4}\,dp-\frac{1}{2}(V_e^2-V_i^2)$$

$$=-3.5\,C^{1/1.4}(p_e^{0.4/1.4}-p_i^{0.4/1.4})-\frac{1}{2}(V_e^2-V_i^2)$$

$$=3.5(p_iv_i-p_ev_e)-\frac{1}{2}(V_e^2-V_i^2)$$

噴嘴之作用純爲造成流體速度之增加，故流體流經噴嘴，與外界無機械功之作用，即 $w=0$，故

$$V_e=[V_i^2+7.0(p_iv_i-p_ev_e)]^{1/2}$$

$$=[(150)^2+7.0\times1000(280\times0.36-140\times0.59)]^{1/2}$$

$$=387.2\,m/sec$$

由方程式（1-11），出口之截面面積 A_e 爲

$$A_e=\frac{\dot{m}v_e}{V_e}=\frac{0.1\times0.59}{387.2}=1.523\times10^{-4}\,m^2$$

$$=1.523\,cm^2$$

1-11　狀態函數與途徑函數

若有一系統自狀態 1 改變至狀態 2，則其壓力變化爲

$$\Delta p=\int_1^2 dp=p_2-p_1$$

不論系統所進行的是何種過程，所經過的是何種途徑，壓力變化只決定於狀態 1與狀態2，故壓力爲一種狀態函數（ state function ）。由於狀態係由物質的性質所訂定，故相對的，只要系統的狀態固定，則所有的性質均固定，不論該狀態是經由何種過程而產生的。因此，所有的性質均屬狀態函數。在以性質爲座標軸的圖上，狀態顯示爲一點，故狀態函數又稱爲點函數（ point function ）。簡言之，若某一量僅決定於系統存在之狀態，而與過程無關，則該量即爲狀態函數。

若系統自狀態1改變至狀態2，則在改變之過程中，系統與外界間功的作用量，決定於系統所進行的是何種過程，所經過的是何種途徑，故功爲一種途徑函數（ path function ）。系統存在於某一狀態下，不可謂之含有功，因功係由於過程進行中，方可能存在的系統與外界間的一種能量交換，故功不可寫爲

$$\int_1^2 \delta W = W_2 - W_1$$

同理，熱爲過程進行中，系統與外界間因溫度差而造成的一種能量交換，而交換量的大小，決定於系統所進行之過程，所經過之途徑的種類，故熱亦爲一種途徑函數。系統存在於某一狀態下，不可謂之含有熱，故熱不可寫爲

$$\int_1^2 \delta Q = Q_2 - Q_1$$

簡言之，若某一量並非決定於系統存在之狀態，而是決定於系統所進行之過程，所經過之途徑，則該量即爲途徑函數。

就數學之觀點而言，狀態函數之微分爲正合微分（ exact differential ），而途徑函數之微分爲非正合微分（ inexact differential ）。此觀念可用以分析判斷某一量係屬狀態函數或途徑函數，其方法如下。

若某一量 x ，爲兩獨立變數 y 與 z 之函數，即

$$x = f(y, z)$$

此量之微分 dx 爲

$$dx=\left(\frac{\partial x}{\partial y}\right)_z dy+\left(\frac{\partial x}{\partial z}\right)_y dz$$

$$=M\,dy+N\,dz$$

其中 $M=\left(\frac{\partial x}{\partial y}\right)_z$; $N=\left(\frac{\partial x}{\partial z}\right)_y$

因此

$$\frac{\partial M}{\partial z}=\frac{\partial}{\partial z}\left(\frac{\partial x}{\partial y}\right)=\frac{\partial^2 x}{\partial z\partial y}$$

$$\frac{\partial N}{\partial y}=\frac{\partial}{\partial y}\left(\frac{\partial x}{\partial z}\right)=\frac{\partial^2 x}{\partial y\partial z}$$

若 $\frac{\partial M}{\partial z}=\frac{\partial N}{\partial y}$，則 dx 爲正合微分，而 x 爲一狀態函數；若 $\frac{\partial M}{\partial z}\neq\frac{\partial N}{\partial y}$，則 dx 爲非正合微分，而 x 爲一途徑函數，其微分以 δ 表示，用以與 d 區別。若系統進行一循環過程，則狀態函數之循環積分（即淨變化量）爲零，即 $\oint dx=0$；而途徑函數之循環積分通常不爲零。

【例題 1-8】

某物質之壓力 p、比容 v，及溫度 T 間之關係爲 $\frac{pv}{T}=C$（常數）。若有兩個量 s 與 i 之微分分別爲

$$\delta s \text{ 或 } ds=\frac{dT}{T}-\frac{v\,dp}{T}$$

$$\delta i \text{ 或 } di=\frac{dT}{T}+\frac{p\,dv}{v}$$

試決定 s 與 i 爲狀態函數或途徑函數。

解：(a) $M=\frac{1}{T}$; $N=-\frac{v}{T}$; $y=T$; $z=p$

$$\left(\frac{\partial M}{\partial z}\right)_v=\left[\frac{\partial(1/T)}{\partial p}\right]_T=0 \quad ;$$

$$\left(\frac{\partial N}{\partial y}\right)_z=\left[\frac{\partial(-v/T)}{\partial T}\right]_p=\left[\frac{\partial(-C/p)}{\partial T}\right]_p=0$$

故 s 爲一狀態函數。

(b) $M=\dfrac{1}{T}$; $N=\dfrac{p}{v}$; $y=T$; $z=v$

$$\left(\frac{\partial M}{\partial z}\right)_y=\left[\frac{\partial(1/T)}{\partial v}\right]_T=0 \quad ;$$

$$\left(\frac{\partial N}{\partial y}\right)_z=\left[\frac{\partial(p/v)}{\partial T}\right]_v=\left[\frac{\partial(CT/v^2)}{\partial T}\right]_v=\frac{C}{v^2}$$

故 i 爲一途徑函數。

練習題

1. 有一裝水之容器，其水面距底部之高度爲100 m，試決定容器底部之壓力。大氣壓力爲 1.013×10^5 Pa，而水之密度爲 980 kg/m^3。
2. 試將 4 大氣壓（4 atm）之壓力，以下列液體之液柱高（mm）表示：(a)水，(b)酒精，(c)液體鈉。液體之密度分別爲 1000 kg/m^3，789 kg/m^3，及 860 kg/m^3。
3. 一液體壓力計使用密度爲800 kg/m^{3}之液體。若兩液柱高度差爲 300 mm，試問所表示之壓力差爲若干？若此壓力差以使用水銀（密度爲 13600 kg/m^3）之液體壓力計量測，則兩液柱之高度差爲若干？
4. 空氣流經管道內之孔口板（orifice plate），將造成壓力的降低。若將一使用水的液體壓力計之兩柱，分別接於孔口板的兩側，用以測量空氣之壓力降。實驗結果顯示，兩液柱之高度差爲 12 mm，則空氣之壓力降爲若干？分別以 Pa 及水銀柱（mm）表示。水銀之比重爲 13.6。
5. 一蒸汽發生器上的壓力錶，顯示之壓力爲 700 kPa。若大氣壓力爲 755 mm水銀柱，則蒸汽發生器內水蒸汽之絕對壓力爲若干？
6. 一垂直的活塞-汽缸裝置，其內裝有氫氣，活塞截面面積爲 0.025 m^2，而質量爲 40 kg。若汽缸外部之大氣壓力爲 95 kPa，而該處之重力加速度爲 9.79 m/sec^2，則汽缸內之氫氣的壓力爲若干？以 kPa 表示。
7. 若冷凝器（condenser）上壓力錶之眞空讀數爲 750 mm Hg，而氣壓計之讀數爲761 mm Hg，則冷凝器之壓力爲若干？以 Pa 表示。
8. 某氣體在一密閉系統內，自 800 kPa 之壓力、0.25 m^{3}之容積，無摩擦地膨脹至 0.75 m^{3}的容積。若膨脹過程可以 $pV=C$ 表示，則功爲若干？

9. 100 kg之空氣在一密閉系統內，自100 kPa之壓力及86.1 m^3 之容積，被壓縮至1500 kPa之壓力。若壓縮過程爲 $pV^{1.3}=C$，則功爲若干？

10. 一活塞-汽缸之裝置內含有壓力爲300 kPa之二氧化碳，容積爲0.2 m^3。若二氧化碳以 $pV^{1.2}=C$ 之過程膨脹至150 kPa之壓力，則功爲若干？

11. 某氣體5 kg在一活塞-汽缸裝置內，自壓力500 kPa，容積0.4 m^3 被壓縮至0.2 m^3 之容積。試求當壓縮爲下列兩種過程時，功之大小。

(a) $p=C$。

(b) $pV=C$。

12. 壓力爲2500 kPa之空氣在一活塞-汽缸裝置內，而活塞係以彈性係數 K 爲1000 N/mm之彈簧予以定位，此時彈簧受到壓縮。假設當彈簧不受壓縮時，空氣之容積極小而可不計。活塞之直徑爲25 cm。現對空氣加熱，試求當容積爲最初容積的兩倍時，氣體作用於彈簧上的功爲若干？

13. 某氣體根據 $pV^a=C$ 無摩擦地進行膨脹過程，其中 a 與 C 均爲常數。若氣體最初之壓力與容積爲 p_1 與 V_1，而膨脹後之壓力與容積爲 p_2 與 V_2，試導出功的一般方程式。(a)密閉系統，(b)穩態穩流系統。

14. 試對下列兩種過程，各舉一例說明之：(a)密閉系統之過程，$\int p\,dv=0$，而功 $w\neq 0$；(b)穩態穩流過程，功 $w=0$，而 $\int v\,dp\neq 0$。

15. 密度爲1.2 kg/m^3 之空氣，以3 m/sec之速度流經直徑爲30 cm之管道進入一穩態穩流系統。自系統流出時之管道直徑爲10 cm，而密度爲3.2 kg/m^3。試決定出口之速度及質量流量。

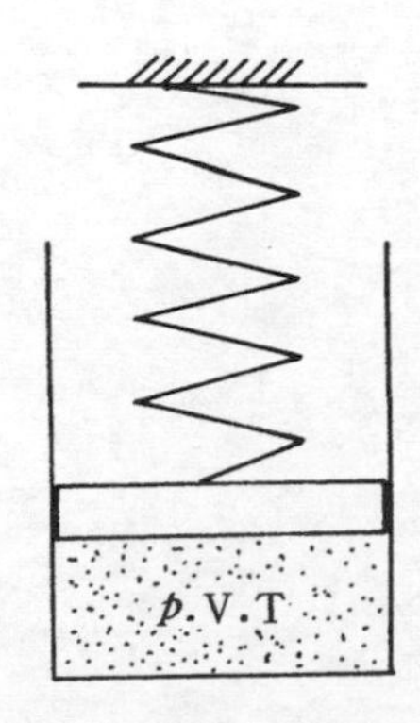

圖1-12　練習題12

16. 空氣自 70 kPa 的壓力及 1.2 m^3/kg 的比容，以 $p(v+0.2)=C$ 的無摩擦穩態穩流過程，被壓縮至 105 kPa 的壓力，其中 v 爲 m^3/kg。若進口之速度極小可忽略不計，出口速度爲 105 m/sec，而質量流量爲 0.2 kg/sec，試求壓縮所需之功率。

17. 氮氣以 1 kg/sec 之質量流量流經一噴嘴。進口之壓力爲 400 kPa，比容爲 0.34 m^3/kg，速度爲 30 m/sec；而出口之壓力爲 100 kPa。若過程爲無摩擦、穩態穩流之 $pv^{1.4}=C$ 的過程，試求噴嘴出口之速度，及噴嘴出口處之面積。

18. 空氣自 100 kPa 之壓力，0.86 m^3/kg 之比容，被無摩擦穩態穩流過程 $pv^n=C$ 壓縮至 800 kPa。試求每 kg 壓縮所需之功。假設下列三種不同的過程：

(a) $n=1$

(b) $n=1.3$

(c) $n=1.4$

試將此等過程繪於壓-容（p-v）圖上。

19. 某研究者指出，他發現有三個新的熱力量，X、Y、與 Z，極爲有用。試就其定義，決定此三個量是否屬於性質（或狀態函數）。

(a) $X=\int(p\,dv+v\,dp)$

(b) $Y=\int(p\,dv-v\,dp)$

(c) $Z=\int(R\,dT+p\,dv)$

其中 $R=pv/T=$ 常數。

2

熱力學第一定律

熱力學第一定律（the first law of thermodynamics）又稱爲能量不滅或能量守衡定律（the law of conservation of energy），係分析系統進行任何過程時，所有有關能量之間的關係。本章將先說明循環與過程的第一定律，再討論第一定律應用於密閉系統與開放系統之特性，最後將敍述熱機與冷凍機，及其性能之分析。

2-1 熱力學第一定律——熱力循環

熱力學第一定律係由甚多實驗之結果所推導而得的，無法以任何其它的自然定律或原理導出或證明。

一個密閉系統進行任何一個循環，則熱力學第一定律謂，功之循環積分（(cyclic integral)與熱之循環積分成正比。

$$\oint \delta W \propto \oint \delta Q$$

或

$$\oint \delta W = J \oint \delta Q \qquad (2\text{-}1)$$

式中 J 爲比例常數，決定於功與熱所使用之單位。在 SI 單位中，功與熱均以焦耳（J）或 kJ 表示，故比例常數 J 爲 1。因此方程式（2-1）可寫爲

$$\oint \delta W = \oint \delta Q \qquad (2\text{-}2)$$

由方程式（2-2）知，若循環之淨功爲零，則淨熱交換量亦爲零；若循環有一淨功自系統作出，則有一等量之淨熱加於系統；若循環有一淨功作用於系統，則有一等量之淨熱自系統傳出。

爲說明循環之第一定律，考慮如圖2-1之密閉系統。一絕熱材料製成之剛性容器，其內裝有某種氣體，及一螺旋槳葉片。軸接至容器外之滑輪，而滑輪上掛有某一重物。考慮容器內之氣體爲系統，當重物下降某一距離，經由滑輪而帶動螺旋槳葉片，故功即加於系統上，造成氣體壓力與溫度的升高，或狀態的改變。而加於系統上之功，其大小等於重物位能減少的量。

若欲使系統回復至其最初的狀態，即完成一循環，可將部分絕熱材料移走，將熱量自系統移除，造成壓力與溫度降至其最初之值。而系統必須放出之熱量，由實驗上可知，亦等於重物位能減少的量。

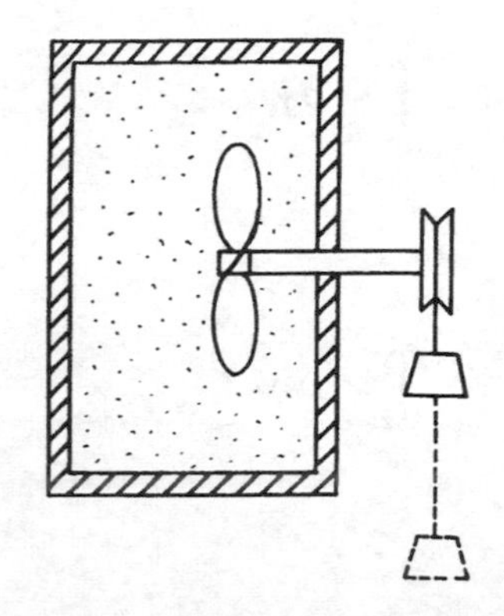

圖 2-1　第一定律實驗用之密閉系統

故在此循環中，加於系統之淨功，等於自系統放出之淨熱。

2-2　熱力學第一定律——熱力過程

方程式（2-2）係第一定律對系統完成一循環時之解說，但在熱力問題之分析中，經常需考慮系統自一狀態至另一狀態，或進行一過程時，能量間之關係。本節將利用循環之觀念，說明第一定律對系統進行一過程時之解說，同時導出一極爲有用的性質。

考慮圖2-2之壓-容（p-v）圖中，在狀態1與狀態2間有三個過程 A、B 及 C，構成兩個循環 1-A-2-B-1，及 1-A-2-C-1。首先考慮循環 1-A-2-B-1，由方程式（2-2）知，

$$\int_{1-A}^{2}\delta Q+\int_{2-B}^{1}\delta Q=\int_{1-A}^{2}\delta W+\int_{2-B}^{1}\delta W \tag{a}$$

同理，對循環 1-A-2-C-1，

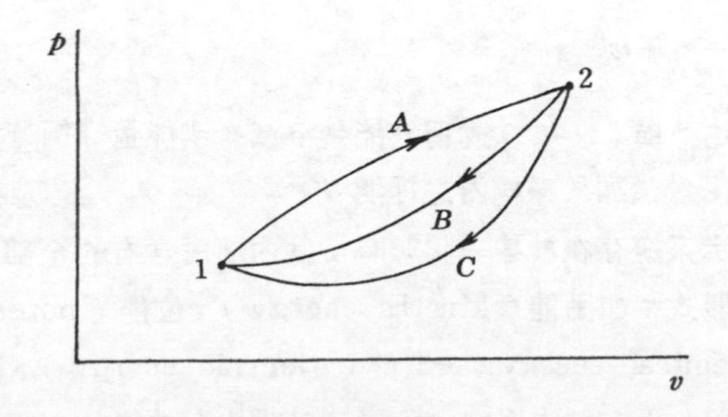

圖 2-2　兩狀態間循環之壓-容圖

$$\int_{1-A}^{2} \delta Q + \int_{2-C}^{1} \delta Q = \int_{1-A}^{2} \delta W + \int_{2-C}^{1} \delta W \qquad \text{(b)}$$

以方程式(a)減去方程式(b)可得

$$\int_{2-B}^{1} \delta Q - \int_{2-C}^{1} \delta Q = \int_{2-B}^{1} \delta W - \int_{2-C}^{1} \delta W \qquad \text{(c)}$$

方程式(c)重新整理可得

$$\int_{2-B}^{1} (\delta Q - \delta W) = \int_{2-C}^{1} (\delta Q - \delta W) \qquad (2\text{-}3)$$

由於過程B與C爲狀態1與狀態2間的任意兩個過程，故由方程式（2-3）可知，（$\delta Q - \delta W$）僅決定於最初與最後的狀態，而與狀態間過程之種類無關。因此，（$\delta Q - \delta W$）爲一狀態函數，而爲系統某一性質的微分。此性質稱爲系統的儲能（ stored energy ），以E表示。因此

$$\delta Q - \delta W = dE$$

或 $$\delta Q = dE + \delta W \qquad (2\text{-}4)$$

若將方程式（2-4）自最初狀態1積分至最後狀態2，則

$$Q = E_2 - E_1 + W \qquad (2\text{-}5)$$

式中Q爲過程1-2中系統與外界之熱交換量，W爲功之交換量，而E_2與E_1分別爲系統在狀態2與狀態1時之總儲能。若考慮系統內工作物之單位質量，則

$$q = e_2 - e_1 + w \qquad (2\text{-}6)$$

方程式（2-5）與（2-6）或稱爲能量不滅（或能量守衡）定律，即系統內儲能之增加量，等於加於系統內之淨能。

儲能E係表示系統存在於某一狀態時，其內部所含有的全部之能量。能量可有各種不同的形式，如動能（ kinetic energy ）、位能（ potential energy ）、化學能（ chemical energy ）、電能（ electric energy ）、磁能（ magnetic energy ）等，但在熱力學中，除了考慮動能與位能外，將所有其它形式

之能量，視爲單一之性質，而稱之爲內能（internal energy），以U表示。因此，若動能與位能分別以KE與PE表示，則

$$E = U + \mathrm{KE} + \mathrm{PE}$$

或　$$dE = dU + d\mathrm{KE} + d\mathrm{PE}$$

而方程式（2-4）可寫爲

$$\delta Q = dU + d\,\mathrm{KE} + d\mathrm{PE} + \delta W \tag{2-7}$$

由於系統之動能與位能，可以質量及系統與設定基準比較的速度與高度表示，故以下將分別予以說明。但內能則與工作物所存在之狀態有關，故擬於第三章與第四章再予詳細說明。

(1)　動能（KE）

若取地球爲設定比較之基準，假設一系統最初爲靜止的。現有一水平力F作用於系統，使系統在力之方向產生 dx 之位移。假設在此移動過程中，系統與外界無熱交換，又無內能之改變；同時因位能亦無改變，故由方程式（2-7）可得

$$\delta W = -d\,\mathrm{KE} = -F\,dx$$

又由牛頓運動第二定律，

$$F = ma = m\frac{dV}{dt} = m\frac{dx}{dt}\frac{dV}{dx} = mV\frac{dV}{dx}$$

因此

$$d\,\mathrm{KE} = F\,dx = mV\,dV$$

自靜止（$V=0$或$\mathrm{KE}=0$）積分至某一速度V，則

$$\int_{\mathrm{KE}=0}^{\mathrm{KE}} d\,\mathrm{KE} = \int_{V=0}^{V} mV\,dV$$

$$\mathrm{KE} = \frac{1}{2}mV^2 \tag{2-8}$$

由方程式（2-8）知，動能僅與系統之速度有關。故當系統進行某一過程，不論熱與功之交換如何，亦不管內能有無變化，只要速度發生改變，則動能之改變量爲

$$\Delta KE = KE_2 - KE_1 = \frac{1}{2} m(V_2^2 - V_1^2)$$

(2) 位能（PE）

假設一系統最初靜止於一設定比較的基準平面，一垂直力F作用於系統，使系統上升一距離 dZ 而靜止於該處。令該處之重力加速度爲g，並假設系統在上升過程中，與外界無熱交換，亦無內能與動能之改變，則由方程式（2-7），

$$\delta W = -d\mathrm{PE} = -F\,dZ$$

由牛頓運動第二定律，

$$F = ma = mg$$

因此

$$d\mathrm{PE} = F\,dZ = mg\,dZ$$

自基準平面（$Z=0$ 或 $\mathrm{PE}=0$）積分至某一高度Z，則

$$\int_{\mathrm{PE}=0}^{\mathrm{PE}} d\mathrm{PE} = \int_{Z=0}^{Z} mg\,dZ$$

假設在高度改變之範圍內，重力加速度g之改變極小，而可視爲常數，則

$$\mathrm{PE} = mgZ \qquad (2\text{-}9)$$

由方程式（2-9）知，位能僅與系統之高度有關。故當系統進行某一過程，不論熱與功之交換如何，亦不管內能與動能有無變化，只要高度發生改變，則位能之改變量爲：

$$\Delta \mathrm{PE} = \mathrm{PE}_2 - \mathrm{PE}_1 = mg(Z_2 - Z_1)$$

使用動能與位能之代表式，則儲能E（或dE）可寫爲

$$E = U + \frac{1}{2}mV^2 + mgZ$$

或　$$dE = dU + mV\,dV + mg\,dZ$$

或以單位質量之工作物，可分別寫為

$$e = u + \frac{1}{2}V^2 + gZ$$

$$de = du + V\,dV + g\,dZ$$

而第一定律方程式，方程式（2-5）與（2-6），可分別寫為

$$Q = (U_2 - U_1) + \frac{1}{2}m(V_2^2 - V_1^2) + mg(Z_2 - Z_1) + W \qquad (2\text{-}10)$$

$$q = (u_2 - u_1) + \frac{1}{2}(V_2^2 - V_1^2) + g(Z_2 - Z_1) - w \qquad (2\text{-}11)$$

【例題 2-1】

有一水桶裝有 100 kg 之水，一質量為 10 kg 之石塊。考慮水桶與石塊之組合為一系統。最初石塊在水面上方 10.2 m 處（狀態 1），水面高度（距桶底）為 1.02 m，而石塊與水之溫度相同。最後石塊落至水底。

假設標準重力加速度（$g = 9.8\,\text{m/sec}^2$），試決定下列過程之 ΔU、ΔKE、ΔPE、Q，及 W。

(a)石塊剛要進入水中時（狀態 2）。

(b)石塊剛抵達桶底時（狀態 3）。

(c)熱量自系統內傳出，使得溫度回復至與最初相同之溫度時（狀態 4）。

解：(a)過程 1-2，假設系統與外界無熱交換，因此

$${}_1Q_2 = 0 \qquad {}_1W_2 = 0 \qquad \Delta U = 0$$

由第一定律知

$$\begin{aligned}\Delta \text{KE} &= -\Delta \text{PE} = -mg(Z_2 - Z_1)\\ &= -10 \times 9.8 \times (-10.2)\\ &= 1000\,\text{J} = 1\,\text{kJ}\end{aligned}$$

即$\Delta KE = 1\,kJ$　　$\Delta PE = -1\,kJ$

(b)過程 1-3，

$${}_1Q_3 = 0 \qquad {}_1W_3 = 0 \qquad \Delta KE = 0$$

由第一定律知

$$\Delta U = -\Delta PE = -mg\,(Z_3 - Z_1)$$
$$= -10 \times 9.8 \times (-1.02 - 10.2)$$
$$= 1100\,J = 1.1\,kJ$$

即$\Delta U = 1.1\,kJ$　　$\Delta PE = -1.1\,kJ$

(c)過程 1-4，

$$\Delta U = 0 \qquad \Delta KE = 0 \qquad {}_1W_4 = 0$$

由第一定律知

$${}_1Q_4 = \Delta PE = mg\,(Z_4 - Z_1) = -1.1\,kJ$$

2-3 第一定律應用於密閉系統

雖然密閉系統可能移動，但工程上所分析的密閉系統通常是固定不動的。因此，所謂密閉系統，一般均假設重力及運動之效應可不考慮，即系統之動能與位能均無改變。故系統進行一過程所造成之儲能的改變量，即爲內能之改變量。在上述之條件下，第一定律應用於密閉系統之能量方程式爲

$$Q = U_2 - U_1 + W \tag{2-12}$$

或對系統內每單位質量分析，則爲

$$q = u_2 - u_1 + w \tag{2-13}$$

【例題 2-2】

一裝有某種流體之容器，內有一螺旋槳葉片。經由螺旋槳葉片加於流體之功爲 5000 kJ，而自容器傳出之熱量爲 1500 kJ。試求該流體內能之改變量。

解：考慮容器及其內之流體爲系統，則由方程式（2-12）

$$Q=U_2-U_1+W$$
$$U_2-U_1=Q-W=(-1500)-(-5000)$$
$$=3500\,\text{kJ}$$

【例題 2-3】

氣體在一活塞-汽缸裝置內膨脹，產生18kJ 之功，而內能減少20kJ。試求此膨脹過程之熱傳量。

解：考慮活塞-汽缸內之氣體爲一密閉系統，則由方程式（2-12）

$$Q=U_2-U_1+W=(-20)+18$$
$$=-2\,\text{kJ}$$

故在過程進行中，熱係自氣體向外傳出。

【例題 2-4】

某氣體0.01 kg在一活塞-汽缸裝置內，自100 kPa之壓力及5 m^3/kg之比容，根據 $pv^{1.3}=C$ 之關係被無摩擦地壓縮至200 kPa 之壓力。假設該氣體之內能爲 $u=1.5\,pv$，其中 u 爲 kJ/kg，p 爲 kPa，而 v 爲m^3/kg。試求此壓縮過程之熱交換量。

解：由壓縮過程之特性關係，$pv^{1.3}=C$，可求得壓縮後之比容 v_2，

$$v_2=v_1\left(\frac{p_1}{p_2}\right)^{1/1.3}=5\left(\frac{100}{200}\right)^{1/1.3}=2.934\,\text{m}^3/\text{kg}$$

壓縮後，該氣體單位質量內能之改變量爲，

$$u_2-u_1=1.5(p_2v_2-p_1v_1)=1.5(200\times2.934-100\times5)$$
$$=130.2\,\text{kJ/kg}$$

氣體單位質量，功之大小爲，

$$w=\int_1^2 p\,dv=\int_1^2 Cv^{-1.3}\,dv=\frac{C}{-1.3+1}(v_2^{-0.3}-v_1^{-0.3})$$
$$=\frac{1}{1.3-1}(p_1v_1-p_2v_2)=\frac{1}{1.3-1}(100\times5-200\times2.934)$$
$$=-289.3\,\text{kJ/kg}$$

由方程式（2-13），氣體單位質量，在過程中與外界之熱交換量爲，

$$q = u_2 - u_1 + w = 130.2 + (-289.3) = -159.1 \text{ kJ/kg}$$

因此壓縮過程之總熱交換量爲

$$Q = mq = 0.01 \times (-159.1) = -1.591 \text{ kJ}$$

熱量係自系統傳出。

2-4 焓

在熱力問題之分析中，經常考慮熱力性質之結合，其結果亦爲一熱力性質。焓（enthalpy）即爲如此定義出的一個熱力性質。

考慮圖2-3所示之密閉系統，氣體在一汽缸內被加熱而進行一等壓過程。由第一定律，方程式（2-12），

$$Q = U_2 - U_1 + W$$

假設此過程爲一無摩擦過程，其壓力爲常數，則功爲

$$W = \int_1^2 p\,dV = p(V_2 - V_1)$$

因此

$$\begin{aligned} Q &= U_2 - U_1 + p(V_2 - V_1) \\ &= (U_2 + p_2 V_2) - (U_1 + p_1 V_1) \end{aligned}$$

定義一外延性質，焓，以H表示

$$H \equiv U + pV \tag{2-14}$$

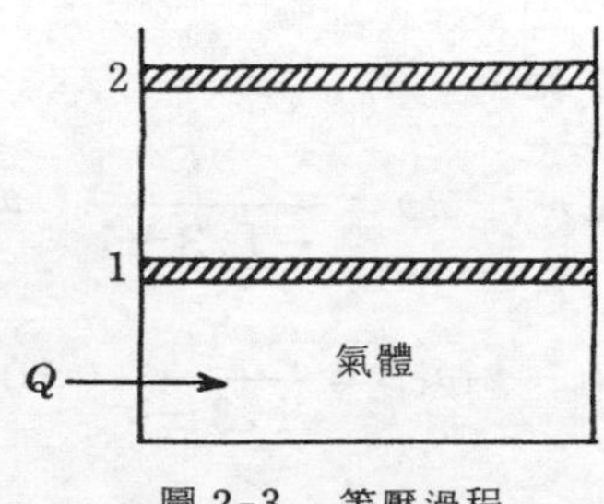

圖 2-3　等壓過程

或單位質量，即內函性質

$$h \equiv u + pv \tag{2-15}$$

則　　$Q = H_2 - H_1 = m(h_2 - h_1)$

故等壓過程中，熱交換量即為焓之改變量。

惟需注意的是，u 爲儲能中的一種型式，但 pV（或 pv）却不是，因此H（或 h）並非儲能中的一種型式。雖然在下節中將提及，在某些情況下，pv 表示一種能量，或 h 可視爲能量。但基本上，h 僅是一個由熱力性質所定義出的，極爲有用的熱力性質，而並非一種能量。

2-5　第一定律應用於開放系統

前曾提及，熱力學第一定律即爲能量守衡定律，故對任何一個系統（密閉的或開放的），其能量平衡之觀念爲

〔加於系統之能量的淨量〕=〔系統儲能的淨增量〕

若系統爲密閉系統，則與外界之能量交換僅爲熱與功；而儲能可視爲內能，因此其能量平衡即如方程式（2-12）所示。

但若系統爲一開放系統，則系統與外界之能量交換，除熱與功之外，流進系統之物質帶進其所具有的儲能，使系統之儲能增加；相反地，由系統流出之物質將帶走儲能，使系統之儲能減少。

此外，物質流經系統邊界，總是伴隨著功的作用。物質欲流進系統，則外界需作功於其上將之推入，使得系統的儲能增加；若物質欲自系統流出，則系統必需作功於其上將之推出，使得系統的儲能減少。此種流體流動所需之功（或能量），稱爲流功（flow work）或流能（flow energy）。

欲瞭解流功之大小，考慮圖2-4所示的開放系統。流體自進口 i 流入系統

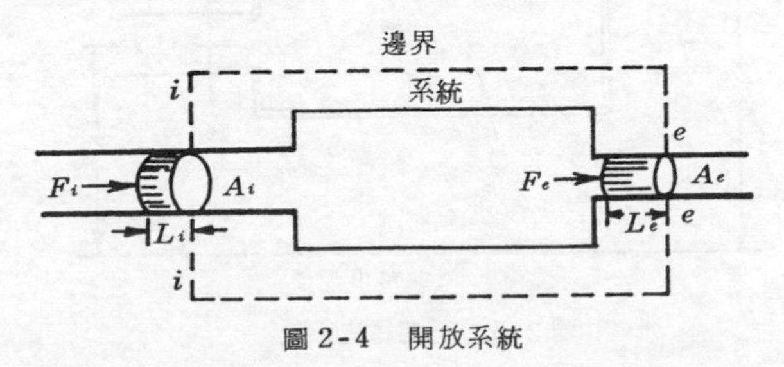

圖 2-4　開放系統

，而在出口 e 自系統流出。首先考慮進口，假設被推入系統之流體的體積爲V_i，截面面積爲A_i，長度爲L_i；該處流體之壓力爲p_i，或推動力爲F_i。則將該流體推入系統所需之功（即加於系統之能量）爲

$$流功 = F_i L_i = p_i A_i L_i = p_i V_i$$

同理，將流體自系統推出所需之功（即系統所放出之能量）爲：

$$流功 = p_e V_e$$

可知，流功即爲流動流體之壓力與體積之乘積。若考慮流經系統之流體爲單位質量，則流功爲 pv ，即壓力與比容的乘積。

因此，由能量平衡觀念知，

$$Q - W + (E_i + p_i V_i) - (E_e + p_e V_e) = E_2 - E_1 \tag{2-16}$$

若系統有多數個進口與多數個出口，則

$$Q - W + \sum_i (E + pV) - \sum_e (E + pV) = E_2 - E_1 \tag{2-17}$$

式中，E_2 與 E_1 分別爲系統在最後與最初狀態下之儲能。方程式（2-16）亦可用微分式表示，

$$\delta Q - \delta W + [(e + pv)\delta m]_i - [(e + pv)\delta m]_e = dE \tag{2-18}$$

2-6 穩態穩流系統之第一定律

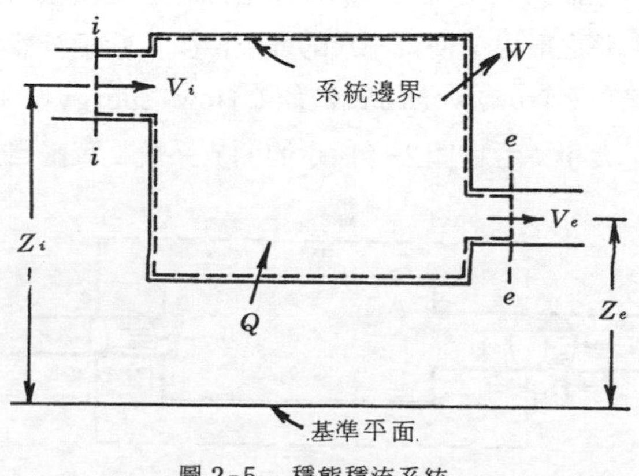

圖 2-5 穩態穩流系統

第一章第九節曾敍述，穩態穩流系統（ steady-state，steady-flow system ）爲開放系統的一個特例，經常被應用於如渦輪機、壓縮機、噴嘴、及泵等的分析中。本節將討論第一定律應用於穩態穩流系統時之特性。

首先假設一穩態穩流系統，僅有一進口 i 及一出口 e，如圖2-5所示。因系統內之性質（包括儲能）永遠維持固定不變，即 $E_2=E_1$，故方程式（2-16）可寫爲

$$Q-W+(E_i+p_iV_i)-(E_e+p_eV_e)=0$$

假設流體流經系統邊界時，具有均勻的速度，則儲能 E 可寫爲

$$E=me=m\left(u+\frac{1}{2}V^2+gZ\right)$$

式中 m 爲流經系統邊界之質量（ $m_i=m_e=m$ ），而 V 爲速度。因此能量平衡方程式可寫爲

$$Q-W+m\left(u_i+\frac{1}{2}V_i^2+gZ_i+p_iv_i\right)-m\left(u_e+\frac{1}{2}V_e^2+gZ_e+p_ev_e\right)=0$$

若考慮流經系統每單位質量之流體，則上式可寫爲

$$q=(h_e-h_i)+\frac{1}{2}(V_e^2-V_i^2)+g(Z_e-Z_i)+w \qquad (2\text{-}19)$$

假設流經系統之質量流量（ mass flow rate ）爲 $\dot{m}$（ $\dot{m}_i=\dot{m}_e=\dot{m}$ ），則第一定律方程式又可寫爲

$$\dot{Q}=\dot{m}\left[(h_e-h_i)+\frac{1}{2}(V_e^2-V_i^2)+g(Z_e-Z_i)\right]+\dot{W} \qquad (2\text{-}20)$$

式中 $\dot{Q}=\dot{m}q$，爲熱傳率；而 $\dot{W}=\dot{m}w$，爲功率（ power ）。

若系統有多個進口與多個出口，則能量平衡方程式爲

$$\dot{Q}=\sum_e\dot{m}\left(h+\frac{1}{2}V^2+gZ\right)-\sum_i\dot{m}\left(h+\frac{1}{2}V^2+gZ\right)+\dot{W} \qquad (2\text{-}21)$$

【例題 2-5】

某氣體在 100 kPa 之壓力、20°C 之溫度（ $v=0.841\,\mathrm{m^3/kg}$ ），以 120 m/sec 之速度流經一 $0.1\,\mathrm{m^2}$ 之截面進入一氣輪機動力廠（gas-turbine power plant）。氣體被壓縮、加熱、於渦輪機內膨脹，最後在 180 kPa 之壓力、150°C 之溫度（ $v=0.675\,\mathrm{m^3/kg}$ ），流經 $0.09\,\mathrm{m^2}$ 之截面而排出。動力廠之功率輸出為 375 kW。假設此氣體之內能及焓與溫度的關係分別為 $u=0.7165T$ 與 $h=1.0035T$ ，其中 u 與 h 為 kJ/kg，而 T 為絕對溫度 K。試求加熱量，以 kJ/kg 表示。

解：如圖 2-6 所示，考慮氣輪機動力廠為一穩態穩流系統，而進出口間位能之變化可予忽略不計。

由質量連續方程式，方程式（1-11），氣體之質量流量 $\dot{m}$ 為

$$\dot{m}=\frac{A_iV_i}{v_i}=\frac{0.1\times 120}{0.841}=14.27\ \mathrm{kg/sec}$$

故單位質量氣體流經動力廠的輸出功為

$$w=\frac{\dot{W}}{\dot{m}}=\frac{375}{14.27}=26.28\ \mathrm{kJ/kg}$$

由方程式（1-11），氣體在出口處之速度為

$$V_e=\frac{\dot{m}v_e}{A_e}=\frac{14.27\times 0.675}{0.09}=107.03\ \mathrm{m/sec}$$

由方程式（2-19），單位質量之熱交換量為

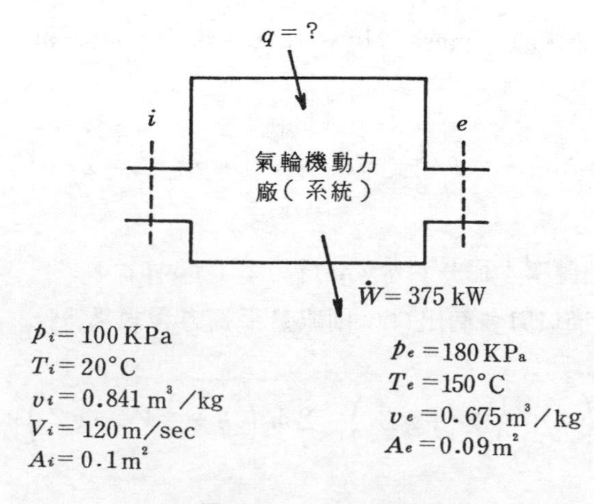

圖 2-6　例題 2-5

$$q=(h_e-h_i)+\frac{1}{2}(V_e^2-V_i^2)+g(Z_e-Z_i)+w$$

$$=1.0035(T_e-T_i)+\frac{1}{2}(V_e^2-V_i^2)+w$$

$$=1.0035(423-293)+\frac{1}{2\times1000}(107.03^2-120^2)+26.28$$

$$=155.26\ \text{kJ/kg}$$

【例題 2-6】

空氣自 80 kPa、15°C（$v=1.03\ \text{m}^3/\text{kg}$），被一無摩擦穩態穩流過程，$p(v+0.35)=C$（其中 v 爲 m^3/kg），壓縮至 120 kPa。若進口速度極小可忽略，而出口速度爲 100 m/sec，試求每 kg 之空氣所需之功。

解：首先假設進出口間位能之變化可忽略不計，由第一定律，

$$q=(h_e-h_i)+\frac{1}{2}(V_e^2-V_i^2)+w$$

由於無法求得 q 及（h_e-h_i），故無法利用上式求取功 w。因此，由穩態穩流過程功的方程式，

$$w=-\int_i^e v\,dp-\frac{1}{2}(V_e^2-V_i^2)-g(Z_e-Z_i)$$

因假設 $\Delta PE=0$，及 $V_i\approx0$，故

$$w=-\int_i^e v\,dp-\frac{1}{2}V_e^2$$

$$-\int_i^e v\,dp=-\int_i^e\left(\frac{C}{p}-0.35\right)dp=C\ln\frac{p_i}{p_e}+0.35(p_e-p_i)$$

$$=p_i(v_i+0.35)\ln\frac{p_i}{p_e}+0.35(p_e-p_i)$$

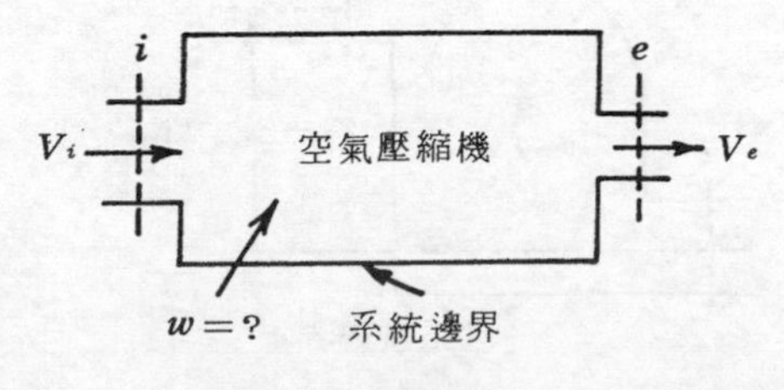

圖 2-7　例題 2-6

$$=80(1.03+0.35)\ln\frac{80}{120}+0.35(120-80)$$

$$=-30.76\ \mathrm{kJ/kg}$$

因此，每 kg 空氣所需之功 w 為

$$w=-30.76-\frac{1}{2\times10^{3}}(100)^{2}=-35.76\ \mathrm{kJ/kg}$$

【例題 2-7】

比重為 1.2 之塩水，在 100 kPa，-10°C 經一直徑為 7.5 cm 之開口進入泵，而在 300 kPa 經直徑為 5 cm 之開口流出。塩水之流量為 15 kg/sec。泵之出口比進口高 1 m，假設泵壓過程為無摩擦，試求泵所需之功率。

解：假設穩態穩流過程。與例題2-6相同，無法以第一定律能量方程式求取功。仍然須使用穩態穩流過程功的方程式：

$$w=-\int_{i}^{e}v\,dp-\frac{1}{2}(V_e^2-V_i^2)-g(Z_e-Z_i)$$

假設塩水為不可壓縮（即 $v=C$），故

$$-\int_{i}^{e}v\,dp=v(p_i-p_e)=\frac{1}{\rho}(p_i-p_e)$$

利用質量連續方程式，方程式（1-11），可求得進出口之速度，

$$V_i=\frac{\dot{m}}{\rho A_i}=\frac{15}{(10^3\times1.2)\frac{\pi}{4}\left(\frac{7.5}{100}\right)^2}=2.83\ \mathrm{m/sec}$$

$$V_e=\frac{\dot{m}}{\rho A_e}=\frac{\rho A_i V_i}{\rho A_e}=V_i\left(\frac{A_i}{A_e}\right)=2.83\times\frac{7.5^2}{5^2}=6.37\ \mathrm{m/sec}$$

因此每 kg塩水所需之功為

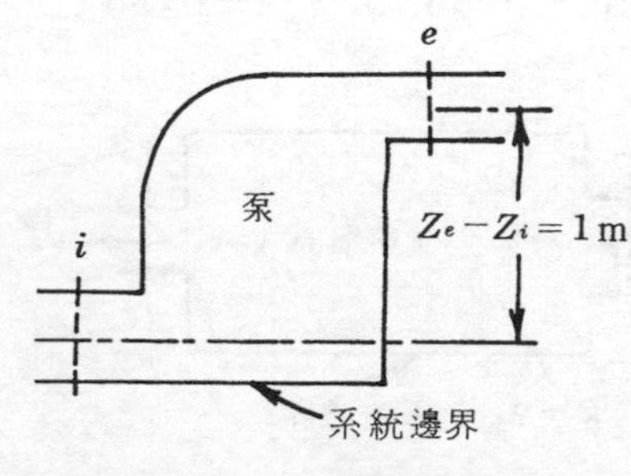

圖 2-8 例題 2-7

$$w=\frac{1}{\rho}(p_i-p_e)-\frac{1}{2}(V_e^2-V_i^2)-g(Z_e-Z_i)$$

$$=\frac{1}{(10^3)\times 1.2}(100-300)-\frac{1}{2\times 10^3}(6.37^2-2.83^2)$$

$$-9.8(1)\times 10^{-3}$$

$$=-0.193\ \text{kJ/kg}$$

故泵所需之功率爲

$$\dot{W}=\dot{m}w=15\times(-0.193)=-2.895\ \text{kW}$$

以上係第一定律應用於穩態穩流系統的典型例子。接著將以兩個例題說明第一定律應用於一般開放系統的情況，作爲讀者分析問題時的參考。

【例題 2-8】

一體積爲 $0.1\,\text{m}^3$ 之絕熱容器，裝有 100 kPa、40°C 之空氣 0.11 kg。此容器以配管及控制閥連接至一極大的壓縮空氣源。當閥打開，700 kPa、80°C 之壓縮空氣即流入容器。當容器內空氣壓力達到 700kPa，即將閥關閉，試求最後容器內空氣之質量及溫度。

假設此過程無熱交換，動能與位能之變化可忽略不計。空氣的若干性質間之關係爲 $h=1.4u=1.0035T=3.5pv$，其中 u 與 h 爲 kJ/kg，T 爲絕對溫度K，p 爲 kPa，而 v 爲 m^3/kg。

解：如圖 2-9所示，令進入容器之空氣維持固定的狀態，狀態 i（700 kPa、80°C）；容器內空氣最初的狀態，狀態 1（100 kPa、40°C）；容器內空氣最後的狀態爲狀態 2（700 kPa）。

考慮容器爲系統，在此過程中，系統與外界間無熱及功的交換。故由第一定律，或能量平衡觀念知，進入系統之能量與系統內最初之總能量的和，等於系統內最後的總能量。進入系統之能量爲流入之質量所帶入的內能與

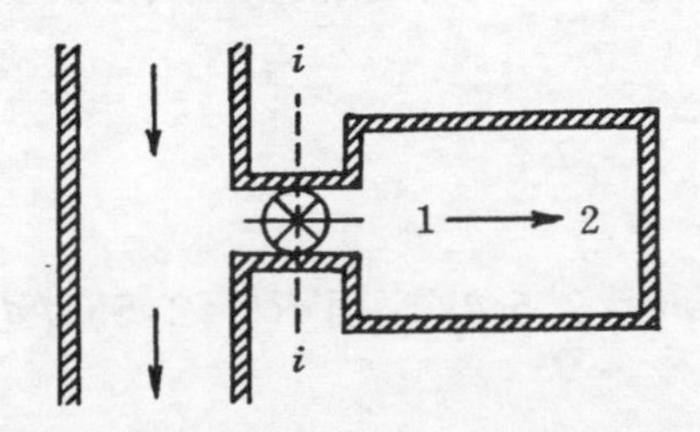

圖 2-9　例題 2-8

流功，即 $m_i(u_i+p_iv_i)$ 或 m_ih_i； 系統內最初之總能量爲總內能，即 m_1u_1；系統內最後之總能量亦爲總內能，即 m_2u_2 。又，由質量平衡觀念知，流入之質量等於系統內質量之增加量，即 $m_i=m_2-m_1$ 。故

$$(m_2-m_1)h_i+m_1u_1=m_2u_2$$

式中有兩個未知數，m_2 與 u_2 。但，

$$1.4\,u_2=3.5\,p_2v_2=3.5\,p_2\frac{V_2}{m_2}$$

$$u_2=2.5\frac{p_2V_2}{m_2}$$

代入上述能量平衡方程式，則

$$(m_2-m_1)h_i+m_1u_1=2.5\,p_2V_2$$

$$m_2=(2.5\,p_2V_2-m_1u_1)/h_i+m_1$$

$$=m_1+\left[2.5\,p_2V_2-m_1\left(\frac{1.0035}{1.4}\right)T_1\right]/1.0035\,T_i$$

$$=0.11+\left[2.5\times700\times0.1-0.11\left(\frac{1.0035}{1.4}\right)\times313\right]/1.0035\times353$$

$$=0.534\,\text{kg}$$

$$T_2=\frac{3.5}{1.0035}p_2v_2=\frac{3.5}{1.0035}\frac{p_2V_2}{m_2}=\frac{3.5}{1.0035}\times\frac{700\times0.1}{0.534}$$

$$=457.2\,\text{k}=184.2^\circ\text{C}$$

另解：能量平衡方程式亦可以微分式表示，

$$h_i\delta m_i=dU$$

考慮容器爲系統，故流入之質量 δm_i 等於系統內質量的改變量 dm，即 $\delta m_i=dm$，故

$$h_idm=dU$$

由於 $u=2.5\,pv$，因此 $U=mu=2.5\,pV$，而 $dU=2.5(pdV+Vdp)=2.5Vdp$。故上式可寫爲

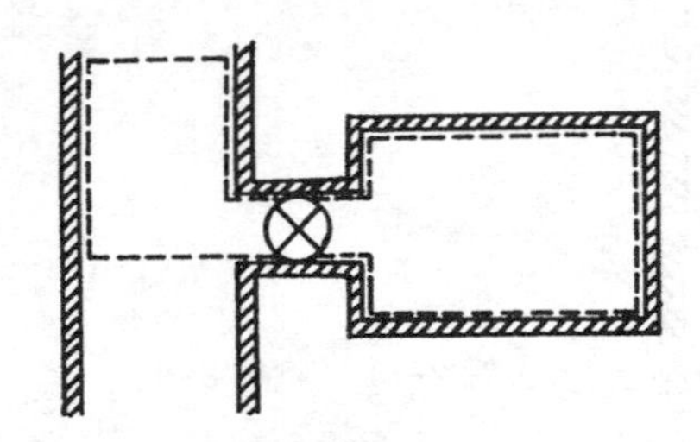

圖 2-10　例題 2-8

$$h_i dm = 2.5 V dp$$

此方程式對整個過程（即 1 → 2）積分，可得

$$h_i (m_2 - m_1) = 2.5V(p_2 - p_1)$$

$$m_2 = m_1 + \frac{2.5V(p_2 - p_1)}{1.0035 T_i}$$

將數值代入可求得與前述方法相同的解。

另解：此題目亦可以密閉系統分析之，如圖 2-10 所示，將容器及最後將流入容器之空氣，整體視為一密閉系統。令流入前之狀態為狀態 1，而流入後之狀態為狀態 2。由第一定律，或能量平衡觀念知，加於系統的功與狀態 1 的內能之和，等於狀態 2 的內能。狀態 1 之內能，包括容器內與容器外空氣之內能，即 $(m_2 - m_1)u_i + m_1 u_1$。狀態 2 之內能則為 $m_2 u_2$。外界作用於系統之功為

$$W_{in} = -\int_{V_1}^{V_2} p dV = -p_i(V_2 - V_1) = p_i V_i = p_i(m_2 - m_1)v_i$$

因此，

$$p_i(m_2 - m_1)v_i + (m_2 - m_1)u_i + m_1 u_1 = m_2 u_2$$

$$(m_2 - m_1)h_i + m_1 u_1 = m_2 u_2$$

此方程式與第一解法中之方程式相同，故可得相同的解。

【例題 2-9】

一容積為 $0.6\,m^3$ 之絕熱容器，最初裝有壓力為 300 kPa 之空氣 1.4 kg。將此容器之放洩閥打開，使部分空氣逸出至大氣，而使容器內空氣之壓力降至 150 kPa 後再將閥關閉。試求逸出空氣之質量。

假設例題 2-8 中，空氣性質間的關係式仍有效。

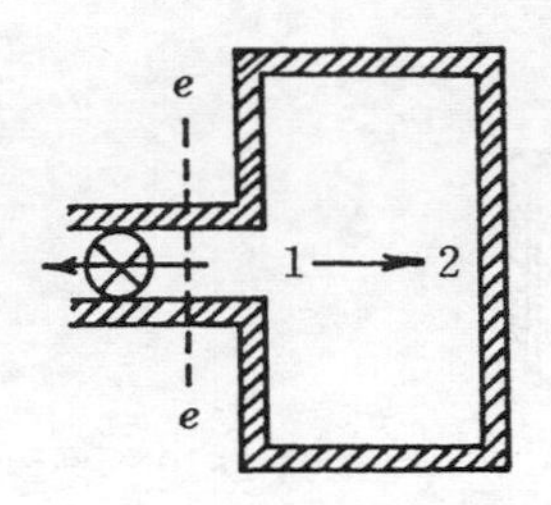

圖2-11　例題2-9

解：如圖2-11所示，考慮容器爲系統，令流出空氣之狀態爲狀態 e ，容器內空氣之最初狀態爲狀態1，而最後狀態爲狀態2。

由於流出空氣之狀態 e 並非固定，故需以微分式予以分析。由第一定律，或能量平衡觀念知，流出空氣所帶走之能量（包括內能與流能），等於容器內空氣總內能的減少量。假設流出空氣之動能可予忽略不計，則

$$-dU=(u_e+p_e v_e)\delta m_e$$

由於在任一瞬間，流出空氣之性質與容器內空氣之性質相同，即 $p_e=p$、$v_e=v$ 、$u_e=u$ ，更且 $\delta m_e=-dm$，故上式可寫爲

$$-dU=-(u+pv)dm$$

$$d(mu)=(u+pv)dm$$

$$mdu=pvdm$$

由例題2-8中知，$u=2.5\,pv$ ，故 $du=2.5d(pv)$ 。因此

$$2.5\,md(pv)=pv\,dm$$

$$\frac{dm}{m}=2.5\frac{d(pv)}{pv}$$

$$\ln\frac{m_2}{m_1}=2.5\ln\frac{p_2 v_2}{p_1 v_1}$$

$$\frac{m_2}{m_1}=\left(\frac{p_2 v_2}{p_1 v_1}\right)^{2.5}=\left(\frac{p_2}{p_1}\cdot\frac{m_1}{m_2}\right)^{2.5}$$

$$\frac{m_2}{m_1}=\left(\frac{p_2}{p_1}\right)^{2.5/3.5}=\left(\frac{150}{300}\right)^{2.5/3.5}=0.6095$$

$$m_2=0.6095\,m_1=0.6095\times1.4=0.853\,\text{kg}$$

故流出空氣之質量 m_e 爲

$$m_e = m_1 - m_2 = 1.4 - 0.853 = 0.547\,\mathrm{kg}$$

2-7　熱機與熱效率；冷凍機與性能係數

系統進行若干過程而完成一循環，若與外界間有淨功的作用，則根據功的產生（ work producing ）或功的消耗（ work consumption），通常可將設備分爲熱機（ heat engine ）與冷凍機（ refrigerator ）兩大類。

(1)　熱機

若一系統在進行一循環過程中，自外界吸收熱量並可產生淨功，則稱之爲熱機。最常見的熱機有內燃機、蒸汽動力廠等。如第一章第一節所述，蒸汽動力廠之作用，主要賴於蒸汽發生器的加熱，而產生水蒸汽，故熱能爲主要的操作成本。利用此系統的目的，在於得到淨功（ net work ），亦即將所加熱量中的一部分轉換爲有用的功。因此，能將加入之熱量轉換爲有用功的比例越多，表示該熱機的性能越佳。

熱機之性能通常以熱效率（ thermal efficiency ）表示，而使用符號 η 。熱效率之定義爲循環之淨功與加入之熱量的比值。亦即

$$\eta = \frac{\oint \delta W}{Q_{in}}$$

由第一定律知，循環之淨功等於循環之淨熱。故，上式又可寫爲

$$\eta = \frac{\oint \delta Q}{Q_{in}} = \frac{Q_{in} - Q_{out}}{Q_{in}} = 1 - \frac{Q_{out}}{Q_{in}}$$

(2)　冷凍機

若一系統在進行一循環過程中，自低溫處吸收熱量產生製冷的效果，再自外界加入機械功，而將熱量排出至高溫處，則稱此系統爲冷凍機。最常見的冷凍機，如第一章第一節所述之蒸汽壓縮式冷凍機，冷媒在蒸發器吸收熱量，加機械功（ 電能 ）於壓縮機將冷媒壓縮，再將熱量於冷凝器放出。故機械功爲此系統的操作成本，而系統之目的爲得到製冷效果。故以越小的機械功，產生越大的冷凍效果，則該冷凍機的性能越佳。

冷凍機之性能通常以性能係數（ coefficient of performance ） COP 表示。性能係數之定義爲，冷凍效果（ 即吸入之熱量 ）與循環之淨功的比值。亦

即

$$COP = \frac{Q_{in}}{-\oint \delta W} = \frac{Q_{in}}{Q_{out} - Q_{in}}$$

若利用此系統之目的，在於應用冷凝器所放出之熱量，則此系統稱爲熱泵（ heat pump ）。熱泵之性能以性能因數（ performance factor ）PF表示。性能因數之定義爲，放出之熱量與循環之淨功的比值。亦即

$$PF = \frac{Q_{out}}{-\oint \delta W} = \frac{Q_{out}}{Q_{out} - Q_{in}}$$

$$= \frac{Q_{out} - Q_{in}}{Q_{out} - Q_{in}} + \frac{Q_{in}}{Q_{out} - Q_{in}}$$

$$= 1 + COP$$

性能係數（ COP ）之值可自 0至無限大，而性能因數之值則可自 1至無限大。

練習題

1. 一系統進行某一過程，自外界吸收 10^4 kJ 之熱量，而產生 4×10^3kJ之功。系統之速度自 10m/sec 改變至 25m/sec，而高度自 20m改變至 10m。若系統之質量爲 50kg，試求系統內能之改變量。
2. 壓力爲 1200 kPa，溫度爲 600K的空氣 0.12 kg，在一活塞 - 汽缸裝置內膨脹至 600 kPa，其膨脹過程特性爲 $pv^{1.3}=C$。若空氣之熱力性質間的關係爲 $h=1.4u=1.0035T=3.5pv$，其中 h 與 u 爲 kJ/kg，T 爲絕對溫度K，p 爲 kPa，而 v 爲m^3/kg 試求此過程所產生之功，熱交換量，及空氣內能之改變量。
3. 壓力爲 600 kPa，溫度爲 500 K的空氣 0.12 kg，在一活塞 - 汽缸裝置內被等壓壓縮至 300K。若空氣之熱力性質間的關係與練習題 2 中的相同，試求功、熱交換量，及空氣內能之改變量。
4. 壓力爲 600 kPa，溫度爲 500K 的空氣 0.12 kg，在一剛性容器內被加熱至 1200 kPa 。若空氣之熱力性質間的關係與練習題 2 中的相同，試求功

、熱交換量，及空氣內能之改變量。

5. 0.1kg之空氣在一活塞－汽缸裝置內，自100 kPa之壓力與20°C之溫度被壓縮至容積爲最初容積的八分之一。若空氣之熱力性質間的關係與練習題2中的相同，而此壓縮過程之特性爲 $pv^{1.25}=C$ ，試求功、熱交換量，及空氣內能之改變量。

6. 0.1kg之空氣在一密閉系統內，自200 kPa，60°C無摩擦地膨脹直到容積變爲最初容積之二倍。最初之容積爲 $0.06\,m^3$，而此膨脹過程爲 $pv=C$。在膨脹過程中，有65 kJ/kg 之熱量加於空氣中，試求空氣內能之變化量。

7. 空氣在一活塞－汽缸裝置內，根據 $p^2V=C$ 無摩擦地膨脹。空氣之質量爲 0.25 kg，最初之壓力、溫度與容積分別爲200 kPa 、60°C 與 $0.12\,m^3$，而最後之容積爲 $0.48\,m^3$。過程中有430 kJ/kg之熱量加於空氣，試求空氣內能之變化量。

8. 每1kg之某流體，在穩態穩流情況下流經某一設備時，產生70 kJ之功。流體進口處之高度爲15 m，壓力爲700 kPa，比容爲 $0.3\,m^3/kg$ ，而速度爲30 m/sec ；而出口處之高度爲－6 m，壓力爲140 kPa，比容爲 $0.9\,m^3/kg$，而速度爲180 m/sec。流經設備時，流體向外傳出10 kJ/kg之熱量， 試求流體在進出口間內能之變化量。

9. 水蒸汽絕熱地流經一噴嘴，進出口之壓力分別爲1500 kPa與15 kPa，而進出口之速度分別爲150 m/sec與1200 m/sec。試求焓之變化量。

10. 空氣自500 kPa之壓力流經噴嘴膨脹至100 kPa。進出口間焓減少110 kJ/kg。假設過程爲絕熱的，且進口之速度極低可予忽略不計，試求出口之速度。

11. 空氣壓縮機吸入壓力爲100 kPa，比容爲 $0.85\,m^3/kg$ 之空氣。壓縮機之吐出壓力與比容分別爲700 kPa與 $0.17\,m^3/kg$。假設進出口處空氣之內能分別爲28 kJ/kg與112 kJ/kg。在壓縮過程中，壓縮機水套（water jacket）中之冷却水，自空氣移走77 kJ/kg 之熱量。假設進出口間動能與位能之變化均可忽略不計，試求功。

12. 水在300 kPa之壓力，流經 $0.0075\,m^2$之截面積進入一水輪機，其流量爲 $0.17\,m^3/sec$。水輪機出口處位於進口處下方2.5 m，水之出口壓力爲130 kPa，速度爲0.76 m/sec。試求水輪機之輸出功率。

13. 某氣體穩態穩流地流經一動力設備，其進口狀態為 240 kPa，45°C，密度為 1.5 kg/m³，而速度極小可忽略不計；出口處之狀態為 110 kPa、5°C，密度為 0.8 kg/m³，速度為 150 m/sec，截面面積為 0.04 m²。若氣體流經此設備，內能減少 70 kJ/kg，而焓減少 95 kJ/kg，功率輸出為 300 kW，試求氣體每 kg 之熱傳量。

14. 空氣以 1 kg/sec 之流量，在 100 kPa，5°C，以 60 m/sec 之速度進入一壓縮機；而在 200 kPa，20°C，以 120 m/sec 之速度離開。空氣流經壓縮機，內能增加 48 kJ/kg，而焓增加 67 kJ/kg。傳至壓縮機水套中冷卻水之熱量為 18 kJ/kg。試求壓縮機所需之功率。

15. 空氣在 100 kPa，25°C（$\rho = 1.13$ kg/m³），以極小的速度進入一設備；而在 100 kPa，55°C（$\rho = 1.03$ kg/m³），以 90 m/sec 之速度經一 9.3 cm² 之截面面積流出。內能之增加量為 20 kJ/kg。當空氣流經設備時，一鼓風機加 0.8 kW 之功率於空氣中，試求每 kg 空氣之熱交換量。

16. 空氣在 400 kPa，370°C（$u = 468.9$ kJ/kg，$h = 653.8$ kJ/kg），以 7 kg/sec 之流量進入一氣輪機，而在 100 kPa 流出。空氣流經氣輪機，動能增加量為 11.6 kJ/kg，產生之功率為 820 kW，假設絕熱過程，試求氣輪機出口處空氣之焓值。

17. 某氣體在 100 kPa，27°C（$u = 214$ kJ/kg，$v = 0.893$ m³/kg），以極低之速度進入一壓縮機，而在 480 kPa，260°C（$h = 537.3$ kJ/kg，$u = 383.8$ kJ/kg），以 150 m/sec 之速度流出。氣體之質量流量為 8 kg/sec。加於壓縮機之功率為 2400 kW。試求熱交換量，以 kJ/kg 表示。

18. 一鼓風機吸入 $p = 100$ kPa，$v = 0.893$ m³/kg，$V = 3$ m/sec 之空氣，送出之空氣在 $p = 105$ kPa，$v = 0.849$ m³/kg，$u = 36.05$ kJ/kg，$V = 15$ m/sec。假設過程為絕熱的，而空氣進入鼓風機之體積流量為 42.5 m³/min，試求消耗之功率。

19. 二氧化碳在 140 kPa，27°C（$h = 213.06$ kJ/kg），以極小的速度流入一設備，質量流量為 0.2 kg/sec。二氧化碳在 420 kPa，95°C（$\rho = 5.98$ kg/m³，$u = 199.57$ kJ/kg）經一面積為 2.58 cm² 之開口流出。若加於該設備之功率為 20 kW，試求熱交換量，以 kJ/kg 表示。

20. 空氣在一絕熱之剛性容器內，溫度為 32°C。馬達帶動一葉輪在容器內轉動，而空氣自一閥逸出以保持容器內空氣之溫度維持固定不變。假設在任一瞬間，容器內空氣之壓力與溫度是均一的，而空氣熱力性質間之關係爲 $h = 1.4u = 1.0035T = 3.5pv$，其中 h 與 u 爲 kJ/kg，T 爲絕對溫度 K，p 爲 kPa，而 v 爲 m^3/kg。功率輸入爲 40 W。試求當容器內空氣壓力爲 420 kPa時，流出空氣之質量流量。

3

純質之熱力性質

3－1　純質
3－2　純質之相平衡與相圖
3－3　比熱、潛熱與相變化
3－4　熱力性質表與應用

熱力學第一定律為分析能量問題之工具，而在分析中，必需考慮工作物的物理性質，主要包括壓力、溫度、比容（或密度）、內能及焓等。本章及第四章將分別討論一般純質（pure substance）及理想氣體（ideal gas），此等熱力性質間之關係。

3-1 純質

物質可以以固相、液相與汽相等三種不同的相（phase）單獨存在，或兩相或三相共存。相與相間以相邊界（phase boundary）分隔。而各相間熱力性質之關係，將於下節中討論之。

若某一物質，不論以何種相存在，其化學組成成份均完全相同，同時是均質性的（homogeneous），則稱該物質為純質。由於水之固相（冰）、液相（水）及汽相（水蒸汽），其化學組成成份為均質性的H_2O，故水為一種純質。液態空氣與氣態空氣，其化學組成成份並不相同，故並非一種純質。液態空氣內之含氮量，較氣態空氣內之含氮量為高。氧與一氧化碳之混合物，只要其化學組成成份維持固定不變，則可視之為純質；但若部分一氧化碳與氧結合成為二氧化碳，則不可再視之為純質。

若熱力系統所使用之工作物為氣體混合物，例如空氣，只要在分析之過程中，無相變化之發生，則該混合物仍可視之為純質。本書所分析之問題所使用之工作物，均假設為純質。

3-2 純質之相平衡與相圖

純質之狀態可由兩個獨立性質（independent property）予以指明。若有兩個性質，其中之一予以維持固定，而另一可在某一範圍內任意變化，則該兩個性質彼此獨立。通常，壓力p與溫度T為彼此獨立之性質，故可定出純質之狀態。例如，若已知某氣體之壓力與溫度，則可定出該氣體之狀態；即可定出該氣體所有其它性質，如比容（密度）、內能、焓等。然而，若純質之兩相平衡存在，則壓力與溫度彼此相依，故無法以壓力與溫度定出其狀態，此將於後面再予詳細討論。

純質以單相存在時，其壓力與溫度可各在某一範圍內變化，故壓力與溫度已足以定出其狀態。例如水，在一大氣壓下，其溫度可自0°C至100°C任意變化；在15°C下，其壓力可自一大氣壓以下至數百大氣壓任意變化。

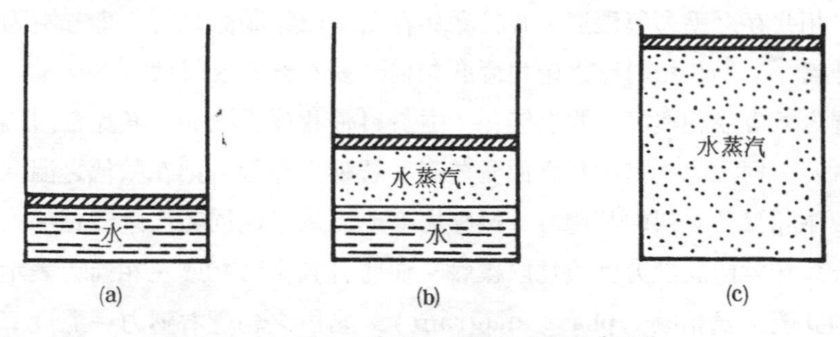

圖 3-1 純質在等壓下，自液相至汽相之變化

然而，若純質以兩相平衡共存時，則其壓力與溫度間有固定之關係存在。例如，將某壓力（如一大氣壓）下之液態水，自某一溫度（如25° C）開始加熱，如圖 3-1(a)所示。水之溫度將逐漸升高，直至達到某一特定溫度（此處爲 100°C），仍維持爲液相。若繼續加熱，則部分液態水開始汽化成爲汽相，而成爲液 - 汽混合物，如圖 3-1(b)所示。所加之熱量愈多，則汽相愈多而液相愈少，直到全部成爲汽相爲止，如圖 3-1(c)所示。此時所加之熱量係用以使液相汽化，而非用以使液相溫度升高，故在整個汽化過程中，其溫度維持不變。此等發生相變化或兩相共存之相對應的壓力與溫度關係，稱爲飽和性質（saturation property）。對某一壓力有一相對應的飽和溫度；或對某一溫度，有一相對應的飽和壓力。若純質存在於某一壓力（或溫度）及其相對應之飽和溫度（或壓力），則其狀態稱爲飽和狀態（saturation state），而該時之相稱爲飽和相（saturated phase）。如前面之敍述中，在一大氣壓與 100°C下，不論單獨存在之液相或液 - 汽混合物中之液相，均稱爲飽和液；而不論液 - 汽混合物中之汽相或單獨存在之汽相，均稱爲飽和汽。

前述例子（圖 3-1）係以液 - 汽相說明飽和之關係，但其觀念亦可應用於固 - 液與固 - 汽相間之關係。例如，將水在某一壓力（如一大氣壓）下，自某一溫度（如25°C）開始放熱冷却。首先，溫度逐漸降低，直至達到某一特定溫度（此處爲 0°C），一直維持液相。若繼續將熱量予以排除，則發生凝固之現象而產生固相。排除之熱量愈多，則固相愈多而液相愈少，直到全部變爲固相爲止。此時所排除之熱量係液相凝固所放出之熱量，而非溫度降低所放出之熱量；故在整個凝固過程中，其溫度維持不變。此溫度即爲該壓力之飽和溫度；相對地，該壓力亦爲此溫度之飽和壓力。同理，固 - 汽相間亦存在有相對應飽和之壓力與溫度的關係，不另贅述。

二相共存之壓力與溫度，有其關係存在，但此關係爲何？即若壓力改變（例如升高），則其相對應之飽和溫度如何改變（升高或降低）？

首先考慮液相與汽相間之關係。由於自液相變爲汽相，其比容增大，故若壓力愈高，則汽化所需達到之溫度愈高；若壓力愈低，則在較低之溫度即可汽化。故飽和溫度（或飽和壓力）與壓力（或溫度）成同方向之變化。

若以任意兩個熱力性質爲座標軸，而將純質之兩相或三相同時表示於該圖上，則此圖稱爲相圖（phase diagram）。常用之相圖有壓力 - 溫度（p-T）圖、壓力 - 比容（p-v）圖及溫度 - 比容（T-v）圖。

前述液相 - 汽相間壓力與溫度之關係，可示於p-T圖上，如圖 3-2 所示。圖中曲線上任一點，表示在飽和壓力與飽和溫度下，故純質可純爲液相、液 - 汽相混合物，或純爲汽相。因此，該曲線稱爲汽化線（vaporization line）或凝結線（condensation line）。數種純質之液 - 汽飽和線，如圖3-3所示。

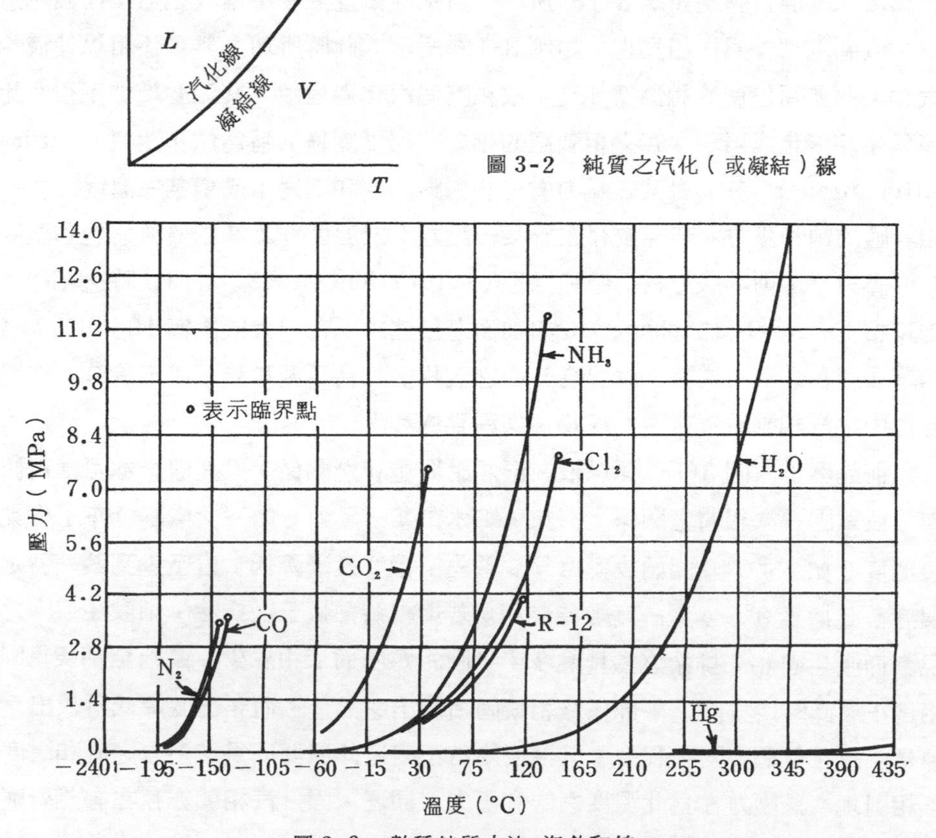

圖 3-2　純質之汽化（或凝結）線

圖 3-3　數種純質之液 - 汽飽和線

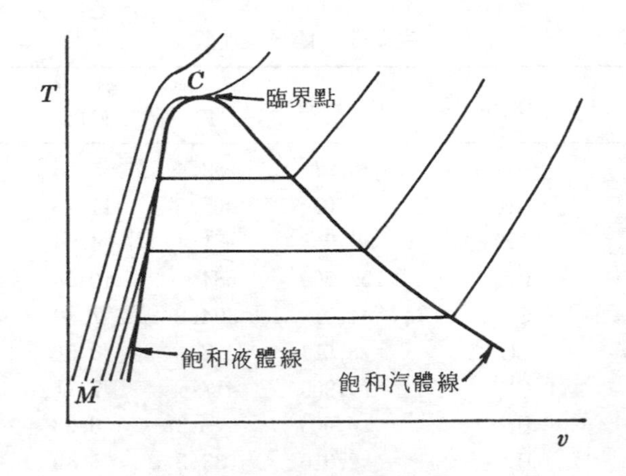

圖3-4　液-汽飽和線之溫度-比容圖

液-汽飽和線亦可示於T-v圖，如圖3-4所示。圖中除示出飽和曲線外，另示出若干等壓線。飽和曲線左邊之液體，其壓力高於其溫度對應之飽和壓力，故稱爲壓縮液體（compressed liquid）；或稱爲過冷液體（subcooled liquid），因其溫度低於其壓力對應之飽和溫度。飽和曲線右邊之汽體，其壓力低於其溫度對應之飽和壓力，或其溫度高於其壓力對應之飽和溫度，故稱爲過熱汽體（superheated vapor）。飽和曲線自反曲點分成兩部分，左邊曲線上任何一點，表示在某壓力（或溫度）下之飽和液體；右邊曲線上任何一點，表示在某壓力（或溫度）下之飽和汽體。飽和曲線內部，表示飽和液體與飽和汽體之混合物，稱爲濕區域（wet region），而該液-汽混合物稱爲濕汽體（wet vapor）。

由圖上知，壓縮液體在等壓下加熱，溫度將上升至其對應之飽和溫度，即成爲飽和液體；繼續加熱即產生汽體，而溫度不變，直至全部成爲飽和汽體；若再加熱，即成爲過熱汽體。若將壓力升高至圖上所示M之壓力，則加熱並無等溫汽化之現象，即當溫度升高至其飽和溫度 T_C 時，液相汽相已無法區分。飽和液體線與飽和汽體線之交點（C），稱爲臨界點（critical point）；而臨界點之壓力、溫度與比容，分別稱爲臨界壓力（critical pressure）p_c、臨界溫度（critical temperature）T_C，及臨界比容（critical specific volume）v_C。數種物質之臨界點性質示於表3-1。

其次考慮固相與液相間之關係。純質自液相凝固而成爲固相，其容積之變化而可分爲兩類。其一爲凝固時容積變小，此爲一般純質之現象。當壓力越

表 3-1 臨界點性質

物　質	化學式	分子量	溫度 K	壓力 MPa	比容 m^3/kmol
空氣	———	28.97	132.4	3.85	.0933
氨	NH_3	17.03	405.5	11.28	.0724
氬	Ar	39.948	151	4.86	.0749
溴	Br_2	159.808	584	10.34	.1355
二氧化碳	CO_2	44.01	304.2	7.39	.0943
一氧化碳	CO	28.011	133	3.50	.0930
氯	Cl_2	70.906	417	7.71	.1242
氦	He	4.003	5.3	0.23	.0578
氫	H_2	2.016	33.3	1.30	.0649
氪	Kr	83.80	209.4	5.50	.0924
氖	Ne	20.183	44.5	2.73	.0417
氮	N_2	28.013	126.2	3.39	.0899
一氧化二氮	N_2O	44.013	309.7	7.27	.0961
氧	O_2	31.999	154.8	5.08	.0780
二氧化硫	SO_2	64.063	430.7	7.88	.1217
水	H_2O	18.015	647.3	22.09	.0568
氙	Xe	131.30	289.8	5.88	.1186
苯	C_6H_6	78.115	562	4.92	.2603
四氯化碳	CCl_4	153.82	556.4	4.56	.2759
三氯甲烷	$CHCl_3$	119.38	536.6	5.47	.2403
冷媒 12	CCl_2F_2	120.91	384.7	4.01	.2179
冷媒 21	$CHCl_2F$	102.92	451.7	5.17	.1973
乙烷	C_2H_6	30.07	305.5	4.88	.1480
酒精	C_2H_5OH	46.07	516	6.38	.1673
乙烯	C_2H_4	28.054	282.4	5.12	.1242
甲烷	CH_4	16.043	191.1	4.64	.0993
甲醇	CH_3OH	32.042	513.2	7.95	.1180
丙烷	C_3H_8	44.097	370	4.26	.1998
冷媒 11	CCl_3F	137.37	471.2	4.38	.2478

高，有助於容積之縮小，故在一相對較高之溫度即可凝固。若壓力越低，則需在一相對較低之溫度始可凝固。因此，在 p-T 圖上，固 - 液飽和線之斜率爲正，如圖3-5所示。此固 - 液飽和線稱爲凝固線（freezing line）或熔解線（fusion line）。

其二爲凝固時容積變大，水爲此類物質的典型代表。當壓力越高，由於凝固時之膨脹所受的阻力越大，故必須在一較低的溫度下始能凝固。反之，若壓

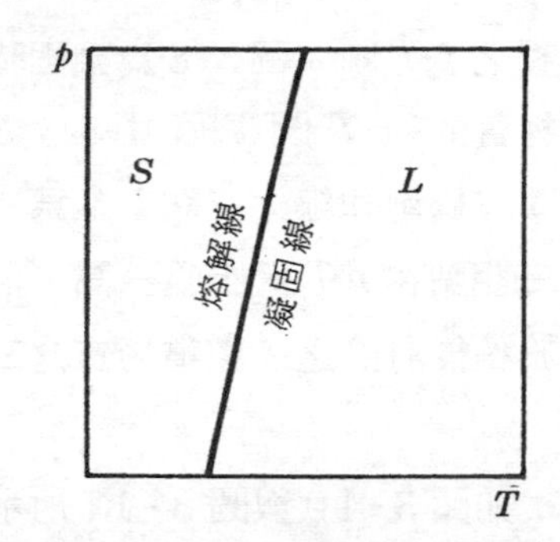

圖 3-5　凝固時收縮之物質的固-液飽和線

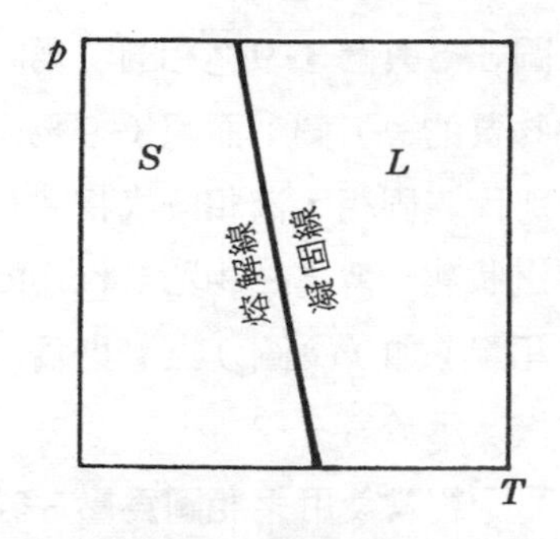

圖 3-6　凝固時膨脹之物質的固-液飽和線

力較低，則在一相對較高之溫度即可凝固。因此，在 p-T 圖上，固 - 液飽和線之斜率為負，如圖3-6所示。

最後考慮固 - 汽相間之關係。由於所有的物質，自汽相變為固相，其比容必定變小，故當壓力越高，有助於容積之收縮，因此在一相對較高之溫度即可變為固相；反之，若壓力越低，則在一相對較低之溫度始能變為固定。因此，在 p-T 圖上，固 - 汽飽和線之斜率為正，如圖3-7所示。此固 - 汽飽和線，稱為昇華線（ sublimation line ）。

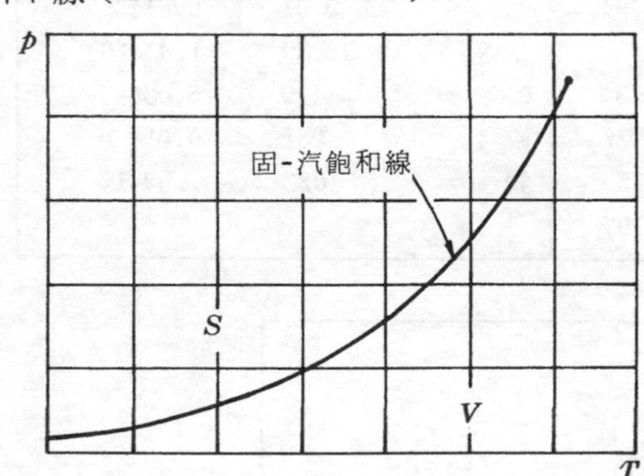

圖 3-7　純質之固-汽飽和線

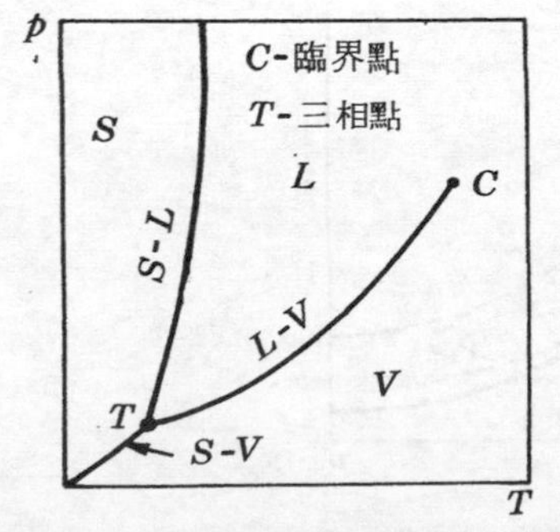

圖 3-8　凝固時收縮之物質的相圖

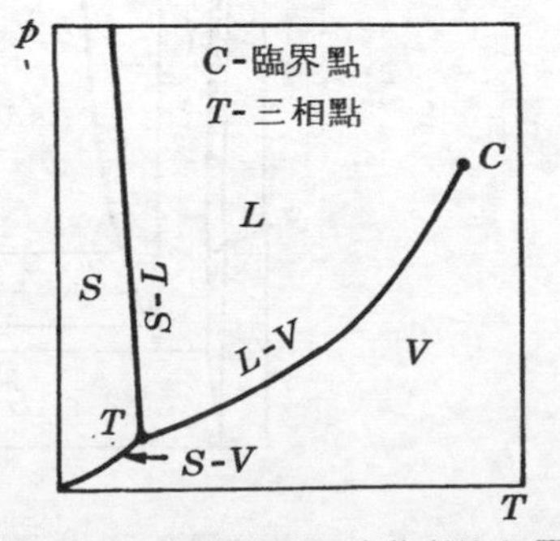

圖 3-9　凝固時膨脹之物質的相圖

圖3-8與圖3-9之相圖，爲同時顯示出三相之 p-T 圖。圖3-8爲凝固時收縮之物質的 p-T 圖；而圖3-9爲凝固時膨脹之物質的 p - T 圖。圖中 S、L、V 分別代表固相、液相與汽相。C 點爲臨界點。三條飽和線之交點 T，爲三相共存之狀態，稱爲三相點（ triple point ）。三相點在 p-T 圖上爲一點，但在其它相圖（如 p-v 圖）上，則爲一條線，此將於稍後討論之。數種物質之三相點數據，示於表 3-2 。

另一經常使用之相圖爲壓 - 容（ p-v ）圖，如圖 3-10 與圖 3-11 所示。圖 3-10 爲凝固時收縮之物質的 p-v 圖，而圖 3-11 爲凝固時膨脹之物質的 p-v 圖，由圖中知，前述之三相點在 p-v 圖中爲一條線。

當物質以單相存在時，其壓力與溫度爲彼此獨立之性質，故壓力與溫度兩性質已足以定出其狀態。但若兩相共存時，壓力與溫度兩性質彼此相依，故壓力與溫度無法定出其狀態。因此，必須再配合另一獨立性質始能定出其狀態。

表 3-2　數種物質之三相點數據

物　　質	溫度（°C）	壓力（kPa）	物　　質	溫度（°C）	壓力（kPa）
氫	−259	7.194	水	0.01	0.6113
氧	−219	0.15	水銀	− 39	1.3×10^{-7}
氮	−210	12.53	鋅	419	5.066
氨	− 78	6.077	銀	961	0.01
氦	−271	5.15	銅	1083	7.9×10^{-5}
二氧化碳	− 57	517.107			

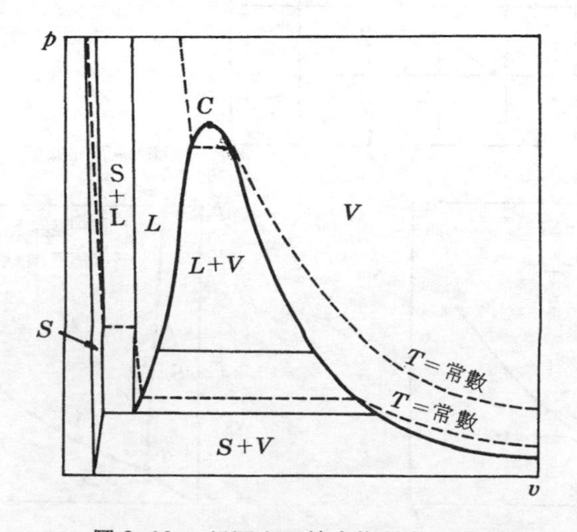

圖 3-10　凝固時收縮之物質的 p-v 圖

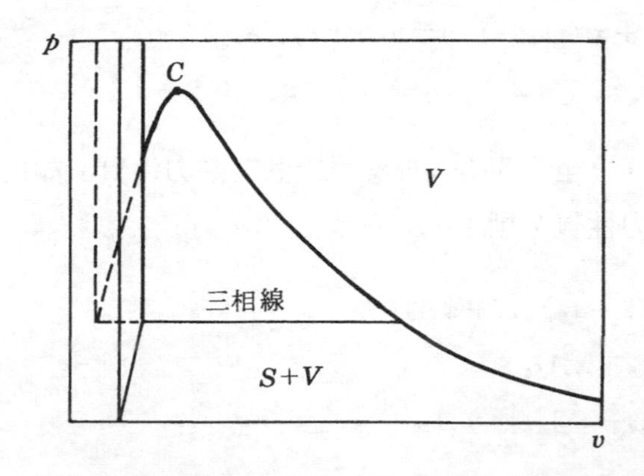

圖 3-11　凝固時膨脹之物質的 p-v 圖

在熱力學上所分析之問題中，主要之工作物爲液相與汽相，故此處以液 - 汽相共存之情況說明，但其觀念可應用於固 - 液相及固 - 汽相共存之情況。

前曾提及，液 - 汽相共存之區域稱爲濕區域。其內之狀態決定於壓力（或溫度）及液相與汽相間之比例。用以表示兩相間比例關係之量稱爲乾度（quality 或 dryness fraction）。乾度係定義爲汽相之質量與液 - 汽混合物（即濕汽體）之質量的比值，而以 x 表示。故

$$x=\frac{m_V}{m_L+m_V}$$

乾度 x 介於 0 與 1（或 100％）之間，當 $x=0$，即爲飽和液體，而當 $x=1$，則爲飽和汽體，當 $0<x<1$ 時，爲液 - 汽混合之濕汽體。現以比容爲例，說明乾度 x 與其他熱力性質間之關係。習慣上，飽和液體與飽和汽體之熱力性質，分別以註脚 f 與 g 表示。濕汽體之比容 v_x 爲

$$\begin{aligned} v_x &= \frac{V}{m} = \frac{V_L+V_V}{m_L+m_V} = \frac{m_L v_f + m_V v_g}{m_L+m_V} \\ &= \frac{m_L}{m_L+m_V} v_f + \frac{m_V}{m_L+m_V} v_g \\ &= (1-x) v_f + x v_g \end{aligned} \tag{3-1}$$

若飽和汽體與飽和液體間比容之差（即 v_g-v_f），以 v_{fg} 表示，則方程式（3-1）可寫爲

$$v_x = v_f + x(v_g - v_f) = v_f + x v_{fg} \qquad (3\text{-}2)$$

或

$$v_x = v_g - (1-x)(v_g - v_f) = v_g - (1-x) v_{fg} \qquad (3\text{-}3)$$

方程式（3-1）至（3-3）可應用於其它熱力性質，如內能 u 及焓 h。若以 A 表示某一熱力性質，則

$$\begin{aligned} A_x &= (1-x) A_f + x A_g \\ &= A_f + x A_{fg} \\ &= A_g - (1-x) A_{fg} \end{aligned} \qquad (3\text{-}4)$$

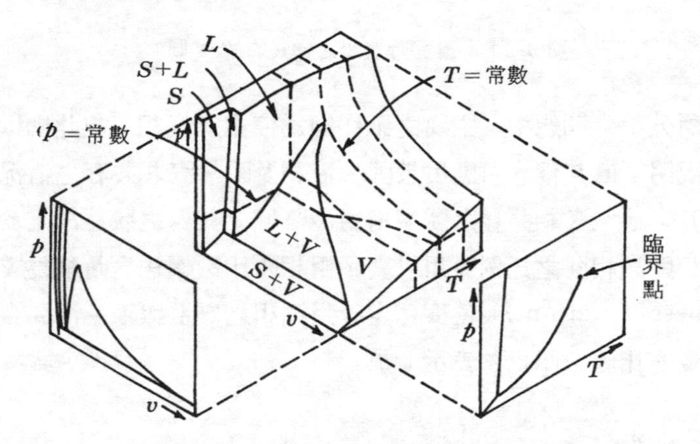

圖 3-12　凝固時收縮之物質的 p-v-T 圖

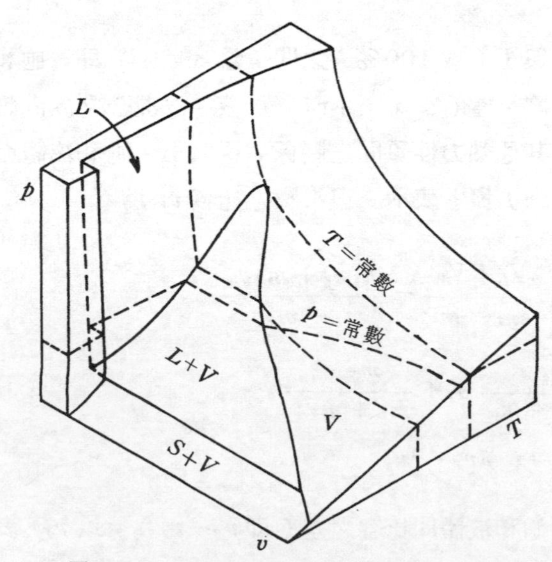

圖 3-13　凝固時膨脹之物質的 p-v-T 圖

前述之 p-T 與 p-v 相圖，已將物質三相間之關係充分表明。但若以 p-v-T 圖表示，則更為清晰，如圖 3-12 與圖 3-13 所示。

3-3　比熱、潛熱與相變化

將某物質單位質量，升高（或降低）溫度一度，所需供給（或移走）之熱量，稱為該物質之比熱（specific heat）。故因加熱（或冷卻）過程的不同，物質有各種不同的比熱值。但最經常使用之比熱有二，即定容比熱（constant volume specific heat）與定壓比熱（constant pressure specific heat）。

物質之定容比熱 C_v，與定壓比熱 C_p，分別定義為

$$C_v = \left(\frac{\partial u}{\partial T}\right)_v \, , \quad C_p = \left(\frac{\partial h}{\partial T}\right)_p \tag{3-5}$$

將物質在定容下加熱，則由第一定律知，

$$\delta q = du + \delta w$$

因 $\delta w = 0$，且令溫度升高量為 dT，則

$$C_v = \left(\frac{\delta q}{dT}\right)_v = \left(\frac{\partial u}{\partial T}\right)_v$$

若將物質在定壓下加熱，則由第一定律知，

$$\begin{aligned}\delta q &= du + \delta w = du + p\,dv \\ &= (du + p\,dv + v\,dp) - v\,dp \\ &= dh\end{aligned}$$

令溫度升高量為 dT，則

$$C_p = \left(\frac{\delta q}{\partial T}\right)_p = \left(\frac{\partial h}{\partial T}\right)_p$$

方程式（3-5）所定義之比熱稱為瞬間比熱（instantaneous specific heat）。有時在所分析之溫度範圍內，使用平均比熱（mean specific heat）

。兩者間之關係爲

$$\widetilde{C}_v=\left(\frac{\Delta u}{\Delta T}\right)_v=\int_1^2 C_v\,dT/(T_2-T_1) \tag{3-6}$$

$$\widetilde{C}_p=\left(\frac{\Delta h}{\Delta T}\right)_p=\int_1^2 C_p\,dT/(T_2-T_1) \tag{3-7}$$

式中$\widetilde{C}_v$與$\widetilde{C}_p$分別爲平均定容比熱與平均定壓比熱。

由前述第一定律知，物質進行一等壓過程時，其熱交換量等於焓之變化量。若物質在某壓力下進行相變化（phase change），則熱交換量即爲兩飽和相間焓之差量。由於在定壓下進行相變化，其溫度亦固定不變，故此熱交換並非造成物質溫度之改變，而是造成相變化。因此，此熱交換量稱爲該物質兩相間之潛熱（latent heat）。故潛熱係定義爲，在相同之溫度（或壓力）下，兩飽和相間焓之差量。因此，液 - 汽相間之潛熱爲

$$h_{fg}=h_g-h_f$$

而稱之爲汽化潛熱（latent heat of vaporization）。固 - 液相間之潛熱爲（固相以註腳 i 表示）

$$h_{if}=h_f-h_i$$

而稱之爲熔解潛熱（latent heat of fusion）。同理，固 - 汽相間之潛熱爲

$$h_{ig}=h_g-h_i$$

而稱之爲昇華潛熱（latent heat of sublimation）。

3-4 熱力性質表與應用

壓力 p，溫度 T，比容 v，及比熱 C 爲可測量之熱力性質，而其它熱力性質（如內能與焓）與此等性質間之關係，有簡單而固定之函數關係存在，此將於第四章中詳細討論。但對大部分的物質而言，此等函數關係極爲複雜，且應用之壓力與溫度範圍又極爲有限。故此等物質之熱力性質，以實驗數據配合分析計算，而予以列表較爲適合。本書後面之附表中，列出若干常用物質之熱力性質表，包括飽和性質表、過熱汽體表，及壓縮液體表。

(1)　飽和性質表

由於在飽和狀態下，壓力與溫度爲彼此相依之性質，故自溫度（或壓力）即可決定其飽和性質。若配合乾度 x，利用表上之飽和性質，即可由方程式（3-4）求得濕汽體之性質。附表1與附表2分別爲水飽和性質之溫度表與壓力表；附表5爲固態水（即冰）與水蒸汽之飽和性質表；附表6、8、10、12與14，分別爲氨、冷媒-12、氧、氮與水銀（汞）之飽和性質表。

(2)　過熱汽體表：

由於汽體在過熱狀態下，其壓力與溫度爲彼此獨立之性質，故以壓力及溫度即可決定其熱力性質。附表3、7、9、11與13，分別爲水、氨、冷媒-12、氧與氮之過熱汽體表。

(3)　壓縮液體表：

由於在壓縮液體狀態下，壓力與溫度亦爲彼此獨立之性質，故以壓力與溫度亦可決定其狀態。通常甚少列出物質之壓縮液體表，而以相同溫度之飽和液體代表之，因液體之性質隨溫度變化之改變較顯著，而受到壓力改變之影響極微，此將以例題說明之。附表4爲水之壓縮液體表。

以下將以數個例題說明熱力性質表之應用，及熱力學第一定律之分析。

【例題 3-1】

有一容積爲 $0.4\,m^3$ 之容器，裝有壓力爲 0.6 MPa 的水 - 水蒸汽之混合物 2.0 kg。試求水與水蒸汽各別之質量與容積。

解：混合物之比容 v 爲

$$v=\frac{V}{m}=\frac{0.4}{2.0}=0.2\,m^3/kg$$

由附表2，在 0.6 MPa 之壓力下，$v_f=0.001101\,m^3/kg$，$v_g=0.3157\,m^3/kg$，故乾度 x 爲

$$x=\frac{v-v_f}{v_g-v_f}=\frac{0.2-0.001101}{0.3157-0.001101}=0.6322$$

因此，水之質量與容積分別爲

$$m_L=m(1-x)=2.0\times(1-0.6322)=0.7356\ kg$$

$$V_L=m_Lv_f=0.7356\times0.001101=0.0008\,m^3$$

而水蒸汽之質量與容積分別爲

$$m_V = mx = 2.0 \times 0.6322 = 1.2644\ \text{kg}$$
$$= m - m_L = 2.0 - 0.7356 = 1.2644\ \text{kg}$$
$$V_V = m_V v_g = 1.2644 \times 0.3157 = 0.3992\ \text{m}^3$$
$$= V - V_L = 0.4 - 0.0008 = 0.3992\ \text{m}^3$$

【例題 3-2】

一剛性容器內裝有 20°C 之飽和氨汽。將氨汽加熱直至其溫度達到 40°C，則其壓力爲若干？

解：由於氨汽係裝於剛性容器內，故加熱過程中其比容維持固定不變。由附表 6，

$$v_1 = v_2 = 0.1494\ \text{m}^3/\text{kg}$$

在 40°C時，$v_g = 0.0833\ \text{m}^3/\text{kg}$。因 $v_2 > v_g$，故其最後狀態爲過熱氨汽。因此，由附表 7，利用內插法可得

$$p_2 = 938\ \text{kPa}$$

【例題 3-3】

試求水在 20MPa 與 200°C下之比容及焓。

解：由附表 2 知，水在 20MPa 下之飽和溫度爲 365.81°C。因 200°C < 365.81°C，故此狀態下之水爲過冷液體（或壓縮液體）。由附表 4 可得

$$v = 0.0011388\ \text{m}^3/\text{kg} \quad , \quad h = 860.5\ \text{kJ/kg}$$

又，由附表 1，200°C之飽和液體的比容與焓爲

$$v_f = 0.001157\ \text{m}^3/\text{kg} \quad , \quad h_f = 852.45\ \text{kJ/kg}$$

因 $v \approx v_f$ 及 $h \approx h_f$，故若以 200°C之 v_f 及 h_f 表示其 v 及 h，產生之誤差分別僅爲 1.6% 與 0.94%。故在一般之應用上，若無法自表上求得過冷液體（或壓縮液體）之熱力性質，則通常以相同溫度下之飽和液體的熱力性質表示之。

【例題 3-4】

試求水在下列狀態下之焓值：

(a) 25 kPa 與 40°C　　(b) 120°C 之飽和狀態

(c) 500 kPa 與 300°C　　　　　　(d) 150°C及0.27 m³/kg之比容

解：(a)由附表2知，25 kPa之飽和溫度爲64.97°C。因40°C＜64.97°C，故此狀態爲過冷液體。但附表4中並未列出此狀態，因此可以40℃之飽和液體代表之。由附表1可得

$$h=167.57\ \text{kJ/kg}$$

(b)由附表1可得

若爲飽和液體，則 $h=503.71$ kJ/kg

若爲飽和汽體，則 $h=2706.3$ kJ/kg

(c)由附表2，500 kPa之飽和溫度爲151.86°C。因300°C＞151.86°C，故此狀態爲過熱汽體。由附表3可得

$$h=3064.2\ \text{kJ/kg}$$

(d)由附表1，150°C下飽和液體與飽和汽體之比容分別爲

$$v_f=0.001091\ \text{m}^3/\text{kg}\quad ,\quad v_g=0.3928\ \text{m}^3/\text{kg}$$

因 $v_f<v=0.27<v_g$　故此狀態爲濕汽體。其乾度 x 爲

$$x=\frac{v-v_f}{v_g-v_f}=\frac{0.27-0.001091}{0.3928-0.001091}=0.6865$$

由附表1，150°C下，$h_f=632.20$ kJ/kg，$h_{fg}=2114.3$ kJ/kg，故其焓值爲

$$h=h_f+xh_{fg}=632.20+0.6865\times 2114.3=2083.67\ \text{kJ/kg}$$

【例題 3-5】

一容積爲0.015m³ 之剛性容器，內裝有30°C之濕汽體10 kg。將容器緩慢地加熱，則最後液面將降至容器之底部，或升至容器之頂部？若質量爲1 kg，則其現象又如何？

解：(a)此加熱過程中，比容維持固定不變。其比容爲

$$v=\frac{V}{m}=\frac{0.015}{10}=0.0015\ \text{m}^3/\text{kg}$$

由表3-1知，水之臨界比容爲

$$v_C=\frac{0.0568}{18.015}=0.003153\,\text{m}^3/\text{kg}$$

因 $v<v_C$，故最後將全部變爲液體，即液面將上升至容器之頂部。

(b) $$v=\frac{V}{m}=\frac{0.015}{1}=0.015\,\text{m}^3/\text{kg}$$

因 $v>v_C$，故最後將全部變爲汽體，即液面將下降至容器之底部。

【例題 3-6】

15 kg 之水自 20°C 被等壓加熱至 200°C，試求功與熱，若壓力爲(a) 5MPa，及(b) 50MPa 。

解：(a)由附表 4，水在 5MPa 與 20°C（狀態1）時

$$v_1=0.0009995\,\text{m}^3/\text{kg}\quad,\quad u_1=83.65\,\text{kJ/kg}$$
$$h_1=88.65\,\text{kJ/kg}$$

水在 5MPa 與 200°C（狀態2）時

$$v_2=0.001153\,\text{m}^3/\text{kg}\ ,\ u_2=848.1\,\text{kJ/kg}\ ,\ h_2=853.9\,\text{kJ/kg}$$

$$W=\int_1^2 m\,p\,dv=m\,p\,(v_2-v_1)$$
$$=15\times5\times10^3\times(0.001153-0.0009995)=11.51\,\text{kJ}$$

由第一定律方程式

$$Q=m(u_2-u_1)+W=15\times(848.1-83.65)+11.51$$
$$=11478.26\,\text{kJ}$$

因過程爲等壓，故熱交換量等於焓之變化量，即

$$Q=m(h_2-h_1)=15\times(853.9-88.65)$$
$$=11478.75\,\text{kJ}$$

比較功與熱，可知液體所產生之功極微。

(b)由附表 4，水在 50MPa 與 20°C（狀態1）時

$$v_1=0.0009804\,\text{m}^3/\text{kg}\ ,\ u_1=81.00\,\text{kJ/kg}\ ,\ h_1=130.02\,\text{kJ/kg}$$

水在 50MPa 與 200°C（狀態2）時

$$v_2=0.0011146\,m^3/kg\ ,\ u_2=819.7\,kJ/kg\ ,\ h_2=875.5\,kJ/kg$$

$$W=\int_1^2 mp\,dv=mp(v_2-v_1)$$

$$=15\times50\times10^3\times(0.0011146-0.0009804)=100.65\,kJ$$

$$Q=m(u_2-u_1)+W=15\times(819.7-81.00)+100.65$$

$$=11181.15\,kJ$$

或 $Q=m(h_2-h_1)=15\times(875.5-130.02)$

$$=11182.2\,kJ$$

【例題 3-7】

一容積為 $0.4\,m^3$ 之剛性容器，最初裝有 100 kPa，200°C之水蒸汽。經過一段時間後，發現其壓力降至 25 kPa。試決定容器內水蒸汽最後之溫度（若為過熱蒸汽）或乾度（若為濕蒸汽），並求熱交換量。

解：由附表2知，100kPa 之飽和溫度為 99.63°C，故狀態1為過熱蒸汽。由附表3可得

$$v_1=2.172\,m^3/kg\quad ,\quad u_1=2658.1\,kJ/kg$$

故容器內水蒸汽之質量為

$$m=\frac{V}{v_1}=\frac{0.4}{2.172}=0.1842\,kg$$

因此過程為等容過程，故 $v_2=v_1=2.172\,m^3/kg$ 但由附表2知，在25kPa下，

$$v_f=0.00102\,m^3/kg\quad ,\quad v_g=6.204\,m^3/kg$$

因 $v_f<v_2<v_g$，故狀態2為濕蒸汽，其乾度 x_2 為

$$x_2=\frac{v_2-v_f}{v_g-v_f}=\frac{2.172-0.00102}{6.204-0.00102}=0.35$$

$$u_2=u_f+x_2u_{fg}=271.90+0.35\times2191.2=1038.82\,kJ/kg$$

因功為零，故由第一定律可得

$$Q=m(u_2-u_1)=0.1842\times(1038.82-2658.1)$$
$$=-298.27\ \text{kJ}$$

故自水蒸汽放出之熱量爲298.27 kJ 。

【例題 3-8】

水蒸汽在7000 kPa ，550°C，以極低之速度進入一渦輪機，而在10 kPa，90%之乾度，以200 m/sec之速度流出。水蒸汽之質量流量爲6.5 kg/sec，而功率輸出爲6 MW。試求水蒸汽流經渦輪機之熱損失率。

解：進口狀態（狀態 i ）爲7000 kPa ，550°C，係過熱蒸汽，故由附表3可得

$$h_i=3530.9\ \text{kJ/kg}$$

出口狀態（狀態 e ）爲濕蒸汽。由附表2，在10 kPa之壓力下，

$$h_f=191.83\ \text{kJ/kg} \quad , \quad h_{fg}=2392.8\ \text{kJ/kg}$$
$$h_e=h_f+x_2h_{fg}=191.83+0.9\times2392.8=2345.35\ \text{kJ/kg}$$

由第一定律方程式

$$\dot{Q}=\dot{m}[(h_e-h_i)+\frac{1}{2}(V_e^2-V_i^2)+g(Z_e-Z_i)]+\dot{W}$$

$$=6.5[(2345.35-3530.9)+\frac{1}{2\times10^3}(200^2-0)+0]$$
$$+6\times10^3$$
$$=-1576.08\ \text{kJ/sec}$$

故熱損失率爲1576.08 kJ/sec

【例題 3-9】

水蒸汽在400 kPa，以極低之速度進入一噴嘴，而在200 kPa ，200°C，經6.5 cm² 之截面積自噴嘴流出。水蒸汽之流量爲0.35 kg/sec。假設水蒸汽流經噴嘴爲絕熱過程，試求進口之溫度。

解：假設SSSF過程，由熱力學第一定律

$$q=(h_e-h_i)+\frac{1}{2}(V_e^2-V_i^2)+g(Z_e-Z_i)+w$$

絕熱過程，$q=0$；流體流經噴嘴，$w=0$；進口速度極小，$V_i=0$；假設

進出口位能變化可不考慮，$g(Z_e-Z_i)=0$，因此

$$h_i=h_e+\frac{1}{2}V_e^2$$

出口狀態爲200 kPa，200°C，爲過熱蒸汽。由附表3可得，$v_e=1.0803$ m³/kg，$h_e=2870.5$ kJ/kg。

由質量連續方程式，

$$V_e=\frac{\dot{m}v_e}{A_e}=\frac{0.35\times1.0803}{6.5\times10^{-4}}=581.7\text{ m/sec}$$

因此，進口之焓爲

$$h_i=2870.5+\frac{(581.7)^2}{2\times10^3}=3039.69\text{ kJ/kg}$$

由附表2，在400 kPa時，$h_g=2738.6$ kJ/kg。因$h_i>h_g$，故進口之狀態爲過熱蒸汽。由附表3可得，

$$T_i=285.44°\text{C}$$

【例題3-10】

有一容積爲0.3m³之容器，一半裝著液態水，而一半裝著水蒸汽，壓力爲3.5MPa。對水加熱，而一自動閥使飽和水蒸汽逸出，使得容器內之壓力維持不變。當液態水的一半蒸發時，則總加熱量爲若干？

解：令加熱前爲狀態1，水與水蒸汽之質量，m_{l_1}與m_{v_1}分別爲

$$m_{l_1}=\frac{V_{l_1}}{v_f}=\frac{0.15}{0.001235}=121.46\text{ kg}$$

$$m_{v_1}=\frac{V_{v_1}}{v_g}=\frac{0.15}{0.05707}=2.63\text{ kg}$$

令加熱後爲狀態2，而水與水蒸汽之質量，m_{l_2}與m_{v_2}分別爲

$$m_{l_2}=\frac{V_{l_2}}{v_f}=\frac{0.075}{0.001235}=60.73\text{ kg}$$

$$m_{v_2}=\frac{V_{v_2}}{v_g}=\frac{0.225}{0.05707}=3.94\text{ kg}$$

令水蒸汽之出口狀態爲e，則由第一定律能量平衡觀念可得

$$Q + U_1 = U_2 + H_e$$

或 $$Q = U_2 - U_1 + H_e$$

$$= (m_{l_2} u_f + m_{v_2} u_g) - (m_{l_1} u_f + m_{v_1} u_g) + [(m_{l_1} + m_{v_1}) - (m_{l_2} + m_{v_2})] h_g$$

$$= (m_{v_2} - m_{v_1}) u_g - (m_{l_1} - m_{l_2}) u_f + [(m_{l_1} + m_{v_1}) - (m_{l_2} + m_{v_2})] h_g$$

$$= (3.94 - 2.63) \times 2603.7 - (121.46 - 60.73) \times 1045.43 + [(121.46 + 2.63) - (60.73 + 3.94)] \times 2803.4$$

$$= 106500 \text{ kJ} = 106.5 \text{ MJ}$$

練習題

1. 試求下列各狀態下之比容：
 (a)氨，30°C，80％乾度。
 (b)冷媒-12，50°C，15％乾度。
 (c)水，8MPa，98％乾度。
 (d)氮，90K，40％乾度。
2. 試決定水在下列狀態下為壓縮液體、濕蒸汽，或過熱蒸汽：
 (a) 150 kPa，120°C。 (b) 0.35MPa，0.4 m^3/kg。
 (c) 160°C，0.4 m^3/kg。 (d) 200 kPa，110°C。
 (e) 300°C，0.01 m^3/kg。 (f) 5 kPa，10°C。
3. 一剛性容器裝有 100kPa 之飽和水。若將水加熱，水將經過其臨界點，則最初液態水所佔容積之百分比為若干？
4. 試決定下列物質在所示狀態下之乾度（若為飽和）或溫度（若為過熱）：
 (a)氨，20°C，0.1 m^3/kg；800 kPa，0.2 m^3/kg。
 (b)冷媒-12，400 kPa，0.04 m^3/kg；400 kPa，0.045 m^3/kg。
 (c)水，20°C，1 m^3/kg；8MPa，0.01 m^3/kg。
 (d)氮，0.5 MPa，0.08 m^3/kg；80 K，0.14 m^3/kg。
5. 一容器裝有 35°C 之冷媒-12，容積為 0.1 m^3，而液態與汽態佔有之容積相等。若添加冷媒-12 於容器內，使容器內冷媒-12 之質量增為 80 kg。假設添加過程中，溫度維持於 35°C，則最後液態之容積為若干？又，添加之冷媒-12 的質量為若干？
6. 一容積為 0.025 m^3 之剛性容器，裝有 30°C 的濕蒸汽 10 kg。將水緩慢地加熱，則容器內之水面將上升至容器之頂部，或下降至容器之底部？若容器內水之質量爲 1 kg，而非 10 kg，則情況又如何？

7. 容積爲 $0.1\,m^3$ 之容器 A，與另一容器 B 以閥相連接。最初，容器 A 內裝有 25°C，液態與汽態容積分別爲 10% 與 90% 之冷媒-12；而容器 B 爲眞空。閥打開後，兩容器最後達到 200 kPa 的平衡壓力。假設在達到平衡的過程中，適當的熱交換，使得冷媒-12 維持固定的 25°C 之溫度，則容器 B 之容積爲若干？

8. 試決定下列過程之焓、比容、乾度，及溫度的改變量。最初之壓力 p_i 爲 500 kPa，最後之狀態以 f 表示。

(a)等容過程：$v_i = 0.3\,m^3/kg$，$p_f = 350\,kPa$。

(b)等容過程：$h_i = 2500\,kJ/kg$，$p_f = 190\,kPa$。

(c)等容過程：$T_i = 200°C$，$p_f = 240\,kPa$。

9. 飼水（feedwater）在 20 MPa，300°C，以 50 kg/sec之流量進入鍋爐，則其體積流量（以 m^3/sec 表示）爲若干？若使用 300°C之飽和液體的性質，則百分誤差爲若干？

10. 一剛性容器裝有在 400 kPa下平衡存在的水與水蒸汽之混合物。若將此混合物加熱，將使其通過臨界點，則該混合物最初之乾度爲若干？

11. 3000 kPa，350°C之水蒸汽 2.5 kg，與 3000 kPa，40% 之乾度的濕蒸汽 0.8 kg 混合。試決定混合後之狀態（溫度或乾度）及比內能。

12. 1.4 MPa，90% 乾度之水蒸汽 1.5 kg，在一密閉系統內被加熱到 260°C。試求熱交換量，若加熱過程爲(a)等壓過程；(b)等容過程。

13. 如圖 3-14 所示，容器內裝有 100 kPa，40°C 的水 14 kg，將水加熱，直到容器內變爲 10 kg 的水蒸汽與 4 kg 的水平衡存在於 170°C，則需供給熱量爲若干？

14. 4°C之乾飽和氨汽 0.05 kg，在一密閉系統內被加熱至 700 kPa 與 60°C。加熱過程中，有 6.5 kJ的功作用於系統。試求熱交換量。

15. 一容積爲 $4\,m^3$ 的蒸汽鍋爐，最初裝有在 0.1 MPa 之壓力下平衡存在的水 $3\,m^3$ 及水蒸汽 $1\,m^3$。將鍋爐加熱，假設加熱過程中，沒有水的流進或流出，但當鍋爐內壓力升至 5 MPa時，一放洩閥將自動打開。試求在放洩閥打開前，所需供給之熱量。

16. 125 kPa 之乾飽和水蒸汽 0.05 kg裝於一密閉的剛性容器內。容器內有一由外部馬達帶動之蹼輪，其運轉造成水蒸汽的壓力上升至 180 kPa，而蹼

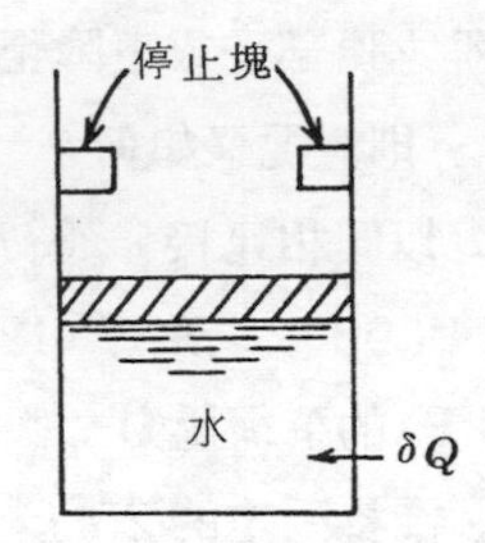

圖3-14 練習題13、17

輸加於水蒸汽的功爲 2 kJ。試繪出此過程之 p-v 圖，並求熱交換量。

17. 如圖 3-14 所示，在一垂直之汽缸與無摩擦之活塞內，裝有 700 kPa，15 °C的水 5 kg。將水緩慢地加熱，造成活塞上升直至達到與停止塊接觸，此時汽缸內之容積爲 0.5 m^3。對水繼續加熱，直到水全變爲飽和蒸汽。
(a)試繪出此過程之 p-V 與 T-V 圖。
(b)試求汽缸內最後的壓力。
(c)試決定熱交換量與功。
18. 水蒸汽在 600 kPa，200°C，以極小的速度進入蒸汽輪機，在 5 kPa，90% 之乾度，經 0.03 m^2 之截面面積自蒸汽輪機流出。蒸汽輪機之功率輸出爲 110 kW，水蒸汽之流量爲 900 kg/hr。試求熱交換率。
19. 一絕熱的活塞-汽缸裝置，裝有 25°C，乾度爲 90% 的冷媒-12 0.03 m^3。冷媒-12 向外膨脹作了 4 kJ 之功，而變爲飽和汽體。試求最後之溫度。
20. 水蒸汽在 0.3 MPa，150°C，以極小的速度進入蒸汽輪機，而在 10 kPa 以 150 m/sec 之速度流出。水蒸汽之流量爲 5 kg/sec，蒸汽輪機之功率輸出爲 1.5 MW。假設此過程爲絕熱的。試決定出口蒸汽之乾度（若爲濕蒸汽）或溫度（若爲過熱蒸汽）。
21. 兩個絕熱容器 A 與 B，以一閥相連接。容器 A 之容積爲 0.6 m^3，裝有 200 kPa，200°C的水蒸汽。容器 B 之容積爲 0.3 m^3，裝有 500 kPa，90% 乾度的水蒸汽。閥打開後，兩容器達到均衡之狀態，則最後壓力爲若干？
22. 水蒸汽在 450 kPa，90% 乾度，以 120 m/sec 之速度，進入一固定截面面積 0.005 m^2 之管子，而在 400 kPa，400°C 流出。水蒸汽之流量爲 1.6 kg/sec，試求加熱量，以 kJ/kg 表示。
23. 如圖 3-15 所示，絕熱容器以薄膜分隔爲 A、B 兩部分。A 之容積爲 0.03 m^3，內部爲眞空；B 之容積爲 0.014 m^3，內部含有 25°C 之冷媒-12 1.1 kg。薄膜的設計破裂壓力爲 2 MPa。

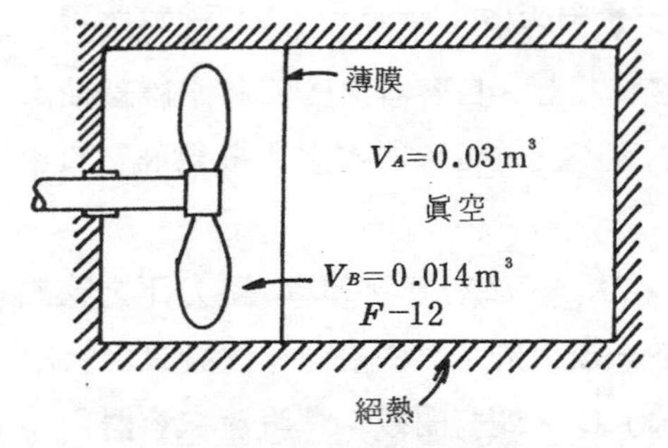

圖 3-15　練習題 23

(a)當薄膜破裂時，冷媒-12之溫度爲若干？

(b)試求扇葉所作之功。

(c)薄膜破裂後，容器達到熱力平衡時之壓力與溫度各爲若干？

24. 氨汽在 $-28°C$，90%之乾度，以 5.5 kg/min之流量進入一壓縮機，而在 1.4 MPa自壓縮機吐出。加於壓縮機之功率爲 35 kW，而壓縮時自氨汽移走之熱量爲 350 kJ/min 。試決定氨汽之吐出溫度。

25. 在 1.2 MPa 之壓力與 20°C之溫度的液態氨，以穩態穩流過程與 1.2 MPa 之壓力下的飽和氨汽混合。液體與汽體之質量流量相等，混合後之壓力爲 1.0 MPa ，乾度爲 85%。試求每 kg 混合物之熱交換量。

26. 圖 3-16所示之混合過程，係用以得到 229 kPa 之飽和液態氮。高壓氮汽被節流至混合室之壓力，再與流量爲 0.07 kg/sec之過冷液態氮混合。假設混合過程中有 0.05 kW 之熱量被加入，試求流入混合室之高壓氮汽的質量流量。

27. 一小的蒸汽輪機，水蒸汽之流量爲 0.17 kg/sec，作用於部分負載下的功率輸出爲 75 kW 。1.4 MPa ，250°C 的水蒸汽，在進入渦輪機之前，先被節流至 1.1 MPa ，而渦輪機之排出壓力爲 10 kPa 。試求排出蒸汽之乾度（若爲濕蒸汽）或溫度（若爲過熱蒸汽）。

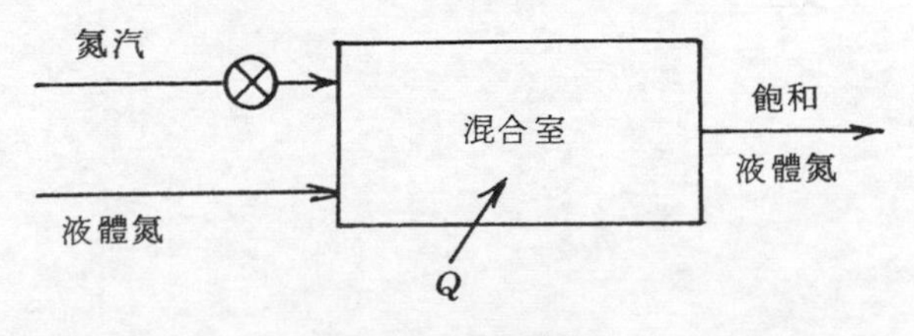

圖 3-16　練習題 26

28. 一容積為 $1\,m^3$ 之壓力容器，裝有 300°C 之濕蒸汽。最初，容器內之水與水蒸汽所佔之容積相等。自容器之底部將水緩緩抽出，同時對容器加熱，使其溫度維持固定不變。當容器內之質量為最初質量的一半時，總加熱量為若干？

29. 一容積為 $5\,m^3$ 之容器，裝有 0.2 MPa 壓力下之乾飽和水蒸汽。此容器以管道及閥連接於一極大的蒸汽供給源。假設來自供給源之蒸汽狀態固定為 0.6 MPa，200°C。閥打開後，蒸汽流入容器內，直到容器內壓力上升至 0.6 MPa 再將閥關閉。若此過程之熱交換量極微而可予忽略不計，則流入容器水蒸汽之質量為若干？

30. 一 500 升（ℓ）之低溫儲存桶，最初裝有 77.35 K之氮，其中液體佔 80%，而汽體佔 20%。假設自外界傳入桶內之熱量，維持 10W 的穩定速率，而引起桶內壓力的上升。儲存桶裝有一放洩閥，當壓力達到 500 kPa時，放洩閥將打開，使得飽和汽體逸出，而使桶內之壓力維持固定不變。
(a)當桶內 500 kPa 下的液體與汽體之容積相等時，已逸出之質量為若干？
(b)達到(a)所述之狀態，需時若干？

4

理想氣體

第三章討論純質之一般性質，包括固相、液相以及汽相。若分析的過程中，純質一直以汽相存在，且其狀態(或性質)滿足若干條件，則特別稱之爲理想氣體(ideal gas 或 perfect gas)。理想氣體的性質間，有特殊的關係存在，熱力分析通常較爲便捷。本章將討論何謂理想氣體，理想氣體若干性質間的關係，最後並將討論當系統使用之工作物爲理想氣體時，第一定律之分析。

4-1 理想氣體與理想氣體狀態方程式

當氣體存在之狀態，其壓力低而溫度高，亦即比容相當大或密度相當小，則該氣體可視爲理想氣體。但壓力多低始可視爲低壓？溫度多高始可視爲高溫？通常以該物質之臨界點爲比較之基準，當壓力低於臨界壓力即可視爲低壓，而當溫度高於臨界溫度的兩倍，即可視爲高溫。

以最常使用的空氣爲例，由表 3-1 知，其臨界壓力爲 3.85 MPa ，臨界溫度爲 132.4 K，故在一般應用範圍內，空氣均可視爲理想氣體。

然而，若壓力遠低於臨界壓力，則即使溫度不甚高；或當溫度遠高於臨界溫度的兩倍，則即使壓力不甚低；仍均可視爲理想氣體，而使用理想氣體的特殊關係式，所造成之誤差極小，一般在 1% 以內。

若將物質所存在狀態下之壓力、比容及溫度三者間之關係，以方程式表示，則該方程式稱爲狀態方程式(equation of state)。由實驗結果分析知，理想氣體之狀態方程式爲

$$pv = RT \tag{4-1}$$

式中 p 爲絕對壓力(kPa)，v 爲比容(m^3/kg)，T 爲絕對溫度(K)，而 R 稱爲某一氣體之氣體常數(gas constant ，kJ/kg-K)。氣體常數 R 又可寫爲

$$R = \frac{R_u}{M} \tag{4-2}$$

式中，R_u 稱爲通用氣體常數(universal gas constant)，其值爲

$$R_u = 8.31434 \text{ kJ/kmol-K}$$

M 爲某一氣體之分子量(molecular weight ，kg/kmol)。若干理想氣體之

分子量M及氣體常數，示於附表15。

理想氣體狀態方程式，方程式（4-1），又可寫成若干不同之形式。因比容v與密度ρ互成倒數，即$v=\frac{1}{\rho}$，因此

$$p=\rho RT \tag{4-3}$$

若考慮工作物之總質量m，因$mv=V$，故

$$pV=mRT \tag{4-4}$$

由方程式（4-2），及因$\frac{m}{M}=n$，n爲摩爾數（number of moles），因此

$$pV=nR_uT \tag{4-5}$$

【例題 4-1】

有一6 m×10m×4m 之空間，其內之壓力爲100kPa，溫度爲25°C，則空間內含有空氣之質量爲若干？

解：假設空氣爲理想氣體，由附表15，空氣之氣體常數，$R=0.287$ kJ/kg-K。由方程式（4-4），

$$m=\frac{pV}{RT}=\frac{100\times(6\times10\times4)}{0.287\times(25+273.15)}=280.5\text{ kg}$$

【例題 4-2】

2.5 kg之氮，在0°C之下佔有0.35 m³ 之容積，試求其壓力。

解：假設氮爲理想氣體，由附表15，氮之氣體常數，$R=0.29680$ kJ/kg-K。由方程式（4-4），

$$p=\frac{mRT}{V}=\frac{2.5\times0.29680\times(0+273.15)}{0.35}$$

$$=579.1\text{ kPa}$$

由表3-1，氮之臨界點性質，$p_c=3.39$ MPa，$T_c=126.2$ K，故理想氣體之假設顯屬合理。

【例題 4-3】

氫氣在0°C下，密度爲0.8 kg/m³，則其壓力爲若干？

解：假設氫氣爲理想氣體，由附表15，氫氣之氣體常數，$R=4.12418\ \mathrm{kJ/kg\text{-}K}$。由方程式（4-3），

$$p=\rho RT=0.8\times4.12418\times(0+273.15)$$
$$=901.2\ \mathrm{kPa}$$

由表 3-1，氫之臨界點性質，$p_c=1.30\ \mathrm{MPa}$，$T_c=33.3\mathrm{K}$，故理想氣體之假設顯屬合理。

【例題 4-4】

有一容積爲 $0.5\ \mathrm{m^3}$ 之容器，裝有分子量爲 24 的某理想氣體 10 kg，溫度爲25°C。試求壓力。

解：由方程式（4-4）與（4-2），

$$p=\frac{mRT}{V}=\frac{m(R_u/M)T}{V}$$

$$=\frac{10\times(8.31434/24)\times(25+273.15)}{0.5}$$

$$=2065.8\ \mathrm{kPa}$$

4-2 理想氣體之內能與焓

在討論理想氣體的內能與焓之前，首先須說明理想氣體的焦耳定律（Joule's law）。所謂焦耳定律是，理想氣體的內能僅只是溫度的函數，亦即

$$u=f(T) \tag{4-6}$$

焦耳定律係實驗分析所得之結果，故先將焦耳實驗簡述如下。如圖 4-1 所示，有一絕熱材料所構成之容器，其內裝滿水。水中另置有兩個較小之容器 A 與 B，其間以一閥予以接通。容器 A 內最初裝有與水達到熱平衡的某理想氣體（如空氣），而容器 B 最初爲眞空。當閥打開後，容器 A 之氣體將部分流至容

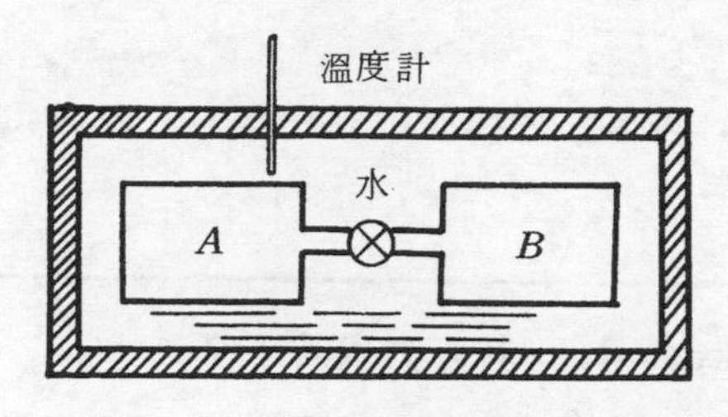

圖 4-1 焦耳實驗設備

器 B，而最後達到一平衡之狀態。最後之壓力低於最初之壓力，當然，最後之容積（ $A+B$ ）大於最初之容積（ A ）。但氣體的溫度及內能又發生如何的變化呢？

首先需瞭解的一點是，氣體所進行的此一膨脹過程，為自由膨脹（ free expansion ），與外界無功的交換，即 $W=0$ ，因此，由第一定律知

$$Q=\Delta U$$

若水之溫度升高，表示此過程有熱量自氣體傳至水，因此氣體之內能減少；若水之溫度降低，表示此過程有熱量自水傳至氣體，因此氣體之內能增加。但由焦耳實驗結果發現，水之溫度一直維持固定，表示該過程進行中，氣體與外界（ 水 ）無熱量之交換，因此其內能之大小不變。

第一章曾提及，一熱力性質可以兩個獨立性質之函數表示，因此內能可用溫度與容積（ 或比容 ）之函數，或溫度與壓力之函數表示。就焦耳實驗之過程而言，溫度不變，內能不變，但容積增加，而壓力降低。因此，內能不因容積或壓力之改變而發生變化，而僅隨著溫度的改變而發生變化。當溫度無改變，則內能亦不發生變化。因此，內能僅為溫度之函數，即 $u=f(T)$ 。

既然理想氣之內能僅為溫度之函數，但其函數關係又如何呢？令內能 u 可用溫度 T 與比容 v 兩性質之函數表示，因對氣體而言，溫度 T 與比容 v 兩性質必然是彼此獨立的。因此

$$u=f(T,v)$$

$$du=\left(\frac{\partial u}{\partial T}\right)_v dT+\left(\frac{\partial u}{\partial v}\right)_T dv$$

第三章第三節曾說明，$\left(\frac{\partial u}{\partial T}\right)_v$ 係定義為定容比熱 c_v。因此

$$du=c_v\,dT+\left(\frac{\partial u}{\partial v}\right)_T dv$$

此方程式可應用於任何純質，進行任何過程。但若工作物為理想氣體，由焦耳定律知，$\left(\frac{\partial u}{\partial v}\right)_T=0$ ，因此

$$du = c_v \, dT \qquad (4\text{-}7)$$

故理想氣體進行任一過程，其內能變化量可用定容比熱 c_v 表示，而 c_v 本身亦僅爲溫度之函數，此將於下節中再詳加討論。

若系統爲開放系統，則能量分析必需考慮焓值，因此理想氣體焓之特性亦需予以分析。由焓之定義，

$$h = u + pv$$

對理想氣體而言，$pv = RT$，因此

$$h = u + RT$$

上式中，u 僅爲溫度之函數，而 R 爲氣體常數，故 h 亦僅爲溫度之函數，即

$$h = \phi(T)$$

但其函數關係又如何呢？對氣體而言，壓力 p 與溫度 T 兩性質必然是彼此獨立的，因此焓 h 可用壓力 p 與溫度 T 兩性質之函數表示，即

$$h = \phi(p, T)$$

$$dh = \left(\frac{\partial h}{\partial p}\right)_T dp + \left(\frac{\partial h}{\partial T}\right)_p dT$$

第三章第三節中，定義 $\left(\dfrac{\partial h}{\partial T}\right)_p$ 爲定壓比熱 c_p，因此

$$dh = \left(\frac{\partial h}{\partial p}\right)_T dp + c_p \, dT$$

上式可應用於任何純質，進行任何過程，只要 p 與 T 是彼此獨立的。但若工作物爲理想氣體，因焓 h 僅爲溫度 T 之函數，故 $\left(\dfrac{\partial h}{\partial p}\right)_T = 0$，因此

$$dh = c_p \, dT \qquad (4\text{-}8)$$

因此，理想氣體進行任一過程，其焓之變化量可用定壓比熱 c_p 表示，而 c_p 本身

亦僅爲溫度之函數，此亦將於下節中詳予討論。

4-3　理想氣體之比熱

由焦耳定律知，理想氣體之內能與焓均僅爲溫度之函數，而其函數又可分別用 c_v 與 c_p 表示。故在進行能量分析之前，首先須定出 c_v 或 c_p。本節將討論定出 c_v 與 c_p 的方法，並將說明 c_v 與 c_p 間之關係。

(1)　比熱間之關係

由焓之定義，並考慮理想氣體

$$h = u + pv = u + RT$$

將上式微分，並以方程式（4-7）與（4-8）代入

$$dh = du + R\,dT$$
$$c_p\,dT = c_v\,dT + R\,dT$$

因此

$$c_p - c_v = R \tag{4-9}$$

雖然 c_p 與 c_v 均爲溫度的函數，但在某一溫度下，c_p 與 c_v 的差，永遠等於該氣體的氣體常數 R。若 c_p 與 c_v 分別以摩爾比熱（molar specific heat）$\overline{c_p}$ 與 $\overline{c_v}$ 表示，則方程式（4-9）可寫爲

$$\overline{c_p} - \overline{c_v} = R_u \tag{4-10}$$

故任何理想氣體，其摩爾比熱之差，即 $\overline{c_p} - \overline{c_v}$，永遠等於一常數，即通用氣體常數 R_u。因此，以 c_p 配合 R_u，即可求得 c_v，此即爲甚多圖或表僅示出定壓比熱，而未示出定容比熱的原因。同時，因 R 與 R_u 永遠爲正值，故由方程式（4-9）或（4-10）可知，定壓比熱永遠大於定容比熱。

此外，另定義一量 κ

$$\kappa = c_p / c_v \tag{4-11}$$

κ 稱爲等熵指數（isentorpic exponent），其意義將於討論第二定律及熵後再予說明。由方程式（4-9）與（4-11）可得

$$c_p = \frac{\kappa R}{\kappa - 1} \quad , \quad c_v = \frac{R}{\kappa - 1} \qquad (4\text{-}12)$$

故以 κ 及 R 可定出 c_p 與 c_v。κ 亦爲溫度之函數。

(2) 比熱之值

比熱之值的決定，可有下述數個方法，唯定容比熱經常需先定出定壓比熱，再配合氣體常數予以求出。

① 圖形法

因理想氣體之比熱僅爲溫度之函數，故若繪出比熱-溫度圖，即可自圖上讀取任何溫度下之比熱值；或以圖上某兩溫度間，曲線下之面積表示內能或焓之變化量。數種氣體在極低壓下（即可視爲理想氣體）之摩爾定壓比熱-溫度（ $\bar{c}_p$-T ）圖，示於圖4-2。

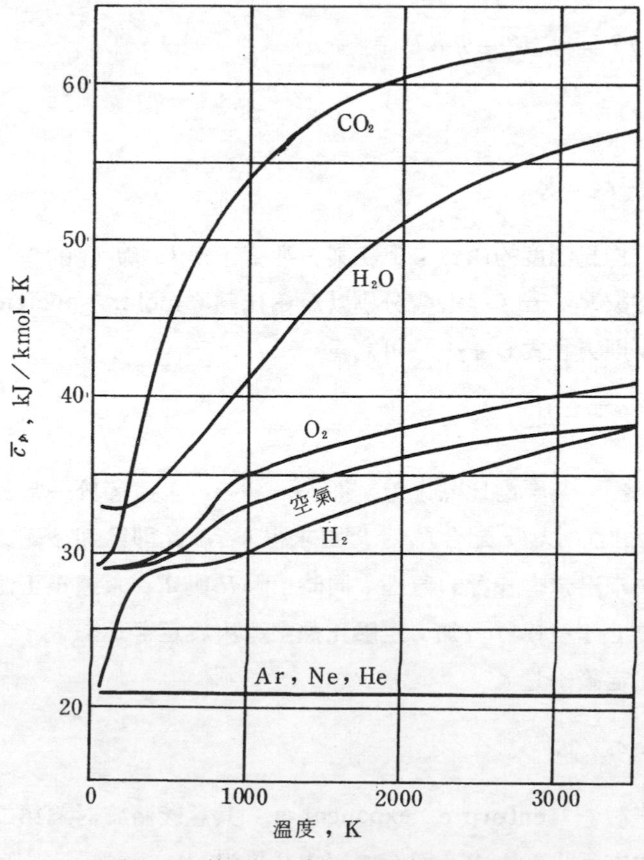

圖 4-2　數種氣體在極低壓下之定壓比熱

② 方程式法

若比熱與溫度間之關係可用方程式表示，則利用該方程式可求得某溫度下的比熱值；或由該方程式對溫度積分，則可求得在某兩溫度間內能或焓的改變量。數種理想氣體之摩爾定壓比熱與溫度的函數關係示於表 4-1。

③ 常數法

若理想氣體之比熱可視爲常數，則問題之分析將簡化不少。由於比熱實際上爲溫度之函數，故此常數值應如何決定？其一爲在所考慮的溫度範圍內，求取比熱之平均值（ $\widehat{c}_p$ 與 $\widehat{c}_v$ ），而將該值視爲常數應用於整個分析過程。比熱之平均值爲

$$\widehat{c}_v = \frac{\int_1^2 c_v \, dT}{T_2 - T_1} \quad , \quad \widehat{c}_p = \frac{\int_1^2 c_p \, dT}{T_2 - T_1} \tag{4-13}$$

然而，方程式（ 4-13 ）中的積分，仍需使用比熱與溫度的函數關係方程式，故仍相當繁雜。

第二個方法，也是最經常使用的方法，係將27°C 下的比熱值當作該氣體的比熱，而視爲常數。

表 4-1　數種理想氣體之摩爾定壓比熱

	$\overline{C}_p$=kJ/kmol-K	θ=T（K）/100	
氣　體		範　圍(K)	最大誤差(%)
N_2	$\overline{C}_p=39.060-512.79\theta^{-1.5}+1072.7\theta^{-2}-820.40\theta^{-3}$	300-3500	0.43
O_2	$\overline{C}_p=37.432+0.020102\theta^{1.5}+178.57\theta^{-1.5}+236.88\theta^{-2}$	300-3500	0.30
H_2	$\overline{C}_p=56.505-702.74\theta^{-0.75}+1165.0\theta^{-1}-560.70\theta^{-1.5}$	300-3500	0.60
CO	$\overline{C}_p=69.145-0.70463\theta^{0.75}-200.77\theta^{-0.5}+176.76\theta^{-0.75}$	300-3500	0.42
OH	$\overline{C}_p=81.546-59.350\theta^{0.25}+17.329\theta^{0.75}-4.2660\theta$	300-3500	0.43
NO	$\overline{C}_p=59.283-1.7096\theta^{0.5}-70.613\theta^{-0.5}+74.889\theta^{-1.5}$	300-3500	0.34
H_2O	$\overline{C}_p=143.05-183.54\theta^{0.25}+82.751\theta^{0.5}-3.6989\theta$	300-3500	0.43
CO_2	$\overline{C}_p=-3.7357+30.529\theta^{0.5}-4.1034\theta+0.024198\theta^{2}$	300-3500	0.19
NO_2	$\overline{C}_p=46.045+216.10\theta^{-0.5}-363.66\theta^{-0.75}+232.550\theta^{-2}$	300-3500	0.26
CH_4	$\overline{C}_p=-672.87+439.74\theta^{0.25}-24.875\theta^{0.75}+323.88\theta^{-0.5}$	300-2000	0.15
C_2H_4	$\overline{C}_p=-95.395+123.15\theta^{0.5}-35.641\theta^{0.75}+182.77\theta^{-3}$	300-2000	0.07
C_2H_6	$\overline{C}_p=6.895+17.26\theta-0.6402\theta^{2}+0.00728\theta^{3}$	300-1500	0.83
C_3H_8	$\overline{C}_p=-4.042+30.46\theta-1.571\theta^{2}+0.03171\theta^{3}$	300-1500	0.40
C_4H_{10}	$\overline{C}_p=3.954+37.12\theta-1.833\theta^{2}+0.03498\theta^{3}$	300-1500	0.54

當比熱視為常數時，則前述之 κ 亦為常數。數種理想氣體在27°C下之 c_p、c_v 與 κ 值示於附表15。

【例題 4-5】

1 kg之氧氣自300 K被加熱至1500 K，試求焓之改變量，假設氧氣可視為理想氣體。

解：由表4-1可得氧氣的比熱-溫度方程式，因此每一摩爾的焓改變量為

$$\overline{h}_2-\overline{h}_1=\int_{\theta_1}^{\theta_2}[37.432+0.020102\theta^{1.5}-178.57\theta^{-1.5}-178.57\theta^{-1.5}+236.88\theta^{-2}]\,100\,d\theta$$

$$=100\left[37.432\theta+\frac{0.020102}{2.5}\theta^{2.5}+\frac{178.57}{0.5}\theta^{-0.5}-236.88\theta^{-1}\right]_{\theta_1=3}^{\theta_2=15}$$

$$=40525\text{ kJ/kmol}$$

因此，每1 kg的焓改變量為

$$h_2-h_1=\frac{\overline{h}_2-\overline{h}_1}{M}=\frac{40525}{32}$$

$$=1266\text{ kJ/kg}$$

4-4 系統使用比熱為常數之理想氣體

若系統使用之工作物為理想氣體，且其比熱可視為常數，則其能量分析討論如下。

(1) 密閉系統

由第二章知，第一定律應用於密閉系統，其能量方程式為

$$q=(u_2-u_1)+w$$

因工作物為理想氣體，而比熱為常數，故上式可寫為

$$q=c_v(T_2-T_1)+w \qquad (4\text{-}14)$$

有甚多無摩擦之過程，其壓力與比容之關係可用下式表示

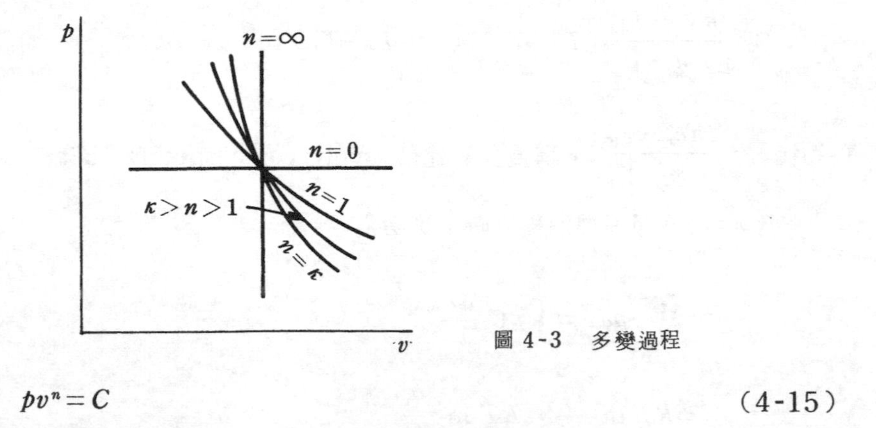

圖 4-3　多變過程

$$pv^n = C \tag{4-15}$$

此類過程統稱爲多變過程（polytropic process），其中 n 對某一過程爲一常數，稱爲多變指數（polytropic exponent）；C 爲常數。多變過程中的幾個特例爲，當 $n=0$ 時，$p=C$，即爲等壓過程；當 $n=\infty$ 時，$v=C$，即爲等容過程；當 $n=1$ 時，$pv=C$，當工作物爲理想氣體，則 $T=C$，即等溫過程。此等特殊過程示於圖 4-3 中。

若一密閉系統進行一無摩擦多變過程，則其功爲

$$w=\int_1^2 p\,dv=\int_1^2 Cv^{-n}\,dv$$

$$=\frac{C}{1-n}\left(v_2^{1-n}-v_1^{1-n}\right)$$

$$=\frac{1}{n-1}\left(p_1v_1-p_2v_2\right) \tag{4-16}$$

當工作物爲理想氣體時，方程式（4-16）又可寫爲

$$w=\frac{R}{n-1}\left(T_1-T_2\right) \tag{4-17}$$

除了 $n=1$（即等溫過程）外，方程式（4-17）可應用於所有的多變過程。將方程式（4-17）代入方程式（4-14），則

$$q=c_v\left(T_2-T_1\right)+\frac{R}{n-1}\left(T_1-T_2\right)=[nc_v-(c_v+R)](T_2-T_1)/n-1$$

$$= \frac{n c_v - c_p}{n-1} (T_2 - T_1) = c_n (T_2 - T_1) \tag{4-18}$$

式中 $c_n = \dfrac{n c_v - c_p}{n-1}$，稱爲多變比熱（polytropic specific heat）。

當 $n=1$（即等溫過程）時，則功爲

$$w = \int_1^2 p dv = \int_1^2 C \frac{dv}{v}$$

$$= RT \ln \frac{v_2}{v_1} = RT \ln \frac{p_1}{p_2} \tag{4-19}$$

由方程式（4-15）（$pv^n = C$）與方程式（4-1）（$pv = RT$），可得多變過程中任意兩個狀態間，壓力、溫度及比容間之關係爲

$$\frac{T_2}{T_1} = \left(\frac{p_2}{p_1} \right)^{(n-1)/n} = \left(\frac{v_1}{v_2} \right)^{n-1} \tag{4-20}$$

另一個經常考慮之過程爲可逆絕熱過程。當密閉系統進行一可逆絕熱過程，由第一定律知

$$\delta q = du + \delta w$$

若工作物爲理想氣體，則

$$O = c_v dT + p dv$$

由理想氣體狀態方程式 $pv = RT$ 可得，$dT = \dfrac{1}{R}(pdv + vdp)$，代入上式可得，

$$O = \frac{c_v}{R} (pdv + vdp) + pdv$$

$$O = vdp + \left(1 + \frac{R}{c_v} \right) pdv = vdp + \frac{c_v + R}{c_v} pdv$$

$$= vdp + \frac{c_p}{c_v} pdv = vdp + \kappa pdv$$

$$O=\frac{dp}{p}+\kappa\frac{dv}{v}$$

假設比熱爲常數，即 κ 爲常數，因此上式積分可得

$$pv^k=C \qquad (4\text{-}21)$$

故比熱爲常數之理想氣體，進行可逆絕熱過程時，其壓力與比容之關係爲 $pv^k=C$，而可視爲多變過程的一個特例，即 $n=\kappa$，此過程亦示於圖4-3中。因此，可逆絕熱過程之功可寫爲

$$w=\frac{1}{\kappa-1}(p_1v_1-p_2v_2)=\frac{R}{k-1}(T_1-T_2) \qquad (4\text{-}22)$$

而任意兩個狀態間，溫度、壓力與比容間之關係可寫爲

$$\frac{T_2}{T_1}=\left(\frac{p_2}{p_1}\right)^{(k-1)/k}=\left(\frac{v_1}{v_2}\right)^{k-1} \qquad (4\text{-}23)$$

由於等溫過程（$n=1$）與絕熱過程（$n=\kappa$）實際上甚難得到，因此一般過程係介於此兩種過程之間，即 $\kappa>n>1$。

【例題 4-6】

一活塞－汽缸裝置，最初裝有 150 kPa，25°C之氮氣，容積爲 $0.1\,m^3$。氮氣被壓縮至 1MPa 之壓力，與 150°C 之溫度，壓縮過程中熱自氮氣被移走，而加入之功爲 20 kJ。試求被移走之熱量。

解：假設氮氣爲理想氣體，而其比熱爲常數。由附表 15，$c_v=0.7448$ kJ/kg-K，$R=0.2968$ kJ/kg-K。由理想氣體狀態方程式，氮氣之質量爲

$$m=\frac{p_1V_1}{RT_1}=\frac{150\times0.1}{0.2968\times(25+273.15)}=0.1695\text{ kg}$$

由熱力學第一定律

$$Q=m(u_2-u_1)+W=mc_v(T_2-T_1)+W$$
$$=0.1695\times0.7448\times(150-25)+(-20)$$
$$=-4.2\text{ kJ}$$

故被移走之熱量爲 4.2 kJ

【例題 4-7】

一活塞 - 汽缸裝置內的氦氣，以 $pv^{1.5}=C$ 之方式無摩擦地膨脹。氦氣最初的壓力、溫度與容積分別爲 500 kPa 、300 K 與 0.1 m³ ，而最後的壓力爲 150 kPa 。試求此膨脹過程的功與熱傳量。

解：假設氦氣爲理想氣體，而其比熱爲常數。由附表 15 可得，$c_v=3.1156$ kJ/kg-K，$R=2.07703$ kJ/kg-K。由理想氣體狀態方程式，氦氣之質量爲

$$m=\frac{p_1V_1}{RT_1}=\frac{500\times0.1}{2.07703\times300}=0.08\ \text{kg}$$

由方程式（4-20），膨脹後之溫度爲

$$T_2=T_1\left(\frac{p_2}{p_1}\right)^{(n-1)/n}=300\left(\frac{150}{500}\right)^{(1.5-1)/1.5}$$

$$=200.83\ \text{K}$$

膨脹過程之功爲，方程式（4-17），

$$W=\frac{mR}{n-1}(T_1-T_2)=\frac{0.08\times2.07703}{1.5-1}(300-200.83)$$

$$=32.96\ \text{kJ}$$

由熱力學第一定律，熱交換量爲

$$Q=m(u_2-u_1)+W=m\,c_v(T_2-T_1)+W$$

$$=0.08\times3.1156\times(200.83-300)+32.96$$

$$=8.24\ \text{kJ}$$

【例題 4-8】

1 kg 之空氣，在一密閉系統內自 100 kPa ，5°C 被等溫地壓縮至 300 kPa 。試求(a)功，(b)熱傳量，及(c)內能之變化量。

解：假設空氣爲理想氣體，而其比熱爲常數。由附表 15 可得，$R=0.287$ kJ/kg-K。

(a)由方程式（4-19），壓縮之功爲

$$W=mRT\ln\frac{p_1}{p_2}=1\times0.287\times(5+273.15)\ln\frac{100}{300}$$

$=-87.7\ \text{kJ}$

(c)由於此爲等溫壓縮過程，而空氣爲理想氣體，故其內能維持不變，即 $\Delta U=0$ 。

(b)由熱力學第一定律，因 $\Delta U=0$ ，故

$$Q=W=-87.7\ \text{kJ}$$

【例題 4-9】

1kg的某理想氣體，在一密閉系統內自 100 kPa ，20°C，被可逆絕熱地壓縮至 400 kPa 。假設此氣體之比熱爲常數，而分別爲 $c_p=0.997\ \text{kJ/kg-K}$，$c_v=0.708\ \text{kJ/kg-K}$。試求(a)最初之容積，(b)最後之容積，(c)最後之溫度，及(d)功。

解：(a)由方程式（ 4-9 ），此理想氣體之氣體常數爲

$$R=c_p-c_v=0.997-0.708=0.289\ \text{kJ/kg-K}$$

由理想氣體狀態方程式，最初之容積爲

$$V_1=\frac{mRT_1}{p_1}=\frac{1\times 0.289\times(20+273.15)}{100}$$

$$=0.847\ \text{m}^3$$

(b)由方程式（ 4-11 ），此理想氣體之等熵指數 k 爲

$$k=\frac{c_p}{c_v}=\frac{0.997}{0.708}=1.408$$

由方程式（ 4-23 ），最後之容積爲

$$V_2=V_1\left(\frac{p_1}{p_2}\right)^{1/k}=0.847\left(\frac{100}{400}\right)^{1/1.408}$$

$$=0.316\ \text{m}^3$$

(c)最後之溫度，可由方程式（ 4-23 ）

$$T_2=T_1\left(\frac{p_2}{p_1}\right)^{(k-1)/k}=(20+273.15)\left(\frac{400}{100}\right)^{(1.408-1)/1.408}$$

$$=438.1\ \text{K}$$

或由理想氣體狀態方程式，

$$T_2 = T_1 \frac{p_2 V_2}{p_1 V_1} = (20 + 273.15) \frac{400 \times 0.316}{100 \times 0.847}$$
$$= 438.1\,\mathrm{K}$$

(d)由方程式（4-22），功爲

$$W = \frac{mR}{\kappa - 1}(T_1 - T_2) = \frac{1 \times 0.289}{1.408 - 1}(293.15 - 438.1)$$
$$= -102.67\,\mathrm{kJ}$$

或，因 $\frac{R}{\kappa - 1} = c_v$，或由第一定律，當 $Q = 0$（絕熱過程），因此

$$W = -m(u_2 - u_1) = m\,c_v(T_1 - T_2)$$
$$= 1 \times 0.708(293.15 - 438.1)$$
$$= -102.63\,\mathrm{kJ}$$

(2) 穩態穩流系統

由第二章知，第一定律應用於只有一進口及一出口之穩態穩流系統時，其能量方程式爲

$$q = (h_e - h_i) + \frac{1}{2}(V_e^2 - V_i^2) + g(Z_e - Z_i) + w$$

若工作物爲理想氣體，而其比熱爲常數，則上式可寫爲

$$q = c_p(T_e - T_i) + \frac{1}{2}(V_e^2 - V_i^2) + g(Z_e - Z_i) + w \qquad (4\text{-}24)$$

又，穩態穩流系統進行一無摩擦（可逆）過程時，其功可寫爲

$$w = -\int_i^e v\,dp - \frac{1}{2}(V_e^2 - V_i^2) - g(Z_e - Z_i)$$

因此方程式（4-24）又可寫爲

$$q = c_p(T_e - T_i) - \int_i^e v\,dp \qquad (4\text{-}25)$$

若進出口間所進行的爲多變過程（$pv^n = C$），則

$$-\int_i^e v\,dp = -\int_i^e C^{1/n} p^{-1/n}\,dp$$

$$= -C^{1/n} \cdot \frac{n}{n-1} \left[p_e^{(n-1)/n} - p_i^{(n-1)/n} \right]$$

$$= \frac{n}{n-1} (p_i v_i - p_e v_e)$$

$$= \frac{nR}{n-1} (T_i - T_e)$$

因此，功可寫爲

$$w = \frac{nR}{n-1} (T_i - T_e) - \frac{1}{2} (V_e^2 - V_i^2) - g (Z_e - Z_i) \qquad (4\text{-}26)$$

而方程式（4-25）又可寫爲

$$q = c_p (T_e - T_i) + \frac{nR}{n-1} (T_i - T_e)$$

$$= \frac{1}{n-1} \left[n (c_p - R) - c_p \right] (T_e - T_i)$$

$$= \frac{n c_v - c_p}{n-1} (T_e - T_i) = c_n (T_e - T_i) \qquad (4\text{-}27)$$

式中多變比熱 $c_n = \frac{n c_v - c_p}{n-1}$。方程式（4-27）與方程式（4-18）相類似。

方程式（4-26）與（4-27）不可應用於 $n=1$，或等溫過程。當 $n=1$ 時，則功爲

$$w = -\int_i^e v\,dp - \frac{1}{2} (V_e^2 - V_i^2) - g (Z_e - Z_i)$$

$$= -\int_i^e C \frac{dp}{p} - \frac{1}{2} (V_e^2 - V_i^2) - g (Z_e - Z_i)$$

$$= RT \ln \frac{p_i}{p_e} - \frac{1}{2} (V_e^2 - V_i^2) - g (Z_e - Z_i)$$

$$= RT \ln \frac{v_e}{v_i} - \frac{1}{2} (V_e^2 - V_i^2) - g (Z_e - Z_i) \qquad (4\text{-}28)$$

方程式（4-20）亦可應用於穩態穩流系統之多變過程，即在進出口間，

$$\frac{T_e}{T_i} = \left(\frac{p_e}{p_i} \right)^{(n-1)/n} = \left(\frac{v_i}{v_e} \right)^{n-1} \qquad (4\text{-}29)$$

若穩態穩流系統，進行一可逆絕熱過程，則由第一定律能量方程式，

$$\delta q = dh + d(\text{KE}) + d(\text{PE}) + \delta w$$

工作物為理想氣體，其比熱為常數；$\delta w = -v\,dp - d(\text{KE}) - d(\text{PE})$，又絕熱過程，$\delta q = 0$，因此上式可寫為

$$O = c_p\,dT - v\,dp$$

由理想氣體狀態方程式 $pv = RT$ 可得，$dT = \frac{1}{R}(\,p\,dv + v\,dp\,)$，代入上式可得

$$O = \frac{c_p}{R}(\,p\,dv + v\,dp\,) - v\,dp$$

$$O = p\,dv + \left(1 - \frac{R}{c_p}\right) v\,dp = p\,dv + \frac{c_p - R}{c_p}\,v\,dp$$

$$= p\,dv + \frac{c_v}{c_p}\,v\,dp = p\,dv + \frac{1}{\kappa}\,v\,dp$$

$$O = \frac{dp}{p} + \kappa\frac{dv}{v}$$

因 κ 為常數，故上式積分可得

$$pv^k = C \qquad (4\text{-}21)$$

因此，比熱為常數之理想氣體，進行一可逆絕熱過程，不論密閉系統或穩態穩流系統，其過程均可以 $pv^k = C$ 表示。方程式（4-23）亦可應用於進出口之間，即

$$\frac{T_e}{T_i} = \left(\frac{p_e}{p_i}\right)^{(k-1)/k} = \left(\frac{v_i}{v_e}\right)^{k-1} \qquad (4\text{-}30)$$

而過程之功可寫為

$$w = \frac{\kappa R}{\kappa - 1}(\,T_i - T_e\,) - \frac{1}{2}(\,V_e^2 - V_i^2\,) - g(\,Z_e - Z_i\,) \qquad (4\text{-}31)$$

或，因 $\frac{\kappa R}{\kappa - 1} = c_p$，因此又可寫為

$$w = c_p(T_i - T_e) - \frac{1}{2}(V_e^2 - V_i^2) - g(Z_e - Z_i)$$

$$= -(h_e - h_i) - \frac{1}{2}(V_e^2 - V_i^2) - g(Z_e - Z_i)$$

【例題 4-10】

一壓縮機，將空氣自 100 kPa，5°C之狀態吸入，而以多變過程 $pv^{1.35} = C$ 壓縮至 300 kPa 的排出壓力。空氣之流量爲 2.5 kg/sec。假設流入之速度極低，而流出之速度爲 180 m/sec。試求壓縮所需之功率，壓縮過程中，冷却水帶走的熱量率，及出口之截面積。

解：由方程式（4-29），出口處空氣之溫度爲

$$T_e = T_i\left(\frac{p_e}{p_i}\right)^{(n-1)/n} = (5 + 273.15)\left(\frac{300}{100}\right)^{(1.35-1)/1.35}$$

$$= 369.8\,\text{K}$$

假設進出口間位能之變化可忽略不計，而 $V_i = 0$　因此由方程式（4-26）可得

$$w = \frac{nR}{n-1}(T_i - T_e) - \frac{V_e^2}{2}$$

$$= \frac{1.35 \times 0.287}{1.35 - 1}(278.15 - 369.8) - \frac{(180)^2}{2 \times 10^3}$$

$$= -117.66\,\text{kJ/kg}$$

故壓縮所需之功率 $\dot{W}$ 爲

$$\dot{W} = \dot{m}w = 2.5 \times (-117.66) = -294.15\,\text{kW}$$

由方程式（4-27），

$$q = c_p(T_e - T_i) + \frac{nR}{n-1}(T_i - T_e)$$

$$= \left(1.0035 - \frac{1.35 \times 0.287}{1.35 - 1}\right)(369.8 - 278.15)$$

$$= -9.49\,\text{kJ/kg}$$

故冷却水所帶走之熱量率 $\dot{Q}$ 爲

$$\dot{Q}=\dot{m}q=2.5\times(-9.49)=-23.73\text{ kW}$$

由理想氣體狀態方程式，出口處空氣之比容為

$$v_e=\frac{RT_e}{p_e}=\frac{0.287\times 369.8}{300}=0.354\text{ m}^3/\text{kg}$$

由質量連續方程式，出口之截面積為

$$A_e=\frac{\dot{m}v_e}{V_e}=\frac{2.5\times 0.354}{180}=4.92\times 10^{-3}\text{ m}^2$$

$$=49.2\text{ cm}^2$$

【例題 4-11】

一離心式壓縮機，吸入 80 kPa，5°C 之空氣，可逆絕熱地壓縮至 240 kPa，進口之速度極低，出口之速度為 180 m/sec，出口之截面積為 0.05 m²。試求壓縮機所需之功率。

解：由方程式（4-30），出口之溫度為

$$T_e=T_i\left(\frac{p_e}{p_i}\right)^{(k-1)/k}=(5+273.15)\left(\frac{240}{80}\right)^{(1.4-1)/1.4}$$

$$=380.7\text{ K}$$

假設進出口間之位能變化可忽略不計，又 $V_i=0$，因此由方程式（4-31）可得

$$w=\frac{\kappa R}{\kappa-1}(T_i-T_e)-\frac{V_e^2}{2}$$

$$=\frac{1.4\times 0.287}{1.4-1}(278.15-380.7)-\frac{(180)^2}{2\times 10^3}$$

$$=-119.2\text{ kJ/kg}$$

由理想氣體方程式，出口之比容為

$$v_e=\frac{RT_e}{p_e}=\frac{0.287\times 380.7}{240}=0.455\text{ m}^3/\text{kg}$$

由質量連續方程式，空氣之流量為

$$\dot{m}=\frac{A_eV_e}{v_e}=\frac{0.05\times 180}{0.455}=19.78\text{ kg/sec}$$

故壓縮機所需之功率為

$$\dot{W}=\dot{m}w=19.78\times(-117.66)$$
$$=-2327\,\text{kW}=-2.327\,\text{MW}$$

第二章第五節所討論的，第一定律應用於一般開放系統之觀念，亦可應用於使用理想氣體爲工作物時之情況。現以二個例題說明其應用。

【例題 4-12】

一容積爲 $0.6\,\text{m}^3$ 之容器，內裝有 800 kPa，6°C 之空氣。對空氣加熱，使其溫度上升，但有一放洩閥排出空氣，使內部壓力維持固定的 800 kPa。試問將空氣溫度升至100°C，所需加入之熱量爲若干？

解：令容器內空氣最初之狀態爲1，最後之狀態爲2，而排出空氣之狀態爲 e。假設排出空氣之溫度，可視爲最初溫度與最後溫度的平均值，即

$$T_e=\frac{1}{2}(T_1+T_2)=\frac{1}{2}(6+100)=53°\text{C}$$

容器內最初與最後之質量，m_1 與 m_2，分別爲

$$m_1=\frac{p_1V}{RT_1}=\frac{800\times0.6}{0.287(6+273.15)}=5.99\,\text{kg}$$

$$m_2=\frac{p_2V}{RT_2}=\frac{800\times0.6}{0.287(100+273.15)}=4.48\,\text{kg}$$

故排出空氣之質量 m_e 爲

$$m_e=m_1-m_2=5.99-4.48=1.51\,\text{kg}$$

由第一定律能量平衡知

$$Q+m_1u_1=m_2u_2+m_eh_e$$

假設空氣爲理想氣體，其比熱爲常數；同時排出空氣之焓值，可取爲溫度 T_e 下之焓，而視爲常數。因此

$$Q=m_2c_vT_2+m_ec_pT_e-m_1c_vT_1$$
$$=4.48\times0.7165\times(100+273.15)+1.51\times1.0035\times$$
$$\times(53+273.15)-5.99\times0.7165\times(6+273.15)$$
$$=493.93\,\text{kJ}$$

【例題 4-13】

一容積爲 $0.3\,m^3$ 之絕熱容器，裝有 100 kPa，15°C之氧氣。容器以閥及管路連接至一極大的氧氣源，管路上之氧氣爲 700 kPa，50°C。閥打開後，氧氣流入容器，當內部壓力達 700 kPa 時，將閥關閉，試問此時容器內氧氣之溫度爲若干？

解：令容器內氧氣最初之狀態爲1，最後之狀態爲2，而流入氧氣之狀態爲 i，可視爲固定。

由附表 15，可得氧氣之性質，$R=0.25983$ kJ/kg-K，$c_p=0.9216$ kJ/kg-K，$c_v=0.6618$ kJ/kg-K。容器內最初與最後氧氣之質量 m_1 與 m_2 分別爲

$$m_1=\frac{p_1V}{RT_1}=\frac{100\times 0.3}{0.25983\times(15+273.15)}=0.4\text{ kg}$$

$$m_2=\frac{p_2V}{RT_2}=\frac{700\times 0.3}{0.25983\,T_2}=\frac{808.2}{T_2}\text{ kg}$$

由第一定律能量平衡可得

$$m_ih_i+m_1u_1=m_2u_2$$

$$(m_2-m_1)c_pT_i+m_1c_vT_1=m_2c_vT_2$$

$$\left(\frac{808.2}{T_2}-0.4\right)0.9216\times(50+273.15)+0.4\times 0.6618\times(15+273.15)$$

$$=\frac{808.2}{T_2}\times 0.6618\,T_2$$

對上列方程式解 T_2，可得

$$T_2=416.63\text{ K}=143.48\text{°C}$$

練習題

1. 一容積爲 $2.5\,m^3$ 之容器，裝有壓力爲 100 kPa，溫度爲 30°C之氮氣。試問容器內氮氣之質量爲若干？
2. 一容積爲 $2\,m^3$之容器，裝有壓力爲 50 kPa，溫度爲 60°C之氧氣；另一容

積相同之容器，則裝有壓力爲30 kPa，溫度爲25°C之氧氣。兩容器間接有一閥，閥打開後達到一均衡之壓力。經過足夠長的時間之後，兩容器內氧氣的溫度測得均爲20°C，則壓力爲若干？

3. 一容器裝有壓力與溫度分別爲950 kPa與50°C的空氣40 kg。由於密封不盡理想，致使部分空氣逸出，待發現時容器內之壓力已降至400 kPa，而溫度變爲25°C。試問逸出之空氣量爲若干？

4. 若欲將氬氣儲存於一直徑爲0.2m，高度爲0.6m的圓柱桶內，而該桶之最大容許壓力與溫度爲1800 kPa與60°C，則最多可儲存氬氣多少摩爾？

5. 一理想氣體自500K被加熱至1000K，假設其比熱爲常數（附表15）。試求每kg焓之改變量，並討論其準確度，當氣體爲(a)氦；(b)氮；(c)二氧化碳。

6. 1kg之氮氣自30°C被加熱至1500°C，試以下列方法求取焓之改變量：
(a)假設比熱爲常數，使用附表15之值。
(b)假設比熱爲常數，其值爲平均溫度時之比熱，使用表4-1之方程式。
(c)考慮比熱爲溫度之函數，由表4-1之方程式積分。

7. 空氣在一活塞-汽缸之裝置內，被一壓力與容積間之關係爲 $pV^{1.25}=C$ 的似平衡過程所壓縮。空氣之質量爲0.1 kg，最初壓力爲100 kPa，而最初溫度爲20°C。若最後之容積爲最初之容積的1/8，試求功與熱交換量。

8. 一容積爲0.15 m³的密閉剛性容器，最初含有100 kPa，5°C的空氣。容器內有一由外部馬達帶動的蹼輪對空氣作功，同時有20 kJ的熱量加於空氣。最後之壓力爲210 kPa。試繪出過程之 p-V 圖，並計算加於空氣的功。

9. 某理想氣體在一密閉系統內，自800 kPa之壓力與0.25 m³之容積，膨脹至0.75 m³的容積。若膨脹過程中，溫度維持固定的300K，試求此過程的功。

10. 2kg的空氣，在一密閉系統內有200 kPa，670°C，膨脹至100 kPa，590°C，而對外輸出140 kJ的功。試求熱交換量。

11. 若練習題9中的理想氣體，其氣體常數 $R=0.287$ kJ/kg-K，則單位質量之功爲若干？

12. 一容積爲0.17 m³的密閉剛性容器，最初含有100 kPa，5°C的空氣。容器內有一由外部馬達帶動的蹼輪，在3 min內對空氣作了0.15 kW的功，同時有10 kJ的熱自空氣移走。試求每kg空氣的內能改變量。

13. 空氣在一汽缸－活塞裝置內，自 100 kPa 被 $pV^{1.3}=C$ 的過程壓縮至1500 kPa 。空氣最初之溫度爲 300 K，試求壓縮 100 kg 的空氣所需之功。

14. 分子量爲 40 kg/kmol 的理想氣體 0.1 kg，在一密閉系統內自 100 kPa，60°C，等壓地膨脹至 170°C。過程中有 5.0 kJ 的熱被加於氣體，試求該理想氣體的定容比熱值。

15. 氮氣自 1000 kPa，290 K，等溫地膨脹至 200 kPa，試求每 kg 氮氣膨脹所作出之功。

16. 空氣在一密閉系統內，自 100 kPa 被等溫地壓縮至 1000 kPa。空氣的最初溫度爲 18° C，而其質量爲 40 g 。試繪出此過程之 p-V 圖，至少需定出五個狀態點。

17. 氮氣在一密閉系統內，自 0.2 m^3 被加熱而膨脹至 0.85 m^3 。膨脹過程中壓力維持於 1000 kPa ，試求氮氣對外所作之功，及其最後溫度。假設質量爲 1 kg 。

18. 若欲將練習題 17 中之氮氣，以一等溫過程壓縮回復至其最初的容積，試求壓縮所需之功，及最後之壓力。請繪出此過程之 p-V 圖。

19. 氧氣被一 $pV^{1.2}=C$ 的過程所壓縮，其最初狀態爲 98 kPa 與 20°C，而最後壓力爲 1000 kPa。試求壓縮 100 kg 的氧氣所需之功，並與等溫壓縮時所需之功作比較。

20. 空氣在一活塞－汽缸之裝置內，以 $pV=C$ 之方式膨脹。空氣的最初壓力與溫度分別爲 400 kPa 與 5°C，佔有 0.015 m^3 的容積。假設重力加速度 $g=9.69\text{ m/sec}^2$ 。

(a)若欲作出 8.15 kJ 的功，則空氣需膨脹至何壓力？

(b)系統內空氣之質量爲若干？

21. 500 kPa，60° C 的某理想氣體在一活塞－汽缸之裝置內，佔有 0.02 m^3 的容積。活塞之直徑爲 80 cm，而其上置有若干重物。若將部分重物移走，則氣體膨脹至 170 kPa 與 25°C 。假設此膨脹過程可視爲多變過程，而理想氣體之氣體常數 $R=0.18892$ kJ/kg-K。試求(a)多變指數 n；(b)最後之容積；(c)功。

22. 二氧化碳在一密閉系統內，自 280 kPa，170°C，0.06 m^3，以 $pV^{1.3}=C$ 膨脹至 0.12 m^3 。試求功與熱交換量。

23. 空氣在 100 kPa，10°C 進入一壓縮機，被壓縮至 1000 kPa，50°C。空

氣之流量爲 15 kg/min，試求壓縮機所需之功率。說明分析時所加上的假設。

24. 空氣在 500 kPa，200°C 進入一氣輪機，而在 100 kPa，25°C 流出。空氣流經氣輪機時，有 35 kJ/kg 的熱量被移走。空氣之流量爲 630 kg/hr。若進出口間動能與位能之改變量可忽略不計，則氣輪機之功率輸出爲若干？

25. 空氣以極低之速度進入一噴嘴。進口的壓力與溫度分別爲 400 kPa 與 20°C，而出口的壓力爲 270 kPa。噴嘴出口之截面面積爲 4000 mm^2。假設空氣流經噴嘴爲絕熱過程，則空氣之流量爲若干？

26. 空氣在 700 kPa，170°C，以極低之速度進入一噴嘴，而絕熱地膨脹至 350 kPa。噴嘴出口之截面面積爲 5.2 cm^2。試求出口之速度。

27. 一氣輪機動力廠的壓縮機，吸入 95 kPa 與 20°C 的空氣，以 $pv^{1.3}=C$ 之過程將空氣壓縮至 800 kPa。進口之速度極低可忽略不計，出口之速度爲 100 m/sec。加於壓縮機之功率爲 2500 kW，其中 20% 以熱之形式被自壓縮機移走。試求空氣之流量。

28. 流量爲 1 kg/sec 之空氣，被一理想壓縮機，自 100 kPa，5°C，等溫地壓縮至 500 kPa。空氣流經壓縮機，其動能增加 12 kJ/kg，而有 130 kJ/kg 的熱量被移走。試求壓縮機所需之功率。

29. 一高速之渦輪機，使用壓縮空氣爲工作物。空氣在 600 kPa 與 50°C 進入渦輪機，絕熱地膨脹，而在 80 kPa 流出。若渦輪機之功率輸出爲 2.5 kW，則空氣之流量需爲若干？

30. 1 kg 之空氣在一密閉系統內，自 100 kPa，20°C 被無摩擦絕熱地壓縮至 1 MPa。試求(a)內能之改變量，(b)焓之改變量，(c)功。

31. 空氣穩態穩流地流經一開放系統，其進口與出口之性質表列如下：

	進　口	出　口
壓　力	15 MPa	5 MPa
溫　度	490°C	210°C
速　度	350 m/sec	50 m/sec
高　度	753 m	705 m
質量流率	56 kg/sec	56 kg/sec

4 kJ/sec之熱量自系統移走，而自系統作出之功率爲6000 kW 。試求系統內積聚能量之速率。

32. 一容積爲$2.8\,m^3$之容器，最初裝有700 kPa，38°C之空氣。熱以6 kJ/sec的固定速率加於空氣，同時一自動閥使空氣以0.02 kg/sec的固定流量流出。試問5min之後，容器內空氣之溫度爲若干？

33. 一眞空容器，外接至內有壓力爲1000 kPa，溫度爲25°C之空氣的管道。一閥可控制空氣自管道流入容器之流量。試問當容器內空氣壓力達1000 kPa時，其溫度爲若干？假設空氣自管道流入容器爲絕熱過程。

34. 一容積爲V之容器，裝有最初在p_i與T_i的某理想氣體。氣體自容器上的一小開口洩漏，直到壓力降爲p_f，同時對氣體加熱，使其溫度維持固定。不計動能與位能之改變，試求需加入之熱量。以下列諸量表示：V、p_i、p_f、T_i、m_i與m_f。

35. 如圖 4-4 所示，絕熱容器B之容積爲$0.3\,m^3$，而最初爲眞空。汽缸A最初之容積爲$0.15\,m^3$，含有3.5MPa，20°C之空氣。活塞面積爲$0.03\,m^2$，而彈簧常數爲40 kN/m。假設彈簧力與變形距離呈線性變化。現將閥打開，使空氣流入容器B直到$p_B=1.5\,MPa$，立即將閥關閉。在過程進行時，對汽缸A加熱，使得其內空氣之溫度T_A維持不變。試決定

(a)容器B最後的溫度與空氣質量。

(b)汽缸A最後的壓力與容積。

(c)過程中加於A之熱量。

36. 某理想氣體以M kg/sec 的固定流量，自一絕熱容器逸出。試導出容器內氣體之壓力與溫度，對時間的改變率之代表式，以M及氣體在任一瞬間之性質表示之。

37. 對容積爲V的容器內之理想氣體加熱，使其溫度自T_i上升至T_f，同時一壓力閥使空氣逸出，而保持容器內的壓力固定。試導出加熱量的代表式。

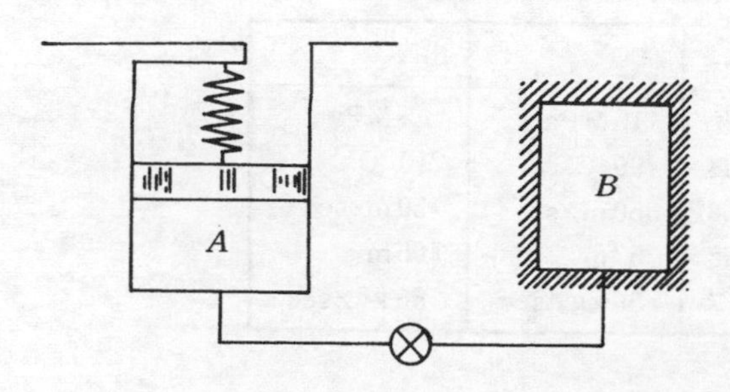

圖 4-4 練習題 4-35

5

熱力學第二定律

熱力學第一定律說明在一過程中，熱與功間之關係，並定義出儲能此一極有用的熱力性質。然而，第一定律僅表示進行一過程時，能量之平衡觀念，但並未指明過程之方向性與能量轉換之程度。

某些過程，雖然可滿足第一定律能量之平衡，但事實上却是無法存在之過程。例如，一杯熱水置於大氣中，將把熱量傳至大氣而造成水溫的降低。由熱力學第一定律知，若自大氣將等量之熱傳至水，將使水回升至原來之溫度。然而，熱量自較低溫的大氣，傳至較高溫的水，爲一不可能的過程。

在滿足第一定律之原則下，能量間之轉換（如由熱轉換爲功），是無限制的（即熱可全部轉換爲功）。例如一蒸汽動力廠，在鍋爐（蒸汽發生器）所加入之熱量，全部轉換爲功，並不違反第一定律。但實際的蒸汽動力廠，在鍋爐所加入之熱量中的一部分，必定傳至外界而損失掉，即轉換爲功的熱量有一最大極限。

說明過程之可行性及能量轉換之程度的，稱爲熱力學第二定律。任一過程（或循環）須同時滿足第一定律與第二定律。

5-1 熱力學第二定律

熱力學第二定律有數種不同的解說，而彼此之間似乎無任何關係存在。但，若接受其中的一個解說，則基於該解說的觀點，可證明其它解說。然而，作爲基礎觀點的解說，則無法由任何自然定律予以證明或推導。

熱力學第二定律兩個最有名的解說爲克勞休斯（Clausius）解說與凱爾敏-普蘭克（Kelvin-Planck）解說。

(1) 克勞休斯解說：不可能設計製造出一個設備，在完成一循環時，除了將熱量自低溫處傳至高溫處外，沒有產生其它任何的效應。

熱量並非無法自低溫處傳至高溫度處，惟需有外來因素（通常爲功）的幫助；此即爲冷凍設備之作用。因此，克勞休斯解說或可敍述爲：無外來因素的幫助，熱無法自行由低溫處移至高溫處。

(2) 凱爾敏-普蘭克解說：不可能設計製造出一個設備，在完成一循環時，僅與單一固定溫度之物體作熱交換，而產生功。

自某一溫度下之物體吸收熱量，並非無法產生功，惟部分熱量需在較低溫下放出，即需與另一溫度之物體作熱交換；此即爲一般熱機之作用。因此，凱爾敏-普蘭克解說或可敍述爲：一設備完成一循環時，僅自單一溫度之熱源吸收熱量，而把熱量全部轉換爲功，是不可能的。

若一物體（或系統）之熱容量極大，其溫度不因有限的熱量之加入或移走而改變，則稱該物體（或系統）爲熱槽（heat sink）或熱源（heat source），例如大氣、河水、湖水等。

第二定律的克勞休斯解說與凱爾敏-普蘭克解說，實際上彼此是對等的。以下使用反證法予以證明，即若一設備違反其中一解說，則必然同時違反另一解說。此違反第二定律解說之設備，稱爲違反器（violator）。

如圖 5-1(a)所示，一克勞休斯違反器，作用於低溫熱源 T_L 與高溫熱槽 T_H 間，將 Q_L 之熱量自低溫 T_L 傳至高溫 T_H。另有一熱機（實際上可存在者）同時作用於高溫熱源 T_H 與低溫熱槽 T_L 間，自熱源 T_H 吸收 Q_H 之熱量，對外作出 W 之功，而將 Q_L 之熱量放出至熱槽 T_L。現將克勞休斯違反器與熱機之組合視爲一體，則與 T_L 之淨熱交換爲零，而自 T_H 吸收之淨熱量爲（Q_H-Q_L），而對外所作之功 W，由第一定律知等於（Q_H-Q_L），如圖 5-1(b)所示。故知，此組合設備僅自單一溫度之熱源 T_H 吸收熱量，而對外作出等量的功，違反了凱爾敏-普蘭克解說。因此，此組合設備係屬不可能，但熱機爲一可能之設備，故問題即在於克勞休斯違反器。因此，違反克勞休斯解說，同時亦違反凱爾敏-普蘭克解說。

其次參考圖 5-2(a)，一凱爾敏-普蘭克違反器，自高溫熱源 T_H 吸收 Q_H 之熱量，而對外作出等量的功 W。另有一冷凍機（實際上可存在者）作用於低溫熱源 T_L 與高溫熱槽 T_H 之間，自熱源 T_L 吸收 Q_L 之熱量，配合功 W 之幫助，將（Q_H+Q_L）之熱量傳至熱槽 T_H。現將凱爾敏-普蘭克違反器與冷凍機之組合視爲一體，則違反器所作出之功可用以帶動冷凍機，故組合設備與外界無功之作用；與 T_L 之熱交換爲 Q_L，而與 T_H 之淨熱交換量亦爲 Q_L 如圖 5-2(b)所示

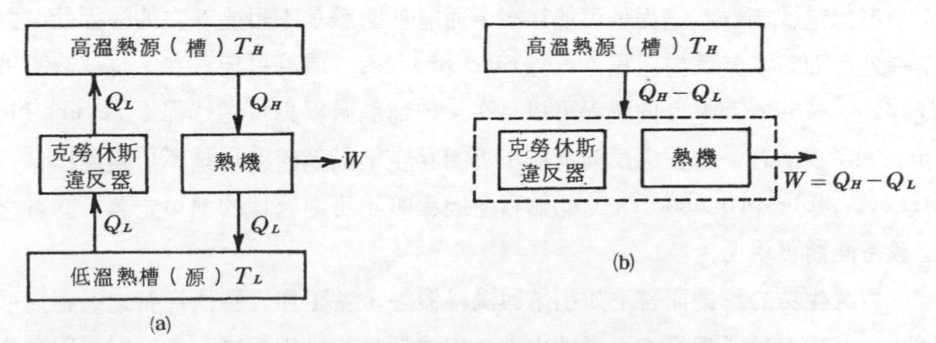

圖 5-1　自克勞休斯解說證明凱爾敏-普蘭克解說

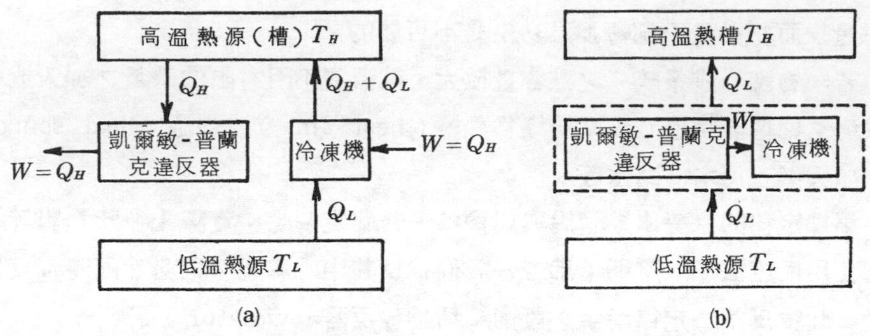

圖 5-2　自凱爾敏-普蘭克解說證明克勞休斯解說

。故知，此組合設備無外來因素的幫助，可將熱量自低溫處傳至高溫處，違反了克勞休斯解說。因此，此組合設備係屬不可能，但冷凍機爲一可能之設備，故問題即在於凱爾敏-普蘭克違反器。因此，違反凱爾敏-普蘭克解說，同時亦違反克勞休斯解說。

若一設備可違反第一定律、第二定律或運動自然定律，則該設備可永遠不停地運動，而稱之爲永動機（perpetual-motion machine）。永動機通常可予分爲三類。第一類永動機係違反第一定律，即一運動機械，完成一循環時，輸出之淨功大於加入之淨熱。

第二類永動機係違反第二定律，但並不違反第一定律，即一運動機械，完成一循環時，僅與單一溫度之熱源作熱交換，而輸出等量之功。

第三類永動機並不違反第一定律或第二定律，唯一必須之條件爲無摩擦。蓋對該運動機械施以一功，則可產生永不停止之運動，然而無法自該機械得到淨功。

5-2　可逆過程與不可逆過程

第二定律謂有些過程是可能存在，而有些過程是不可能存在的。因此，對某一過程而言，其反向過程（reversed process）或許可能存在，也或許不可能存在。若一過程之反向過程可以存在，則稱該過程爲可逆過程（reversible process）；若一過程之反向過程不可能存在，則稱該過程爲不可逆過程（irreversible process）。（此爲可逆過程與不可逆過程的簡單定義，詳細之定義下面將再說明。）

對產生功的設備而言，如引擎與渦輪機等，當工作流體所進行之過程爲可逆時，其功大於過程爲不可逆時之功。對消耗功的設備而言，如壓縮機與泵等，當過程爲可逆時所需的功，小於過程爲不可逆時所需的功。因此，當過程爲可逆時，功爲最大，故可逆過程又可稱爲最大功過程（maximum work process），爲最理想的過程，而可作爲實際過程比較的標準，及設計上理想的標準。因此，在分析一過程時，需先瞭解該過程係可逆過程或不可逆過程。

在一過程發生後，若可以任何可行的方法，使系統及所有的外界均返回其過程發生前之狀態，則該過程稱爲外可逆過程（external reversible process）；反之，則稱爲不可逆過程。外可逆過程不得含有任何不可逆因素，此等不可逆因素主要包括摩擦、非趨近於零之溫度差下的熱傳遞、自由膨脹、混合及非彈性變形。以下將以數個例題，說明如何利用第二定律證明含有此等因素之過程爲不可逆過程。

證明一過程係可逆或不可逆，相當於證明該過程之反向過程係可能或不可能，若可能即爲可逆過程，若不可能即爲不可逆過程。下面例題所採用之步驟爲：⑴假設一過程之反向過程爲可能；⑵將此反向過程，與一個或多個既知爲可能之過程結合構成一循環；⑶判斷此循環是否違反熱力學第二定律。若不違反，表示⑴之假設爲正確，而該過程爲可逆過程；若違反，表示⑴之假設爲錯誤，而該過程爲不可逆過程。

【例題 5-1】

如圖5-3所示，在一密閉的絕熱容器內，裝有某氣體及以軸連至外部滑輪與重物的蹼輪。當重物由位置A落至位置B，帶動蹼輪旋轉，將能量（功）傳給氣體，造成氣體內能之增加，壓力與溫度之升高。試問此過程爲可逆或不可逆。

解：⒜假設此過程之反向過程爲可能的，即如圖5-4⒜所示，重物由位置B上升至位置A，而氣體之內能減少，壓力與溫度降低。

⒝將容器之絕熱壁移走一部分，而利用一較高溫之熱源對氣體加熱，如圖

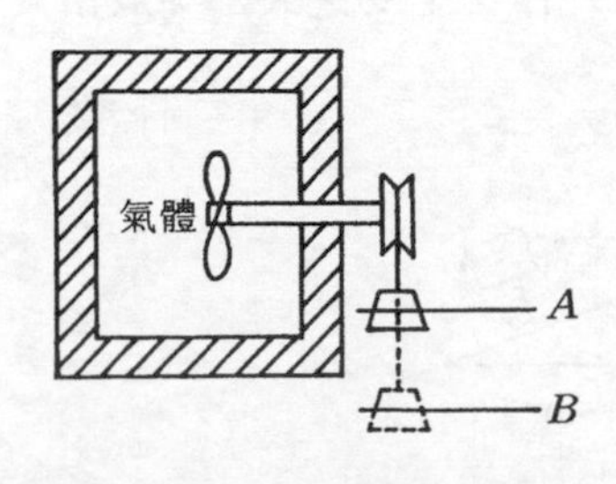

圖 5-3　例題 5-1

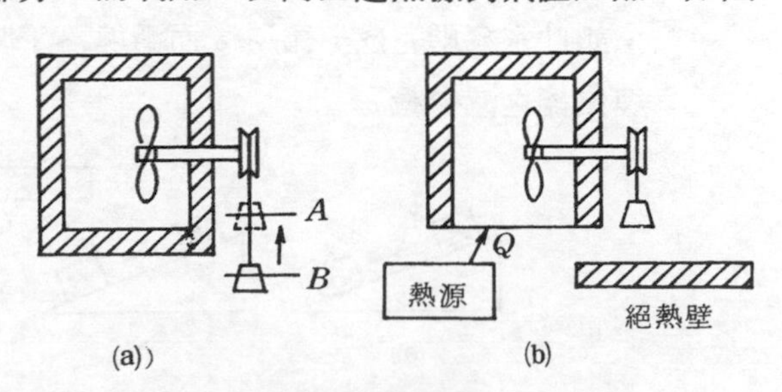

圖 5-4　用以證明例題 5-1 之循環

5-4(b)所示，使氣體之內能增加至最初之值（相當於重物在位置B時），壓力與溫度亦升高至相對應於重物在位置B時之大小，而此時重物停留於位置A。故系統（氣體）已完成一循環。

使重物與滑輪脫離，而由位置A降至位置B，利用此位能差可作出等量的功。因此外界（重物）亦完成一循環。

(c)由熱力學第一定律知，熱源加於氣體之熱量，等於過程$B \rightarrow A$氣體內能之減少量，亦等於重物自位置B上升至位置A，位能之增加量。又，重物對外所作之功，等於重物自位置A降至位置B，位能的減少量。故加入之熱量等於對外所作之功。因此對此循環而言，只自一單一溫度之熱源吸熱，而作出等量的功，違反了第二定律（凱爾敏－普蘭克解說）。故反向過程爲可能之假設係錯誤的，即此過程爲不可逆過程。

【例題 5-2】

如圖5-5(a)所示，一滑塊最初靜止於斜面上，而後滑落靜止於一較低之位置。試問此過程是否爲可逆過程？

解：取滑塊與斜面爲系統。在進行此下滑過程$A \rightarrow B$時，滑塊與斜面之內能增加，其增量等於滑塊位能之減少量。故滑塊與斜面的一部分溫度將升高，但外界並無任何變化。

(a)假設此過程之反向過程爲可能的，如圖5-5(b)所示。滑塊自位置B上升至位置A，其位能之增加量，等於滑塊與斜面內能之減少量。同時，滑塊與斜面的一部分溫度降低。

(b)爲了配合此反向過程，完成一循環，可採用如圖5-5(c)所示之過程。首先以一熱源對滑塊與斜面的一部分加熱，使得溫度升高，而內能增加。供給之熱量等於反向過程中，滑塊與斜面內能的減少量。

其次，令滑塊水平移至位置B之正上方，再使垂直落下而靜止於位置B，如此系統即完成一循環。而滑塊落下時可對外作功，功之大小等於滑塊位能之減少量。

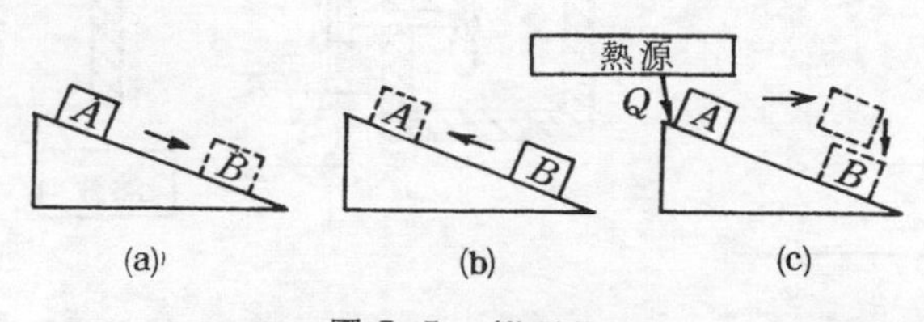

圖 5-5 例題 5-2

(c)當系統完成此循環，自一熱源吸收熱量，同時對外作出等量的功。因此由第二定律知，違反了凱爾敏－普蘭克解說。故反向過程爲可逆之假設係錯誤的，即滑塊自斜面滑下之過程，爲一不可逆過程。

以上兩例題中，過程進行時能量之轉換，係藉助於摩擦而進行，導致過程之不可逆。因此，一過程希望爲可逆的，則摩擦之因素需予去除，即爲一無摩擦過程。

【例題 5-3】

一存在於較高溫度 T_H 之物體，將熱量傳給另一存在於較低溫度 T_L 之物體，試問此熱傳過程爲可逆或不可逆？

解：(a)如圖5-6所示，假設自高溫物體傳熱至低溫物體之熱傳過程，其反向過程爲可能的。因此，令熱量 Q_L 自低溫物體 T_L，傳至高溫物體 T_H。

(b)使一熱機作用於 T_H 與 T_L 兩溫度之間，自高溫 T_H 吸收熱量 Q_H，經熱機之作用，對外輸出功，而將熱量 Q_L 放出至低溫 T_L。由熱力學第一定律知，對外輸出功之大小，等於（Q_H-Q_L）。視低溫物體與熱機爲一系統，則系統已完成一循環。而在循環過程中，系統與外界（T_H）之淨熱交換量爲（Q_H-Q_L）。

(c)由上述循環知，系統自 T_H 吸收熱量（Q_H-Q_L），而對外作出等量之功，違反第二定律之凱爾敏－普蘭克解說。故高溫傳熱至低溫之過程，爲一不可逆過程。

由此例題知，若熱交換係在某一溫度差之下進行，則爲不可逆過程。若欲爲可逆，則必須在趨於零的溫差下進行熱交換。故當系統吸熱（或放熱）發生溫度之改變時，則熱源（或熱槽）之溫度需隨著改變，以維持趨近於零的溫度差，過程方有可能爲可逆的。但，一般熱源（或熱槽）之溫度係假設爲固定的，故一過程欲爲可逆的，則必須是等溫過程（比熱源或熱槽低或高一趨近於零的溫度 dT）或絕熱過程。

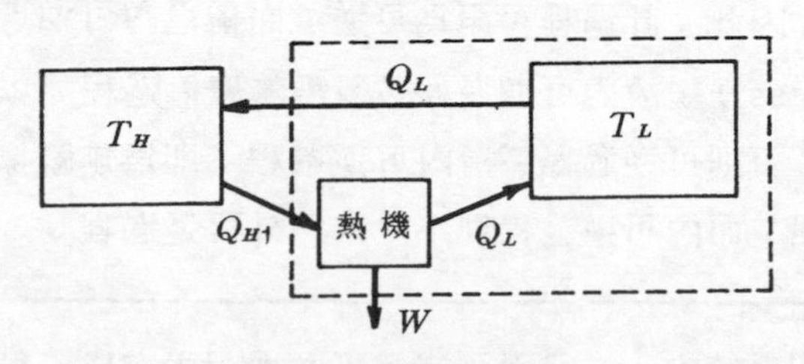

圖 5-6　例題 5-3

除了若干特殊的過程外，一般過程均不包含自由膨脹、混合及非彈性變形等不可逆因素。因此，此等因素之存在，造成一過程爲不可逆之證明，將留給讀者自行證明，而不擬在此詳述。同時以後論及過程之可逆或不可逆時，除非包含有此等不可逆因素，否則不另予說明，而僅考慮摩擦與熱交換兩因素。

除前述之不可逆因素外，過程進行之速度亦需考慮，現以一例說明之。若某氣體在一活塞-汽缸裝置內，快速地自狀態1膨脹至狀態2。在過程進行中的任一瞬間，即活塞在任一位置時，汽缸內氣體之壓力並非均一，而是汽缸頭附近之壓力最高，逐漸往活塞方向降低。反之，若將氣體自狀態2快速壓縮至狀態1，則在壓縮過程中，活塞位於與前述膨脹時相同之位置時，汽缸內氣體之壓力亦非均一，但此時活塞附近的壓力最高，而逐漸往汽缸頭方向降低。故兩個過程並非彼此反向，即快速膨脹（或壓縮）過程並非可逆過程。爲了使系統在過程進行中的任一瞬間，具有均一的熱力性質，則過程進行之速度需極爲緩慢。當然，極緩慢之過程係無法配合實際應用之需要，但不失爲理想過程的一個指標。

綜合前述之討論，外可逆過程需爲：

(1) 極緩慢、無摩擦、等溫膨脹或壓縮過程。

(2) 極緩慢、無摩擦、絕熱膨脹或壓縮過程。

但以後之敍述中，「極緩慢」此一因素均予以略去不提。

由於一般熱力問題之分析中，所關心者爲系統，故對熱交換是否在趨近於零的溫度差下進行，不予考慮。例如，某氣體自一高溫熱源吸熱進行膨脹對外作功，同時工作物之溫度升高；若以等量之功加於氣體進行壓縮，而一方面把等量之熱放出至一低溫之熱槽，使氣體之溫度降低。如此系統完成一循環，但吸熱與放熱之對象不同，故外界並未完成一循環，因此此過程爲外不可逆過程。然而，對系統而言，膨脹時自高溫熱源吸熱，壓縮時只要等量之熱得以放出，不論是否放出至原來之熱源，系統即可回至其最初之狀態而完成循環，而不限制於等溫過程。因此，此過程可視爲可逆，而稱爲內可逆過程（internal reversible process）。故內可逆過程必須爲無摩擦過程。以後問題之解析中，除非特別說明，否則可逆過程係指內可逆過程，即爲無摩擦過程。外可逆過程必爲內可逆過程，而內可逆過程則不一定爲外可逆過程。

【例題 5-4】

空氣在一密閉系統內，進行下列三個可逆過程而完成一循環：(1)等壓膨脹

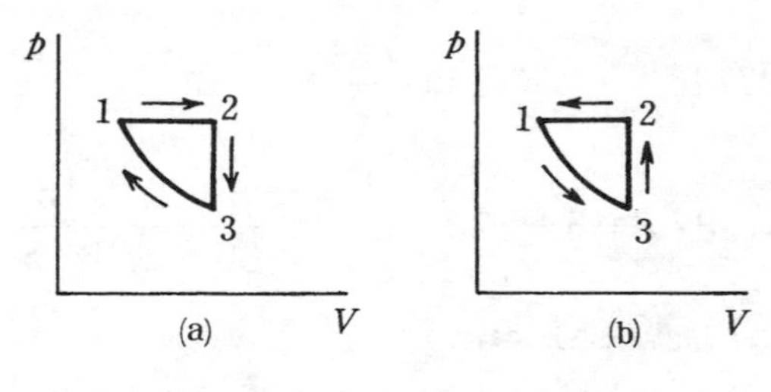

圖 5-7　例題 5-4

1→2，自 80 kPa，5°C，至 60°C；(2)等容冷却 2→3，至 5°C；(3)等溫壓縮 3→1，至 80 kPa。如圖 5-7 (a) 所示。

(a)每一過程中，熱與功之大小爲若干？

(b)循環之熱效率爲若干？

(c)當空氣進行上述循環之反向循環（如圖 5-7(b)所示）時，各過程之熱與功又爲若干？

解：假設空氣爲理想氣體，而比熱爲常數。

(a)過程 1→2，可逆等壓過程：

$$ {}_1w_2=\int_1^2 p\,dv=p_1(v_2-v_1)=R(T_2-T_1) $$

$$ =0.287\times(60-5)=15.785\ \text{kJ/kg} $$

$$ {}_1q_2=(u_2-u_1)+{}_1w_2=c_v(T_2-T_1)+{}_1w_2 $$

$$ =0.7165\times(60-5)+15.785 $$

$$ =55.193\ \text{kJ/kg} $$

過程 2→3，可逆等容過程：

$$ {}_2w_3=0 $$

$$ {}_2q_3=(u_3-u_2)+{}_2w_3=c_v(T_3-T_2)+{}_2w_3 $$

$$ =0.7165\times(5-60)+0 $$

$$ =-39.408\ \text{kJ/kg} $$

過程 3→1，可逆等溫過程：

$$ {}_3w_1=\int_3^1 p\,dv=\int_3^1 RT\frac{dv}{v}=RT_1\ln\frac{v_1}{v_3} $$

$$= RT_1 \ln \frac{v_1}{v_2} = RT_1 \ln \frac{T_1}{T_2}$$

$$= 0.287 \times (5 + 273.15) \ln \frac{5+273.15}{60+273.15}$$

$$= -14.404 \text{ kJ/kg}$$

$$_3q_1 = (u_1 - u_3) + {}_3w_1 = c_v(T_1 - T_3) + {}_3w_1$$

$$= 0 + (-14.404)$$

$$= -14.404 \text{ kJ/kg}$$

其結果整理後可以下表表示：

過　程	q（kJ/kg）	w（kJ/kg）
1→2	55.193	15.785
2→3	−39.408	0
3→1	−14.404	−14.404
循　環	1.381	1.381

(b) $\eta = \dfrac{\oint \delta w}{q_{in}} = \dfrac{1.381}{55.193} = 2.502\%$

(c)反向循環中每一過程的熱與功，其大小與原來循環中相對應過程的熱與功相等，但符號相反。其結果表示如下：

過　程	q（kJ/kg）	W（kJ/kg）
1→3	14.404	14.404
3→2	39.408	0
2→1	−55.193	−15.785
循　環	− 1.381	− 1.381

5-3　卡諾循環與反向卡諾循環

若一循環的所有組成過程，均爲外可逆過程，則該循環爲外可逆循環；但只要其中任一過程爲外不可逆過程，則該循環爲外不可逆循環。

若一熱機自某一熱源吸收熱量，由第二定律知，熱機不可能將所有的熱量全部轉換爲功，亦即熱機之熱效率不可能爲100％，在熱機循環中，必定有部分熱量放出至某低溫熱槽。當熱機循環爲一外可逆循環時，則與其他作用於相同溫度的熱源與熱槽間之熱機比較，其輸出之功爲最大，或放出之熱量爲最少，或熱效率最高。然而，此最高之熱效率究竟爲何？

由前節之討論知，外可逆過程僅有可逆等溫過程與可逆絕熱過程，故外可逆循環僅可由此等過程組成。熱機之外可逆循環的典型代表，稱爲卡諾循環（Carnot cycle），而該熱機稱爲卡諾機（Carnot engine）。

卡諾機可爲密閉式的，例如活塞－汽缸裝置；亦可爲開放式的，如輪機動力廠。同時，卡諾機所使用的工作物，可爲氣體、液體，或液－汽混合物。密閉式卡諾機，及使用不同工作物時循環之壓－容圖，如圖5-8所示。循環係由四個外可逆過程組成：

(1) 過程 1→2 爲等溫加熱膨脹過程。將絕熱之汽缸頭移走，使工作物自一高溫（T_H）熱源吸熱，維持等溫而膨脹。

(2) 過程 2→3 爲絕熱膨脹過程。將汽缸頭裝回，配合絕熱之汽缸壁，造成工作物自高溫 T_H 絕熱地膨脹至另一低溫 T_L。

(3) 過程 3→4 爲等溫放熱壓縮過程。汽缸頭再次被移走，而活塞內行將工作物壓縮，同時熱量被放出至一低溫（T_L）熱槽，以維持工作物於固定的溫度 T_L。

(4) 過程 4→1 爲絕熱壓縮過程。將汽缸頭再次裝回，而對工作物繼續壓縮，返回狀態 1 完成循環。

開放式卡諾機如圖5-9所示，亦作用於高溫熱源 T_H 與低溫熱槽 T_L 之間，由等溫加熱膨脹、絕熱膨脹、等溫放熱壓縮，及絕熱壓縮四個外可逆過程構成循環。

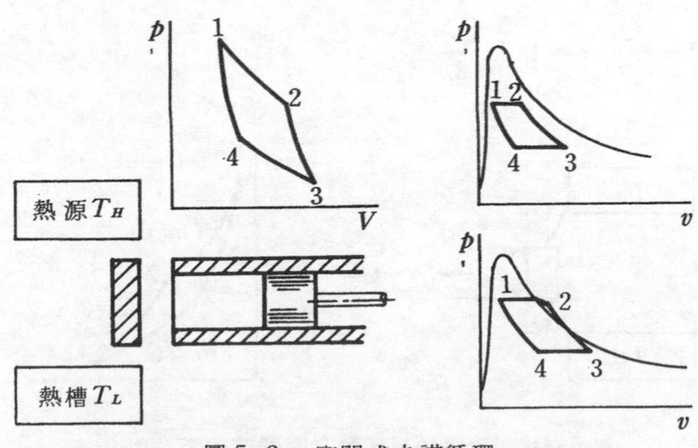

圖 5-8　密閉式卡諾循環

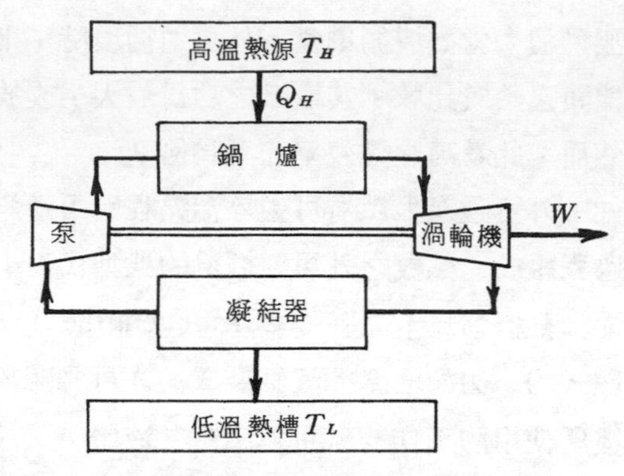

圖 5-9 開放式卡諾循環

在第五節中將提及，不論卡諾機爲密閉式或開放式，不論使用的是何種工作物；同時，不論外可逆熱機之循環是否爲卡諾循環；只要是外可逆循環，則作用在相同溫度的熱源與熱槽之間，其熱效率均相等。即熱效率與外可逆循環及工作物之種類無關。因此，爲了說明卡諾機之熱效率，現使用一密閉式卡諾機，而其工作物爲理想氣體，同時假設比熱爲常數。

由熱效率之基本定義，

$$\eta=\frac{\oint \delta W}{Q_{in}}=\frac{W_{net}}{Q_{in}}$$

使用熱力學第一定律可得，參考圖 5-10，

$$\eta=\frac{W_{net}}{Q_{in}}=\frac{Q_{net}}{Q_{in}}=\frac{Q_{in}-Q_{out}}{Q_{in}}$$

$$=1-\frac{Q_{out}}{Q_{in}}=1-\frac{Q_L}{Q_H}$$

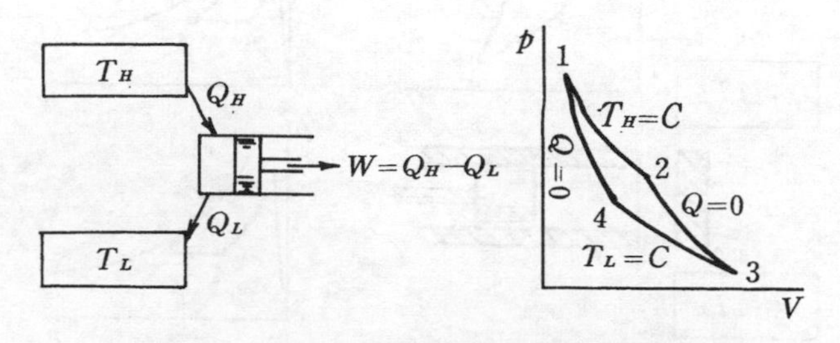

圖 5-10 使用理想氣體之密閉式卡諾循環

首先考慮過程1→2，等溫加熱膨脹過程，由第一定律

$$Q_H=(U_2-U_1)+W$$

因工作物爲理想氣體，故 $U_2=U_1$ 。因此，

$$Q_H=W=\int_1^2 p\,dV=mRT_H\ln\frac{V_2}{V_1}$$

其次考慮過程3→4，等溫放熱壓縮過程，同理可得放熱量 Q_L 爲（取絕對值），

$$Q_L=mRT_L\ln\frac{V_3}{V_4}$$

將 Q_H 與 Q_L 代入熱效率方程式，因此，

$$\eta=1-\frac{Q_L}{Q_H}=1-\frac{mRT_L\ln(V_3/V_4)}{mRT_H\ln(V_2/V_1)}=1-\frac{T_L\ln(V_3/V_4)}{T_H\ln(V_2/V_1)}$$

過程2→3與4→1爲可逆絕熱過程，而工作物係比熱爲常數（即 k 爲常數）之理想氣體，因此，

$$\frac{T_3}{T_2}=\frac{T_L}{T_H}=\left(\frac{V_2}{V_3}\right)^{k-1}$$

及 $$\frac{T_4}{T_1}=\frac{T_L}{T_H}=\left(\frac{V_1}{V_4}\right)^{k-1}$$

因此 $$\frac{V_2}{V_3}=\frac{V_1}{V_4}$$

或 $$\frac{V_3}{V_4}=\frac{V_2}{V_1}$$

故卡諾循環之熱效率可簡化爲

$$\eta=1-\frac{T_L}{T_H} \tag{5-1}$$

由方程式（5-1）可知，卡諾循環（或其它外可逆熱機循環）之效率僅與熱源及熱槽的溫度 T_H 及 T_L 有關，熱源之溫度 T_H 愈高，或熱槽之溫度 T_L 愈低，則熱效率愈高。

【例題 5-5】

一卡諾機使用空氣為工作物。在等溫膨脹開始時，空氣之壓力為 560 kPa，佔有 0.06 m³ 之容積。在絕熱膨脹後，空氣之壓力與容積分別為 140 kPa 與 0.18 m³。試求循環之熱效率。

解：如圖 5-10 之 p-V 圖所示，由理想氣體狀態方程式，循環作用的兩溫度 T_H 與 T_L 分別

$$T_H = T_1 = \frac{p_1 V_1}{mR}$$

$$T_L = T_4 = \frac{P_3 V_3}{mR}$$

故循環之熱效率為

$$\eta = 1 - \frac{T_L}{T_H} = 1 - \frac{P_3 V_3}{p_1 V_1} = 1 - \frac{140 \times 0.18}{560 \times 0.06}$$

$$= 25\%$$

若令一外可逆熱機循環的所有過程均反向進行，則該循環係自一低溫熱源吸熱，藉助於淨功的輸入，將熱量排出至一高溫熱槽，其設備稱為冷凍機（refrigerator）或熱泵（heat pump），視應用目的而定。

作用於相同的兩溫度間，外可逆冷凍（或熱泵）循環之性能，較其它冷凍（或熱泵）循環的性能為佳。外可逆冷凍（或熱泵）循環的典型代表為反向卡諾循環（reversed Carnot cycle）。為說明外可逆冷凍（或熱泵）循環之性能，現仍以密閉式反向卡諾循環，使用比熱為常數的理想氣體為工作物解析之。

如圖 5-11 所示，過程 1→2 為工作物自一低溫（T_L）熱源吸熱，進行等

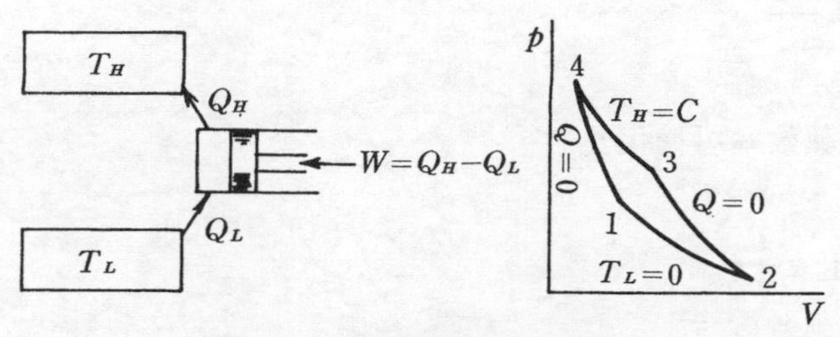

圖5-11　密閉式反向卡諾循環

溫膨脹；過程 2 → 3 爲對工作物進行絕熱壓縮；過程 3 → 4 爲對工作物進行等溫壓縮，工作物將熱量放出至一高溫（ T_H ）熱槽；過程 4 → 1 爲工作物進行絕熱膨脹而完成循環。

首先考慮反向卡諾冷凍循環之性能係數，COP 。由第二章第七節知，性能係數 COP 係定義爲

$$COP=\frac{Q_{in}}{Q_{out}-Q_{in}}=\frac{Q_L}{Q_H-Q_L}$$

過程 1 → 2 爲等溫膨脹，故由第一定律可得

$$Q_L={}_1W_2=mRT_L\ln\frac{V_2}{V_1}$$

同理，由等溫壓縮過程 3 → 4 可得

$$Q_H=-{}_3W_4=mRT_H\ln\frac{V_3}{V_4}$$

代入COP方程式，

$$COP=\frac{T_L\ln(V_2/V_1)}{T_H\ln(V_3/V_4)-T_L\ln(V_2/V_1)}$$

由可逆絕熱過程 2 → 3 與 4 → 1 ，可分別得

$$\frac{T_3}{T_2}=\frac{T_H}{T_L}=\left(\frac{V_2}{V_3}\right)^{k-1}$$

$$\frac{T_4}{T_1}=\frac{T_H}{T_L}=\left(\frac{V_1}{V_4}\right)^{k-1}$$

因此，

$$\frac{V_2}{V_3}=\frac{V_1}{V_4}\qquad 或\qquad \frac{V_2}{V_1}=\frac{V_3}{V_4}$$

故反向卡諾冷凍循環之性能係數COP爲

$$\mathrm{COP}=\frac{T_L}{T_H-T_L} \tag{5-2}$$

若反向卡諾循環作爲熱泵使用，由第二章第七節，其性能因數 PF 係定義爲，

$$PF=\frac{Q_{\text{out}}}{Q_{\text{out}}-Q_{\text{in}}}=\frac{Q_H}{Q_H-Q_L}$$

將前述 Q_L 與 Q_H方程式，及容積間之關係代入上式，則

$$PF=\frac{T_H\ln(V_3/V_4)}{T_H\ln(V_3/V_4)-T_L\ln(V_2/V_1)}$$

$$=\frac{T_H}{T_H-T_L}=1+\mathrm{COP} \tag{5-3}$$

【例題 5-6】

一反向卡諾循環，使用比熱爲常數之空氣爲工作物，作用於 20°C 與 200°C 兩溫度極限間。在等溫壓縮過程中，空氣之容積減半，而循環中最小比容值爲 0.12 m^3/kg。試求此循環之 COP，及自低溫熱源所吸收之熱量。

解：如圖 5-11 所示之狀態點，$T_L=T_1=T_2=20°C$，$T_H=T_3=T_4=200°C$。因此由方程式（5-2）可得，

$$\mathrm{COP}=\frac{T_L}{T_H-T_L}=\frac{20+273.15}{200-20}=1.629$$

由題意及前述解析知，

$$\frac{V_3}{V_4}=2=\frac{V_2}{V_1}$$

故自低溫熱源吸收之熱量爲，

$$\frac{Q_L}{m}=RT_L\ln\frac{V_2}{V_1}=0.287\times(20+273.15)\ln 2$$

$$=58.317\ \mathrm{kJ/kg}$$

5-4 史特靈循環與艾立遜循環

卡諾循環並非唯一的外可逆熱機循環，另外兩個有名的外可逆熱機循環爲

史特靈循環（Stirling cycle）與艾立遜循環（Ericsson cycle）。在兩循環中，各有一等溫加熱與一等溫放熱過程，使循環作用於固定溫度的熱源與熱槽之間；系統內並使用一再生器（regenerator），以吸收非等溫過程所放出之熱量，再將該熱量放出至非等溫吸熱過程。為了使再生器的吸熱與放熱為可逆過程，故此傳熱過程均在趨近於零之溫度差下進行。

(1)　史特靈循環

圖5-12所示為史特靈引擎的結構示意圖，及循環之壓-容圖。史特靈引擎為一汽缸，兩端各有一活塞，而兩活塞間置有一極易吸收熱量與放出熱量的再生器。史特靈循環係由等溫加熱膨脹、等容放熱、等溫放熱壓縮，及等容加熱等四個過程構成，現分述如下：

過程1→2：一高溫（T_H）熱源對工作物加熱，使其進行維持固定溫度T_H（嚴格說應為T_H-dT）的膨脹，推動左邊的活塞往外移動，而右邊的活塞固定不動。

過程2→3：兩活塞以相同的速度向右移動，故系統進行一等容過程。當工作物流經再生器時，熱量逐漸被再生器吸收而降低溫度，直到由再生器流出時，溫度降至T_L，最後再生器內有自左至右為T_H至T_L的溫度分佈。此過程進行時，系統與熱源及熱槽間均無熱交換。

過程3→4：左邊的活塞維持固定不動，而右邊的活塞向內移動對工作物進行壓縮，同時將熱量放出至低溫（T_L）熱槽，使工作物維持固定的溫度T_L（或T_L+dT）。

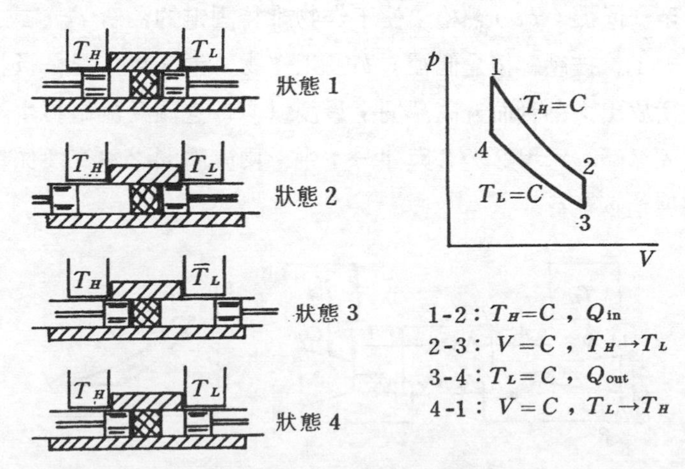

圖5-12　史特靈引擎與循環圖

過程4→1兩活塞以相同的速度同時向左移動，故系統進行一等容過程。當工作物流經再生器時，儲存於再生器內之能量逐漸放出至工作物，造成工作物溫度的升高，直到由再生器流出時，溫度升至T_H。此過程進行時，系統與熱源及熱槽間均無熱交換。最後工作物返回狀態1而完成循環。

在此循環中，系統以一等溫過程自高溫熱源吸熱，而以另一等溫過程將熱放至低溫熱槽；另外兩個等容過程，係藉助於再生器進行放熱與吸熱，與外界並無熱交換發生，故實質上相當於絕熱過程。因此，此循環爲一外可逆熱機循環。

(2) 艾立遜循環

如圖5-13所示，爲穩流型艾立遜引擎的結構示意圖，及循環之壓-容圖。艾立遜引擎之主要元件，包括一等溫膨脹之渦輪機，一等溫壓縮之壓縮機，及一再生器（實質上爲一相對流熱交換器）。艾立遜循環係由一等溫加熱膨脹過程、一等壓放熱過程、一等溫放熱壓縮過程，及一等壓加熱過程所構成，現分述如下：

過程1→2：工作物在T_H（或$T_H - dT$）之溫度進入渦輪機進行膨脹，同時自高溫（T_H）熱源吸熱，而維持固定的溫度。

過程2→3：自渦輪機流出之高溫（T_H）工作物，進入再生器（熱交換器）將熱傳給另一流體，本身溫度逐漸降低，最後以T_L之溫度流出再生器。而在此過程中，其壓力維持固定（假設無摩擦）。

過程3→4：自再生器流出之低溫（T_L）工作物，流入壓縮機被壓縮，同時將熱量傳至一低溫（T_L）熱槽，使工作物維持固定的溫度T_L（或$T_L + dT$）。

過程4→1：被壓縮後之低溫（T_L）工作物，進入再生器，吸收前述過程2→3流體所放出之熱量而升高溫度，最後以T_H之溫度流出再生器，再進入渦輪機而完成循環。過程2→3與4→1中，兩流體間之熱交換係在維持於趨近於零的溫度差下進行。

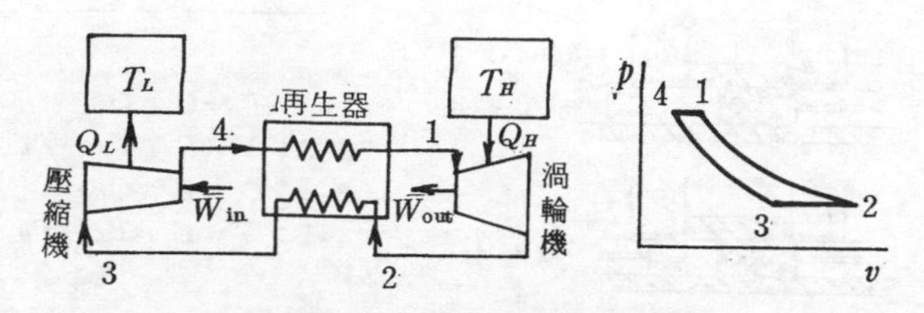

圖5-13 艾立遜引擎與循環圖

在此循環中，系統以一等溫過程自高溫熱源吸熱，而以另一等溫過程將熱放至低溫熱槽；另外兩個等壓過程，一流體放出之熱量，爲另一流體所吸收，故熱交換係在系統內部進行，而與外界並無熱交換發生，故實質上相當於絕熱過程。因此，此循環爲一外可逆熱機循環。

5-5　卡諾原理

由熱力學第二定律知，熱效率爲百分之百的熱機是絕對不可能的。又由第三節知，代表外可逆熱機循環的卡諾循環，其熱效率僅決定於循環作用的兩個溫度極限。若不可逆熱機循環作用於相同的溫度極限間，則其熱效率與卡諾循環者比較又如何？

上節中又討論了史特靈循環與艾立遜循環兩個外可逆熱機循環，若此等循環亦作用於相同的溫度極限間，則其熱效率又如何？

利用熱力學第二定律，可推導有關熱機熱效率之關係，稱爲卡諾原理（Carnot principle）。卡諾原理包含兩點，現分別詳述於下。

(1)　作用於相同的溫度極限間，沒有任何引擎之熱效率，大於外可逆引擎之熱效率。

如圖 5-14(a)所示，在高溫熱源 T_H 與低溫熱槽 T_L 間，同時有一引擎 X 與一外可逆引擎 R 作用。若兩引擎均自高溫熱源吸收熱量 Q_H，則引擎 X 向外輸出功 W_X，放出熱量 Q_{LX}；而外可逆引擎 R 向外輸出功 W_R，放出熱量 Q_{LR}。

現假設引擎 X 之熱效率（η_X）高於引擎 R 之熱效率（η_R），則 $W_X > W_R$，或 $|Q_{LX}| < |Q_{LR}|$。使外可逆引擎 R 之作用反向，如圖 5-14(b)所示，即相當於冷凍機之作用，自低溫熱源 T_L 吸收熱量 Q_{LR}，利用功 W_R 之助，將熱量 Q_H 放出至高溫熱槽 T_H。再將引擎 X 與冷凍機之組合視爲一體，則引擎 X 輸出之功除可用以帶動冷凍機外，尚有一淨功輸出（$W_X - W_R$）。此時，組合體與高

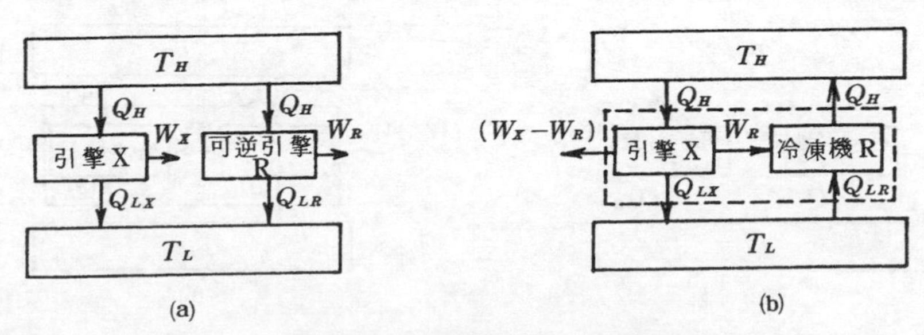

圖 5-14　卡諾原理第一點證明

溫熱源（槽）T_H無熱交換，而自低溫熱源T_L吸收淨熱（$Q_{LR}-|Q_{LX}|$）。由第一定律知，$W_X=Q_H-|Q_{LX}|$，而$W_R=Q_H-|Q_{LR}|$，故$W_X-W_R=Q_{LR}-|Q_{LX}|$。因此，組合體僅自一熱源吸收熱量，而輸出等量之功，違反了第二定律凱爾敏－普蘭克解說，故組合體是不可能存在的。但冷凍機可存在，因此問題在於引擎X，即$\eta_X>\eta_R$之假設爲錯誤的。故結論爲，作用於相同的溫度極限間，任何引擎之熱效率不可能大於外可逆引擎之熱效率；或外可逆引擎之熱效率爲最高。

(2) 作用於相同的溫度極限間，所有外可逆引擎均具有相同之熱效率。

如圖5-15(a)所示，有一外可逆引擎A與一外可逆引擎B，作用於高溫熱源T_H與低溫熱槽T_L之間。引擎對外輸出之功分別爲W_A與W_B，而放出之熱量分別爲Q_{LA}與Q_{LB}。

現假設引擎A之熱效率η_A高於引擎B之熱效率η_B（即$\eta_A>\eta_B$），因此$W_A>W_B$，或$|Q_{LA}|<|Q_{LB}|$。使外可逆引擎B之作用反向，如圖5-15(b)所示，即相當於冷凍機之作用，自低溫熱源T_L吸收熱量Q_{LB}，利用功W_B之助，將熱量Q_H放出至高溫熱槽T_H。將引擎A與冷凍機之組合視爲一體，則引擎A輸出之功除可用以帶動冷凍機外，尚有一淨功輸出（W_A-W_B）。由第一定律知，$W_A=Q_H-|Q_{LA}|$，而$W_B=Q_H-|Q_{LB}|$，故$W_A-W_B=Q_{LB}-|Q_{LA}|$。此時，組合體與高溫熱源（槽）無熱交換，而自低溫熱源T_L吸收淨熱（$Q_{LB}-|Q_{LA}|$）。因此組合體僅自一熱源吸收熱量，而輸出等量之功，違反了第二定律凱爾敏－普蘭克解說，故組合體是不可能存在的。但冷凍機B是可存在的，因此問題在於引擎A，即$\eta_A>\eta_B$之假設是錯誤的，卽η_A不可能大於η_B。

同理，可證明η_B亦不可能大於η_A，因此唯一可能的是$\eta_A=\eta_B$。即作用於相同的兩溫度極限間，所有的外可逆熱機循環，不論熱機之型式、循環之種類，或工作物之種類，均具有相同的熱效率。因此，第三節中，使用比熱爲常數

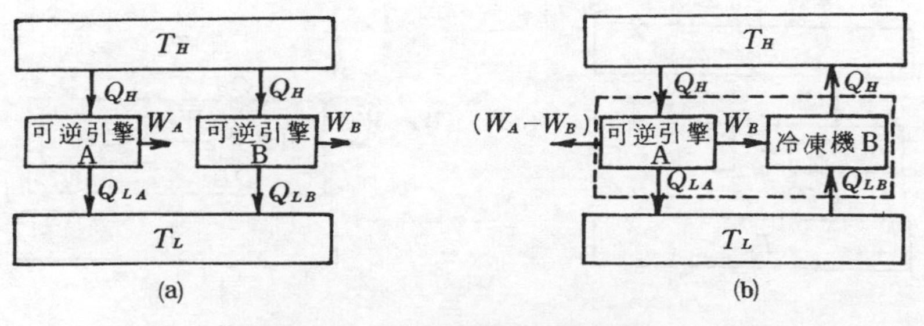

圖5-15 卡諾原理第二點之證明

之理想氣體爲工作物，卡諾循環的熱效率，即爲作用於T_H與T_L間，所有外可逆熱機循環的熱效率，且爲所有可能熱機循環的最大熱效率。亦即

$$\eta = 1 - \frac{T_L}{T_H} \tag{5-1}$$

雖然卡諾原理係針對熱機循環，但亦可推論應用於冷凍（或熱泵）循環。即作用於T_H與T_L兩溫度極限間，所有外可逆冷凍（或熱泵）循環均具有相同的性能係數COP（或性能因數PF），且爲所有可能的冷凍（或熱泵）循環之最大性能係數（或性能因數）。亦即

$$\text{COP} = \frac{T_L}{T_H - T_L} \tag{5-2}$$

$$PF = \frac{T_H}{T_H - T_L} \tag{5-3}$$

【例題 5-7】

有一卡諾機作用於500°C與15°C之間，而產生100 kJ 之功，試求加入之熱量。

解：由方程式（5-1），此熱機之熱效率爲

$$\eta = 1 - \frac{T_L}{T_H} = 1 - \frac{15 + 273.15}{500 + 273.15}$$

$$= 62.73\%$$

又由熱效率之基本定義，$\eta = W_{net}/Q_{in}$，故

$$Q_{in} = \frac{W_{net}}{\eta} = \frac{100}{0.6273}$$

$$= 159.4 \text{ kJ}$$

【例題 5-8】

有一反向卡諾冷凍機，自0°C的低溫空間吸收100 kJ/min 的熱量，而將熱量排出至260°C的高溫熱槽。試求冷凍機所需之功率。

解：由方程式（5-2），此冷凍機之性能係數爲

$$\text{COP} = \frac{T_L}{T_H - T_L} = \frac{0 + 273.15}{260 - 0}$$

$= 1.051$

又由性能係數之基本定義，$COP = \dot{Q}_{in} / \dot{W}_{in}$，故

$$\dot{W}_{in} = \dot{Q}_{in}/COP = 100/1.051$$
$$= 95.15 \text{ kJ/min} = 1.586 \text{ kW}$$

5-6 熱力溫標

由卡諾原理知，外可逆熱機之熱效率僅決定於作用的溫度極限 T_H 與 T_L，且與所使用工作物之種類無關，即

$$\eta = 1 - \frac{Q_L}{Q_H} = f(T_H, T_L) \tag{5-4}$$

因此必須訂出一與工作物無關之溫標，以表示熱機之熱效率。此溫標稱爲熱力溫標（thermodynamic temperature scale）。

如圖 5-16 所示，在溫度 T_1、T_2 與 T_3 之間，分別有三個外可逆引擎 A、B 與 C 作用。由方程式（5-4）知，

$$\frac{Q_H}{Q_L} = \psi(T_H, T_L)$$

故對三引擎 A，B 與 C 可得：

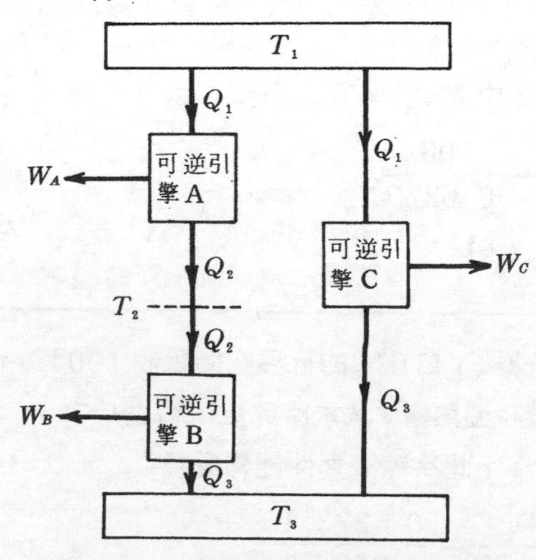

圖 5-16　用以說明熱力溫標的引擎安排

$$\frac{Q_1}{Q_2}=\psi(T_1, T_2)$$

$$\frac{Q_2}{Q_3}=\psi(T_2, T_3)$$

$$\frac{Q_1}{Q_3}=\psi(T_1, T_3)$$

由於

$$\frac{Q_1}{Q_3}=\frac{Q_1}{Q_2}\frac{Q_2}{Q_3}$$

因此

$$\psi(T_1, T_3)=\psi(T_1, T_2)\times\psi(T_2, T_3)$$

在上式中，左側僅爲T_1與T_3之函數，與T_2無關；故右側亦僅爲T_1與T_3之函數，T_2並不影響兩函數之乘積。因此，函數ψ可確定爲

$$\psi(T_1, T_2)=\frac{\phi(T_1)}{\phi(T_2)}$$

$$\psi(T_2, T_3)=\frac{\phi(T_2)}{\phi(T_3)}$$

$$\frac{Q_1}{Q_3}=\psi(T_1, T_3)=\frac{\phi(T_1)}{\phi(T_3)}$$

或者以通式表式爲

$$\frac{Q_H}{Q_L}=\frac{\phi(T_H)}{\phi(T_L)} \qquad (5\text{-}5)$$

方程式（5-5）中，函數$\phi(T)$可任意選定，而定出與物質之種類無關的熱力溫標。其中，由凱爾敏公爵（Lord Kelvin）提出一個最簡單的函數關係，$\phi(T)=T$，因此

$$\frac{Q_H}{Q_L}=\frac{T_H}{T_L} \qquad (5\text{-}6)$$

根據此函數所定義出之溫度沒有負值，故通常稱之爲絕對溫度，K 。

爲了說明絕對溫度K與攝氏溫度°C間之關係，假設在水的蒸汽點T_s（100°C）與冰點T_i（0°C）之間，有一卡諾引擎作用，則其熱效率爲26.80%。因此，

$$\eta = 1 - \frac{T_i}{T_s} = 0.2680$$

或

$$\frac{T_i}{T_s} = 0.7320 \tag{5-7}$$

又，

$$T_s - T_i = 100 \tag{5-8}$$

溫度分別爲

$$T_s = 373.15\,\mathrm{K} \quad ; \quad T_i = 273.15\,\mathrm{K}$$

或絕對溫度K與攝氏溫度°C間之關係爲

$$T(\mathrm{K}) = T(°\mathrm{C}) + 273.15 \tag{5-9}$$

練習題

1. 試證明自由膨脹（free expansion）爲一不可逆過程。
2. 一卡諾引擎作用於650°C的熱源與20°C的熱槽之間，若其功率輸出爲75 kW，試求(a)供給的熱量率；(b)放出的熱量率；(c)引擎之熱效率。
3. 在一利用海洋溫差產生機械功的研究中，熱源之溫度爲25°C，而熱槽之溫度爲5°C，則作用於此兩溫度間的熱機，最高可能之熱效率爲若干？
4. 一熱效率爲30% 的卡諾機，熱量係排出至溫度爲25°C的冷却水池。若放熱率爲800 kJ/min ，則輸出功率爲若干？又其熱源之溫度爲若干？
5. 有一個人謂，他設計出一套作用於30°C與5°C兩溫度間的熱機，供給500 kJ 的熱能，可輸出55 kJ的功。試問此熱機是否可能？若不可能，則最大可能輸出之功爲若干？
6. 一卡諾機作用於400°C與0°C之間，輸出16 kJ 的功。試求(a)供給之熱

量；(b)熱效率。

7. 有一熱源，其溫度爲水在100 kPa壓力對應的飽和溫度，供給4000J的熱給一卡諾機。卡諾機將熱量排出至溫度爲水的三相點之熱槽。試求(a)放熱量；(b)輸出之功；(c)熱效率。

8. 一卡諾動力循環，使用1.5 kg 之空氣爲工作物，每秒完成一循環，作用於260°C與21°C兩溫度之間。等溫膨脹前與等溫膨脹後之壓力分別爲30 kPa與15 kPa。試求
(a)等溫壓縮後之容積。
(b)吸熱量與放熱量。
(c)輸出之功率。
(d)熱效率。

9. 若欲以一熱泵對一房子加熱，使維持於22° C，而室外之溫度爲－10°C。假設此房子的熱損失率爲15 kW，則熱泵所需的最小功率爲若干？

10. 一卡諾冷凍機作用於溫度爲25° C的室內。若卡諾冷凍機必需自溫度爲－30° C的冷凍空間吸取的熱量率爲100 kW。試問馬達所需之功率爲若干？

11. 試證明作用於相同的溫度極限間，外可逆冷凍機之性能係數爲最大。

12. 一發明家謂，他已研究出一套冷凍設備，作用於溫度爲25° C的室內，而可維持一冷凍空間於－10° C。該冷凍設備之性能係數爲8.5，您認爲如何？若性能係數降低至7.5，您又認爲如何？

13. 試證明作用於相同的溫度極限間，所有的外可逆冷凍機均有相同的冷凍係數。

14. 一設備在完成循環後，可將熱量自高溫熱源傳至低溫熱槽，如圖5-17所示。試問此設備進行之循環爲可逆、不可逆，或不可能？

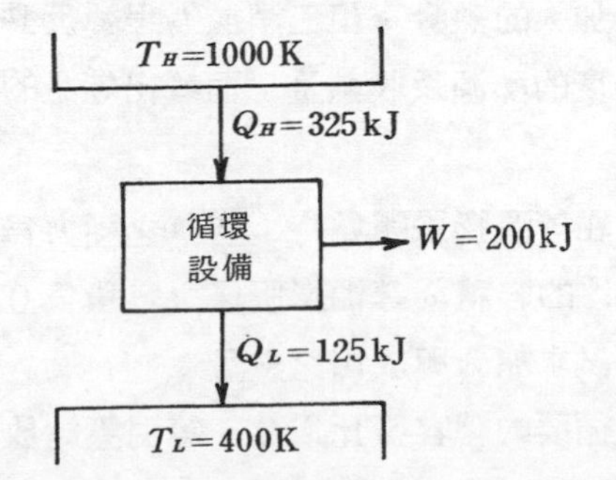

圖5-17　練習題14

15. 一卡諾冷凍機，自溫度為$-20°C$的冷藏庫移走之熱量率為6000 kJ/min，而熱量排出至溫度為20°C的熱槽。試求卡諾冷凍機所需之功率。

16. 一卡諾機作用於200°C的熱源與30°C的大氣之間，而以輸出之功用以帶動一卡諾冷凍機，造成$-30°C$的冷凍空間。試求高溫熱源所供給之熱量，與自冷凍空間傳出之熱量，兩者的比值。

17. 有一熱泵，冬天時用以對房子加熱，而夏天時使循環反向，再用以對房子冷却。房子內部欲維持於20°C。對房子內部與外部間每一度的溫度差，估計經由牆壁與屋頂每小時之熱傳量為2400 kJ。

(a)若冬天時外部之溫度為0°C，則帶動熱泵所需的最小功率為若干？

(b)若功率輸入與(a)部分相同，則將內部維持於20°C，外部可能的最高溫度為若干？

18. 一卡諾冷凍機使用濕蒸汽為工作物，自5°C的冷凍空間移走的熱量率為10,000 kJ/hr。工作流體在循環中達到的最高壓力為70 kPa。

(a)試繪出此循環之p-v圖。

(b)試求加於冷凍機之功率。

19. 使用一卡諾冷凍機，自$-50°C$的冷凍空間移走400 kJ/hr的熱量，而熱量排出於5°C的大氣中。一卡諾機作用於560°C的熱源與5°C的大氣之間，所輸出之功用以帶動冷凍機。試求高溫熱源需供給卡諾機的熱量率。

20. 一反向卡諾循環使用0.1 kg的水蒸汽為工作物。在等溫膨脹開始時，水蒸汽之壓力為3.0 kPa，乾度為30％；而在等溫膨脹後，水蒸汽為乾飽和蒸汽。循環放熱之溫度為115°C。試求

(a)水蒸汽在等溫膨脹過程中，內能的變化量。

(b)每循環輸入之功。

21. 有甲、乙兩人為一問題而爭執。甲謂理想氣體進行一可逆等溫膨脹過程，因$\Delta U=0$，故做出的功等於加入的熱量。但乙謂該過程違反熱力學第二定律，因為系統僅自一固定溫度的熱源吸收熱量，而輸出等量的功。試解決甲、乙兩人間的爭執。

22. 一卡諾機使用空氣為工作物，在等溫膨脹開始時，空氣之壓力為520 kPa，溫度為90°C，佔有0.03 m^3的容積。等溫膨脹後之容積為0.06 m^3。絕熱膨脹後之溫度為$-1°C$。試求加入與放出之熱量。

23. 一卡諾機使用空氣為工作物，循環的總容積比為9。等溫壓縮放熱過程開

始時空氣之壓力爲100 kPa，溫度爲5°C，而等溫壓縮放熱過程完成後之容積，爲最大容積的三分之一。試求此循環之熱效率。

24. 一卡諾機使用空氣爲工作物，在等溫膨脹過程中，容積自0.03 m^3 增加到 0.09 m^3。在絕熱膨脹過程中，空氣的焓自200 kJ減少到100 kJ。假設在0 K時，空氣的內能與焓爲零，而比熱可視爲常數。試求

(a)卡諾機之熱效率。

(b)絕熱膨脹後空氣之內能。

(c)絕熱膨脹後空氣之壓力。

6

熵

在熱力學第一定律中，定義出一極爲有用的熱力性質——儲能 E，而得以對系統作能量平衡之分析。同樣，有了熱力學第二定律的觀念之後，本章將定義出另一極有用的熱力性質，稱爲熵（ entropy ）。利用熵此一熱力性質，可進行能量轉換之程度及過程之可行性的分析。然而，熵係由熱力學定律，以數學定義出的熱力性質，無法給予具體的物理意義與形象，爲一抽象之量。因此，所必需瞭解的是，熵到底有什麼用途？如何去應用熵？

6-1 克勞休斯不等律

在定義出熱力性質熵之前，須先瞭解克勞休斯不等律（ Inequality of Clausius ）。克勞休斯不等律爲第二定律推導而得的一個特性，可表示爲：

$$\oint \frac{\delta Q}{T} \leq 0 \tag{6-1}$$

即對任何一循環而言，其 $\delta Q/T$ 的循環積分永遠小於或等於零，絕不可能大於零。當循環爲外可逆循環時，“ = ”號成立；當循環爲不可逆循環時，“ $<$ ”號成立；而當“ $>$ ”號成立時，表示該循環不可能存在。

目前所使用設備，其進行之循環，可大體分爲二大類，即可產生功的熱機循環與須消耗功的冷凍（或熱泵）循環。首先對熱機循環說明克勞休斯不等律

如圖 6-1 所示，在 T_H 與 T_L 兩溫度之間，同時有一可逆（卡諾）熱機及一不可逆熱機作用。對可逆熱機而言，由等溫加熱過程與等溫放熱過程知，

$$\oint \frac{\delta Q}{T} = \frac{Q_H}{T_H} + \frac{Q_{L,\mathrm{rev}}}{T_L} = 0$$

但對不可逆熱機而言，由卡諾原理知，其熱效率低於可逆熱機之熱效率，即對相同的加熱量 Q_H 而言，W_{irrev} 小於 W_{rev}，或放出之熱量 $|Q_{L,\mathrm{irrev}}|$ 大於

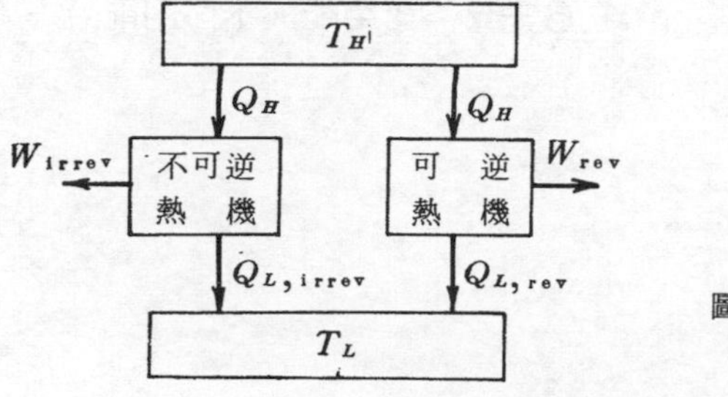

圖 6-1 熱機之克勞休斯不等律解說

$|Q_{L,rev}|$，即

$$Q_{L,irrev} < Q_{L,rev}$$

故對不可逆熱機循環，

$$\oint \frac{\delta Q}{T} = \frac{Q_H}{T_H} + \frac{Q_{L,irrev}}{T_L} < 0$$

因此，對所有的熱機循環：

$$\oint \frac{\delta Q}{T} \leq 0$$

對可逆熱機循環，$\oint \frac{\delta Q}{T} = 0$；對不可逆熱機循環，$\oint \frac{\delta Q}{T} < 0$；若 $\oint \frac{\delta Q}{T} > 0$，則為不可能的熱機循環。

其次考慮冷凍機之克勞休斯不等律。如圖6-2所示，在 T_H 與 T_L 兩溫度極限之間，有一可逆冷凍機與一不可逆冷凍機同時作用。對可逆冷凍機而言，由等溫加熱與等溫放熱過程知：

$$\oint \frac{\delta Q}{T} = \frac{Q_{H,rev}}{T_H} + \frac{Q_L}{T_L} = 0$$

但對不可逆冷凍機而言，由卡諾原理知，其性能係數小於可逆冷凍機之性能係數，或對相同的吸熱量 Q_L 而言，需輸入較大的功，即：

$$|W_{irrev}| > |W_{rev}|$$

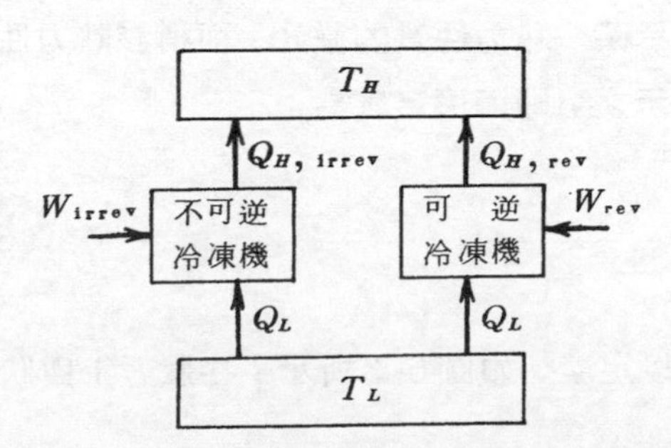

圖 6-2　冷凍機之克勞休斯不等律解說

或在高溫放出較大的熱量，即：

$$|Q_{H,\text{irrev}}| > |Q_{H,\text{rev}}|$$

因此，對不可逆冷凍機循環，

$$\oint \frac{\delta Q}{T} = \frac{Q_{H,\text{irrev}}}{T_H} + \frac{Q_L}{T_L} < 0$$

故對有的冷凍機循環，

$$\oint \frac{\delta Q}{T} \leq 0$$

對可逆冷凍機循環，$\oint \frac{\delta Q}{T} = 0$ ；對不可逆冷凍機循環，$\oint \frac{\delta Q}{T} < 0$ ，若 $\oint \frac{\delta Q}{T} > 0$ ，則爲不可能的冷凍機循環。

6-2 熵

在第一章曾提及，若某量 x 之循環積分爲零，即：

$$\oint dx = 0$$

則該量 x 爲一狀態（或點）函數，或爲熱力性質。由克勞休斯不等律，對任一可逆循環，

$$\oint_{\text{rev}} \frac{\delta Q}{T} = 0$$

因此，對可逆過程而言，$\delta Q/T$ 表示某一熱力性質的微分，而稱該熱力性質爲熵，以 S（外延）或 s（內函）表示之，即熵係定義爲：

$$dS = \left(\frac{\delta Q}{T}\right)_{\text{rev}} \tag{6-2}$$

熱力性質熵亦可由另一觀點予以定義。如圖6-3所示，在狀態1與狀態2

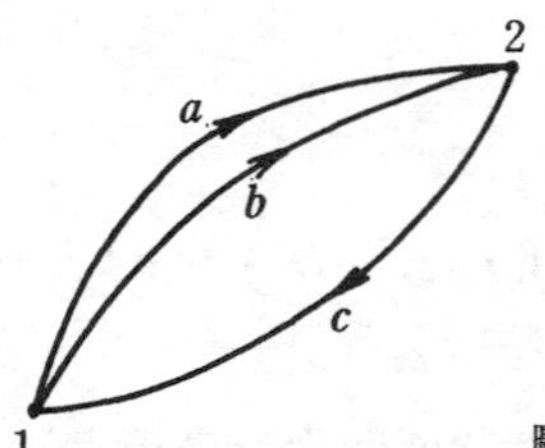

圖 6-3　定義熱力性質熵的兩個可逆循環

之間，有三個可逆過程，分別以 a 、b 與 c 表示，而構成兩個可逆循環 $1-a-2-c-1$ 與 $1-b-2-c-1$ 。對循環 $1-a-2-c-1$ ，由克勞休斯不等律，

$$\oint \frac{\delta Q}{T} = \int_{1-a}^{2} \frac{\delta Q}{T} + \int_{2-c}^{1} \frac{\delta Q}{T} = 0$$

同理，對循環 $1-b-2-c-1$ ，

$$\oint \frac{\delta Q}{T} = \int_{1-b}^{2} \frac{\delta Q}{T} + \int_{2-c}^{1} \frac{\delta Q}{T} = 0$$

比較上述兩式，可知：

$$\int_{1-a}^{2} \frac{\delta Q}{T} = \int_{1-b}^{2} \frac{\delta Q}{T}$$

因此，在兩狀態之間，所有可逆過程的 $\int \frac{\delta Q}{T}$ 均相等；即 $\int \frac{\delta Q}{T}$ 僅決定於兩狀態，而與可逆過程之種類無關。故 $\delta Q/T$ 為某一熱力性質之微分，而稱該熱力性質為熵。

$$dS = \left(\frac{\delta Q}{T}\right)_{\text{rev}} \tag{6-2}$$

故對任一可逆過程而言，熱交換 δQ 與當時絕對溫度之比值，即為熵之改變量。但對不可逆過程而言，$\delta Q/T$ 並不表示熵之改變量。即分析兩狀態間熵之變量，則僅能對 $\delta Q/T$ 沿著可逆過程積分，而不可沿著不可逆過程積分，亦即：

$$S_2 - S_1 = \int_{1,\text{rev}}^{2} \left(\frac{\delta Q}{T}\right) \tag{6-3}$$

在 SI 單位中，熵之習用單位爲 kJ/K（S）、kJ/kg-K（s），或 kJ/kmol-K（$\overline{s}$）。

方程式（6-3）係指密閉系統在兩狀態間之熵改變量，可沿著可逆過程對 $\delta Q/T$ 積分而求得。其次考慮開放系統之熵改變量。如圖 6-4 所示，一開放系統（邊界 σ 所示）與系統 A 及系統 B 進行質量交換，並與其它外界有熱交換。令質量 δm_i 自系統 A 流入開放系統 σ，而質量 δm_e 自開放系統 σ 流至系統 B；因此系統 A 之熵改變量爲 $-s_i\,\delta m_i$，而系統 B 之熵改變量爲 $s_e\,\delta m_e$。如圖所示，以邊界 C 定義出系統 C，即系統 C 包括系統 A、系統 B，及系統 σ。因系統 A 及系統 B 與外界無熱交換，故系統 C 與外界之熱交換，等於系統 σ 與外界之熱交換。因此，

$$dS_C = \left(\frac{\delta Q}{T}\right)_{c,\text{rev}} = \left(\frac{\delta Q}{T}\right)_{\sigma,\text{rev}}$$

密閉系統 C 之熵改變量，等於構成之三個系統的熵改變量之總和，即

$$dS_C = dS_A + dS_\sigma + dS_B$$

因此，開放系統 σ 之熵改變量爲：

$$dS_\sigma = dS_C - dS_A - dS_B$$

或

$$dS_\sigma = \left(\frac{\delta Q}{T}\right)_{\sigma,\text{rev}} + s_i\,\delta m_i - s_e\,\delta m_e \tag{6-4}$$

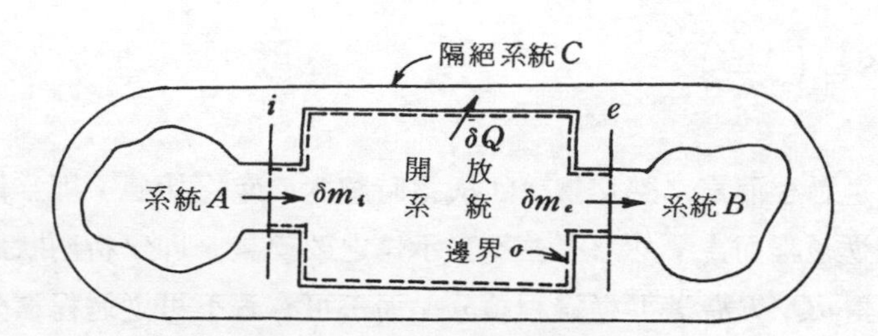

圖 6-4　開放系統之熵改變量

方程式（6-4）為開放系統熵改變量的通式。對一穩態穩流系統而言，因 $dS_\sigma = 0$，及 $\delta m_i = \delta m_e = \delta m$，故方程式（6-4）可寫為

$$(s_e - s_i)\,\delta m = \left(\frac{\delta Q}{T}\right)_{\sigma,\mathrm{rev}}$$

或對單位質量流量而言，

$$s_e - s_i = \int_{i,\mathrm{rev}}^{e} \left(\frac{\delta q}{T}\right) \qquad (6\text{-}5)$$

方程式（6-5）與方程式（6-3）類似，惟方程式（6-5）係表示流體在開放系統的進口與出口間熵的改變量。

在熱力問題之分析中，通常係考慮某一過程所造成的熵改變量，故熵為零之基準狀態可任意選定。惟欲以表或圖將熵表示出來，則必需有熵之絕對值。通常，純質之熵為零，係定於當溫度為絕對零度時；但本書附表中的蒸汽表，係將 0.01° C下之飽和液體的熵定為零，而大部份的冷媒（如冷媒-12及氨），係將 -40° C 下的飽和液體之熵定為零。

純質之熱力性質的附表中，均列有熵值，其應用與比容、內能及焓等完全相同，故不再贅述。

6-3　溫－熵圖與焓－熵圖

在第一定律分析中，經常使用之性質圖為壓－容（p-v）圖，因為壓－容圖與功有直接之關係存在。有了第二定律與熵之觀念後，經常以熵為性質圖的一個座標軸。最經常使用之性質圖有溫－熵（T-s）圖與焓－熵（h-s）圖。

(1)　溫－熵（T-s）圖

由方程式（6-2），

$$dS = \left(\frac{\delta Q}{T}\right)_{\mathrm{rev}}$$

或對每單位質量而言，

$$ds = \left(\frac{\delta q}{T}\right)_{\text{rev}}$$

因此，對一可逆過程，其熱交換量為：

$$q_{\text{rev}} = \int T\,ds \qquad (6\text{-}6)$$

若將可逆過程繪於T-s圖上，則由方程式（6-6）知，過程下面所包含之面積，即為過程之熱交換量。

若一過程為可逆絕熱過程，因$\delta q=0$，故由方程式（6-2）知，$ds=0$。因此，可逆絕熱過程在T-s圖上為一垂直線，而又稱為等熵過程。卡諾循環係由兩個可逆等溫過程，及兩個可逆絕熱過程所構成，因此不論使用何種純質為工作物，在T-s圖上，卡諾循環永遠為一矩形，如圖6-5(a)所示。

卡諾循環之加熱量Q_H，為過程1→2下面所包含之面積，因此

$$Q_H = T_H(S_b - S_a)$$

同理，放熱量Q_L為過程3→4下面所包含之面積，即

$$Q_L = T_L(S_b - S_a)$$

故卡諾循環之熱效率η_c為：

$$\eta_c = 1 - \frac{Q_L}{Q_H} = 1 - \frac{T_L(S_b - S_a)}{T_H(S_b - S_a)}$$

$$= 1 - \frac{T_L}{T_H}$$

當然，反向卡諾（或卡諾冷凍與熱泵）循環，在T-s圖上亦為一矩形，如

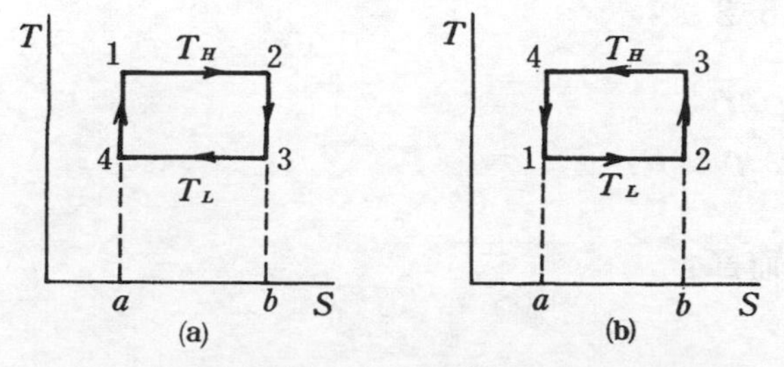

圖 6-5 卡諾循環與反向卡諾循環之溫一熵圖

圖6-5(b)所示。循環中之吸熱量 Q_L 爲過程1→2下面所包含之面積，即：

$$Q_L = T_L(S_b - S_a)$$

而放熱量 Q_H 爲過程3→4下面所包含之面積，即：

$$Q_H = T_H(S_b - S_a)$$

因此，卡諾冷凍循環之性能係數cop爲：

$$\text{cop} = \frac{Q_L}{Q_H - Q_L} = \frac{T_L(S_b - S_a)}{T_H(S_b - S_a) - T_L(S_b - S_a)}$$

$$= \frac{T_L}{T_H - T_L}$$

而卡諾熱泵循環之性能因數PF爲，

$$\text{PF} = \frac{Q_H}{Q_H - Q_L} = \frac{T_H(S_b - S_a)}{T_H(S_b - S_a) - T_L(S_b - S_a)}$$

$$= \frac{T_H}{T_H - T_L}$$

純質液一汽兩相之 T-s圖，簡示如圖6-6，水之 T-s詳圖，則示於附圖1。圖中 c 爲臨界點，其左側之實曲線爲飽和液體線，而右側之實曲線爲飽和汽體線。飽和液體線之左側爲壓縮(過冷)液體，飽和汽體線之右側爲過熱汽體

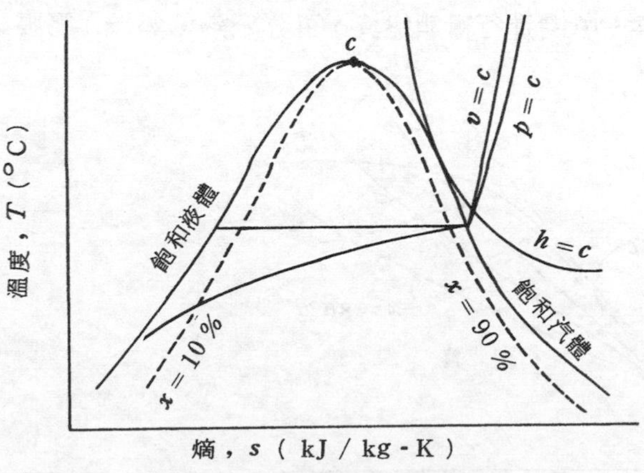

圖 6-6　純質之溫一熵圖

，而兩曲線所包含之部份爲濕區域，其內濕汽體之熵可用飽和液體熵 s_f 、飽和汽體熵 s_g ，及乾度 x 表示如下：

$$\begin{aligned} s &= (1-x)\, s_f + x\, s_g \\ &= s_f + x\, s_{fg} \qquad\qquad (6\text{-}7) \\ &= s_g - (1-x)\, s_{fg} \end{aligned}$$

T-s圖中同時表示出之性質線，包括等壓線、等容線、等焓線、及等乾度線。

⑵ 焓一熵（ h-s ）圖

h-s圖又稱爲莫里耳圖（ Mollier diagram ），其簡圖如圖6-7所示，而水之h-s詳圖示於附圖2 。圖中除飽和液體線與飽和汽體線外，並示出等壓線、等溫線、及等乾度線，但其缺點爲通常並無等容線。

h-s圖並不像T-s圖具有實質的意義，但在甚多理想過程的分析中（如可逆絕熱過程，或等熵過程），則具有潛在的意義，因此h-s圖仍經常被使用。現舉例簡單說明如下。

在一開放系統中，設若流體進行一穩態穩流、可逆絕熱之膨脹（如渦輪機）或壓縮（如壓縮機）過程。假設進出口間之動能與位能變化可予忽略不計，又因 $q = 0$ ，因此由第一定律能量方程式，可得：

$$w = h_i - h_e$$

故，h-s圖上此過程（爲垂直線）之長度，即焓差量，表示膨脹（壓縮）所作（需）之功，而可作爲設備性能的一個比較基準。

又若流體在一噴嘴進行穩態穩流、可逆絕熱（等熵）膨脹，假設進出口間

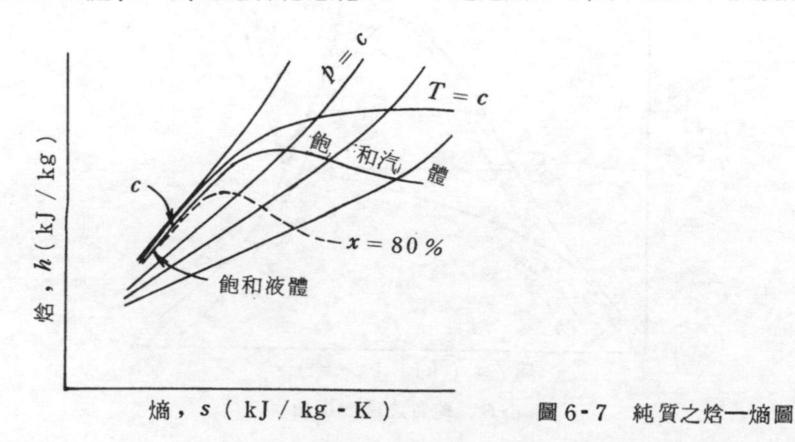

圖6-7 純質之焓一熵圖

位能變化可予忽略不計，又因 $q=0$ ，$w=0$ ，故由熱力學第一定律能量方程式，可得：

$$\frac{1}{2}(V_e^2-V_i^2)=h_i-h_e$$

因此，h-s 圖上此過程（爲垂直線）之長度，即焓差量，表示噴嘴所造成的動能變化，而可作爲噴嘴性能的一個比較基準。

6-4　熵變量之計算

工作物在進行某一過程時，由某一狀態改變至另一狀態，可能造成熵之改變。本節將說明熵變量之計算，但依工作物之種類而分爲兩部份。其一爲工作物係液或汽相，而汽相不可視爲理想氣體，其熵變量可由表（或圖）上之值而求得；其二爲工作物爲理想氣體，其熵變量可由方程式求得。

首先考慮配合表（或圖）求取熵變量。附表1至附表 14 中，列有數種純質在不同狀態下的熵值，其應用方法與比容、內能及焓等相同，即先由兩個獨立性質定出物質之狀態，再由表中讀取熵值。現以數個例題說明熵變量之求法，並配合第一定律之分析。

【例題 6-1】

試求水在10 MPa 之壓力下，自飽和液體變爲飽和汽體的熵變量。

解：如圖6-8所示，此過程（$1\rightarrow2$）爲相變化過程，故其壓力與溫度均維持固定。因此過程之加熱量 q ，等於焓的變化量，而對相變化言，即爲汽化潛熱 h_{fg} ，故 $q=h_{fg}$ 。同時過程之熵變量（ s_2-s_1 ），等於兩相間熵之差量 s_{fg} ，即 $s_2-s_1=s_{fg}$ 。因溫度爲固定，故

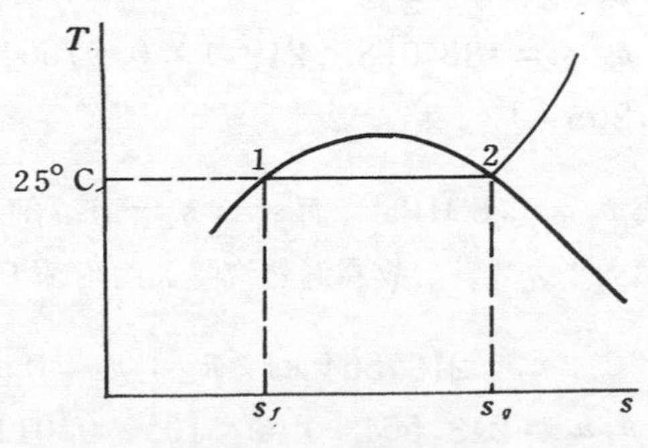

圖 6-8　例題 6-1

$$s_2 - s_1 = s_{fg} = \int_1^2 \frac{\delta q}{T} = \frac{q}{T} = \frac{h_{fg}}{T}$$

由附表2，當 $p = 10$ MPa 時，$h_{fg} = 1317.1$ kJ／kg，而$T = 311.06$ °C 。因此

$$s_{fg} = \frac{1317.1}{311.06 + 273.15} = 2.2544 \text{ kJ／kg-K}$$

此即爲附表2上所列，10 MPa下之 s_{fg} 值。

【例題6-2】

4 kg 的水，在定壓下自90° C被冷卻至10° C，試求熵變量。

解：本例題並未說明壓力的大小，若假設爲一大氣壓，則水爲壓縮（過冷）液體。但附表4中並無本例題之狀態，故通常以相同溫度下的飽和液體狀態取代之。由附表1，飽和液體水在90° C與10° C下之熵值分別爲1.1925 kJ／kg-K與0.1510 kJ／kg-K ，因此

$$S_2 - S_1 = m(s_2 - s_1) = 4(0.1510 - 1.1925)$$
$$= -4.166 \text{ kJ／K}$$

【例題6-3】

－10° C的飽和冷媒-12汽體，在一活塞-汽缸裝置內被可逆絕熱地壓縮至 1.6 MPa 的壓力。試求此過程之熵變量及功。

解：此過程因係可逆絕熱過程，故熵變量爲零。狀態1爲－10° C的飽和汽體，故由附表8可得：

$$h_1 = 183.058 \text{ kJ／kg} \quad ; \quad p_1 = 219.1 \text{ kPa}$$
$$v_1 = 0.076646 \text{ m}^3\text{／kg} \quad ; \quad s_1 = 0.7014 \text{ kJ／kg-K}$$
$$u_1 = h_1 - p_1 v_1 = 183.058 - 219.1 \times 0.076646$$
$$= 166.265 \text{ kJ／kg}$$

狀態2之壓力爲$p_2 = 1.6$ MPa ，而$s_2 = s_1 = 0.7014$ kJ／kg-K，大於 1.6 MPa 壓力下之 s_g ，故爲過熱汽體。由附表9可得：

$$T_2 = 72.2°\text{C} \text{；} h_2 = 218.564 \text{ kJ／kg} \text{；} v_2 = 0.011382 \text{ m}^3\text{／kg}$$
$$u_2 = h_2 - p_2 v_2 = 218.564 - 1.6 \times 10^3 \times 0.011382$$

$$= 200.352 \text{ kJ/kg}$$

由第一定律能量方程式，

$$ {}_1q_2 = u_2 - u_1 + {}_1w_2 = 0$$

$$ {}_1w_2 = u_1 - u_2 = 166.265 - 200.352 = -34.087 \text{ kJ/kg}$$

【例題6-4】

800kPa之乾飽和蒸汽，在一密閉系統內進行可逆等溫膨脹，直到壓力降爲400kPa。試求熱交換量與功。

解：首先將此過程繪於 T-s圖上，如圖6-9所示，有助於問題之解析。由圖可知，狀態2必爲過熱蒸汽，而斜線部份面積表示熱交換量。

狀態1爲800 kPa之乾飽和蒸汽，故由附表2可得，

$$T_1 = 170.43°\text{C} \;;\; u_1 = 2576.8 \text{ kJ/kg} \;;\; s_1 = 6.6628 \text{ kJ/kg-K}$$

狀態2之壓力爲 $p_2 = 400$ kPa，而溫度爲 $T_2 = T_1 = 170.43°$C，故由附表3可得，

$$u_2 = 2598.1 \text{ kJ/kg} \;;\; s_2 = 7.0283 \text{ kJ/kg-K}$$

熱交換量 ${}_1q_2$ 爲

$$ {}_1q_2 = \int_1^2 T\,ds = T_1(s_2 - s_1)$$

$$= (170.43 + 273.15)(7.0283 - 6.6628)$$

$$= 162.1 \text{ kJ/kg}$$

由第一定律能量方程式，功 ${}_1w_2$ 爲

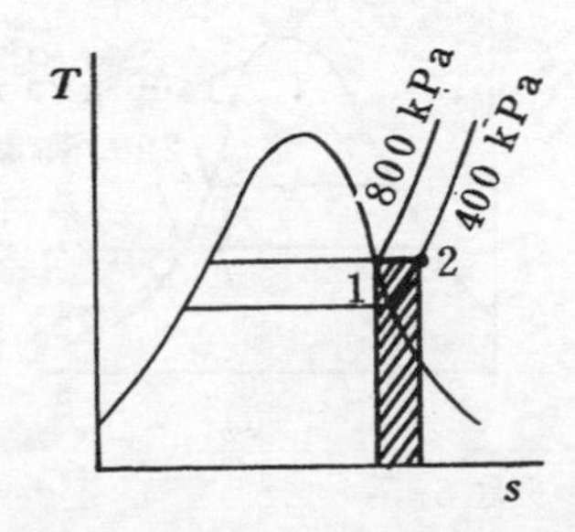

圖6-9　例題6-4

$$ {}_1w_2 = u_1 - u_2 + {}_1q_2 = 2576.8 - 2598.1 + 162.1 $$
$$ = 140.8 \text{ kJ/kg} $$

【例題6-5】

溫度爲－10°C，乾度爲80％的氨，被可逆絕熱地壓縮至1400 kPa，假設穩態穩流過程，同時進出口間動能與位能變化可忽略不計。若氨之流量爲2 kg／min，則壓縮所需之功率爲若干？

解：由熱力學第一定律，穩態穩流過程之能量方程式，當 $q=0$，$\Delta KE=0$，$\Delta PE=0$，則

$$ w = h_i - h_e $$

故必須定出進口與出口之狀態。又，此過程爲可逆絕熱過程，或等熵過程，故在 T-s 圖上爲垂直線。如圖6-10(a)所示，出口之狀態可能爲濕汽體或過熱汽體，當然亦有可能爲乾飽和汽體，視出口之壓力而定。

入口狀態 i 爲－10°C，80％乾度之濕汽體，由附表6可得，

$$ h_f = 135.2 \text{ kJ/kg} \quad ; \quad h_{fg} = 1296.8 \text{ kJ/kg} $$
$$ s_f = 0.5440 \text{ kJ/kg-K} \quad ; \quad s_{fg} = 4.9290 \text{ kJ/kg-K} $$
$$ p_i = 290.85 \text{ kPa} $$

因此，入口之焓與熵分別爲：

$$ h_i = 135.2 + 0.8 \times 1296.8 = 1172.64 \text{ kJ/kg} $$
$$ s_i = 0.5440 + 0.8 \times 4.9290 = 4.4872 \text{ kJ/kg-K} $$

出口狀態 e 之壓力 $p_e = 1400$ kPa，而 $s_e = s_i = 4.4872$ kJ/kg-K。

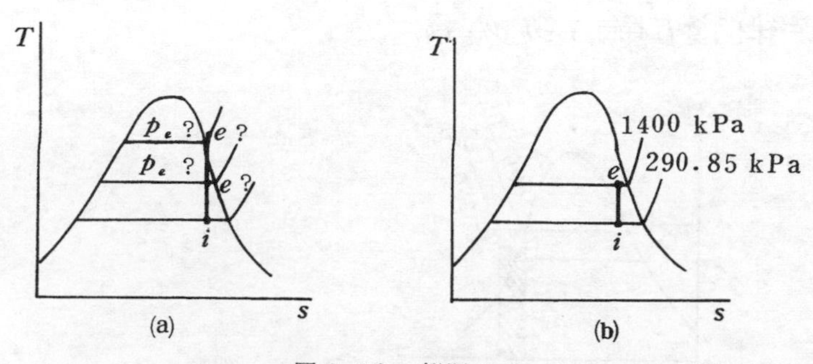

圖6-10 例題6-5

又，由附表6可得，在1400 kPa之壓力下，

$$s_f = 1.3011 \text{ kJ/kg-K} \quad ; \quad s_g = 4.9132 \text{ kJ/kg-K}$$
$$h_f = 353.43 \text{ kJ/kg} \quad ; \quad h_g = 1470.90 \text{ kJ/kg}$$

因 $s_e < s_g$，故狀態 e 爲濕汽體，如圖6-10(b)所示，其乾度 x_e 爲

$$x_e = \frac{4.4872 - 1.3011}{4.9132 - 1.3011} = 0.8821$$
$$h_e = 353.43 + 0.8821 \times (1470.90 - 353.43)$$
$$= 1339.15 \text{ kJ/kg}$$

因此，壓縮功爲

$$w = h_i - h_e = 1172.64 - 1339.15$$
$$= -166.51 \text{ kJ/kg}$$

而壓縮所需之功率 $\dot{W}$ 爲

$$\dot{W} = \dot{m}w = 2 \times (-166.51) \text{ kJ/min}$$
$$= -333.02 \text{ kJ/min} = -5.55 \text{ kW}$$

其次，考慮當工作物可視爲理想氣體，同時其比熱爲常數時，熵變量之計算。

熵爲熱力性質，故任意兩狀態間之熵變量，可用該兩狀態間的任一或一個以上之可逆過程求得。現以數個簡單的過程說明之，並導出熵變量的方程式。

如圖6-11所示，狀態1與2爲兩個任意的狀態。爲求取兩狀態間之熵變量（即 $s_2 - s_1$），可在兩狀態間以較簡單的等壓、等容及等溫三個可逆過程中的兩個連接之。首先考慮以等容配合等壓過程之情況，如圖6-11中的1→

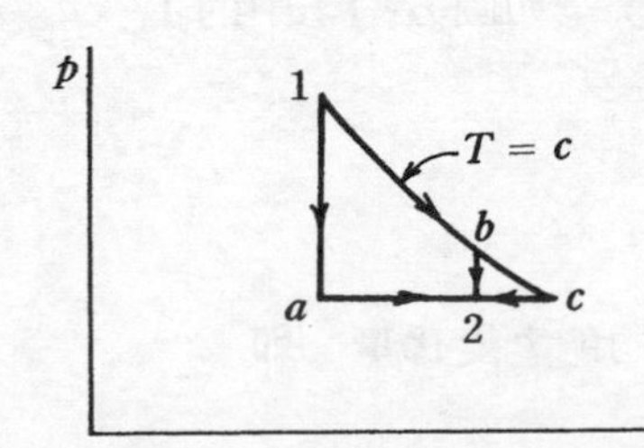

圖6-11 理想氣體熵變量方程式之推導

$a \rightarrow 2$，熵變量可寫爲

$$s_2 - s_1 = (s_2 - s_a) + (s_a - s_1) \tag{a}$$

過程 $a \rightarrow 2$ 爲等壓過程，故熱交換量等於焓之變化量，即：

$$\delta q = dh = c_p \, dT$$

故過程 $a \rightarrow 2$ 之熵變量（$s_2 - s_a$）爲

$$s_2 - s_a = \int_a^2 \frac{\delta q}{T} = \int_a^2 c_p \frac{dT}{T} = c_p \ln \frac{T_2}{T_a}$$

$$= c_p \ln \frac{v_2}{v_a} = c_p \ln \frac{v_2}{v_1} \tag{b}$$

過程 $1 \rightarrow a$ 爲等容過程，故熱交換量等於內能之變化量，即

$$\delta q = du = c_v \, dT$$

故過程 $1 \rightarrow a$ 之熵變量（$s_a - s_1$）爲，

$$s_a - s_1 = \int_1^a \frac{\delta q}{T} = \int_1^a c_v \frac{dT}{T} = c_v \ln \frac{T_a}{T_1}$$

$$= c_v \ln \frac{p_a}{p_1} = c_v \ln \frac{p_2}{p_1} \tag{c}$$

將方程式(b)與(c)代入(a)，可得

$$s_2 - s_1 = c_v \ln \frac{p_2}{p_1} + c_p \ln \frac{v_2}{v_1} \tag{6-8}$$

其次，考慮以等溫配合等容過程之情況，如圖 6-11 中的 $1 \rightarrow b \rightarrow 2$，熵變量可寫爲

$$s_2 - s_1 = (s_2 - s_b) + (s_b - s_1) \tag{d}$$

過程 $b \rightarrow 2$ 爲等容過程，故熱交換量等於內能之變化量，即

$$\delta q = du = c_v \, dT$$

故過程 $b \to 2$ 之熵變量（ $s_2 - s_b$ ）為，

$$s_2 - s_b = \int_b^2 \frac{\delta q}{T} = \int_b^2 c_v \frac{dT}{T} = c_v \ln \frac{T_2}{T_b}$$

$$= c_v \ln \frac{T_2}{T_1} \qquad \text{(e)}$$

過程 $1 \to b$ 為等溫過程，故熱交換量等於功，即

$$\delta q = p \, dv$$

故過程 $1 \to b$ 之熵變量（ $s_b - s_1$ ）為

$$s_b - s_1 = \int_1^b \frac{\delta q}{T} = \int_1^b \frac{p}{T} \, dv = \int_1^b R \frac{dv}{v}$$

$$= R \ln \frac{v_b}{v_1} = R \ln \frac{v_2}{v_1} \qquad \text{(f)}$$

將方程式(e)與(f)代入(d)，可得

$$s_2 - s_1 = c_v \ln \frac{T_2}{T_1} + R \ln \frac{v_2}{v_1} \qquad \text{(6-9)}$$

接著考慮以等溫配合等壓過程之情況，如圖 6-11 中的 $1 \to c \to 2$ ，熵變量可寫為：

$$s_2 - s_1 = (s_2 - s_c) + (s_c - s_1) \qquad \text{(g)}$$

過程 $c \to 2$ 為等壓過程，故熱交換量等於焓之變化量，即：

$$\delta q = dh = c_p \, dT$$

故過程 $c \to 2$ 之熵變量（ $s_2 - s_c$ ），為

$$s_2 - s_c = \int_c^2 \frac{\delta q}{T} = \int_c^2 c_p \frac{dT}{T} = c_p \ln \frac{T_2}{T_c}$$

$$= c_p \ln \frac{T_2}{T_1} \tag{h}$$

過程 $1 \rightarrow c$ 爲等溫過程，故熱交換量等於功，即：

$$\delta q = p dv$$

故過程 $1 \rightarrow c$ 之熵變量（ $s_c - s_1$ ），爲：

$$s_c - s_1 = \int_1^c \frac{\delta q}{T} = \int_1^c \frac{p}{T} dv = \int_1^c R \frac{dv}{T}$$

$$= R \ln \frac{v_c}{v_1} = R \ln \frac{p_1}{p_c} = -R \ln \frac{p_2}{p_1} \tag{i}$$

將方程式(h)與(i)代入(g)，可得：

$$s_2 - s_1 = c_p \ln \frac{T_2}{T_1} - R \ln \frac{p_2}{p_1} \tag{6-10}$$

方程式（ 6-8 ）至（ 6-10 ）爲當工作物爲比熱可視爲常數之理想氣體，任意兩狀態間熵變量的計算方程式。以下用數個例題說明方程式之應用，及第一定律的能量分析。

【例題 6-6 】

空氣自100 kPa被可逆等溫過程壓縮至500 kPa，試求熵的改變量。

解：由方程式（ 6-10 ），因 $T_2 = T_1$ ，故

$$s_2 - s_1 = -R \ln \frac{p_2}{p_1} = -0.287 \ln \frac{500}{100}$$

$$= -0.4619 \text{ kJ/kg-K}$$

因等溫壓縮過程中，熱量必須自工作物轉走，因此造成熵的減少。

【例題 6-7 】

二氧化碳自750 kPa與30° C的最初狀態，以 $pv^{1.3} = C$ 的多變過程膨脹至120 kPa的最後壓力。試求熵的改變量。

解：假設二氧化碳爲理想氣體，而其比熱爲常數。由附表 15 ，二氧化碳之定壓比熱 $c_p = 0.8418$ kJ / kg - K，而氣體常數 $R = 0.18892$ kJ / kg - K。

膨脹後之溫度 T_2 爲

$$T_2 = T_1 \left(\frac{p_2}{p_1} \right)^{(n-1)/n} = (30 + 273.15) \left(\frac{120}{750} \right)^{(1.3-1)/1.3}$$

$$= 198.6 \text{ K}$$

由方程式（ 6-10 ），

$$s_2 - s_1 = c_p \ \ln \frac{T_2}{T_1} - R \ \ln \frac{p_2}{p_1}$$

$$= 0.8418 \ \ln \frac{198.6}{30 + 273.15} - 0.18892 \ \ln \frac{120}{750}$$

$$= -0.00982 \text{ kJ/kg-K}$$

【例題 6-8】

0.5 kg之氦氣自120 kPa，25° C，被等壓加熱至90° C。試求熵的改變量，當(a)密閉系統；(b)穩態穩流系統。

解：假設氦氣爲理想氣體，而比熱爲常數。由附表 15 可得氦氣之定壓比熱 $c_p = 5.1926$ kJ/kg-K。

(a)密閉系統：由方程式（ 6-10 ），因壓力爲固定，故

$$S_2 - S_1 = m \, c_p \ \ln \frac{T_2}{T_1} = 0.5 \times 5.1926 \ \ln \frac{90 + 273.15}{25 + 273.15}$$

$$= 0.512 \text{ kJ/K}$$

(b)穩態穩流系統：由第一定律能量方程式

$$\delta q = dh + dKE + dPE + \delta w$$

又穩態穩流系統之功爲

$$\delta w = -vdp - dKE - dPE$$

因此，

$$\delta q = dh - vdp = c_p dT - vdp$$

故在進口狀態 i 與出口狀態 e 之間，熵之改變量（ $s_e - s_i$ ）爲

$$s_e - s_i = \int_i^e \frac{\delta q}{T} = \int_i^e c_p \frac{dT}{T} - \int_i^e \frac{v}{T} dp$$

$$= \int_i^e c_p \frac{dT}{T} - \int_i^e R \frac{dp}{p}$$

$$= c_p \ln \frac{T_e}{T_i} - R \ln \frac{p_e}{p_i}$$

此方程式與方程式（6-10）相同，依同理推論，方程式（6-8）至（6-10）均可應用於流體的進出口狀態之間。

在本例題中，因壓力爲固定，故

$$S_e - S_i = m\,c_p \ln \frac{T_e}{T_i} = 0.5 \times 5.1926 \ln \frac{90+273.15}{25+273.15}$$

$$= 0.512 \text{ kJ/K}$$

以上之討論係假設工作物爲理想氣體，同時其比熱可視爲常數。但若工作物爲理想氣體，而比熱並非常數，爲溫度之函數，則熵變量又如何求得呢？

爲說明此點，需先考慮理想氣體的熱力性質表，如附表 16 所示，爲空氣在低壓下之熱力性質。由第四章知，理想氣體的內能與焓僅爲溫度之函數，若定出 u 與 h 爲零之基準溫度，則以 c_v - T 與 c_p -T 方程式，可求得任一溫度下的 u 與 h 之絕對值，而予以列表。通常此基準溫度取爲絕對零度。

任意兩狀態 1 與 2 間之熵差，可以下式表示：

$$s_2 - s_1 = \int_{T_1}^{T_2} c_p \frac{dT}{T} - R \ln \frac{p_2}{p_1}$$

$$= \int_{T_0}^{T_2} c_p \frac{dT}{T} - \int_{T_0}^{T_1} c_p \frac{dT}{T} - R \ln \frac{p_2}{p_1}$$

$$= (s_{T_2}^0 - s_{T_1}^0) - R \ln \frac{p_2}{p_1} \qquad (6\text{-}11)$$

方程式（6-11）中，s_T^0 稱爲標準狀態熵（standard-state entropy），係定義爲：

$$s_T^0 = \int_{T_0}^{T} c_p \frac{dT}{T} \qquad (6\text{-}12)$$

而僅為溫度之函數，故亦可予以列表。

因此，當理想氣體之比熱非為常數時，可由兩狀態之溫度與壓力，配合熱力性質表及方程式（6-11）求得兩狀態間之熵差。

當理想氣體進行可逆絕熱（等熵）過程，因 c_p 與 c_v 並非常數，故 κ 亦非常數，而為溫度之函數。因此，方程式

$$\frac{T_2}{T_1}=\left(\frac{p_2}{p_1}\right)^{(k-1)/k}=\left(\frac{v_1}{v_2}\right)^{k-1}$$

不再適用，而兩狀態間溫度、壓力與比容之關係又如何？

由方程式（6-11），因 $s_2=s_1$，故

$$\frac{p_2}{p_1}=\exp\left(\frac{s^0_{T_2}-s^0_{T_1}}{R}\right)=\frac{\exp(s^0_{T_2}/R)}{\exp(s^0_{T_1}/R)}=\frac{p_{r_2}}{p_{r_1}} \qquad (6\text{-}13)$$

方程式（6-13）中，p_r 稱為相對壓力（relative pressure），係定義為

$$p_r=\exp(s^0_T/R)$$

僅為溫度之函數，故亦可予以列表。方程式（6-13）即表示可逆絕熱（等熵）過程中，兩狀態間壓力與溫度的關係。

由理想氣體狀態方程式，兩狀態間比容之比值為

$$\frac{v_2}{v_1}=\frac{p_1}{p_2}\cdot\frac{T_2}{T_1}$$

將方程式（6-13）代入，可得

$$\frac{v_2}{v_1}=\frac{p_{r_1}}{p_{r_2}}\cdot\frac{T_2}{T_1}=\frac{T_2/p_{r_2}}{T_1/p_{r_1}}=\frac{v_{r_2}}{v_{r_1}} \qquad (6\text{-}14)$$

方程式（6-14）中，v_r 稱為相對比容（relative specific volume），係定義為：

$$v_r=\frac{T}{p_r}$$

僅為溫度之函數，故同樣可予以列表。方程式（6-14）即表示可逆絕熱（等熵）過程中，兩狀態間比容與溫度的關係。

【例題6-9】

空氣在一密閉剛性容器內，自100 kPa，280K被加熱至420 kPa。試求加熱量及熵之改變量。

(a)假設比熱為常數。(b)考慮比熱為溫度之函數。

解：此為一等容過程，因此最後之溫度 T_2 為

$$T_2 = T_1 \frac{p_2}{p_1} = 280 \frac{420}{100} = 1176 \text{ K}$$

(a)由第一定律能量方程式

$$q = u_2 - u_1 + w = c_v (T_2 - T_1) + w$$
$$= 0.7165 (1176 - 280) + 0 = 641.98 \text{ kJ/kg}$$

$$s_2 - s_1 = c_v \ln \frac{T_2}{T_1} + R \ln \frac{v_2}{v_1} = 0.7165 \ln \frac{1176}{280} + 0$$
$$= 1.028 \text{ kJ/kg-K}$$

(b) $T_1 = 280$ k，$T_2 = 1176$ k，由附表 16 可得

$u_1 = 199.78$ kJ/kg ； $s^0_{T_1} = 2.4461$ kJ/kg-K

$u_2 = 912.28$ kJ/kg ； $s^0_{T_2} = 3.9695$ kJ/kg-K

$$q = u_2 - u_1 + w = 912.28 - 199.78 + 0$$
$$= 712.5 \text{ kJ/kg}$$

$$s_2 - s_1 = (s^0_{T_2} - s^0_{T_1}) - R \ln \frac{p_2}{p_1}$$
$$= (3.9695 - 2.4461) - 0.287 \ln \frac{420}{100}$$
$$= 1.112 \text{ kJ/kg-K}$$

【例題6-10】

空氣自100 kPa，280K被可逆絕熱地壓縮至440 K。試求最後之比容與壓力。

(a)假設比熱為常數。(b)考慮比熱為溫度之函數。

解：由理想氣體狀態方程式，

$$v_1 = \frac{RT_1}{p_1} = \frac{0.287 \times 280}{100} = 0.8036\ \text{m}^3/\text{kg}$$

(a)最後之比容 v_2 爲

$$v_2 = v_1 \left(\frac{T_1}{T_2}\right)^{1/(k-1)} = 0.8036 \left(\frac{280}{440}\right)^{1/(1.4-1)}$$

$$= 0.2596\ \text{m}^3/\text{kg}$$

最後之壓力 p_2 爲

$$p_2 = p_1 \left(\frac{T_2}{T_1}\right)^{k/(k-1)} = 100 \left(\frac{440}{280}\right)^{1.4/(1.4-1)}$$

$$= 486.44\ \text{kPa}$$

(b) $T_1 = 280$ K，$T_2 = 440$ K，由附表 16 可得

$$v_{r1} = 171.45 \quad ; \quad p_{r1} = 1.0889$$

$$v_{r2} = 55.02 \quad ; \quad p_{r2} = 5.332$$

由方程式（6-13），

$$v_2 = v_1 \frac{v_{r2}}{v_{r1}} = 0.8036 \frac{55.02}{171.45} = 0.2579\ \text{m}^3/\text{kg}$$

由方程式（6-14），

$$p_2 = p_1 \frac{p_{r2}}{p_{r1}} = 100 \frac{5.332}{1.0889} = 489.67\ \text{kPa}$$

【例題 6-11】

1 kg之空氣在一活塞一汽缸裝置內，自400 kPa，600K可逆絕熱地膨脹至 150 kPa，試求功。

(a)假設比熱爲常數。(b)考慮比熱爲溫度之函數。

解：(a)最後之溫度 T_2 爲

$$T_2 = T_1 \left(\frac{p_2}{p_1}\right)^{(k-1)/k} = 600 \left(\frac{150}{400}\right)^{(1.4-1)/1.4}$$

$$= 453.36\ \text{k}$$

由第一定律能量方程式，因 $Q = 0$，

$$W = m(u_1 - u_2) = m\,c_v\,(T_1 - T_2)$$

$= 1 \times 0.7165 (600 - 453.36)$

$= 105.07 \text{ kJ}$

(b) $T_1 = 600 \text{ K}$，由附表 16 可得

$$u_1 = 434.80 \text{ kJ/kg} \quad ; \quad p_{r1} = 16.278$$

由方程式（6-14），

$$p_{r2} = p_{r1}\frac{p_2}{p_1} = 16.278 \times \frac{150}{400} = 6.104$$

由附表 16 可得，$T_2 = 457 \text{ K}$ 及 $u_2 = 327.79 \text{ kJ/kg}$，因此

$$W = m(u_1 - u_2) = 1 \times (434.80 - 327.79)$$
$$= 107.01 \text{ kJ}$$

【例題 6-12】

空氣在 500 kPa，920 K 進入渦輪機，可逆絕熱地膨脹至 100 kPa。若空氣之流量為 20 kg/sec，則功率輸出為若干？假設動能與位能變化可忽略不計。

(a)假設比熱為常數。(b)考慮比熱為溫度之函數。

解：出口之溫度 T_e 為

$$T_e = T_i\left(\frac{p_e}{p_i}\right)^{(k-1)/k} = 920\left(\frac{100}{500}\right)^{(1.4-1)/1.4}$$
$$= 580.87 \text{ K}$$

由穩態穩流系統第一定律能量方程式，因 $q = 0$，$\Delta KE = \Delta PE = 0$，

$$w = h_i - h_e = c_p(T_i - T_e) = 1.0035(920 - 580.87)$$
$$= 340.32 \text{ kJ/kg}$$

故功率輸出 $\dot{W}$ 為

$$\dot{W} = \dot{m}w = 20 \times 340.32 = 6806.4 \text{ kW}$$
$$= 6.8064 \text{ MW}$$

(b) $T_i = 920 \text{ K}$，由附表 16 可得

$$h_i = 955.38 \text{ kJ/kg} \quad ; \quad p_{ri} = 82.05$$

由方程式（ 6-14 ），

$$p_{re} = p_{ri}\frac{p_e}{p_i} = 82.05\ \frac{100}{500} = 16.41$$

由附表 16 可得，$h_e = 608.38 \text{ kJ/kg}$

由第一定律，因 $q = 0$ ，$\Delta KE = \Delta PE = 0$ ，故

$$\begin{aligned} w = h_i - h_e &= 955.38 - 608.38 \\ &= 347 \text{ kJ/kg} \end{aligned}$$

故功率輸出 $\dot{W}$ 為

$$\dot{W} = \dot{m}\,w = 20 \times 347 = 6940 \text{ kW} = 6.940\ MW$$

6-5 Tds方程式

由熵的定義可推導出兩個極有用的方程式，稱為Tds方程式。此兩個方程式為：

$$T\,ds = du + pdv \tag{6-15}$$

$$T\,ds = dh - vdp \tag{6-16}$$

方程式（ 6-15 ）與（ 6-16 ）可應用於兩個平衡狀態間，任何可逆或不可逆過程，密閉系統或開放系統。首先考慮密閉系統。由熵之定義，

$$ds = \left(\frac{\delta q}{T}\right)_{\text{rev}}$$

因此，

$$T\,ds = \delta q_{\text{rev}}$$

對密閉系統之可逆過程，$\delta q = du + pdv$ ，因此上式可寫為：

$$T\,ds = du + pdv$$

又因 $h = u + pv$，因此

$$dh = du + pdv + vdp$$

故上式又可改寫爲：

$$T\,ds = dh - v\,dp$$

其次考慮穩態穩流系統之可逆過程，

$$\begin{aligned}\delta q_{rev} &= dh + dKE + dPE + \delta w \\ &= dh + dKE + dPE - v\,dp - dKE - dPE \\ &= dh - v\,dp\end{aligned}$$

因此可得，

$$T\,ds = dh - v\,dp$$

再由 $dh = du + p\,dv + v\,dp$ ，上式又可寫爲

$$T\,ds = du + p\,dv$$

雖然以上之推導係由可逆過程而得，但由於 Tds 方程式係表示兩個平衡狀態間，熱力性質間的關係，故當兩狀態無限接近時，則不論過程爲可逆或不可逆，此等熱力性質間的關係均相同，故 Tds 方程式可應用於所有的過程。但欲對 Tds 方程式積分，則僅能對可逆過程積分，而不可對不可逆過程積分。

此外，需特別注意的是，當過程爲可逆時，$T\,ds = \delta q$ ，而 $p\,dv = \delta w$ ；但過程爲不可逆時，則 $T\,ds \neq \delta q$ ，而 $p\,dv \neq \delta w$ 。

利用 Tds 方程式可導出甚多極有用的關係式，以下利用例題說明其中的數個。

【例題 6-13】

試利用 Tds 方程式，導出比熱爲常數之理想氣體，任意兩狀態間熵之改變量的代表式，即方程式（6-9）與（6-10）。

解：(a)由方程式（6-15），對理想氣體而言，

$$ds = c_v \frac{dT}{T} + \frac{p}{T}\,dv$$

因此兩狀態（1與2）間熵之改變量爲，

$$s_2 - s_1 = \int_1^2 c_v \frac{dT}{T} + \int_1^2 \frac{p}{T} dv = \int_1^2 c_v \frac{dT}{T} + \int_1^2 R \frac{dv}{v}$$

$$= c_v \ln \frac{T_2}{T_1} + R \ln \frac{v_2}{v_1} \quad (6\text{-}9)$$

(b)由方程式（6-16），對理想氣體而言，

$$ds = c_p \frac{dT}{T} - \frac{v}{T} dp$$

因此兩狀態（1與2）間熵之改變量爲，

$$s_2 - s_1 = \int_1^2 c_p \frac{dT}{T} - \int_1^2 \frac{v}{T} dp = \int_1^2 c_p \frac{dT}{T} - \int_1^2 R \frac{dp}{p}$$

$$= c_p \ln \frac{T_2}{T_1} - R \ln \frac{p_2}{p_1} \quad (6\text{-}10)$$

【例題 6-14】

若已知某純質在溫度 T 時之汽化潛熱爲 h_{fg}，則該純質在該溫度下，飽和汽體熵與飽和液體熵間的差（即 s_{fg}）爲若干？

解：由方程式（6-16），

$$T ds = dh - v dp$$

因純質進行相變化時，若溫度不變，則壓力亦維持固定，故上式可寫爲

$$ds = \frac{dh}{T}$$

對液一汽兩相，上式之積分爲

$$s_{fg} = \frac{h_{fg}}{T}$$

【例題 6-15】

試求理想氣體，等壓線與等容線在T-s圖上之斜率。

解：由方程式（6-16），對理想氣體而言，

$$T ds = dh - v dp = c_p dT - v dp$$

因此等壓線在T-s圖上之斜率爲：

$$\left(\frac{\partial T}{\partial s}\right)_p = \frac{T}{c_p}$$

由方程式（6-15），對理想氣體而言，

$$T\,ds = du + p\,dv = c_v\,dT + p\,dv$$

因此等容線在T-s圖上之斜率爲

$$\left(\frac{\partial T}{\partial s}\right)_v = \frac{T}{c_v}$$

由於 $c_p > c_v$，因此在相同的溫度下，等壓線之斜率小於等容線之斜率，如圖 6-12所示。

6-6 熵增原理

有一密閉系統，自狀態 1 進行絕熱過程至狀態 2，如圖 6-13 所示，若配合一可逆絕熱過程 $2 \to a$ 及一可逆等溫過程 $a \to 1$，則可構成一循環。若絕熱過程 $1 \to 2$ 爲可逆過程，則狀態 a 與狀態 1 一致，因此$\oint \delta Q = \oint \delta W = 0$；若絕熱過程 $1 \to 2$ 爲不可逆過程，則由圖 6-13 與第一定律知，$\oint \delta Q = \oint \delta W <$ 0。因此，

$$\oint \delta Q \leq 0$$

但在此循環中，唯一與外界有熱交換之過程爲可逆等溫過程 $a \to 1$，因此，

$${}_aQ_1 \leq 0$$

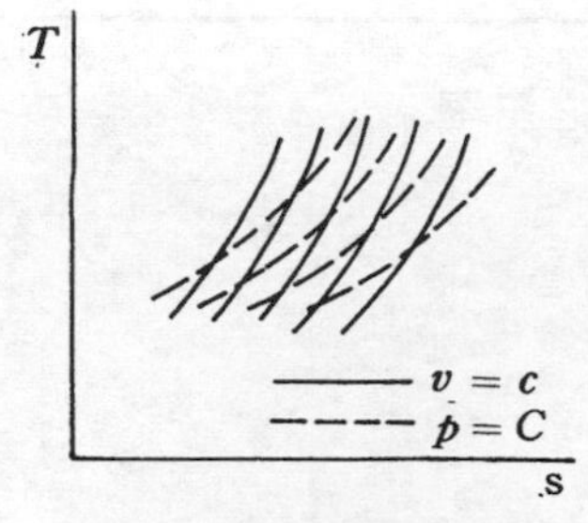

圖 6-12　例題 6-15

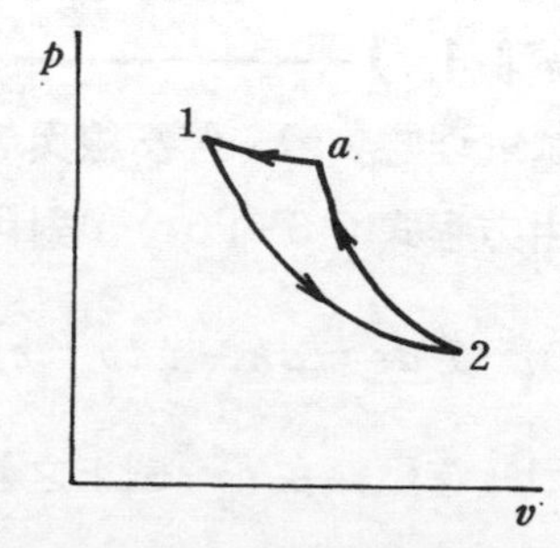

圖 6-13　熵增原理之證明

故過程 $a \rightarrow 1$ 所造成之熵變量，

$$S_1 - S_a \leq 0$$

對此循環而言，

$$\oint dS = (S_2 - S_1) + (S_a - S_2) + (S_1 - S_a) = 0$$

由於 $(S_a - S_2) = 0$ ，及 $(S_1 - S_a) \leq 0$ ，因此

$$S_2 - S_1 \geq 0$$

因此，絕熱密閉系統的熵永遠增加，僅有當所進行之過程爲可逆時，熵才維持固定不變，此稱爲熵增原理（ principle of the increase of entropy ）。但絕熱密閉系統即爲隔絕系統（ isolated system ），故熵增原理通常以下式表示：

$$\Delta S_{\text{isolated system}} \geq 0 \tag{6-17}$$

若密閉系統進行一非絕熱過程，即與外界之間有熱交換，爲了應用熵增原理，可將原來的密閉系統，及在過程中與密閉系統進行熱交換的外界，整個視爲一個新的系統，則此系統爲一隔絕系統，而原來密閉系統之熵變量 dS_{sys} 與外界之熵變量 dS_{surr} 的和，即隔絕系統之熵變量 $dS_{\text{isolated system}}$，永遠增加，或過程爲可逆時維持不變，但絕對不可能減少。因此，

$$dS_{\text{isolated system}} = dS_{sys} + dS_{surr} \geq 0$$

現舉一例說明此觀念。若有一溫度爲 T_H 之熱源，對一剛性容器（非絕對必要之條件）內之氣體（可假設爲理想氣體）進行加熱，使溫度自 T_1 升高至 T_2 。當然，$T_H > T_2 > T_1$ 。

視容器內之氣體爲系統，而熱源爲外界，則將氣體與熱源以一新的邊界構成一隔絕系統，如圖 6-14 所示。圖中同時將氣體與熱源所進行之過程示於 $T-s$ 圖，分別爲過程 $1 \rightarrow 2$ 與 $A \rightarrow B$ 。因熱源之放熱量，等於氣體之吸熱量，故兩過程下面包含之面積（即斜線面積）相等。又因，$T_H > T_2 > T_1$，故氣體（系統）熵之增加量 dS_{sys} ，大於熱源（外界）熵之減少量 $|dS_{surr}|$ ，因此

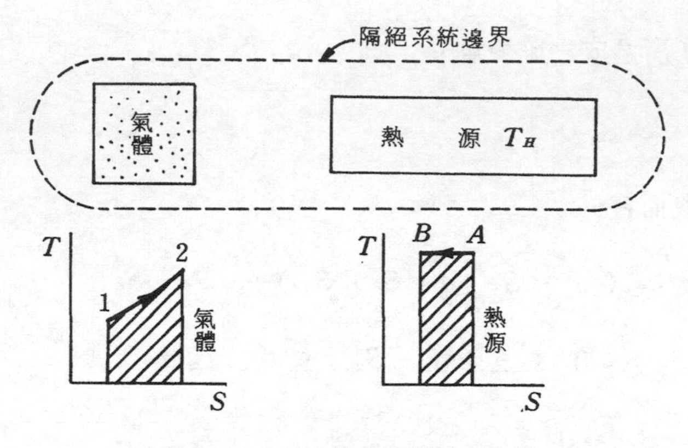

圖 6-14　非趨於零溫差下之熱傳

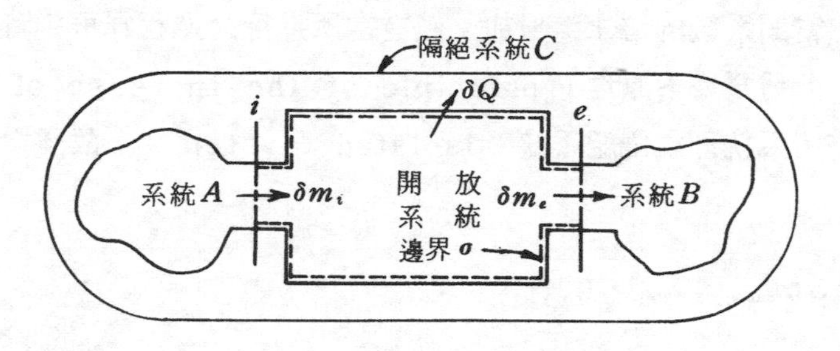

圖 6-15　開放系統

$$dS_{sys} + dS_{surr} > 0$$

故知，在非趨於零之溫度差下所進行之熱交換，爲一不可逆過程，如第五章第二節所述。

若所分析者爲開放系統，則可將開放系統，及在過程中與系統進行質量交換、熱交換等所有有關的外界，整個視爲一新的系統，則該系統亦爲隔絕系統。如圖 6-15 所示，係假設僅有一進口及一出口之情況。由方程式（6-4），開放系統之熵變量 dS_σ 爲：

$$dS_\sigma = \left(\frac{\delta Q}{T}\right)_{\sigma,\text{rev}} + s_i\,\delta m_i - s_e\,\delta m_e$$

同理，所有有關的外界亦可視爲一開放系統，因此外界之熵變量 dS_{surr} 爲：

$$dS_{surr} = \left(\frac{\delta Q}{T}\right)_{surr,\text{rev}} + s_e\,\delta m_e - s_i\,\delta m_i$$

式中，$\left(\frac{\delta Q}{T}\right)_{\text{surr},\text{rev}}$ 爲與系統 σ 進行熱交換（無質量交換）之外界的熵變量，令此熵變量以 $(dS)_Q$ 表示，則：

$$dS_{\text{surr}} = (dS)_Q + s_e\,\delta m_e - s_i\,\delta m_i$$

因此，隔絕系統 C 之熵變量 dS_c 爲

$$dS_c = dS_\sigma + dS_{\text{surr}}$$

$$= \left(\frac{\delta Q}{T}\right)_{\sigma,\text{rev}} + dS_Q \geq 0$$

由上式可知，任一開放系統進行某一過程，因熱交換所造成的系統之熵變量及外界之熵變量的總和，永遠大於或等於零，不可能小於零。當過程爲外可逆過程時，等於零；當過程爲外不可逆過程時，則大於零。

若系統爲穩態穩流系統，因 $dS_\sigma = 0$，故

$$dS_{\text{surr}} = (dS)_Q + s_e\,\delta m_e - s_i\,\delta m_i \geq 0$$

在熱力學上經常考慮的一個過程爲絕熱過程，因 $(dS)_Q = 0$，同時 $\delta m_e = \delta m_i$，故上式可寫爲：

$$s_e - s_i \geq 0$$

即穩態穩流系統進行可逆絕熱過程，流體在進出口處之熵相等，故稱爲等熵過程（isentropic process）；若爲不可逆絕熱過程，則出口處之熵一定大於進口處之熵。

穩態穩流系統進行可逆與不可逆絕熱壓縮與膨脹過程，其 T-s 圖分別以圖

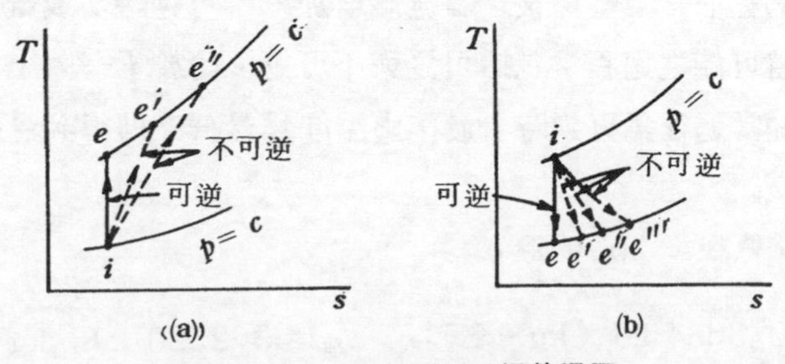

圖 6-16　可逆與不可逆絕熱過程

6-16(a)與 6-16(b)表示。圖中實線代表可逆絕熱過程，而虛線代表不可逆絕熱過程。

【例題 6-16】

100° C的飽和水蒸汽 1 kg，在定壓下被凝結成飽和液體。熱量係放出至 25° C 的外界空氣，則系統與外界的熵淨變量爲若干？

解：由附表 1，水在 100° C之溫度，

$$h_{fg}=2257.0\ \text{kJ/kg}\quad ;\quad s_{fg}=6.0480\ \text{kJ/kg-K}$$

故系統之熵變量ΔS_{sys}爲

$$\Delta S_{sys}=-m s_{fg}=-1\times 6.0480=-6.0480\ \text{kJ/K}$$

由第一定律知，系統放出之熱量，等於外界所吸收之熱量Q_{surr}，

$$Q_{surr}=mh_{fg}=1\times 2257.0=2257.0\ \text{kJ}$$

故外界之熵變量ΔS_{surr}爲：

$$\Delta S_{surr}=\frac{Q_{surr}}{T_0}=\frac{2257.0}{25+273.15}=7.5700\ \text{kJ/K}$$

因此系統與外界之熵淨變量爲：

$$\Delta S_{sys}+\Delta S_{surr}=-6.0480+7.5700=1.5220\ \text{kJ/K}$$

故知此過程爲外不可逆過程。

【例題 6-17】

氨自－20° C，90％之乾度，被絕熱壓縮至 1400 kPa，試問壓縮後可能之最低溫度爲若干？

解：對一絕熱過程而言，壓縮後之熵應該增加（不可逆時）或維持不變（可逆時）。若將可能之過程，包括可逆與不可逆，繪於T-s圖上，如圖 6-17 所示，可知當過程爲可逆時，最後之溫度爲最低。即得到最低溫度之條件爲 $s_2=s_1$。

由附表 6，氨在－20° C時，

$$s_f=0.3684\ \text{kJ/kg-K}\quad ;\quad s_{fg}=5.2520\ \text{kJ/kg-K}$$

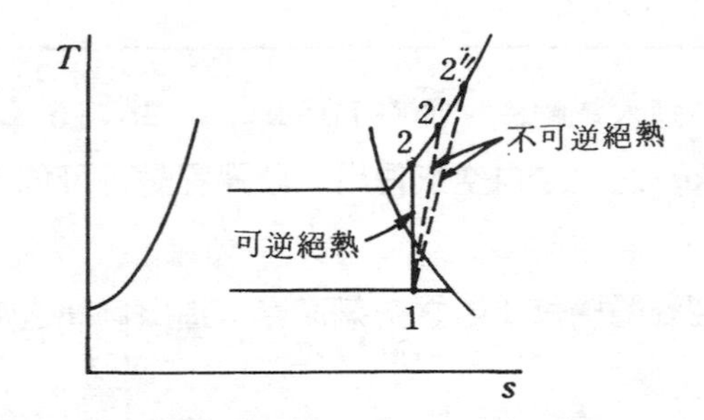

圖 6-17　例題 6-17

故乾度爲 90％時，其熵爲：

$$s_2 = s_1 = s_f + x s_{fg} = 0.3684 + 0.9 \times 5.2520$$
$$= 5.0952 \text{ kJ/kg-K}$$

由附表6知，s_2大於 1400 kPa 之 s_g ，故最後之狀態（狀態2）爲過熱汽體。因此，由附表7可得，

$$T_2 = 54.67^\circ \text{C}$$

【例題 6-18】

空氣自170 kPa，60°C絕熱地膨脹至(a) 100 kPa， 5°C ；(b) 100 kPa，20°C，試問該膨脹過程爲可能或不可能？若可能，又爲可逆或不可逆？

解：假設空氣爲理想氣體，而比熱爲常數。

(a)由方程式（6-10），

$$s_2 - s_1 = c_p \ln \frac{T_2}{T_1} - R \ln \frac{p_2}{p_1}$$

$$= 1.0035 \ln \frac{5 + 273.15}{60 + 273.15} - 0.287 \ln \frac{100}{170}$$

$$= -0.0288 \text{ kJ/kg-K} < 0$$

故此過程爲不可能。

(b) $$s_2 - s_1 = 1.0035 \ln \frac{20 + 273.15}{60 + 273.15} - 0.287 \ln \frac{100}{170}$$

$$= 0.0239 \text{ kJ/kg-K} > 0$$

故此過程爲可能，但爲不可逆過程。

【例題 6-19】

空氣自 525 kPa，200° C 進入渦輪機，而在 105 kPa，25.46° C 流出。在膨脹過程中，有 30 kJ／kg 之熱量自空氣傳出。此過程是否可能？若可能，又爲可逆或不可逆？

解：假設穩態穩流系統，對流經渦輪機每 kg 之空氣而言，進出口間之熵變量爲：

$$s_e - s_i = c_p \ln \frac{T_e}{T_i} - R \ln \frac{p_e}{p_i}$$

$$= 1.0035 \ln \frac{25.46 + 273.15}{200 + 273.15} - 0.287 \ln \frac{105}{525}$$

$$= 2.36 \times 10^{-5} \text{ kJ/kg-K} \approx 0$$

與系統進行熱交換之外界的熵變量 $(ds)_Q$ 爲：

$$(ds)_Q = \left(\frac{\delta q}{T_0}\right) > 0$$

因此外界之熵總變量爲（對每 kg 空氣而言）：

$$ds_{surr} = (ds)_Q + s_e - s_i > 0$$

故此過程爲可能，同時爲不可逆過程。

【例題 6-20】

90° C 的水 10 kg，與 10° C 的水 20 kg 混合，試求熵之總變量。

解：假設水可視爲其溫度下之飽和液體，同時混合過程中與外界無熱交換。由附表 1 可得

$$u_1 = 376.85 \text{ kJ/kg} \quad ; \quad s_1 = 1.1925 \text{ kJ/kg-K}$$

$$u_2 = 42.00 \text{ kJ/kg} \quad ; \quad s_2 = 0.1510 \text{ kJ/kg-K}$$

由第一定律能量平衡知，

$$m_1 u_1 + m_2 u_2 = (m_1 + m_2) u_f$$

因此，混合後之內能 u_f 爲：

$$u_f = \frac{m_1 u_1 + m_2 u_2}{m_1 + m_2} = \frac{10 \times 376.85 + 20 \times 42.00}{10 + 20}$$

$$=153.62\ kJ/kg$$

由附表1，混合後之熵 s_f 爲：

$$s_f=0.5277\ kJ/kg\text{-}K$$

故混合前後熵之總變量爲：

$$\begin{aligned}\Delta S&=(m_1+m_2)s_f-(m_1 s_1+m_2 s_2)\\&=(10+20)\times0.5277-(10\times1.1925+20\times0.1510)\\&=0.886\ kJ/K\end{aligned}$$

因 $\Delta S>0$，故混合過程爲一不可逆過程。

6-7 可用能與不可用能

熱能可轉換爲功，但由第二定律知，熱效率爲100%之熱機是不可能存在的，即不可能將加入之熱量全部轉換爲功。熱能中可加以利用與無法加以利用的部份，分別稱爲可用能（available energy）與不可用能（unavailable energy）。在討論可用能與不可用能的詳細定義及關係式之前，首先考慮兩個觀念的問題。

首先，若有一溫度爲1000 K之熱源放出1000kJ的熱量，而外界最低之熱槽溫度爲500 K，則有多少的熱可被轉換爲功？當然，由第五章知，若在此兩溫度間使用一外可逆機（如卡諾機），可得最大的功。其熱效率爲 50%，故加入的1000 kJ熱量中，500 kJ被轉換爲功，而 500 kJ 被放出至熱槽，如圖 6-18(a)所示。若1000 kJ的熱量，先自1000 K的熱源傳至溫度爲800 K的另一熱源，再使之作用於500 K的最低溫度熱槽，則此時1000 kJ的熱量中有多少可被轉換爲功？如圖 6-18(b)所示，在800 K與500 K之間使用一外

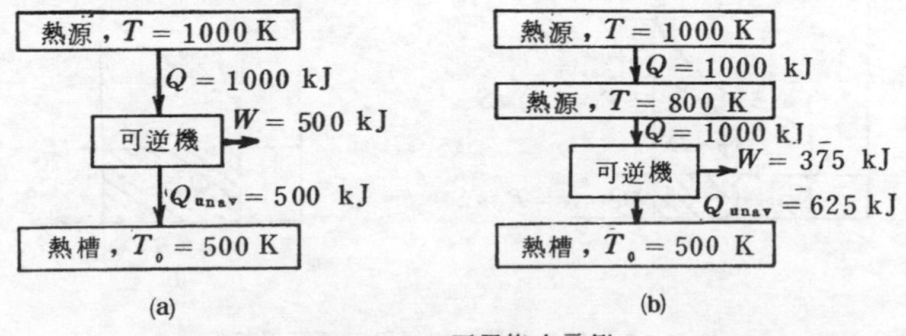

圖 6-18 可用能之示例

可逆機，則其熱效率爲37.5％，即最大功爲375 kJ，而625 kJ的熱被放出至熱槽。可知，熱量在傳遞過程中，引起不可用部份的增加。同時，對一熱機性能的評估，首先需瞭解加於熱機的熱能中，有多少是可用的，而有多少是不可用的。

其次考慮另一問題。若有1000 kJ的熱量加於一蒸汽動力廠，假設其中100 kJ被轉換爲功，750 kJ被放出至冷卻水，而150 kJ隨燃氣排出。此時，那一個熱量損失較爲嚴重，放出至冷卻水的750 kJ或隨燃氣排出的150 kJ？雖然前者爲後者之五倍，但事實上，後者能轉換爲功的部份卻大於前者。因此，需瞭解的另一個觀念爲，設備所排出之熱量中，有多少是可用的，又有多少是不可用的。

加於系統或自系統取出的熱量Q中，使用外可逆機可予轉換爲功的部份，稱爲可用能，Q_{av}；而無法轉換爲功的部份，稱爲不可用能，Q_{unav}。因此，

$$Q = Q_{av} + Q_{unav}$$

當然，若外可逆機作用於高溫熱源T_H與外界可能之低溫熱槽T_0之間，則輸出之功爲可用能，而放出之熱即爲不可用能。

若系統進行一過程1→2，如圖6-19(a)所示之可逆過程或圖6-19(b)所示之不可逆過程，有熱量Q加於系統中，則其可用能與不可用能各爲若干？

可用能爲加熱量Q中，可轉換爲功的最大量；或不可用能爲放出之熱的最小量。因此，不論過程1→2爲可逆或不可逆，可使一外可逆機（如卡諾機）作用於T（自T_1改變至T_2）與T_0之間，其放熱量，即不可用能爲：

$$Q_{unav} = T_0\,(S_2 - S_1)$$

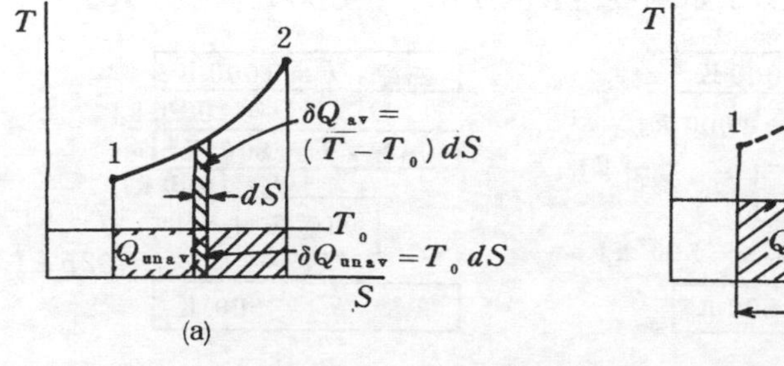

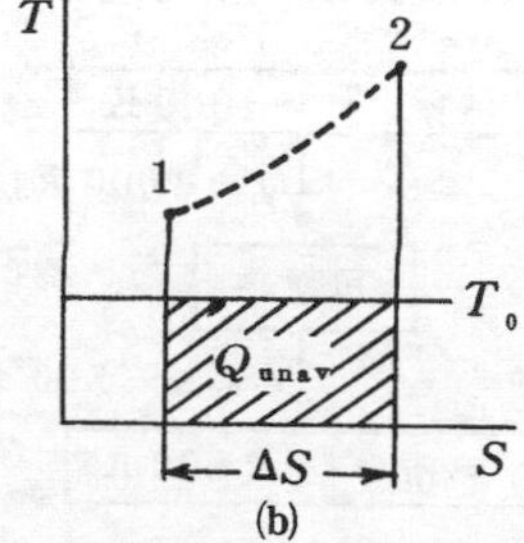

圖6-19 加入熱量中的可用與不可用部份

若考慮之過程中，熱量係自系統放出，即熵減少，則不可用能仍爲 T_0 與熵變量之乘積，但爲負值。故不論過程爲吸熱或放熱，不論爲可逆或不可逆，不可用能均可以下式表示：

$$Q_{unav} = T_0 \Delta S \tag{6-18}$$

而可用能 Q_{av} 爲：

$$Q_{av} = Q - Q_{unav}$$

【例題 6-21】

有一溫度爲2000 K之熱源，將 100 kJ 的熱量加於一剛性容器內之氣體。氣體最初之壓力與溫度分別爲150 kPa與1000 K，質量爲 2 kg。假設氣體之定容比熱爲常數，$c_v = 0.20$ kJ／kg－K，而外界之最低溫度爲500K。試求：(a)自熱源移走之熱量中的可用能與不可用能。(b)氣體所吸收之熱量中的可用能與不可用能。

解：假設熱源與氣體所進行之過程均爲內可逆過程，而將過程示於 T-s圖上，如圖 6-20所示。

(a)熱源之熵變量 ΔS_r 爲：

$$\Delta S_r = \frac{Q}{T_r} = \frac{-100}{2000} = -0.05 \text{ kJ/K}$$

故其不可用能 $Q_{unav,r}$ 與可用能 $Q_{av,r}$ 分別爲：

$$Q_{unav,r} = T_0 \Delta S_r = 500(-0.05) = -25 \text{ kJ}$$

$$Q_{av,r} = Q - Q_{unav,r} = -100 - (-25) = -75 \text{ kJ}$$

(b)假設氣體爲理想氣體，由第一定律，

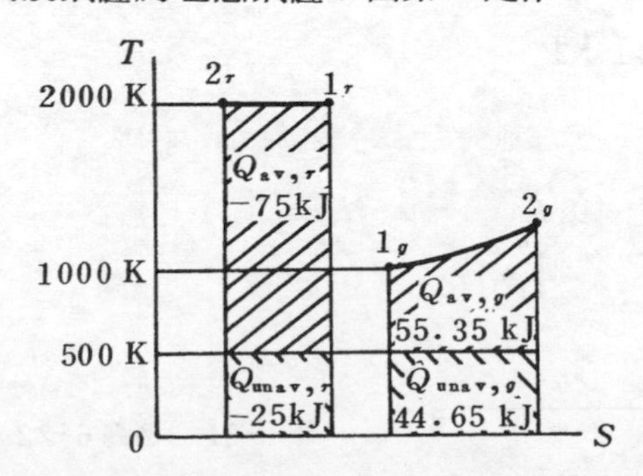

圖 6-20　例題 6-21

$$Q = \Delta U_g = mc_v (T_{g2} - T_{g1})$$

故加熱後氣體之溫度 T_{g2} 為：

$$T_{g2} = T_{g1} + \frac{Q}{mc_v} = 1000 + \frac{100}{2 \times 0.20} = 1250 \text{ K}$$

加熱過程引起氣體之熵變量 ΔS_g 為：

$$\Delta S_g = mc_v \ln \frac{T_{g2}}{T_{g1}} = 2 \times 0.20 \ln \frac{1250}{1000} = 0.0893 \text{ kJ/K}$$

故其不可用能 $Q_{unav,g}$ 與可用能 $Q_{av,g}$ 分別為：

$$Q_{unav,g} = T_0 \Delta S_g = 500 \times 0.0893 = 44.65 \text{ kJ}$$

$$Q_{av,g} = Q - Q_{unav,g} = 100 - 44.65 = 55.35 \text{ kJ}$$

由以上結果可知，因熱源與氣體間的不可逆熱傳，造成 19.65 kJ（ = 75 − 55.35 ）的不可用能之增加。

【例題 6-22】

一密閉剛性絕熱之容器，裝有 140 kPa，5° C（狀態 1 ）的空氣 1 kg。容器內有一由外部馬達帶動之蹼輪，對空氣攪動使其溫度上升至 60° C（狀態 2 ）。在此過程完成後，試問加入之能量中有多少可轉換為功？外界之最低溫度為 5° C 。

解：假設空氣為理想氣體，其比熱為常數。此攪動過程 1 → 2 之 $T-S$ 圖與 $p-V$ 圖，如圖 6-21 所示。

欲使加入之能量再轉換為功，則需使氣體進行 2 → 1 之過程，將等量之能量以熱能之形式放出。由第一定律，其放熱量 Q 為：

$$Q = U_1 - U_2 = mc_v (T_1 - T_2) = 1 \times 0.7165 \times (5 - 60) = -39.41 \text{ kJ}$$

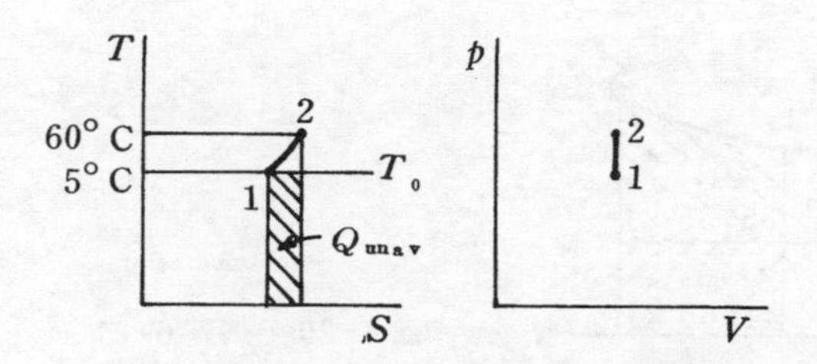

圖 6-21　例題 6-22

在放熱過程中之熵變量爲：

$$S_1 - S_2 = mc_v \ln \frac{T_1}{T_2} = 1 \times 0.7165 \ln \frac{5+273.15}{60+273.15}$$
$$= -0.1293 \text{ kJ/K}$$

故不可用能爲：

$$Q_{unav} = T_0 (S_1 - S_2) = (5+273.15) \times (-0.1293)$$
$$= -35.96 \text{ kJ}$$

而可用能爲：

$$Q_{av} = Q - Q_{unav} = -39.41 - (-35.96)$$
$$= -3.45 \text{ kJ}$$

利用蹼輪加於系統的 39.41 kJ 之能量中，即使使用外可逆機，亦僅有 3.45 kJ 可再轉換爲功，而 35.96 kJ 則無法再轉換爲功。

練習題

1. 有一卡諾冷凍機，使用冷媒-12爲工作物。冷媒在 35° C 放熱，自飽和汽體凝結爲飽和液體。冷媒吸熱之溫度爲－20° C。
   (a)將此循環示於 T-s圖。
   (b)在－20° C 等溫過程的最初與最後狀態之乾度各爲若干？
   (c)此循環之性能係數爲若干？
2. 一冷凍機將某一剛性物體，自大氣溫度 T_0冷卻至一較低的溫度 T_L。試證明需加於冷凍機的最少功爲：

$$W_{in} = T_0 (S_0 - S_L) + (U_L - U_0)$$

式中U與S爲剛性物體之內能與熵。

3. 某物體進行一200° C 的可逆等溫過程，在過程中有7875 J的熱量被移走，試求物體之熵變量。吸收自物體放出之熱量的熱槽，其溫度應爲若干?
4. 0° C 的水 7 kg，被加熱到 100° C 的溫度。假設過程爲可逆的，試求水的熵變量。若水完全汽化，則熵變量又爲若干？
5. 空氣自650 kPa與85° C，膨脹至 50 kPa與40° C。若空氣之質量爲

0.8 kg ，而其比熱可視爲常數。試求空氣之熵變量。

6. 5 kg 之空氣，在一密閉系統內自 280 kPa、60° C，可逆絕熱地膨脹至 140 kPa。試求膨脹之功。

7. 氮氣自 1 atm的壓力，20° C 的溫度，及 0.3 m^3 的容積，被壓縮至 7 atm的壓力，及 0.05 m^3的容積。試求氮氣之熵變量。

8. 空氣以 6 kg／sec之穩定流量流經一壓縮機，自 100 kPa與 5° C，被可逆絕熱地壓縮至 200 kPa。空氣進出口間動能增加 7 kJ／kg，試求功率輸入。

9. 300 K的水 1 kg，與溫度爲 400K的熱源接觸，因此溫度上升至 400 K。試求：(a)水之熵變量；(b)熱源之熵變量；及(c)總熵變量。

10. 一活塞一汽缸裝置，裝有 0.1 MPa、90° C的冷媒-12 1 kg。活塞緩慢地移動，而熱量自冷媒-12傳出，使得冷媒-12被可逆等溫地壓縮，直到成爲飽和汽體。

(a)將此過程示於 T-s 圖。

(b)試求冷媒-12的最後壓力與比容。

(c)試求此過程之功與熱傳量。

11. 一活塞一汽缸裝置，裝有 500 kPa的飽和液體水 1 kg。將熱量加於水，使活塞在定壓下緩慢地移動，直到水完全蒸發。

(a)試將此過程繪於 T-s 圖上。

(b)試求加熱量。

(c)試求水的熵變量。

12. 水蒸汽在 1400 kPa，260° C 進入蒸汽輪機，可逆絕熱地膨脹至 7.5 kPa。水蒸汽之流量爲 5000 kg／m。假設進出口間動能與位能之變化均可忽略不計，試求功率輸出。

13. 一絕熱剛性容器裝有 5 kPa，300K的某理想氣體 5 kg。氣體被一蹼輪攪動，因此壓力升高至 15 kPa。假設該理想氣體的定壓比熱 $c_p = 1.0$ kJ／kg-K，而等熵指數 $\kappa = 1.4$，試求理想氣體的熵變量。

14. 水蒸汽在一密閉系統內，自 700 kPa的乾飽和狀態，可逆地膨脹至 7.5 kPa 的乾飽和狀態。假設此膨脹過程在 T-s 圖上可以一直線表示，試求膨脹之功。

15. 一容積爲 7500 cc 的絕熱容器，以隔板予以分爲兩相等的部份。一側裝有

850 kPa與14° C的氧氣，另一側裝有100 kPa與14° C的氧氣。將隔板予以移走，使氧氣混合最後達到平衡之狀態。試求熵之總變量。

16. 330K的某液體 1 kg ，與450K的相同液體 1 kg ，在一絕熱容器內混合。假設混合過程中無相變化發生，而液體之比熱可視為常數，為6 kJ/kg-K 。試求混合過程之熵變量。

17. 21 kPa ，550K的某理想氣體 1 kg ，與7 kPa，320K的相同氣體1 kg ，在一剛性容器內混合。在混合過程中，有 300 kJ 的熱量自氣體傳至溫度為300K的外界。假設該理想氣體之分子量$M=32$ kg／k mol，而等熵指數 $\kappa=1.33$ 。試求：

(a)最後的容積、溫度、與壓力。

(b)熵之總變量。

18. 10° C的冷媒-12飽和汽體，被壓縮至1000 kPa與50° C，試求熵之變量。若此壓縮過程可用$pv^n=C$表示，則指數n之值為若干？

19. 考慮圖6-22所示之過程。容積為0.6 m^3 的絕熱容器A，最初裝有1.4 MPa，300° C的水蒸汽；容積為0.3 m^3 的無絕熱容器B，最初裝有0.2 MPa ，200° C的水蒸汽。將連接兩容器的閥打開，使水蒸汽自容器A流至容器B，直到容器A內水蒸汽之溫度達250° C，再將閥關閉。而在過程中，容器B將熱量傳出至溫度為25° C的外界，使得其溫度一直維持200° C 。假設留於容器A內之水蒸汽，係進行一可逆絕熱過程。試求：

(a)各容器最後之壓力。

(b)容器B內最後之質量。

(c)此過程熵之淨變量（系統加外界）。

20. 2.3046 MPa與80° C的冷媒-12 1 kg，在定壓下將熱量放出至26° C的外界空氣，而凝結為80° C的飽和液體，試求熵之淨變量。又由第二定

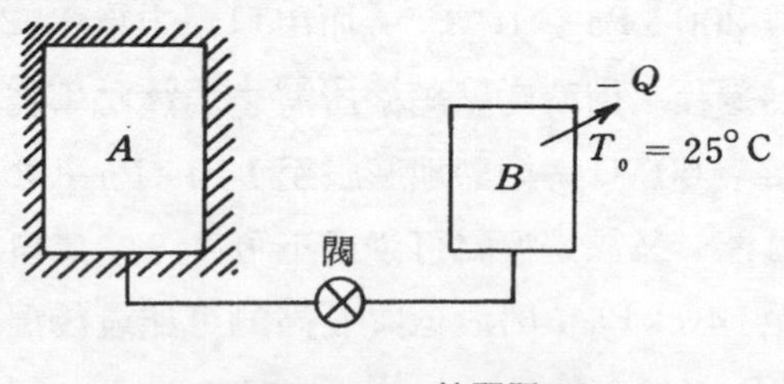

圖6-22　練習題19

律的觀點而言，外界空氣可能之最高溫度為若干？

21. 一蒸汽輪機，水蒸汽之進口狀態為100 kPa與400° C，而出口壓力為10 kPa。最大可能的輸出功為若干？試說明您的假設。

22. 水蒸汽在1400 kPa，300° C進入渦輪機，可逆絕熱地膨脹至100 kPa。現欲將渦輪機的輸出功，減少至原來的三分之二，則水蒸汽在進入渦輪機之前，需先節流至何壓力？假設節流後在渦輪機內之膨脹，仍為可逆絕熱過程，而最後出口的壓力不變。

23. 1 m^3 之空氣，在汽缸內自 4 MPa 與300° C，以可逆等溫過程膨脹至0.1MPa。試求：

(a)過程中之熱傳量。

(b)空氣之熵變量。

24. 175 kPa，5° C 的空氣，當溫度升高至90° C時，其容積變為原來的兩倍。若可能，試計算焓之變化量、內能之變化量、熵之變化量、功及熱交換量。

25. 一無摩擦活塞一汽缸裝置，最初裝有150 kPa，20° C之空氣，容積為0.5 m^3。根據 $pV^n = C$，空氣被可逆地壓縮至600 kPa的最後壓力，而溫度為120° C。試求：

(a)多變指數 n 之值。

(b)空氣之最後容積。

(c)加於空氣之功及熱傳量。

(d)熵之變量。

26. 比熱為常數之理想氣體，在壓力 p_i，溫度 T_i，以速度 V_i 進入一噴嘴，可逆絕熱地膨脹至壓力 p_e，以速度 V_e 流出。試證明出口速度 V_e 可以下式表示：

$$V_e = \left\{ V_i^2 + \frac{2\kappa RT_i}{\kappa - 1}\left[1 - \left(\frac{p_e}{p_i}\right)^{(k-1)/k}\right]\right\}^{1/2}$$

27. 一冷凍系統使用冷媒-12為工作物，冷媒之流量為0.02 kg / sec。壓縮機之進口狀態為200 kPa，0° C，而出口壓力為1.2 MPa。假設壓縮過程為可逆絕熱過程，則帶動壓縮機所需之馬達功率為若干？

28. 空氣自280 kPa，60° C，絕熱地膨脹至140 kPa，25° C。試問此過程是否可能？若可能，又該過程為可逆或不可逆？空氣自280 kPa，60° C，絕熱地膨脹至140 kPa，則最低與最高的可能最後溫度各為若干？

29. 水蒸汽在800 kPa，200° C，以極低之速度進入一絕熱噴嘴，膨脹至

200kPa。假設該噴嘴之效率爲 95 %，試求：

(a)水蒸汽在噴嘴出口之速度。

(b)水蒸汽在噴嘴出口處之溫度（若爲過熱）或乾度（若爲濕汽體）。

30. 水蒸汽自400 kPa，150° C，絕熱地膨脹至100 kPa與 94 % 的乾度。試問此過程爲可逆、不可逆，或不可能？在400 kPa，150° C與100 kPa之間的絕熱膨脹，過程爲可逆、不可逆，及不可能的乾度極限爲若干?

31. 考慮圖 6-23所示的，具有級間加熱的兩級蒸汽渦輪機。水蒸汽之熱力性質及流量均如圖上所示。假設級間加熱器之管道爲固定直徑，而水蒸汽在渦輪機內之膨脹爲可逆絕熱過程，試求：

(a)渦輪機之輸出功率。

(b)級間加熱器之加熱率。

32. 0.2 kg 之空氣在一密閉系統內，自280 kPa與110° C 絕熱地膨脹至140 kPa與25° C，而產生 8.0 kJ 的功。在此過程中，外界的熵增加0.0063 kJ / K。

(a)試求熱交換量。

(b)此過程是否爲可逆？試證明之。

33. 一壓力容器裝有 1.6 MPa，400° C之水蒸汽。將壓力容器頂部的一個閥打開，使得水蒸汽可逸出。假設在任一瞬間，留於壓力容器內之水蒸汽，係進行可逆絕熱過程。當壓力容器內之水蒸汽變爲飽和汽體時，試問逸出之水蒸汽的比例爲若干？

34. 在一密閉剛性容器內，裝有100 kPa，60° C的空氣 2 kg。自一溫度爲280° C 的熱源，對空氣加熱，使其溫度上升至170° C。外界之最低溫度爲 5° C。

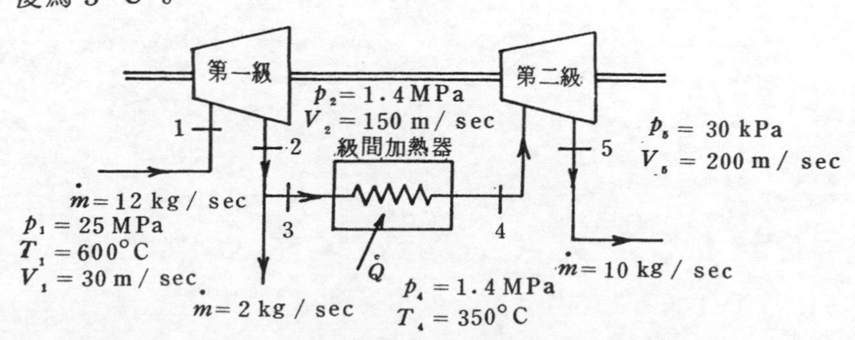

圖 6-23　練習題31

(a)對空氣之加熱量為若干？

(b)自熱源移走的熱能中，可用能為若干？而不可用能又為若干？

(c)加於容器內之空氣的熱能中，可用能為若干？而不可用能又為若干？

35. 空氣以 0.7 kg／sec 之流量，可逆等壓地流經一穩態穩流系統。空氣在 140 kPa 與 38° C 流入，而在 150° C 流出。外界之最低溫度為 5° C 。試對每 kg 之空氣計算：

(a)加於空氣之熱量。

(b)作用於空氣或空氣作出之功。

(c)加於空氣之熱量中，可用能的大小。

7

氣體動力循環

動力循環係使用工作流體，將熱能或儲存於燃料的化學能、核能等，轉換爲機械功的循環。若循環過程中，工作物爲氣體，稱爲氣體動力循環（gas power cycle）；若循環過程中，工作物交替被汽化與凝結，則稱爲汽體動力循環（vapor power cycle）。

視熱量之加入或燃料之燃燒，係在產生機械功的膨脹器（expander）之內部或外部，氣體動力設備可分爲內燃機（internal combustion engine）與外燃機（external combustion engine）。若燃燒係在膨脹器內進行，稱爲內燃機；若燃燒係在膨脹器外部進行，則稱爲外燃機。

本章將說明氣體動力循環，第八章再敍述汽體（蒸汽）動力循環。首先將討論內燃機循環，而後再討論外燃機（氣輪機）循環。

7-1 空氣標準循環

氣體動力循環爲開放循環，工作氣體並未完成熱力循環，同時因有燃燒過程存在，故工作氣體的組成成份發生改變。其分析除應用第一與第二定律外，尙需考慮燃燒理論，因此在基本分析上，通常對循環加上若干簡化的假設。一個最經常使用的假設循環，稱爲空氣標準循環（air-standard cycle），係基於下列的假設：

(1) 循環爲密閉循環，即定量的工作氣體在設備內不斷循環使用，而無進氣與排氣過程。
(2) 工作氣體爲空氣，而空氣可視爲理想氣體，其比熱爲常數。
(3) 以自外部熱源加熱的加熱過程，取代燃燒過程。
(4) 以傳熱至外界的冷卻過程，取代排氣過程，同時完成一熱力循環。
(5) 所有過程均爲內可逆過程。

利用空氣標準循環分析所得之結果（如熱效率），與實際動力循環不同。但空氣標準循環，以最簡單的分析方法，可瞭解動力循環中，若干變數對動力設備性能的影響。以下之討論，均基於空氣標準循環。

7-2 空氣標準鄂圖循環

空氣標準鄂圖循環（Otto cycle）爲模擬點火引燃之內燃機（或汽油引擎）。如圖7-1所示，鄂圖循環係由下列四個過程所構成：

$1 \rightarrow 2$　可逆絕熱（等熵）壓縮，活塞自曲柄端死點移至汽缸頭端死點。

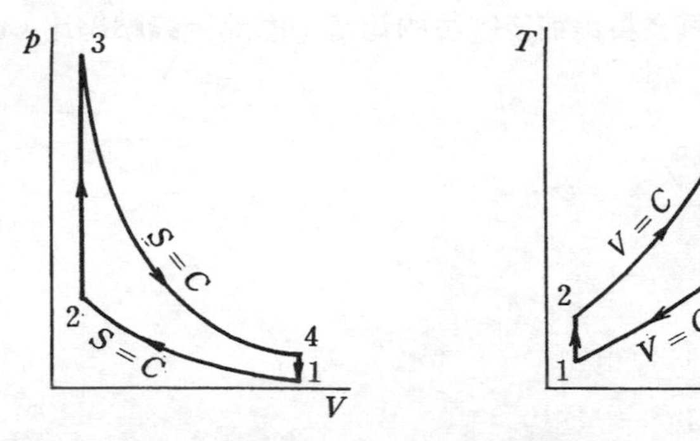

圖 7-1　空氣標準鄂圖循環

2 → 3　等容加熱，活塞定位於汽缸頭端死點。

3 → 4　可逆絕熱（等熵）膨脹，活塞自汽缸頭端死點移至曲柄端死點。

4 → 1　等容放熱，活塞定位於曲柄端死點。

此循環之加熱量 Q_{in} 爲：

$$Q_{in} = U_3 - U_2 = mc_v\,(T_3 - T_2)$$

放熱量 Q_{out} 爲：

$$Q_{out} = U_4 - U_1 = mc_v\,(T_4 - T_1)$$

故此循環之熱效率 η_0 爲：

$$\eta_0 = 1 - \frac{Q_{out}}{Q_{in}} = 1 - \frac{mc_v\,(T_4 - T_1)}{mc_v\,(T_3 - T_2)}$$

$$= 1 - \frac{T_1}{T_2}\frac{(T_4/T_1 - 1)}{(T_3/T_2 - 1)}$$

由等熵過程 1 → 2 與 3 → 4，可分別得：

$$\frac{T_2}{T_1} = \left(\frac{V_1}{V_2}\right)^{k-1} \quad , \quad \frac{T_3}{T_4} = \left(\frac{V_4}{V_3}\right)^{k-1}$$

因 $V_1 = V_4$，$V_2 = V_3$，因此

$$\frac{T_2}{T_1} = \frac{T_3}{T_4} \quad 或 \quad \frac{T_4}{T_1} = \frac{T_3}{T_2}$$

同時，V_1 / V_2 爲空氣在壓縮前後容積的比值，因此定義壓縮比（compression ratio）r_v 爲

$$r_v = \frac{V_1}{V_2} = \frac{V_4}{V_3}$$

而熱效率 η_0 可寫爲：

$$\eta_0 = 1 - \frac{1}{r_v^{k-1}} \tag{7-1}$$

由方程式（7-1）知，空氣標準鄂圖循環之熱效率，僅決定於壓縮比，壓縮比加大，可提高其熱效率，如圖 7-2 所示。實際的點火引燃內燃機亦具有類似的特性，惟在應用上，視所使用的燃料種類而定，其最大壓縮比有一極限值，以避免誤燃爆震現象的發生。

【例題 7-1】

若一空氣標準鄂圖循環之壓縮比爲 8，壓縮衝程開始時之壓力爲 100 kPa，溫度爲 15°C，而每循環之加熱量爲 1800 kJ / kg。試求：

(a)循環中各狀態點之壓力與溫度。

(b)循環之熱效率。

解：(a)使用圖 7-1 所示之狀態點，已知

$$p_1 = 100 \text{ kPa} \quad ; \quad T_1 = 288.15 \text{ K}$$

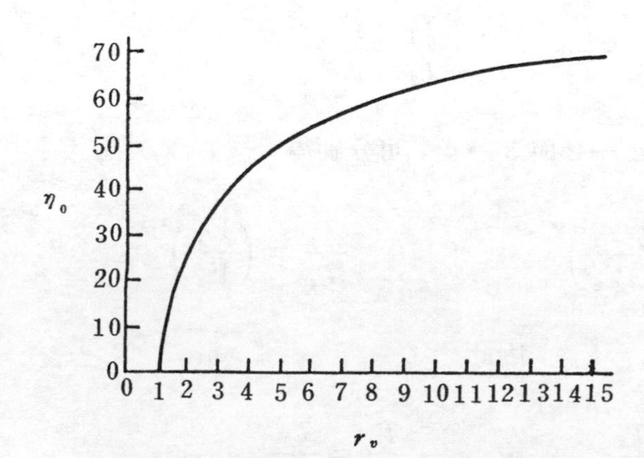

圖 7-2　鄂圖循環熱效率與壓縮比之關係

由過程 1 → 2 ，可得狀態 2 之溫度與壓力分別為：

$$T_2 = T_1\left(\frac{V_1}{V_2}\right)^{k-1} = T_1 \cdot r_v^{k-1} = 288.15\,(8)^{1.4-1}$$

$$= 662\ \text{K} = 388.85^\circ\text{C}$$

$$p_2 = p_1\left(\frac{V_1}{V_2}\right)^{k} = p_1 \cdot r_v^{k} = 100\,(8)^{1.4}$$

$$= 1837.9\ \text{kPa}$$

由過程 2 → 3 ，加熱量 q_{in} 為：

$$q_{in} = c_v\,(T_3 - T_2) = 0.7165\,(T_3 - 662) = 1800\ \text{kJ/kg}$$

$$T_3 = 3174.21\ \text{K} = 2901.06^\circ\text{C}$$

而狀態 3 之壓力為：

$$p_3 = p_2\frac{T_3}{T_2} = 1837.9\,\frac{3174.21}{662} = 8812.5\ \text{kPa}$$

由過程 3 → 4 ，可得狀態 4 之壓力與溫度分別為：

$$p_4 = p_3\left(\frac{V_3}{V_4}\right)^{k} = p_3 \cdot r_v^{-k} = 8812.5\left(\frac{1}{8}\right)^{-1.4}$$

$$= 479.5\ \text{kPa}$$

$$T_4 = T_3\left(\frac{V_3}{V_4}\right)^{k-1} = 3174.21\left(\frac{1}{8}\right)^{1.4-1}$$

$$= 1381.66\ \text{K} = 1108.51^\circ\text{C}$$

(b)由方程式（ 7-1 ），熱效率 η_0 為：

$$\eta_0 = 1 - \frac{1}{r_v^{k-1}} = 1 - \frac{1}{(8)^{1.4-1}} = 56.47\%$$

7-3　空氣標準狄賽爾循環

空氣標準狄賽爾循環（ Diesel cycle ）為模擬壓縮引燃之內燃機（或柴油引擎）。如圖 7-3 所示，狄賽爾循環係由下列四個過程所構成：

1 → 2　可逆絕熱（等熵）壓縮

2 → 3　等壓加熱（膨脹）

3 → 4　可逆絕熱（等熵）膨脹

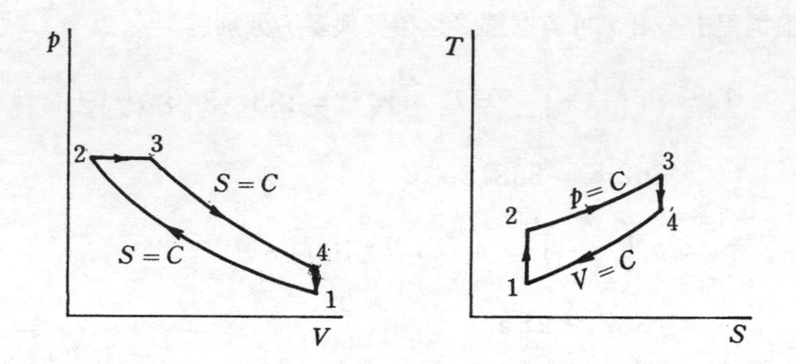

圖 7-3　空氣標準狄賽爾循環

4 → 1　等容放熱

此循環之加熱量 Q_{in} 爲：

$$Q_{in} = H_3 - H_2 = mc_p\,(T_3 - T_2)$$

放熱量 Q_{out}爲，

$$Q_{out} = U_4 - U_1 = mc_v\,(T_4 - T_1)$$

故此循環之熱效率 η_D 爲：

$$\eta_D = 1 - \frac{Q_{out}}{Q_{in}} = 1 - \frac{mc_v\,(T_4 - T_1)}{mc_p\,(T_3 - T_2)}$$

$$= 1 - \frac{1}{\kappa}\cdot\frac{T_1}{T_2}\cdot\frac{(T_4/T_1 - 1)}{(T_3/T_2 - 1)}$$

由等熵過程 1 → 2，

$$\frac{T_2}{T_1} = \left(\frac{V_1}{V_2}\right)^{k-1} = r_v^{k-1}$$

由等熵過程 3 → 4，

$$\frac{T_4}{T_3} = \left(\frac{V_3}{V_4}\right)^{k-1}$$

定義斷油比（cut-off ratio）r_c 爲，

$$r_c=\frac{V_3}{V_2}$$

因此，

$$\frac{T_4}{T_3}=\left(\frac{V_3}{V_4}\right)^{k-1}=\left(\frac{V_3}{V_2}\times\frac{V_2}{V_4}\right)^{k-1}$$

$$=\left(\frac{V_3}{V_2}\times\frac{V_2}{V_1}\right)^{k-1}=\left(\frac{r_c}{r_v}\right)^{k-1}$$

由等壓過程 $2\rightarrow3$，

$$\frac{T_3}{T_2}=\frac{V_3}{V_2}=r_c$$

又，

$$\frac{T_4}{T_1}=\frac{T_4}{T_3}\cdot\frac{T_3}{T_2}\cdot\frac{T_2}{T_1}=\left(\frac{r_c}{r_v}\right)^{k-1}\cdot r_c\cdot r_v^{k-1}$$

$$=r_c^k$$

因此熱效率 η_D 爲：

$$\eta_D=1-\frac{1}{\kappa}\cdot\frac{1}{r_v^{k-1}}\cdot\frac{r_c^k-1}{r_c-1} \tag{7-2}$$

由方程式（7-2）知，空氣標準狄賽爾循環之熱效率，決定於壓縮比與斷油比。由於實際的壓縮引燃內燃機，壓縮時汽缸內僅有空氣存在，故可使用較高之壓縮比，而不致有誤燃爆震現象的發生。

經常需對鄂圖循環與狄賽爾循環，作性能之比較。以下將就三種不同的情況予以比較，但假設壓縮前之狀態是相同的。

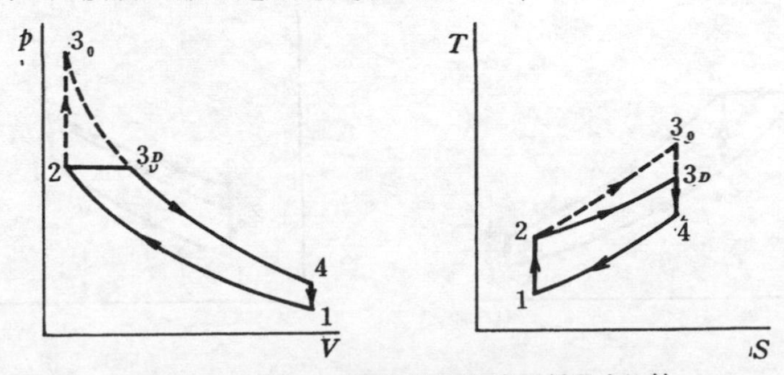

圖 7-4　A 情況下鄂圖循環與狄賽爾循環之比較

A.　當兩循環具有相同之壓縮比與位移容積（displacement　volume）時，如圖 7-4 所示。

由圖 7-4 中之 $T-S$ 圖知，兩循環之放熱量（即過程 4 → 1 下面所包含之面積）相等，但鄂圖循環之加熱量大於狄賽爾循環之加熱量，故鄂圖循環之熱效率大於狄賽爾循環之熱效率，或 $\eta_0 > \eta_D$ 。

B.　當兩循環具有相同之壓縮比與加熱量時，如圖 7-5 所示。

由圖 7-5 中之 $T-S$ 圖知，兩循環之加熱量相等，但鄂圖循環之放熱量小於狄賽爾循環之放熱量，故鄂圖循環之熱效率大於狄賽爾循環之熱效率，或 $\eta_0 > \eta_D$ 。

C.　當兩循環具有相同之最高壓力與溫度，而狄賽爾循環的壓縮比大於鄂圖循環之壓縮比，如圖 7-6 所示。

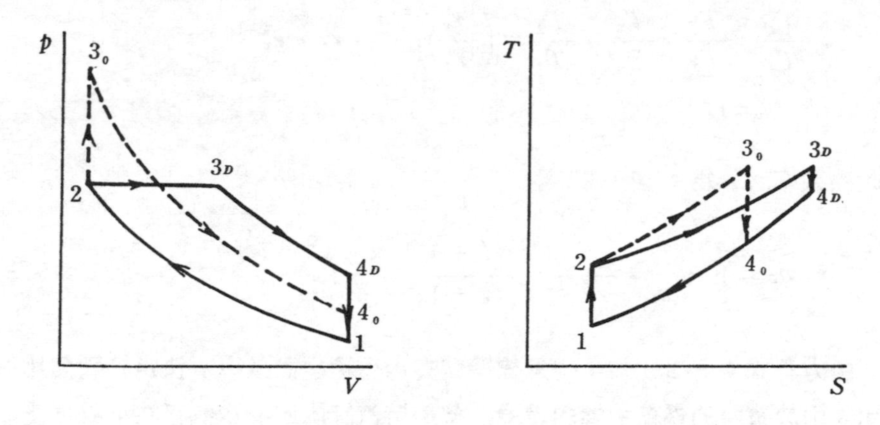

圖 7-5　*B* 情況下鄂圖循環與狄賽爾循環之比較

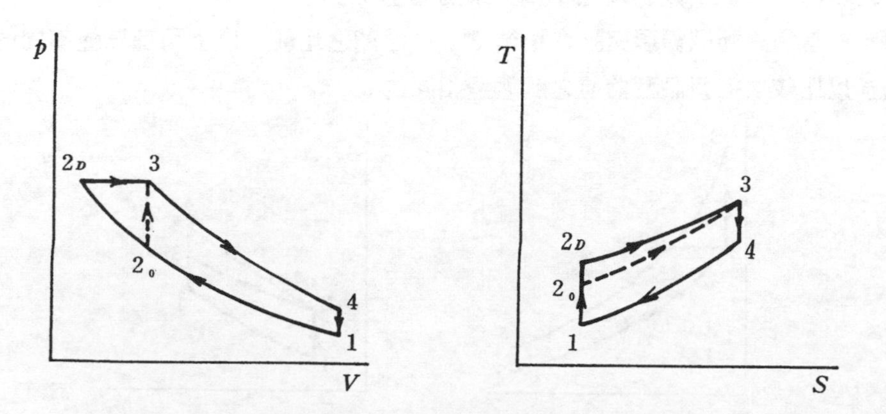

圖 7-6　*C* 情況下鄂圖循環與狄賽爾循環之比較

由圖7-6之$T-S$圖知，兩循環之放熱量相等，但狄賽爾循環之加熱量大於鄂圖循環之加熱量，故狄賽爾循環之熱效率大於鄂圖循環之熱效率，或 $\eta_D > \eta_0$。

【例題7-2】

在一空氣標準狄賽爾循環中，壓縮開始時之狀態爲100 kPa與45° C，而壓縮後之壓力爲 3850 kPa 。系統內空氣之質量爲0.07 kg，而每循環之加熱量爲42 kJ 。試求此循環之壓縮比與功。

解：使用圖7-3所示之p-V圖與$T-S$圖。由理想氣體狀態方程式可得，

$$V_1=\frac{mRT_1}{p_1}=\frac{0.07\times 0.287\times(45+273.15)}{100}$$

$$=0.0639\ \text{m}^3$$

由等熵過程 $1\rightarrow 2$，

$$T_2=T_1\left(\frac{p_2}{p_1}\right)^{(k-1)/k}=(45+273.15)\left(\frac{3850}{100}\right)^{(1.4-1)/1.4}$$

$$=902.86\ \text{K}$$

$$V_2=\frac{mRT_2}{p_2}=\frac{0.07\times 0.287\times 902.86}{3850}$$

$$=4.711\times 10^{-3}\ \text{m}^3$$

故壓縮比 r_v 爲：

$$r_v=\frac{V_1}{V_2}=\frac{0.0639}{4.711\times 10^{-3}}=13.56$$

由過程 $2\rightarrow 3$，熱力學第一定律可得：

$$Q_{in}=H_3-H_2=mc_p(T_3-T_2)$$

$$T_3=T_2+\frac{Q_{in}}{mc_p}=902.86+\frac{42}{0.07\times 1.0035}$$

$$=1500.77\ \text{K}$$

$$V_3=\frac{mRT_3}{p_3}=\frac{0.07\times 0.287\times 1500.77}{3850}$$

$$=7.831\times 10^{-3}\ \text{m}^3$$

故此循環之斷油比 r_c 爲：

$$r_c = \frac{V_3}{V_2} = \frac{7.831\times10^{-3}}{4.711\times10^{-3}} = 1.662$$

而其熱效率 η_D ，由方程式（7-2）可得

$$\eta_D = 1 - \frac{1}{\kappa}\cdot\frac{1}{r_v^{k-1}}\cdot\frac{r_c^k - 1}{r_c - 1}$$

$$= 1 - \frac{1}{1.4}\cdot\frac{1}{13.56^{1.4-1}}\cdot\frac{1.662^{1.4} - 1}{1.662 - 1}$$

$$= 0.6081$$

故循環之功W爲，

$$W = \eta_D \times Q_{in} = 0.6081 \times 42 = 25.54\ \text{kJ}$$

【例題 7-3】

一空氣標準狄賽爾循環，壓縮比爲 20 ，而壓縮衝程開始時，空氣的壓力與溫度分別爲100 kPa與20° C 。若加熱時活塞之位移爲動力衝程的 4％，試決定其它各狀態點空氣的壓力與溫度，並求此循環之熱效率。

解：使用圖 7-3所示之p-V圖與$T-S$圖。由理想氣體狀態方程式，

$$v_1 = \frac{RT_1}{p_1} = \frac{0.287\times(20 + 273.15)}{100}$$

$$= 0.841\ \text{m}^3/\text{kg}$$

$$v_2 = \frac{v_1}{r_v} = \frac{0.841}{20} = 0.0421\ \text{m}^3/\text{kg}$$

由等熵壓縮過程 $1 \rightarrow 2$ ，

$$T_2 = T_1\left(\frac{v_1}{v_2}\right)^{k-1} = (20 + 273.15)(20)^{1.4-1}$$

$$= 971.63\ \text{K}$$

$$p_2 = p_1\left(\frac{v_1}{v_2}\right)^{k} = 100(20)^{1.4} = 6628.9\ \text{kPa}$$

由已知條件可得，

$$\frac{v_3 - v_2}{v_1 - v_2} = 0.04$$

$$v_3 = v_2 + 0.04(v_1 - v_2) = v_2 + 0.04\, v_2 \left(\frac{v_1}{v_2} - 1\right)$$

$$= v_2 + 0.04\, v_2 (20 - 1) = 1.76\, v_2$$

故斷油比 r_c 爲：

$$r_c = \frac{v_3}{v_2} = 1.76$$

因過程 2 → 3 爲等壓過程，故 $p_3 = 6628.9$ kPa 。又

$$T_3 = T_2 \left(\frac{v_3}{v_2}\right) = 971.63 \times 1.76 = 1710\text{ K}$$

由等熵膨脹過程 3 → 4 ，

$$T_4 = T_3 \left(\frac{v_3}{v_4}\right)^{k-1} = T_3 \left(\frac{v_3}{v_2} \cdot \frac{v_2}{v_1}\right)^{k-1}$$

$$= 1710 \left(\frac{1.76}{20}\right)^{1.4-1} = 646.8\text{ K}$$

$$p_4 = p_3 \left(\frac{v_3}{v_4}\right)^{k} = 6628.9 \left(\frac{1.76}{20}\right)^{1.4} = 220.6\text{ kPa}$$

由方程式（7-2），此循環之熱效率 η_D 爲：

$$\eta_D = 1 - \frac{1}{\kappa} \cdot \frac{1}{r_v^{k-1}} \cdot \frac{r_c^k + 1}{r_c - 1}$$

$$= 1 - \frac{1}{1.4} \cdot \frac{1}{20^{1.4-1}} \cdot \frac{1.76^{1.4} - 1}{1.76 - 1}$$

$$= 65.8\%$$

7-4 空氣標準雙燃循環

空氣標準鄂圖循環與狄賽爾循環，其加熱過程分別爲等容與等壓過程，均不能表示實際引擎中，工作物的壓力與比容間之關係。實際的引擎，熱量之加入係部份在定容下，而部份在定壓下，故建議以另一循環模擬表示實際之引擎，稱之爲空氣標準雙燃循環（ dual cycle ），或混合循環，其 p-V 圖與 T－S 圖，如圖 7-7 所示。

應用與前述相同之方法，可證明空氣標準雙燃循環之熱效率爲：

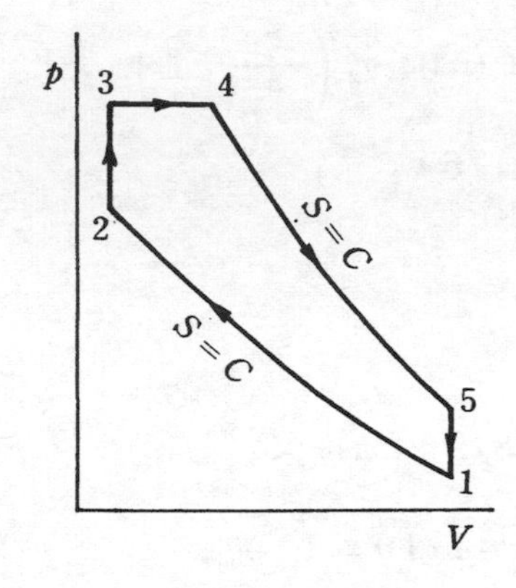

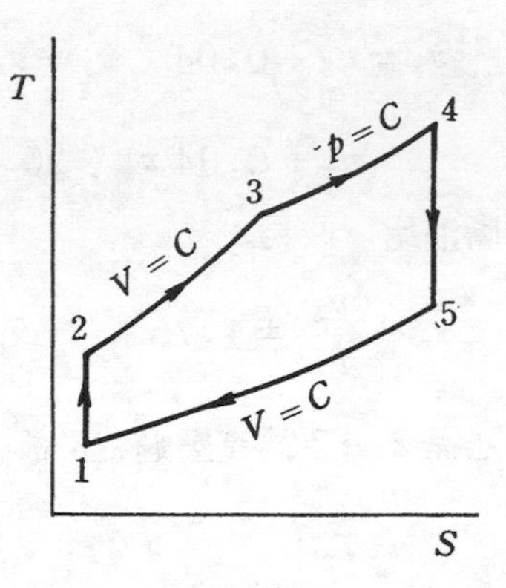

圖 7-7 空氣標準雙燃循環

$$\eta = 1 - \frac{1}{r_v^{k-1}}\left[\frac{r_p r_c^k - 1}{(r_p - 1) + \kappa r_p (r_c - 1)}\right] \quad (7\text{-}3)$$

式中， $r_v = \dfrac{V_1}{V_2}$ ，壓縮比 ； $r_c = \dfrac{V_4}{V_3}$ ，斷油比

$r_p = \dfrac{p_3}{p_2}$ ，壓力比

【例題 7-4】

有一汽缸直徑爲 254 mm，衝程爲 3048 mm的空氣標準雙燃引擎，其壓縮比爲 7 。壓縮開始時，空氣之壓力與溫度分別爲 100 kPa與 20° C 。等容加熱後之壓力爲 5600 kPa 。若等壓加熱爲衝程的 3%，試求(a)循環之淨功；(b)熱效率。

解：使用圖 7-7所示之狀態點。

(a)此引擎之位移容積（$V_1 - V_2$）爲：

$$V_1 - V_2 = \frac{\pi}{4} D^2 \cdot L = \frac{\pi}{4}(254\times10^{-3})^2\times(3048\times10^{-3})$$

$$= 0.1544 \text{ m}^3$$

由已知條件，

$$\frac{V_1}{V_2} = r_v = 7$$

解上面兩方程式可得，

$$V_1 = 0.18011 \text{ m}^3 \quad ; \quad V_2 = 0.02573 \text{ m}^3$$

系統內空氣之質量m爲，

$$m = \frac{p_1 V_1}{RT_1} = \frac{100 \times 0.18011}{0.287 \times (20 + 273.15)} = 0.2141 \text{ kg}$$

由等熵壓縮過程 1 → 2，

$$T_2 = T_1 \left(\frac{V_1}{V_2} \right)^{k-1} = (20 + 273.15)(7)^{1.4-1}$$

$$= 638.45 \text{ K}$$

$$p_2 = p_1 \left(\frac{V_1}{V_2} \right)^k = 100(7)^{1.4} = 1524.53 \text{ kPa}$$

故壓力比 r_p 爲：

$$r_p = \frac{p_3}{p_2} = \frac{5600}{1524.53} = 3.67$$

$$T_3 = T_2 \cdot \frac{p_3}{p_2} = 638.45 \times 3.67 = 2343.11 \text{ K}$$

由已知條件，

$$V_4 - V_3 = 0.03(V_1 - V_2)$$

$$V_4 = V_3 + 0.03(V_1 - V_2) = V_3 + 0.03 V_2 \left(\frac{V_1}{V_2} - 1 \right)$$

$$= V_3 + 0.03 V_3 (7 - 1) = 1.18 V_3$$

故斷油比 r_c 爲：

$$r_c = \frac{V_4}{V_3} = 1.18$$

$$T_4 = T_3 \cdot \frac{V_4}{V_3} = 2343.11 \times 1.18 = 2764.87 \text{ K}$$

由等熵膨脹過程 4 → 5，

$$T_5 = T_4 \left(\frac{V_4}{V_5} \right)^{k-1} = T_4 \left(\frac{V_4}{V_3} \cdot \frac{V_3}{V_5} \right)^{k-1}$$

$$= T_4 \left(\frac{V_4}{V_3} \cdot \frac{V_2}{V_1} \right)^{k-1} = 2764.87 \left(\frac{1.18}{7} \right)^{1.4-1}$$

$= 1356.40 \text{ K}$

由熱力學第一定律，加熱過程 2→3 與 3→4 之總加熱量 Q_{in} 為：

$$Q_{in} = m[c_v(T_3 - T_2) + c_p(T_4 - T_3)]$$
$$= 0.2141[0.7165(2343.11 - 638.45) + 1.0035(2764.87 - 2343.11)]$$
$$= 352.11 \text{ kJ}$$

放熱過程 5→1 之放熱量 Q_{out} 為：

$$Q_{out} = mc_v(T_5 - T_1)$$
$$= 0.2141 \times 0.7165(1356.40 - 293.15)$$
$$= 163.11 \text{ kJ}$$

故循環之淨功 W 為：

$$W = Q_{in} - Q_{out} = 352.11 - 163.11 = 189 \text{ kJ}$$

(b)循環之熱效率為：

$$\eta = \frac{W}{Q_{in}} = \frac{189}{352.11} = 53.68\%$$

或由方程式（7-3），熱效率為：

$$\eta = 1 - \frac{1}{r_v^{k-1}}\left[\frac{r_p r_c^k - 1}{(r_p - 1) + k r_p(r_c - 1)}\right]$$
$$= 1 - \frac{1}{7^{1.4-1}}\left[\frac{3.67 \times 1.18^{1.4} - 1}{(3.67 - 1) + 1.4 \times 3.67(1.18 - 1)}\right]$$
$$= 53.68\%$$

7-5 簡單氣輪機循環

簡單氣輪機動力廠（simple gas-turbine power plant）如圖7-8所示，為一開放循環。空氣被引入壓縮機，絕熱地被壓縮；壓縮空氣與燃料混合，在燃燒室內進行燃燒作用，產生高壓高溫之氣體；生成物在渦輪機內絕熱地膨脹至外界壓力，對外作出功後而被排出。

為了分析簡單氣輪機動力循環，通常仍使用空氣標準循環。空氣標準氣輪

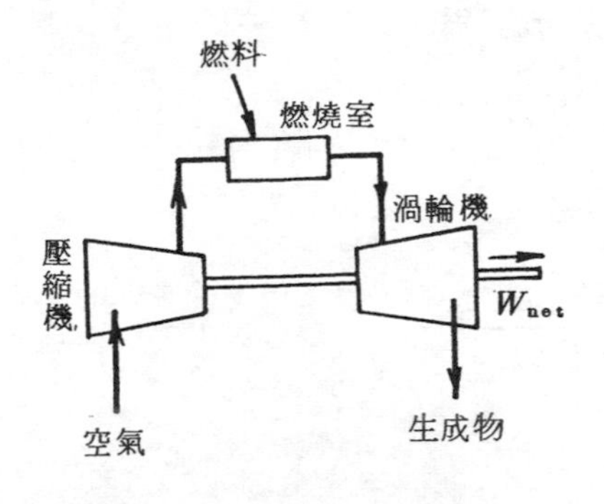

圖 7-8　簡單氣輪機動力廠

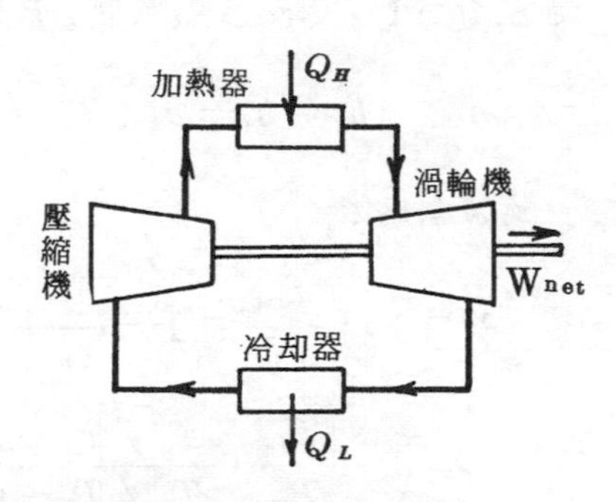

圖 7-9　布雷登循環

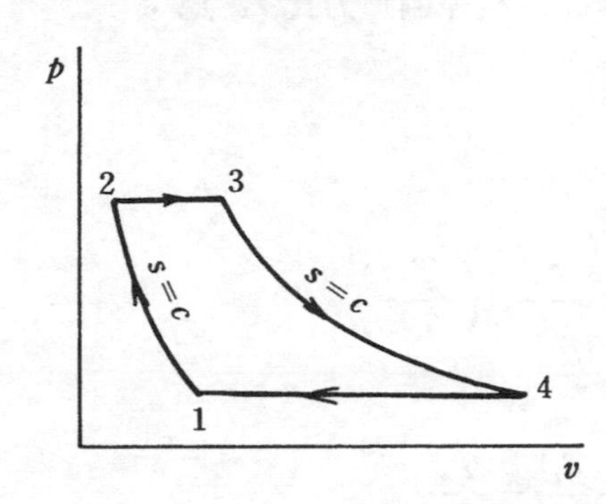

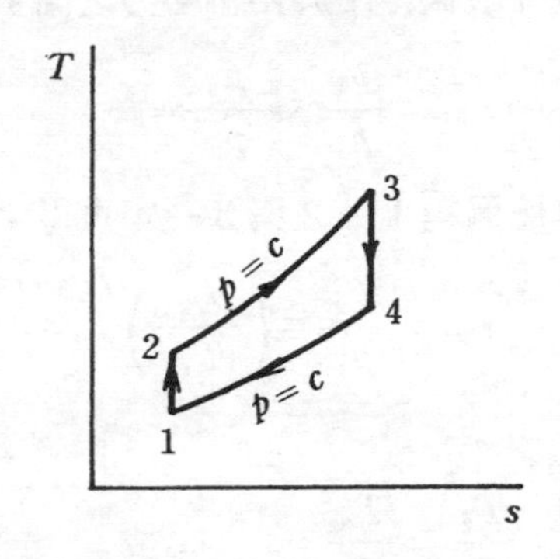

圖 7-10　布雷登循環之 p-v 圖與 T-s 圖

機循環，稱爲布雷登循環（ Brayton cycle ），如圖 7-9所示。空氣被壓縮機絕熱地壓縮；在加熱器內被等壓地加熱；在渦輪機內絕熱地膨脹，產生功；最後在冷卻器內被冷卻而完成一密閉循環。其 p-v 圖與 T-s 圖如圖 7-10所示。

假設空氣流經各元件爲穩態穩流過程，而進出口間的動能與位能變化均可忽略不計。由第一定律可分析各過程：

過程 1→2：等熵壓縮過程，所需之功 w_{in} 爲

$$w_{in} = h_2 - h_1 = c_p (T_2 - T_1)$$

過程 2→3：等壓加熱過程，所需之熱 q_{in} 爲

$$q_{in} = h_3 - h_2 = c_p (T_3 - T_2)$$

過程 3→4：等熵膨脹過程，作出之功 w_{out} 爲

$$w_{out} = h_3 - h_4 = c_p (T_3 - T_4)$$

過程 $4 \rightarrow 1$：等壓放熱過程，放出之熱 q_{out} 為

$$q_{out} = h_4 - h_1 = c_p (T_4 - T_1)$$

循環之熱效率為：

$$\eta = 1 - \frac{q_{out}}{q_{in}} = 1 - \frac{c_p (T_4 - T_1)}{c_p (T_3 - T_2)}$$

$$= 1 - \frac{T_1}{T_2} \cdot \frac{T_4 / T_1 - 1}{T_3 / T_2 - 1}$$

布雷登循環係作用於兩個壓力之間，因此定義等熵壓力比 r_{ps} 為：

$$r_{ps} = \frac{p_2}{p_1} = \frac{p_3}{p_4}$$

而由等熵過程 $1 \rightarrow 2$ 與 $3 \rightarrow 4$ 可得，

$$r_{ps} = \frac{p_2}{p_1} = \left(\frac{T_2}{T_1} \right)^{k/(k-1)} = \frac{p_3}{p_4} = \left(\frac{T_3}{T_4} \right)^{k/(k-1)}$$

因此，

$$\frac{T_2}{T_1} = \frac{T_3}{T_4} \qquad \text{或} \qquad \frac{T_4}{T_1} = \frac{T_3}{T_2}$$

故布雷登循環之熱效率可寫為：

$$\eta = 1 - \frac{1}{r_{ps}^{(k-1)/k}} \tag{7-4}$$

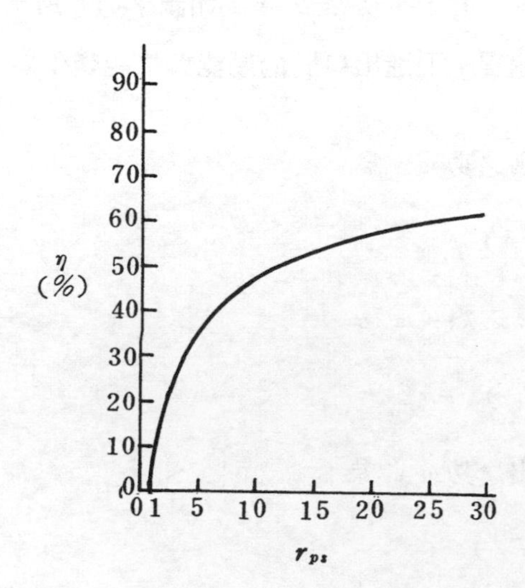

圖 7-11　布雷登循環熱效率與壓力比之關係

由方程式（ 7-4 ）可知，布雷登循環之熱效率，僅決定於其作用的兩壓力之比，當壓力比越大，則其熱效率越高，如圖 7-11 所示。

【例題 7-5】

一空氣標準布雷登循環，空氣在 0.1 MPa，15° C 進入壓縮機，被壓縮至 0.5 MPa。循環之最高溫度爲 900° C，試求：

(a)循環中各狀態點之壓力與溫度。

(b)壓縮機所需之功，渦輪機輸出之功，及循環之熱效率。

解：使用圖 7-10 所示之狀態點。

(a)由已知之條件，

$$p_1 = 0.1\ \mathrm{MPa}\quad,\quad T_1 = 15^\circ\mathrm{C}$$

由等熵壓縮過程 $1 \rightarrow 2$，因 $p_2 = 0.5\ \mathrm{MPa}$，故

$$T_2 = T_1\left(\frac{p_2}{p_1}\right)^{(k-1)/k} = (15+273.15)\left(\frac{0.5}{0.1}\right)^{(1.4-1)/1.4}$$

$$= 456.38\ \mathrm{K}$$

由已知之條件，

$$p_3 = p_2 = 0.5\ \mathrm{MPa}\quad,\quad T_3 = 900^\circ\mathrm{C}$$

由等熵膨脹過程 $3 \rightarrow 4$，因 $p_4 = p_1 = 0.1\ \mathrm{MPa}$，故

$$T_4 = T_3\left(\frac{p_4}{p_3}\right)^{(k-1)/k} = (900+273.15)\left(\frac{0.1}{0.5}\right)^{(1.4-1)/1.4}$$

$$= 740.71\ \mathrm{K}$$

(b)壓縮機所需之功 w_c，由第一定律可得

$$w_c = h_2 - h_1 = c_p(T_2 - T_1) = 1.0035(456.38 - 288.15)$$

$$= 168.82\ \mathrm{kJ/kg}$$

渦輪機輸出之功 w_t，由第一定律可得，

$$w_t = h_3 - h_4 = c_p(T_3 - T_4) = 1.0035(1173.15 - 740.71)$$

$$= 433.95\ \mathrm{kJ/kg}$$

等熵壓力比 r_{ps} 爲：

$$r_{ps}=\frac{p_2}{p_1}=\frac{0.5}{0.1}=5$$

由方程式（7-4），循環之熱效率為：

$$\eta=1-\frac{1}{r_{ps}^{(k-1)/k}}=1-\frac{1}{(5)^{(1.4-1)/1.4}}=36.86\%$$

或循環之淨功為：

$$w_{net}=w_t-w_c=433.95-168.82=265.13\text{ kJ/kg}$$

由等壓加熱過程 2→3，加熱量 q_{in} 為：

$$q_{in}=h_3-h_2=c_p(T_3-T_2)=1.0035(1173.15-456.38)$$
$$=719.28\text{ kJ/kg}$$

故循環之熱效率為：

$$\eta=\frac{w_{net}}{q_{in}}=\frac{265.13}{719.28}=36.86\%$$

眞實氣輪機循環與理想空氣標準布雷登循環間的差異，主要在於流體流動時摩擦所造成之壓力降。因此在壓縮機與渦輪機內為不可逆絕熱過程；而在加熱器與冷卻器內，因有壓力降，故非等壓過程。圖 7-12 中，1－2－3－4－1 即為眞實氣輪機循環。由於摩擦之存在，將造成壓縮機所需之功的增加，渦輪機輸出之功的減少，即循環效率的降低。

壓縮機與渦輪機之效率，若以等熵過程為比較基準，稱為等熵效率（isentropic efficiency），以 η_s 表示。配合圖 7-12，壓縮機與渦輪機之等熵效率，η_{sc} 與 η_{st}，分別定義為：

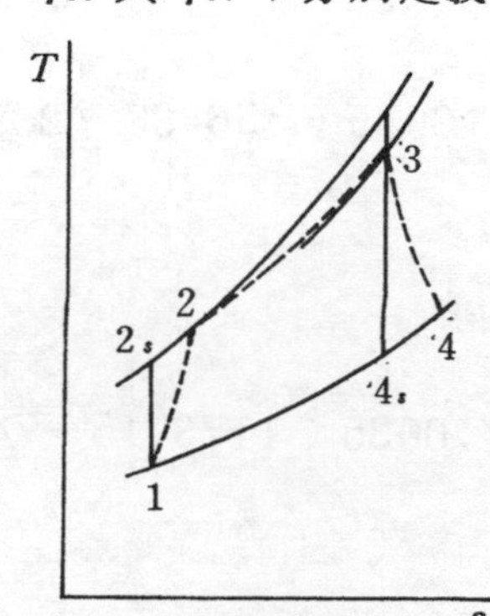

圖 7-12 眞實氣輪機循環

$$\eta_{sc}=\frac{w_s}{w_a}=\frac{h_{2s}-h_1}{h_2-h_1} \tag{7-5}$$

$$\eta_{st}=\frac{w_a}{w_s}=\frac{h_3-h_4}{h_3-h_{4s}} \tag{7-6}$$

式中 w_s 表示等熵過程之功，而 w_a 爲實際過程之功。若工作物爲理想氣體，而比熱爲常數，則等熵效率可寫爲：

$$\eta_{sc}=\frac{T_{2s}-T_1}{T_2-T_1} \tag{7-7}$$

$$\eta_{st}=\frac{T_3-T_4}{T_3-T_{4s}} \tag{7-8}$$

【例題 7-6】

例題7-5中，若壓縮機之等熵效率爲 80 %，渦輪機之等熵效率爲 85 %，而在壓縮機與渦輪機間之壓力降爲 15 kPa 。試求壓縮機所需之功、渦輪機輸出之功，及循環之熱效率。

解：使用圖 7-12所示之狀態點，由已知之條件，

$$p_1=0.1\text{ MPa} \quad , \quad T_1=15^\circ\text{C}$$

由等熵壓縮過程 $1\rightarrow 2s$，因 $p_{2s}=p_2=0.5\text{ MPa}$，故

$$T_{2s}=T_1\left(\frac{p_{2s}}{p_1}\right)^{(k-1)/k}=(15+273.15)\left(\frac{0.5}{0.1}\right)^{(1.4-1)/1.4}$$

$$=456.38\text{ K}$$

由方程式(7-7)，

$$\eta_{sc}=\frac{T_{2s}-T_1}{T_2-T_1}=0.80=\frac{456.38-288.15}{T_2-288.15}$$

$$T_2=498.44\text{ K}$$

壓縮機所需之功 w_c 爲，

$$w_c=h_2-h_1=c_p(T_2-T_1)=1.0035(498.44-288.15)$$

$$=211.03\text{ kJ/kg}$$

由已知之條件，

$p_3 = p_2 -$ 壓力降 $= 0.5 - 0.015 = 0.485$ MPa

由等熵過程 $3 \rightarrow 4s$，因 $T_3 = 900°$ C，$p_{4s} = p_4 = p_1 = 0.1$ MPa（假設冷卻器內之壓力降可忽略不計），因此

$$T_{4s} = T_3 \left(\frac{p_{4s}}{p_3} \right)^{(k-1)/k} = (900 + 273.15) \left(\frac{0.1}{0.485} \right)^{(1.4-1)/1.4}$$
$$= 747.18 \text{ K}$$

由方程式（7-8），

$$\eta_{st} = \frac{T_3 - T_4}{T_3 - T_{4s}} = 0.85 = \frac{1173.15 - T_4}{1173.15 - 747.18}$$

$$T_4 = 811.08 \text{ K}$$

渦輪機輸出之功 w_t 為：

$$w_t = h_3 - h_4 = c_p (T_3 - T_4) = 1.0035 (1173.15 - 811.08)$$
$$= 363.34 \text{ kJ / kg}$$

故循環之淨功 w_{net} 為：

$$w_{net} = w_t - w_c = 363.34 - 211.03 = 152.31 \text{ kJ / kg}$$

由加熱過程 $2 \rightarrow 3$，所需之加熱量 q_{in} 為：

$$q_{in} = h_3 - h_2 = c_p (T_3 - T_2) = 1.0035 (1173.15 - 498.44)$$
$$= 677.07 \text{ kJ / kg}$$

故循環之熱效率為：

$$\eta = \frac{w_{net}}{q_{in}} = \frac{152.31}{677.07} = 22.50\%$$

7-6 再生氣輪機循環

欲提高氣輪機循環之熱效率，可由減少加熱量、減少壓縮機所需之功，及增加渦輪機輸出之功，或增加循環之淨功等方面着手。本節將討論如何減少加熱量，而下節將說明如何增加循環之淨功。

在簡單氣輪機循環中（如圖 7-10 所示），渦輪機排出空氣之溫度（T_4）

，通常均高於離開壓縮機（或進入加熱器）之空氣的溫度（T_2）。因此，可使用一熱交換器使該兩流體作熱交換，使空氣在進入加熱器（或燃燒室）前被預熱，而可減少所需之加熱量（或燃料量），並可減少冷卻器所必須移走的熱量。此熱交換器稱爲再生器（regenerator），而此循環稱爲再生氣輪機循環（regenerative gas-turbine cycle）。

圖7-13所示爲空氣標準再生氣輪機循環之流程圖，p-v圖及T-s圖。再生器之效益（effectiveness）E係定義爲：

$$E=\frac{T_x-T_2}{T_4-T_2} \tag{7-9}$$

式中，（T_x-T_2）表示空氣被預熱實際的溫度升高量；（T_4-T_2）表示空氣被預熱可能的最大溫度升高量。對一理想的再生器，其效益E爲100%，即$T_x=T_4$。現假設使用一理想的再生器，則壓縮機所需之功（w_c）及渦輪機輸出之功（w_t），由第一定律可分別得，

$$w_c=h_2-h_1=c_p(T_2-T_1)$$
$$w_t=h_3-h_4=c_p(T_3-T_4)$$

或循環之淨功w_{net}爲，

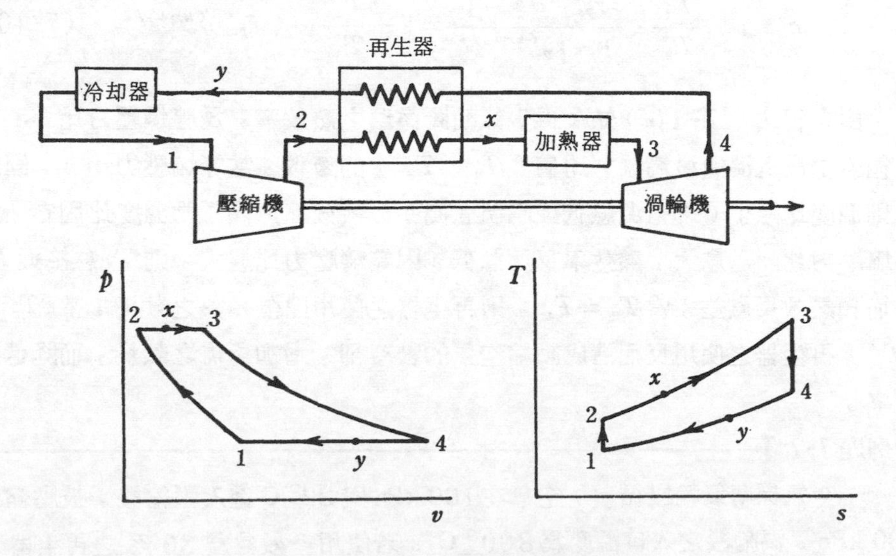

圖 7-13　空氣標準再生氣輪機循環

$$w_{net} = w_t - w_c = c_p(T_3 - T_4) - c_p(T_2 - T_1)$$

而所需之加熱量 q_{in} 爲：

$$q_{in} = h_3 - h_x = c_p(T_3 - T_x) = c_p(T_3 - T_4)$$

故循環之熱效率爲：

$$\eta = \frac{w_{net}}{q_{in}} = \frac{c_p(T_3 - T_4) - c_p(T_2 - T_1)}{c_p(T_3 - T_4)}$$

$$= 1 - \frac{T_2 - T_1}{T_3 - T_4} = 1 - \frac{T_1}{T_3} \cdot \frac{T_2/T_1 - 1}{1 - T_4/T_3}$$

由等熵過程 1 → 2 與 3 → 4 可分別得，

$$\frac{T_2}{T_1} = \left(\frac{p_2}{p_1}\right)^{(k-1)/k} = r_{ps}^{(k-1)/k}$$

$$\frac{T_4}{T_3} = \left(\frac{p_4}{p_3}\right)^{(k-1)/k} = \left(\frac{p_1}{p_2}\right)^{(k-1)/k} = r_{ps}^{-(k-1)/k}$$

因此，循環之熱效率爲，

$$\eta = 1 - \frac{T_1}{T_3} \cdot \frac{r_{ps}^{(k-1)/k} - 1}{1 - r_{ps}^{-(k-1)/k}} = 1 - \frac{T_1}{T_3} \cdot (r_{ps})^{(k-1)/k} \qquad (7\text{-}10)$$

由方程式（7-10）知，再生氣輪機循環之熱效率，爲等熵壓力比 r_{ps}，及循環中最低溫與最高溫之比值（T_1/T_3）的函數。當等熵壓力比 r_{ps} 固定，則溫度比愈小（即低溫愈低或高溫愈高），熱效率愈高；當溫度比固定，則等熵壓力比 r_{ps} 愈大，熱效率反而愈低。因等熵壓力比愈大，則 T_2 愈接近 T_4，而預熱效果愈差；當 $T_2 = T_4$，則再生器之使用已無預熱之效果；當 $T_2 > T_4$，再生器之使用反而造成壓縮空氣的被冷卻，增加所需之熱量，而降低熱效率。

【例題 7-7】

一空氣標準氣輪機循環，空氣在100 kPa與22°C進入壓縮機，被壓縮至600 kPa。渦輪機之入口溫度爲800°C。若使用一效益爲80％之再生器，試求熱效率提高之百分數。

解：首先考慮空氣標準布雷登循環，如圖7-13中1－2－3－4－1之循環。由已知之條件，循環之等熵壓力比 r_{ps} 爲，

$$r_{ps}=\frac{p_2}{p_1}=\frac{600}{100}=6$$

由方程式（7-4），布雷登循環之熱效率爲，

$$\eta=1-\frac{1}{r_{ps}^{(k-1)/k}}=1-\frac{1}{6^{(1.4-1)/1.4}}=40.07\%$$

由已知之條件，

$$p_1=100\text{ kPa}\quad,\quad T_1=22^\circ\text{C}$$

由等熵壓縮過程1→2，因 $p_2=600$ kPa，故

$$T_2=T_1\left(\frac{p_2}{p_1}\right)^{(k-1)/k}=(22+273.15)\left(\frac{600}{100}\right)^{(1.4-1)/1.4}$$
$$=492.46\text{ K}$$

由等熵膨脹過程3→4，因

$$p_3=p_2=600\text{ kPa}，T_3=800^\circ\text{C}，p_4=p_1=100\text{ kPa}$$

因此，

$$T_4=T_3\left(\frac{p_4}{p_3}\right)^{(k-1)/k}=(800+273.15)\left(\frac{100}{600}\right)^{(1.4-1)/1.4}$$
$$=643.18\text{ K}$$

由方程式（7-9），

$$E=\frac{T_x-T_2}{T_4-T_2}=0.80=\frac{T_x-492.46}{643.18-492.46}$$
$$T_x=613.04\text{ K}$$

壓縮機所需之功 w_c 爲，

$$w_c=h_2-h_1=c_p(T_2-T_1)=1.0035(492.46-295.15)$$
$$=198.00\text{ kJ/kg}$$

渦輪機輸出之功 w_t 爲，

$$w_t = h_3 - h_4 = c_p (T_3 - T_4) = 1.0035 (1073.15 - 643.18)$$
$$= 431.48 \text{ kJ/kg}$$

故循環之淨功 w_{net} 為，

$$w_{net} = w_t - w_c = 431.48 - 198.00 = 233.48 \text{ kJ/kg}$$

加熱量 q_{in} 為，

$$q_{in} = h_3 - h_x = c_p (T_3 - T_x) = 1.0035 (1073.15 - 613.04)$$
$$= 461.72 \text{ kJ/kg}$$

故循環之熱效率為，

$$\eta = \frac{w_{net}}{q_{in}} = \frac{233.48}{461.72} = 50.57\%$$

因此，熱效率提高之百分數為，

$$\frac{0.5057 - 0.4007}{0.4007} = 26.20\%$$

【例題 7-8】

若例題7-7中，壓縮機與渦輪機之等熵效率分別為 90％與 85％，試解之。

解：首先考慮空氣標準布雷登循環，如圖 7-14 中之循環 1－2－3－4－1。由例題7-7知，

$$p_1 = 100 \text{ kPa} \quad , \quad T_1 = 22^\circ \text{C}$$
$$p_{2s} = 600 \text{ kPa} \quad , \quad T_{2s} = 492.46 \text{ K}$$
$$p_3 = 600 \text{ kPa} \quad , \quad T_3 = 800^\circ \text{C}$$
$$p_{4s} = 100 \text{ kPa} \quad , \quad T_{4s} = 643.18 \text{ K}$$

由方程式（ 7-7 ），

$$\eta_{sc} = \frac{T_{2s} - T_1}{T_2 - T_1} = 0.90 = \frac{492.46 - 295.15}{T_2 - 295.15}$$
$$T_2 = 514.38 \text{ K}$$

由方程式（ 7-8 ），

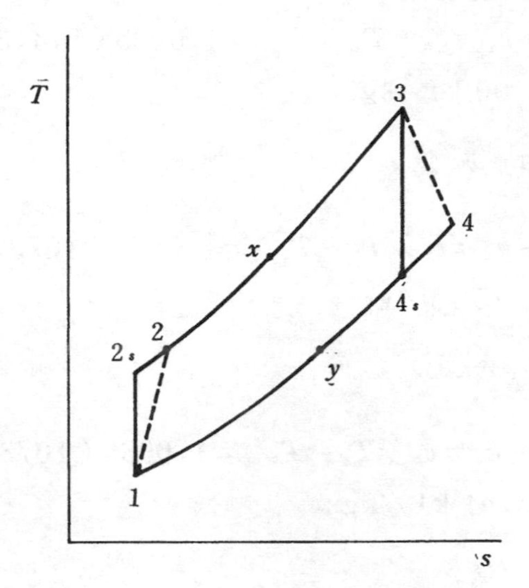

圖 7-14　例題 7-8

$$\eta_{st} = \frac{T_3 - T_4}{T_3 - T_{4s}} = 0.85 = \frac{1073.15 - T_4}{1073.15 - 643.18}$$

$$T_4 = 707.68 \text{ K}$$

放熱量 q_{out} 爲，

$$q_{out} = h_4 - h_1 = c_p(T_4 - T_1) = 1.0035(707.68 - 295.15)$$
$$= 413.97 \text{ kJ/kg}$$

加熱量 q_{in} 爲，

$$q_{in} = h_3 - h_2 = c_p(T_3 - T_2) = 1.0035(1073.15 - 514.38)$$
$$= 560.73 \text{ kJ/kg}$$

故循環之熱效率爲，

$$\eta = 1 - \frac{q_{out}}{q_{in}} = 1 - \frac{413.97}{560.73} = 26.17\%$$

其次考慮使用再生器時之循環，由方程式（7-9），

$$E = \frac{T_x - T_2}{T_4 - T_2} = 0.80 = \frac{T_x - 514.38}{707.68 - 514.38}$$

$$T_x = 669.02 \text{ K}$$

壓縮機所需之功 w_c 爲，

$$w_c = h_2 - h_1 = c_p (T_2 - T_1) = 1.0035 (514.38 - 295.15)$$
$$= 220.00 \text{ kJ/kg}$$

渦輪機輸出之功 w_t 爲，

$$w_t = h_3 - h_4 = c_p (T_3 - T_4) = 1.0035 (1073.15 - 707.68)$$
$$= 366.75 \text{ kJ/kg}$$

加熱之熱量 q_{in} 爲，

$$q_{in} = h_3 - h_x = c_p (T_3 - T_x) = 1.0035 (1073.15 - 669.02)$$
$$= 405.54 \text{ kJ/kg}$$

故循環之熱效率爲，

$$\eta = \frac{w_t - w_c}{q_{in}} = \frac{366.75 - 220.00}{405.54} = 36.19\%$$

因此，熱效率提高之百分數爲，

$$\frac{0.3619 - 0.2617}{0.2617} = 38.29\%$$

7-7　氣輪機循環之中間冷却與再熱

爲了減少壓縮機所需之功，可使用多級壓縮（ multi-stage compression ）完成所要求之壓力比，同時在級間配合中間冷卻（ intercooling ）。爲了增加渦輪機輸出之功，可使用多級膨脹（ multi-stage expansion ）配合級間的再熱（ reheating ）而獲得。以下將先分別說明配合中間冷卻的多級壓縮，及配合再熱的多級膨脹，而後再討論使用此等設備及再生器的氣輪機循環。

(1)　配合中間冷卻的多級壓縮

以兩個或兩個以上的壓縮機，經由多次壓縮達到所需之壓力比，同時在兩次壓縮之間，以中間冷卻器（ intercooler ）進行中間冷卻，可減少壓縮所需之功。若工作流體在中間冷卻器內被冷卻至壓縮前之溫度，即多級壓縮機之吸入溫度均相同，稱爲完全中間冷卻（ complete intercooling ）。現以兩級壓縮配合完全中間冷卻說明之。

如圖 7-15 所示，過程 $1 - a - 2$ 爲以多變過程 $pV^n = C$，將理想氣體自

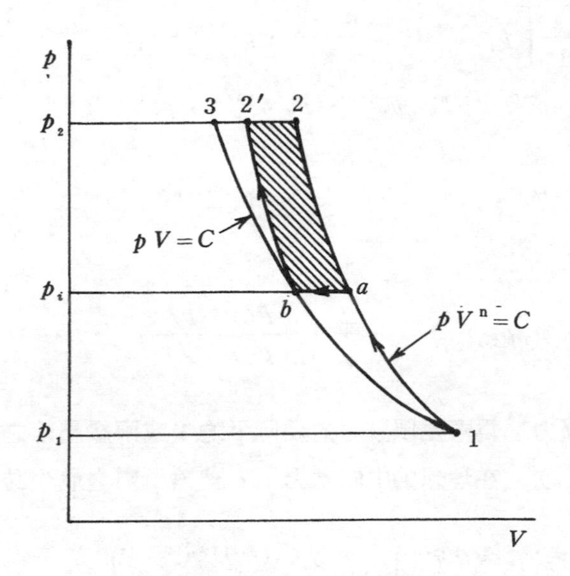

圖 7-15　配合完全中間冷却之兩級壓縮

p_1一次壓縮至 p_2 。過程 1 － b － 3 爲等溫過程 $pV=C$ 。過程 1－a－b－2′ 爲配合完全中間冷卻，以多變過程 $pV^n=C$ 分兩次壓縮完成相同的壓力比，即過程 1 － a 爲先自 p_1 以多變過程壓縮至 p_i ，在 p_i 之壓力下被冷卻至壓縮機之吸入溫度（ $T_b=T_1$ ），再自 p_i 以多變過程壓縮至 p_2 。圖中斜線部份面積，即爲與一級壓縮比較，所能夠減少功的量。

若壓縮機進出口間的動能與位能變化可予忽略不計，則由方程式（ 4-26 ），過程 1 － a 與 b － 2′ 總共所需之功 w_{in} 爲，

$$\begin{aligned} w_{in} &= \frac{nR}{n-1}(T_a - T_1) + \frac{nR}{n-1}(T_{2'} - T_b) \\ &= \frac{nRT_1}{n-1}\left(\frac{T_a}{T_1} - 1\right) + \frac{nRT_b}{n-1}\left(\frac{T_{2'}}{T_b} - 1\right) \\ &= \frac{nRT_1}{n-1}\left[\left(\frac{p_i}{p_1}\right)^{(n-1)/n} + \left(\frac{p_2}{p_i}\right)^{(n-1)/n} - 2\right] \qquad (7\text{-}11) \end{aligned}$$

由方程式（ 7-11 ）知，若入口狀態 p_1 ，T_1 ，最後壓力 p_2 及 n 均固定，則 w_{in} 爲中間壓力（ intermediate pressure ）p_i 之函數。將 w_{in} 對 p_i 微分並使其結果爲零，可決定使 w_{in} 爲最小的理想中間壓力 p_i 。

$$\frac{dw_{in}}{dp_i}=\frac{nRT_1}{n-1}\left[p_1^{-(n-1)/n}\cdot\frac{n-1}{n}\cdot p_i^{-1/n}+p_2^{(n-1)/n}\cdot\frac{1-n}{n}\cdot p_i^{(1-2n)/n}\right]$$
$$=RT_1\left[p_1^{-(n-1)/n}\cdot p_i^{-1/n}-p_2^{(n-1)/n}\cdot p_i^{(1-2n)/n}\right]$$
$$=0$$
$$p_1^{-(n-1)/n}\cdot p_i^{-1/n}=p_2^{(n-1)/n}\cdot p_i^{(1-2n)/n}$$

解上式可得，

$$p_i=(p_1p_2)^{1/2}\qquad\text{或}\qquad\frac{p_i}{p_1}=\frac{p_2}{p_i}\tag{7-12}$$

故理想的中間壓力，爲兩極限壓力的幾何平均；或兩級壓縮之壓力比相等。由方程式（7-11），在理想的中間壓力下，壓縮所需之最小功 $w_{in,min}$ 爲，

$$w_{in,min}=\frac{nRT_1}{n-1}\left[2\left(\frac{p_i}{p_1}\right)^{(n-1)/n}-2\right]$$
$$=\frac{2nRT_1}{n-1}\left[\left(\frac{p_2}{p_1}\right)^{(n-1)/2n}-1\right]\tag{7-13}$$

同理，配合完全中間冷卻的N級壓縮，使得功爲最少的理想（$N-1$）個中間壓力，係使得多級壓縮之壓力比均相同，即：

$$\frac{p_{i_1}}{p_1}=\frac{p_{i_2}}{p_{i_1}}=\frac{p_{i_3}}{p_{i_2}}=\cdots\cdots\cdots\cdots=\frac{p_2}{p_{i,N-1}}\tag{7-14}$$

而所需之最少功 $w_{in,min}$ 爲，

$$w_{in,min}=\frac{NnRT_1}{n-1}\left[\left(\frac{p_2}{p_1}\right)^{(n-1)/Nn}-1\right]\tag{7-15}$$

【例題 7-9】

空氣自100 kPa與20° C進入壓縮機，被可逆絕熱地壓縮至1000 kPa。假設$\Delta KE=\Delta PE=0$。

(a)試求一級壓縮所需之功。

(b)若使用理想中間壓力的兩級壓縮，配合完全中間冷卻，則所需之功又爲若干？

解：因壓縮過程爲可逆絕熱過程，而工作物爲空氣，故 $n=\kappa=1.4$ 。

(a)一級壓縮所需之功爲，

$$w_{in}=\frac{nRT_1}{n-1}\left[\left(\frac{p_2}{p_1}\right)^{(n-1)/n}-1\right]$$

$$=\frac{1.4\times0.287\times(20+273.15)}{1.4-1}\left[\left(\frac{1000}{100}\right)^{(1.4-1)/1.4}-1\right]$$

$$=274.06\text{ kJ / kg}$$

(b)配合完全中間冷卻，兩級壓縮之理想中間壓力 p_i ，由方程式（7-12）可得爲，

$$p_i=(p_1p_2)^{1/2}=(100\times1000)^{1/2}=316.23\text{ kPa}$$

故壓縮所需之功爲，

$$w_{in}=2\times\frac{nRT_1}{n-1}\left[\left(\frac{p_i}{p_1}\right)^{(n-1)/n}-1\right]$$

$$=2\times\frac{1.4\times0.287\times(20+273.15)}{1.4-1}\left[\left(\frac{316.23}{100}\right)^{(1.4-1)/1.4}-1\right]$$

$$=229.39\text{ kJ / kg}$$

或由方程式（7-13），

$$w_{in}=\frac{2nRT_1}{n-1}\left[\left(\frac{p_2}{p_1}\right)^{(n-1)/2n}-1\right]$$

$$=\frac{2\times1.4\times0.287\times(20+273.15)}{1.4-1}\left[\left(\frac{1000}{100}\right)^{(1.4-1)/2\times1.4}-1\right]$$

$$=229.39\text{ kJ / kg}$$

(2)　配合級間再熱的多級膨脹

在渦輪機作用的兩壓力之間，若以兩個或兩個以上的渦輪機進行多級的膨脹，同時在兩級間，將工作物再次加熱，可增加渦輪機輸出的總功。圖7-16所示，爲配合再熱的兩級膨脹過程 $1-a-b-2'$ ，與一級膨脹過程 $1-a-2$ 的比較。假設膨脹爲多變過程 $pV^n=C$，而再熱爲等壓過程。圖中斜線部份面積，即爲渦輪機輸出功的增加。利用過程 $a-2$ 與 $b-2'$ 輸出功的比較，即可證明再熱可增加渦輪機輸出的總功。

過程 $a-2$ 之功爲，

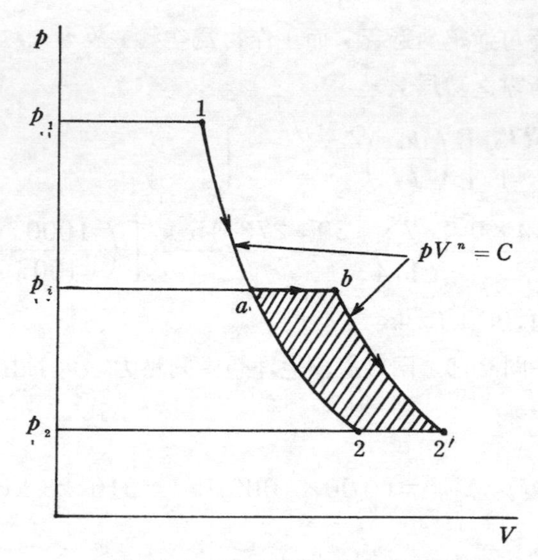

圖 7-16　配合再熱的兩級膨脹

$$_a w_2 = \frac{nR}{n-1}(T_a - T_2)$$

$$= \frac{nRT_a}{n-1}\left(1 - \frac{T_2}{T_a}\right) = \frac{nRT_a}{n-1}\left[1 - \left(\frac{p_2}{p_a}\right)^{(n-1)/n}\right]$$

同理，過程 $b-2'$ 之功為，

$$_b w_{2'} = \frac{nRT_b}{n-1}\left[1 - \left(\frac{p_{2'}}{p_b}\right)^{(n-1)/n}\right]$$

比較上面兩式，因 $p'_2 = p_2$　，$p_a = p_b$　，但 $T_b > T_a$　，因此，

$$_b w_{2'} > {}_a w_2$$

【例題 7-10】

空氣在1225 kPa與1300 K進入一兩級渦輪機，可逆絕熱地膨脹至100 kPa。假設兩級膨脹之壓力比相等，而空氣被再熱至1200 K，試求渦輪機輸出之總功。

解：使用圖 7-16所示之狀態點，假設進出口間動能與位能之變化均可忽略不計。各級膨脹之壓力比為：

$$\frac{p_1}{p_a} = \frac{p_b}{p_{2'}} = \left(\frac{p_1}{p_2}\right)^{1/2} = \left(\frac{1225}{100}\right)^{1/2} = 3.5$$

因膨脹爲可逆絕熱過程，故

$$T_a = T_1\left(\frac{p_a}{p_1}\right)^{(k-1)/k} = 1300\left(\frac{1}{3.5}\right)^{(1.4-1)/1.4}$$

$$= 908.86\ \text{K}$$

$$T_{2'} = T_b\left(\frac{p_{2'}}{p_b}\right)^{(k-1)/k} = 1200\left(\frac{1}{3.5}\right)^{(1.4-1)/1.4}$$

$$= 838.94\ \text{K}$$

由第一定律，各級膨脹之功分別爲，

$$_1w_a = h_1 - h_a = c_p\,(T_1 - T_a) = 1.0035\,(1300 - 908.86)$$

$$= 392.51\ \text{kJ/kg}$$

$$_bw_{2'} = h_b - h_{2'} = c_p\,(T_b - T_{2'})$$

$$= 1.0035\,(1200 - 838.94) = 362.32\ \text{kJ/kg}$$

故渦輪機輸出之總功w爲，

$$w = {}_1w_a + {}_bw_{2'} = 392.51 + 362.32 = 754.83\ \text{kJ/kg}$$

若爲單級膨脹（即過程1-a-2），因

$$T_2 = T_1\left(\frac{p_2}{p_1}\right)^{(k-1)/k} = 1300\left(\frac{100}{1225}\right)^{(1.4-1)/1.4}$$

$$= 635.40\ \text{K}$$

故渦輪機輸出之功爲，

$$_1w_2 = h_1 - h_2 = c_p\,(T_1 - T_2) = 1.0035\,(1300 - 635.40)$$

$$= 666.73\ \text{kJ/kg}$$

故知，配合再熱的二級膨脹可增加功的輸出。

雖然配合中間冷卻的多級壓縮，可減少壓縮機所需之功，但因工作物離開壓縮機（或進入加熱器）的溫度降低，將增加所需的加熱量，故循環之熱效率可能反而降低。雖然配合再熱的多級膨脹，可增加渦輪機輸出之功，但因加熱量需增加，同時工作物離開渦輪機（或進入冷卻器）的溫度升高，增加放熱量，故循環之熱效率亦可能反而降低。爲了改善循環之熱效率，可在循環中同時配合再生器的使用。因工作物進入加熱器前之溫度降低，而進入冷卻器前之溫

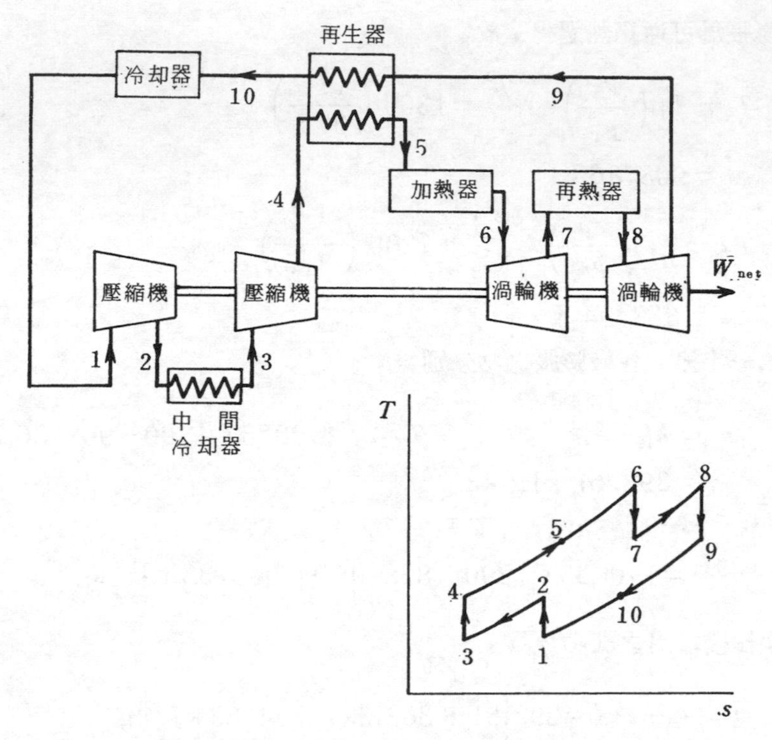

圖 7-17　使用中間冷却、再熱及再生器的空氣標準氣輪機循環

度升高，故更適於再生器的使用。

現以配合中間冷卻的兩級壓縮、配合再熱的兩級膨脹，及使用再生器的空氣標準循環說明之，如圖 7-17所示。與空氣標準布雷登循環比較，壓縮機所需之功減少、渦輪機輸出之功增加，即循環的淨功輸出增加；同時加熱量亦減少。故循環之熱效率提高。

【例題 7-11】

有一兩級空氣標準氣輪機循環，使用完全中間冷卻的二級壓縮，理想再熱的二級膨脹，及效益為 70％ 的再生器。第一級壓縮機之吸入狀態為100 kPa與 300 K，而渦輪機之入口溫度為1300 K。若兩級之壓力比各為3.5，試求壓縮機所需之功、渦輪機輸出之功，及循環之熱效率。

解：使用圖 7-17所示之狀態點。由已知之條件可得，

$$T_1 = T_3 = 300 \text{ K} \quad ; \quad T_6 = T_8 = 1300 \text{ K}$$

$$\frac{p_2}{p_1} = \frac{p_4}{p_3} = \frac{p_6}{p_7} = \frac{p_8}{p_9} = 3.5$$

假設壓縮與膨脹均為可逆絕熱過程，故

$$T_2 = T_4 = T_1\left(\frac{p_2}{p_1}\right)^{(k-1)/k} = 300(3.5)^{(1.4-1)/1.4}$$

$$= 429.11 \text{ K}$$

$$T_7 = T_9 = T_6\left(\frac{p_7}{p_6}\right)^{(k-1)/k} = 1300\left(\frac{1}{3.5}\right)^{(1.4-1)/1.4}$$

$$= 908.86 \text{ K}$$

由方程式（7-9），再生器之效益E為，

$$E = \frac{T_5 - T_4}{T_9 - T_4} = 0.70 = \frac{T_5 - 429.11}{908.86 - 429.11}$$

$$T_5 = 764.94 \text{ K}$$

因此，壓縮機所需之功 w_c 為，

$$w_c = (h_2 - h_1) + (h_4 - h_3) = c_p(T_2 - T_1) + c_p(T_4 - T_3)$$
$$= 2c_p(T_2 - T_1) = 2 \times 1.0035(429.11 - 300)$$
$$= 259.12 \text{ kJ/kg}$$

渦輪機輸出之功 w_t 為，

$$w_t = (h_6 - h_7) + (h_8 - h_9) = c_p(T_6 - T_7) + c_p(T_8 - T_9)$$
$$= 2c_p(T_6 - T_7) = 2 \times 1.0035(1300 - 908.86)$$
$$= 785.02 \text{ kJ/kg}$$

加熱器加入之加熱量 q_{in} 為，

$$q_{in} = (h_6 - h_5) + (h_8 - h_7) = c_p(T_6 - T_5) + c_p(T_8 - T_7)$$
$$= 1.0035(1300 - 764.94) + 1.0035(1300 - 908.86)$$
$$= 929.44 \text{ kJ/kg}$$

循環之熱效率為，

$$\eta = \frac{w_t - w_c}{q_{in}} = \frac{785.02 - 259.12}{929.44} = 56.58\%$$

若空氣標準布雷登循環，作用於相同的壓縮機吸入狀態，及循環最高壓力與溫度，則其壓力比 r_{ps} 為，

$$r_{ps}=(3.5)^2=12.25$$

由方程式（7-4），布雷登循環之熱效率為，

$$\eta=1-\frac{1}{r_{ps}^{(k-1)/k}}=1-\frac{1}{(12.25)^{(1.4-1)/1.4}}=51.12\%$$

故熱效率之提高量為，

$$\frac{0.5658-0.5112}{0.5112}=10.68\%$$

練習題

1. 有一壓縮比為7.5的鄂圖循環，吸入狀態為98 kPa與285K。試求壓縮衝程後之壓力與溫度，及循環之熱效率，若工作物的 κ 值為(a) 1.4，及(b) 1.3。
2. 一空氣標準鄂圖循環，壓縮衝程開始時之壓力與溫度分別為100 kPa與15° C，而循環之最高溫度為1400° C。若壓縮衝程後之壓力為800 kPa，試求壓縮衝程後及膨脹衝程後之溫度，循環之熱效率。
3. 有一鄂圖循環，其壓縮比為6，而吸入壓力與溫度分別為100 kPa與300 K。加熱量為540 kJ／kg，而工作物之使用量為100 kg／hr。假設對此工作物，$\kappa=1.4$，$c_v=0.71$ kJ／kg - K，試求(a)功率輸出；(b)熱效率。
4. 在一空氣標準狄賽爾循環中，壓縮衝程開始時之壓力與溫度分別為90kPa與10° C。壓縮比為18，而循環之最高溫度為2100° C。試決定絕熱膨脹過程前後之狀態，並求循環之熱效率。
5. 有一壓縮比為16之空氣標準狄賽爾循環，壓縮衝程開始時之溫度為288 K，而膨脹過程後之溫度為940K。試求循環之熱效率。
6. 有一壓縮比為17之空氣標準狄賽爾循環，壓縮衝程開始時之壓力與溫度分別為105 kPa與27° C。循環之最高溫度限制為2000 K，試求輸出之淨功，與循環之熱效率。
7. 有一空氣標準循環，係由等溫壓縮、等壓加熱、等熵膨脹，及等壓放熱等過程所構成。等溫壓縮開始時之壓力與溫度分別為98 kPa與20° C。加熱過程前後之比容分別為0.04 m³／kg與0.20 m³／kg。

(a)試繪出此循環之 p-v 與 T-s 圖。　(d)試求輸出之淨功。
(b)試定出循環之各狀態點。　(e)此循環之熱效率爲若干？
(c)試求加熱量。

8. 一空氣標準狄賽爾循環，其壓縮比爲 16，而斷油比爲 2。汽缸之容積爲 0.015 m^3，而壓縮衝程開始時之壓力與溫度分別爲 98 kPa 與 5°C。外界之最低溫度爲 5°C。試問加入之熱量中，有多少爲可用能？

9. 在一空氣標準雙燃循環中，每循環之總加熱量爲 2600 kJ／kg，而等壓過程與等容過程的加熱量各佔一半。壓縮比爲 9.2，壓縮過程開始時之壓力與溫度分別爲 100 kPa 與 27°C。試求輸出之淨功與循環之熱效率。

10. 若練習題 9 中，總加熱量爲 2400 kJ／kg，壓縮比爲 9，而壓縮過程開始時之壓力與溫度分別爲 100 kPa 與 20°C。
(a)試繪此循環之 p-v 與 T-s 圖。
(b)試決定循環的最高壓力與溫度，並求熱效率。

11. 在一空氣標準布雷登循環中，壓縮機吸入 100 kPa 與 20°C 之空氣，予以壓縮至 500 kPa，而空氣之流量爲 4 kg／sec。若空氣進入渦輪機之溫度爲 900°C，試求(a)壓縮機所需之功；(b)渦輪機輸出之功；(c)循環之熱效率。

12. 在一空氣標準布雷登循環中，壓縮機壓縮之壓力比爲 4。空氣進入壓縮機之壓力與溫度分別爲 100 kPa 與 15°C。循環之最高溫度爲 850°C，空氣之流量爲 10 kg／sec。試求：
(a)壓縮機所需之功。　(c)循環之熱效率。
(b)渦輪機輸出之功。

13. 爲滿足顛峯負荷之需求，一氣輪機動力廠之功率輸出必須爲 20 MW。壓縮機吸入空氣之壓力與溫度分別爲 100 kPa 與 15°C，壓縮後之壓力爲 600 kPa，而進入渦輪機之溫度爲 800°C。試求下列諸項：
(a)壓縮機所需之功率。　(d)循環之熱效率。
(b)渦輪機輸出之功率。　(e)空氣之流量，以 kg／sec 表示。
(c)加熱率。

14. 若練習題 12. 的空氣標準布雷登循環中，使用一理想的再生器，則循環之熱效率爲若干？

15. 一空氣標準布雷登循環動力廠，其功率輸出爲 20 MW。循環之最高溫度與最低溫度分別為1200 K與290K，而最高壓力與最低壓力分別為380 kPa與95 kPa 。

(a)渦輪機之功率輸出為若干？

(b)渦輪機之輸出中，有若干用以帶動壓縮機？

(c)空氣之質量流量為若干？又空氣流入壓縮機之體積流量為若干？

16. 若練習題15.之循環中，使用一效益為 75 % 之再生器，而壓縮機與渦輪機之等熵效率分別為 80 % 與 85 % ，試解各項。

17. 在一空氣標準布雷登循環中，容許之最高溫度為500° C，而壓縮機之吸入溫度為5°C。若渦輪機輸出之功恰等於壓縮機所需之功，則循環之壓力比為若干？若將壓力比降低 50 % ，則淨功輸出又為若干？

18. 若在練習題11.之循環中，使用一理想的再生器，則循環之熱效率為若干？

19. 有一密閉循環氣輪機動力廠，使用氦為工作流體。壓縮機之吸入壓力與溫度分別為400 kPa與44° C。壓力比為 3 ，而渦輪機入口溫度為 710° C。壓縮機與渦輪機之等熵效率分別為85 %與 90 %。若功率輸出為 50 kW，則質量流量（以kg/sec表示）為若干？

20. 練習題19.的動力廠，壓力比需為若干，使得每循環的輸出功為最大？在此輸出下，氦之質量流量又為若干？

21. 一再生氣輪機動力廠，有下列數據可用：

壓縮機入口：100 kPa，　21° C

加熱器入口：523 kPa ，280° C

渦輪機入口：523 kPa ，620° C

假設在壓縮機出口與再生器入口間，及在渦輪機出口與再生器入口間，均無溫度降。試求循環之熱效率及再生器之效益。

22. 在一氣輪機動力廠中，壓縮機入口之情況為98 kPa與24° C，壓力比為 5.5 ，而循環之最高溫度為1000°C。假設壓縮機與渦輪機之等熵效率相同。若循環之淨功輸出為零，則等熵效率為若干？

23. 一空氣標準氣輪機動力廠之運轉情況如下：

壓縮機入口：100 kPa ，20° C

壓縮機出口：550 kPa

渦輪機入口：805° C

壓縮機等熵效率：79 %

渦輪機等熵效率：83％

試求循環之淨功輸出及熱效率。

24. 若練習題23.的動力廠中，裝置一效益爲 70％ 的再生器，則熱效率之改進爲若干？試與卡諾循環之熱效率作比較。

25. 一空氣標準氣輪機循環，具有完全中間冷卻的兩級壓縮、配合再熱的兩級膨脹、及理想的再生器。初級壓縮機的吸入壓力與溫度分別爲100 kPa與15°C，而渦輪機之入口溫度均爲900°C。若各級壓縮機與渦輪機之壓力比均爲2，試求壓縮機所需之功、渦輪機輸出之功，及循環之熱效率。

26. 若練習題25.之循環中，壓縮機之等熵效率均爲 80％，渦輪機之等熵效率均爲 85％，而再生器之效益爲 60％，試解之。

27. 一兩級布雷登循環，其各級之壓力比均爲2.7。壓縮機之入口狀態爲100 kPa與 20°C。渦輪機之入口溫度均爲800°C。兩級間使用一理想的中間冷卻器。試求壓縮機所需之功及渦輪機輸出之功，以 kJ／kg 表示。又循環之熱效率爲若干？

28. 在一空氣標準氣輪機循環中，壓縮與膨脹均爲兩級，而各級之壓力比爲2.5。壓縮機入口之壓力與溫度分別爲100 kPa與20°C。若兩級壓縮間使用完全的中間冷卻；兩級膨脹間使用再熱器，使得渦輪機入口之溫度均爲1000°C。試繪出此循環之 T-s 圖，並求壓縮機所需之功、渦輪機輸出之功，及循環之熱效率。

    (a)循環中未使用再生器。　　(b)循環中使用理想的再生器。

29. 若練習題28.之循環中，壓縮機與渦輪機之等熵效率分別爲 80％ 與 90％，試解之。

30. 一空氣標準兩級氣輪機循環中，壓縮機吸入空氣之狀態爲100 kPa與15°C，對壓縮機與渦輪機而言，低壓級之壓力比均爲3，而高壓級之壓力比均爲4。兩級壓縮間的中間冷卻，將壓縮造成的溫度升高量減少 80％。循環之最高溫度極限爲1100°C。循環中並使用一效益爲 78％ 的再生器。壓縮機與渦輪機之等熵效率均爲 86％。若欲產生6000 kW之功率，則質量流量應爲若干？

8

蒸汽動力循環

當動力循環所使用之工作物，在循環中交替地被汽化與凝結，則稱之爲汽體動力循環（vapor power cycle）。若工作物爲水，又特別稱爲蒸汽動力循環（steam power cycle）。本章將由卡諾循環，說明如何改進修正爲基本蒸汽動力循環——朗肯循環（Rankine cycle）。接著將再討論提高循環之熱效率的方法。

8-1 卡諾循環使用水爲工作物

由第二定律知，作用在相同的兩溫度極限間，卡諾循環之熱效率爲所有熱機循環中最高者。但，爲何蒸汽動力循環並非卡諾循環呢？以下將以卡諾循環使用水爲工作物時，其循環之最高溫度低於及高於水的臨界溫度等兩種情況，說明循環所存在之問題點，同時用以討論過程之修正，而得到朗肯循環。

(1) 循環之最高溫度低於臨界溫度

圖 8-1(a)所示，爲卡諾循環使用水爲工作物，其循環之最高溫度低於水的臨界溫度時的 T-s 圖。

過程 1 → 2 爲一等壓與等溫的加熱過程，使飽和液體完全變爲飽和汽體。由於此爲一相變化過程，故利用鍋爐（或蒸汽發生器）設備，控制其壓力即可控制其溫度，而達到等溫加熱之目的。

過程 2 → 3 爲一等熵膨脹過程，配合設計精良的引擎或渦輪機，可使蒸汽之膨脹極爲接近於等熵過程。但，由於此膨脹爲液－汽兩相膨脹過程，即過程中有水的液滴產生，故將影響引擎的潤滑，或對渦輪葉片造成侵蝕，而縮短引擎或渦輪機之壽命。當膨脹壓力越低，即膨脹後之乾度越小，則其影響越大。

過程 3 → 4 爲一等壓與等溫放熱過程，將濕蒸汽中部份的汽體凝結，使其

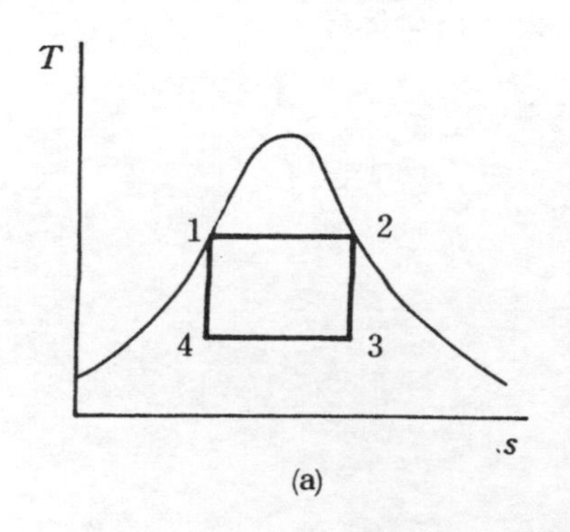

(a)

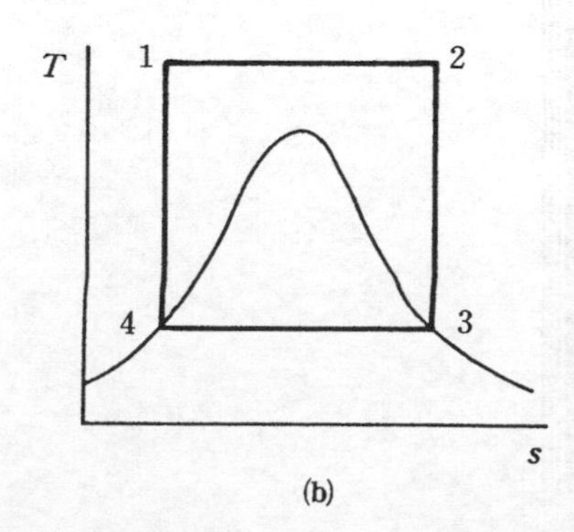

(b)

圖 8-1 卡諾循環使用水爲工作物

乾度變小。理論上，使用冷凝器可進行此過程，但實際上最後狀態（狀態4）之乾度無法精確地控制。同時，若未予恰好冷卻至狀態4，則接續的過程4→1亦將受到影響。

過程4→1爲一等熵壓縮過程。由於此爲兩相壓縮過程，故泵或壓縮機均無法予以壓縮。同時，實際的泵或壓縮機之運轉速度極快，因此無足夠的時間使濕蒸汽內的汽體全部凝結爲液體，即無法予以壓縮至狀態1。

綜觀之，最高溫度低於臨界溫度的卡諾循環，並無法實際應用於蒸汽動力循環。但由以上之討論知，過程1→2爲一極理想且可行之過程；過程2→3雖爲實際可行之過程，但若膨脹時之乾度越大，甚至使用汽體的單相膨脹，則更爲理想；過程3→4爲實際上無法進行與控制的過程，但若將濕蒸汽充分冷卻，使所有的汽體完全凝結爲液體，則爲一理想而可行之過程；過程4→1爲實際設備無法完成之過程，但若配合充分冷卻，進行完全是液體的壓縮，則可使用泵完成此過程。

(2)　循環之最高溫度高於臨界溫度

卡諾循環使用水爲工作物，而循環之最高溫度高於水的臨界溫度時，其 T-s 圖如圖8-1(b)所示。

過程1→2爲等溫加熱過程，使壓縮液體變爲過熱汽體。由於在此加熱過程中，一方面要維持固定的溫度，一方面要使壓力降低（自高於臨界壓力降至低於臨界壓力），故實際的設備無法配合。

過程2→3爲等熵膨脹過程，同時係爲單相膨脹過程，對引擎與渦輪機無不利的影響，故爲一極理想而可行的過程。

過程3→4爲等壓與等溫放熱過程，使飽和汽體變爲飽和液體。利用習知的冷凝器，配合充分的冷卻，即可完成此過程，故亦爲一極理想而可行之過程。

過程4→1爲等熵壓縮過程，由於壓縮對象全爲液體水，故可使用泵進行此過程。但，因壓力差極大（自低於臨界壓力升至高於臨界壓力），故實際的泵無法完成此過程。

綜觀之，最高溫度高於臨界溫度的卡諾循環，亦無法應用於實際的蒸汽動力循環，因過程1→2爲實際設備絕無法完成之過程。但過程2→3與過程3→4，均爲極理想而實際可行之過程；由於壓力差太大，故泵無法完成過程4→1，但若降低循環的作用壓力，則可使用泵完成該過程。

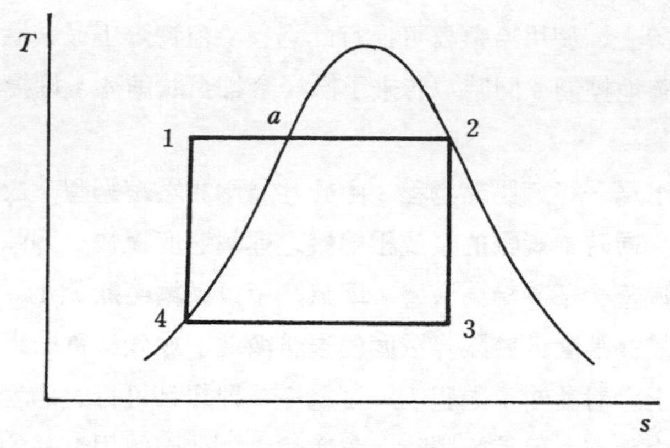

圖 8-2 圖 8-1 (a)循環之初步修正

8-2 朗肯循環

由前節之討論知，若卡諾循環欲應用於實際的蒸汽動力循環，其最高溫度需低於臨界溫度。但是，圖8-1(a)所示之循環，需予以初步修正成圖8-2所示之循環較為理想。暫時不考慮兩相膨脹對引擎或渦輪機壽命之影響，則過程2→3為可行之過程；對濕蒸汽施以充分的冷卻，可使汽體完全凝結為液體，故過程3→4為理想而可行之過程；雖然使用泵可對液體壓縮，但因壓力太高(可能高於臨界壓力)，故實際的泵仍無法完成過程4→1；過程1→2為等溫加熱，可分為兩部份，其中a→2為飽和液體加熱變為飽和汽體，為實際可行之過程，但1→a部份，溫度維持固定，而壓力降低，為實際不可能完成之過程。

故知，圖8-2所示之循環仍無法應用於蒸汽動力循環。為了配合設備之可行性，需將泵壓縮之壓力(p_1)降低；同時1→a的等溫加熱，以較易控制的等壓加熱取代之。當然，由於加熱並非等溫過程，即循環已非卡諾循環，故其熱效率較卡諾循環之熱效率為低。

過程經過再次修正後之循環，稱為朗肯循環(Rankine cycle)，如圖8-3之流程圖與T-s圖所示。以下之分析，假設流體在各元件進出口間的動能與位能變化，均可忽略不計。

過程1→2為水自冷凝器壓力，被泵等熵地壓縮至蒸汽發生器(steam generator)之壓力。由第一定律知，泵所需之功 w_p 為：

$$w_p = h_2 - h_1 \tag{8-1}$$

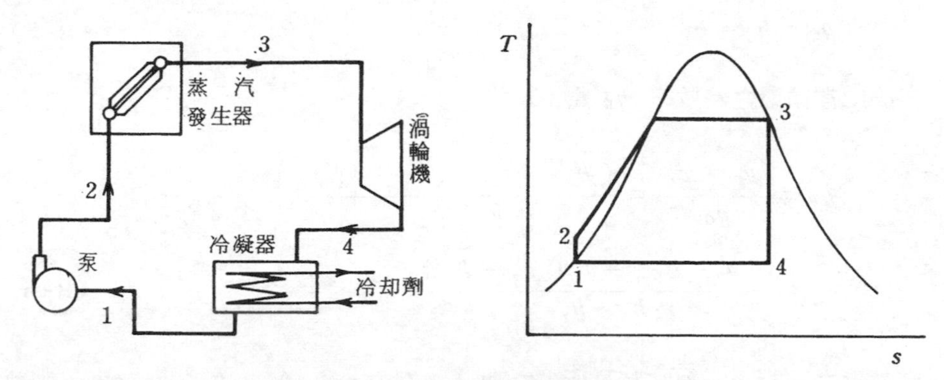

圖 8-3　朗肯循環之流程圖與T-s圖

由Tds方程式，方程式（6-16），

$$Tds = dh - v\,dp$$

因$ds = 0$，而水可視爲不可壓縮（incompressible）流體，即v可視爲固定，因此

$$\int_1^2 dh = \int_1^2 v\,dp$$

或

$$h_2 - h_1 = v_1(p_2 - p_1)$$

故方程式（8-1）可寫爲：

$$w_p = v_1(p_2 - p_1) \qquad (8\text{-}2)$$

過程 2 → 3 爲水在蒸汽發生器內，在定壓下被加熱成爲飽和汽體。由第一定律知，蒸汽發生器所必須供給的熱量 q_G 爲，

$$q_G = h_3 - h_2 \qquad (8\text{-}3)$$

過程 3 → 4 爲水蒸汽在渦輪機內，自蒸汽發生器壓力等熵地膨脹至冷凝器壓力。由第一定律知，渦輪機輸出之功 w_T 爲，

$$w_T = h_3 - h_4 \qquad (8\text{-}4)$$

過程 4 → 1 爲濕蒸汽在冷凝器內，被等壓與等溫地冷卻而凝結爲飽和液體。由第一定律知，冷凝器所放出之熱量 q_C 爲，

$$q_C = h_4 - h_1 \tag{8-5}$$

故朗肯循環之熱效率 η_R 爲，

$$\eta_R = \frac{w_T - w_P}{q_G} = \frac{(h_3 - h_4) - (h_2 - h_1)}{h_3 - h_2}$$

$$= \frac{(h_3 - h_4) - v_1(p_2 - p_1)}{h_3 - h_2} \tag{8-6}$$

在熱效率之分析上，經常將泵所需之功 w_P（或 $v_1(p_2 - p_1)$）略去，則熱效率方程式可寫爲，

$$\eta_R = \frac{(h_3 - h_4) - (h_2 - h_1)}{(h_3 - h_1) - (h_2 - h_1)} = \frac{h_3 - h_4}{h_3 - h_1} \tag{8-7}$$

【例題 8-1】

有一如圖8-3所示之朗肯循環，使用水爲工作物，作用於 50 kPa 與 2000 kPa 的壓力之間。試求此循環之熱效率，及產生 10,000 kW 之功率所需的質量流量。試將其熱效率，與作用於相同的溫度極限間的卡諾循環之熱效率作比較。

解：由已知的壓力條件，過程之特性，及蒸汽表，可查得或計算得各狀態點之熱力性質：

狀態 1：$p = 50$ kPa，$t = 81.33°$C，$v = 0.001030$ m^3/kg，$h = 340.49$ kJ/kg

狀態 2：$p = 2000$ kPa，$h = 342.49$ kJ/kg

狀態 3：$p = 2000$ kPa，$t = 212.42°$C，$h = 2799.5$ kJ/kg

狀態 4：$p = 50$ kPa，$h = 2201.64$ kJ/kg

由方程式（8-2），

$$w_p = v_1(p_2 - p_1) = 0.001030(2000 - 50) = 2 \text{ kJ/kg}$$

由方程式（8-3），

$$q_G = h_3 - h_2 = 2799.5 - 342.49 = 2457.01 \text{ kJ/kg}$$

由方程式（8-4），

$$w_T = h_3 - h_4 = 2799.5 - 2201.64 = 597.86 \text{ kJ/kg}$$

由方程式（8-6），

$$\eta_R = \frac{w_T - w_P}{q_G} = \frac{597.86 - 2}{2457.01} = 24.2\%$$

因爲，

$$\dot{W} = \dot{m}(w_T - w_P)$$

故所需之質量流量$\dot{m}$爲，

$$\dot{m} = \frac{\dot{W}}{w_T - w_P} = \frac{10{,}000}{597.86 - 2} = 16.78 \text{ kg/sec}$$

作用在相同溫度極限間的卡諾循環之熱效率η_C爲，

$$\eta_C = 1 - \frac{T_1}{T_3} = 1 - \frac{81.33 + 273.15}{212.42 + 273.15} = 27\%$$

故朗肯循環之熱效率（24.2％）極接近卡諾循環之熱效率（27％），此係因熱量大部份（約77％）係在高溫下加入，少部份在較低溫下加入。

【例題 8-2】

若例題8-1的朗肯循環中，渦輪機的排出壓力降至5 kPa，試求循環的淨功輸出與熱效率。

解：由已知的壓力條件，過程之特性，及蒸汽表，可查得或計算得各狀態點之熱力性質：

狀態1：$p = 5$ kPa，$t = 32.88°$C，$v = 0.001005$ m³/kg，$h = 137.82$ kJ/kg

狀態2：$p = 2000$ kPa，$h = 139.82$ kJ/kg

狀態3：$p = 2000$ kPa，$t = 212.42°$C，$h = 2799.5$ kJ/kg

狀態4：$p = 5$ kPa，$h = 1931.36$ kJ/kg

由方程式（8-2），

$$w_P = v_1(p_2 - p_1) = 0.001005(2000 - 5) = 2.0 \text{ kJ/kg}$$

由方程式（8-3），

$$q_G = h_3 - h_2 = 2799.5 - 139.82 = 2659.68 \text{ kJ/kg}$$

由方程式（8-4），

$$w_T = h_3 - h_4 = 2799.5 - 1931.36 = 868.14 \text{ kJ/kg}$$

故循環的淨功輸出 w_{net} 爲，

$$w_{\text{net}} = w_T - w_P = 868.14 - 2.0 = 866.14 \text{ kJ/kg}$$

而循環之熱效率爲，

$$\eta = \frac{w_{\text{net}}}{q_G} = \frac{866.14}{2659.68} = 32.56\%$$

與例題8-1的結果比較，可知當渦輪機排出壓力降低時，對循環性能之影響如下：

(a)循環的淨功輸出，由595.86 kJ／kg增加至866.14 kJ／kg，或增加45％。

(b)渦輪機排出蒸汽的乾度，自80.73％減至74％（乾度請讀者自行計算），故對渦輪機較不理想。

(c)蒸汽發生器所需加入之熱量，由2457.01 kJ／kg增加至2659.68 kJ／kg，或增加8％。

(d)循環的熱效率，由24.2％提高至32.56％，或提高34.3％。

【例題8-3】

若例題8-1的朗肯循環中，渦輪機的入口壓力升高至10,000 kPa，試求循環的淨功輸出與熱效率。

解：由已知的壓力條件，過程之特性，及蒸汽表，可查得或計算得各狀態點之熱力性質。

狀態1：$p = 50$ kPa，$t = 81.33°$C，$v = 0.001030$ m^3／kg，
$h = 340.49$ kJ／kg

狀態2：$p = 10{,}000$ kPa，$h = 350.74$ kJ／kg

狀態3：$p = 10{,}000$ kPa，$t = 311.06°$C，$h = 2724.7$ kJ／kg

狀態4：$p = 50$ kPa，$h = 1943.89$ kJ／kg

由方程式（8-2），

$$w_P = v_1 (p_2 - p_1) = 0.001030 (10,000 - 50)$$
$$= 10.25 \text{ kJ / kg}$$

由方程式（8-3），

$$q_G = h_3 - h_2 = 2724.7 - 350.74 = 2373.96 \text{ kJ / kg}$$

由方程式（8-4），

$$w_T = h_3 - h_4 = 2724.7 - 1943.89 = 780.81 \text{ kJ / kg}$$

故循環之淨功輸出 w_{net} 為，

$$w_{\text{net}} = w_T - w_P = 780.81 - 10.25 = 770.56 \text{ kJ / kg}$$

而循環之熱效率為，

$$\eta = \frac{w_{\text{net}}}{q_G} = \frac{770.56}{2373.96} = 32.45\%$$

與例題8-1的結果比較，可知當渦輪機入口壓力升高時，對循環性能之影響為：

(a)循環的淨功輸出，由 595.86 kJ / kg 增加至 770.56 kJ / kg，或增加 29％。

(b)渦輪機排出蒸汽的乾度，自 80.73％ 減至 69.55％，或減少13.85％。

(c)蒸汽發生器所需加入之熱量，由 2457.01 kJ / kg 減少至 2373.96 kJ / kg，或減少 3％。

(d)循環的熱效率，由 24.2％提高至 32.45％，或提高 34％。

由以上三個例題知，降低渦輪機的排出壓力，或升高渦輪機的入口壓力，均可增加朗肯循環的淨功輸出，並提高其熱效率。但，唯一的缺點為，導致渦輪機排出蒸汽乾度的減少。渦輪機排出壓力越低，渦輪機入口壓力越高，則排出蒸汽的乾度越小，此對渦輪機之壽命有極不利的影響。為了改進此缺點，使朗肯循環可作用於較大的壓力範圍之下，可使用具有過熱的朗肯循環。即蒸汽發生器之飽和水蒸汽，在進入渦輪機之前，先在一過熱器（superheater）內被加熱，成為過熱水蒸汽。過熱朗肯循環（1－2－3′－3－4－1）之流程

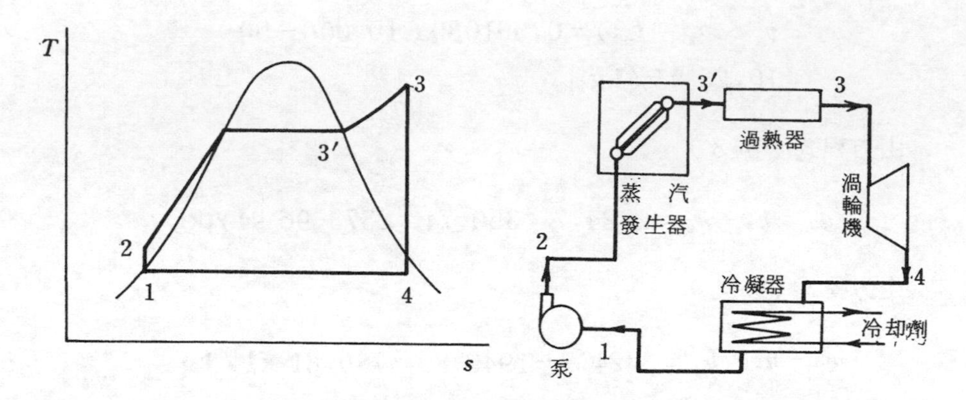

圖 8-4 過熱朗肯循環

圖與T-s圖，示於圖8-4。

【例題 8-4】

若一朗肯循環作用於與例題8-1相同的壓力範圍（即2000 kPa與50 kPa）之內，但進入渦輪機前之蒸汽，先在過熱器內被加熱至400°C。試求此循環之淨功輸出與熱效率。

解：使用圖8-4所示之狀態點。由已知的壓力與溫度條件，過程之特性，及蒸汽表，可查得或計算得各狀態點之熱力性質：

狀態1：$p=50$ kPa，$v=0.001030\ \mathrm{m^3/kg}$，$h=340.49$ kJ/kg

狀態2：$p=2000$ kPa，$h=342.49$ kJ/kg

狀態3：$p=2000$ kPa，$t=400°$C，$h=3247.6$ kJ/kg

狀態4：$p=50$ kPa，$h=2479.9$ kJ/kg

由方程式（8-2），

$$w_P=v_1(p_2-p_1)=0.001030(2000-50)=2.0\ \mathrm{kJ/kg}$$

由方程式（8-3），

$$q_G=h_3-h_2=3247.6-342.49=2905.11\ \mathrm{kJ/kg}$$

由方程式（8-4），

$$w_T=h_3-h_4=3247.6-2479.9=767.7\ \mathrm{kJ/kg}$$

故循環之淨功輸出w_{net}為，

$$w_{net}=w_T-w_P=767.7-2.0=765.7\ kJ/kg$$

而循環之熱效率爲，

$$\eta=\frac{w_{net}}{q_G}=\frac{765.7}{2905.11}=26.4\%$$

與作用於相同的壓力範圍的基本朗肯循環（例題8-1）作比較，可知提高渦輪機入口溫度，對循環性能之影響爲：

(a)循環的淨功輸出，由 595.86 kJ／kg 增加至 765.7 kJ／kg，或增加 28.5％。

(b)渦輪機排出蒸汽之乾度，自 80.77％增至 92.8％，或增加 14.95％。

(c)蒸汽發生器所需加入之熱量，由 2457.01 kJ／kg 增加至 2905.11 kJ／kg，或增加 18.24％。

(d)循環的熱效率，由 24.2％提高至 26.4％，或提高 9.19％。

由例題8-4知，使進入渦輪機前的蒸汽過熱，對循環熱效率之改進較爲有限，而其主要目的在於增加渦輪機排出蒸汽的乾度，以增長渦輪機之使用壽命。當然，提高渦輪機入口壓力，降低渦輪機排出壓力，再配合過熱，則對循環的影響更爲顯著。

8-3 再熱循環

由第二節之討論知，爲了提高朗肯循環之熱效率，可提高供給蒸汽的壓力與溫度（過熱），及降低排出蒸汽的壓力。然而，提高供給蒸汽的壓力，將降低排出蒸汽的乾度，而影響渦輪機之壽命；又供給蒸汽之溫度，受到渦輪機葉

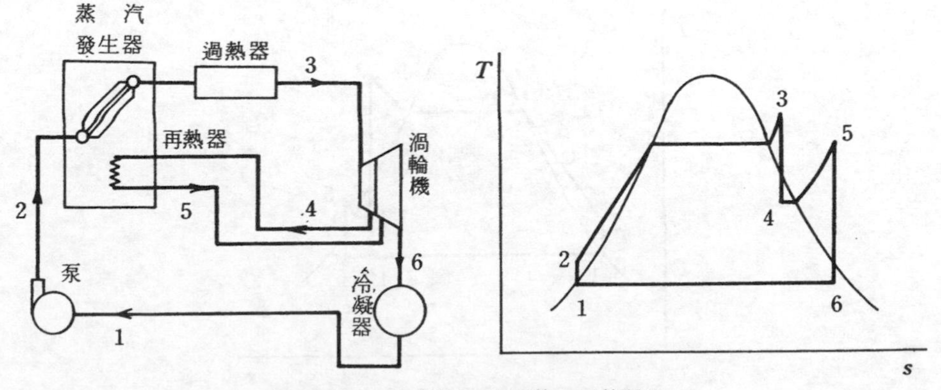

圖 8-5　二級膨脹一次再熱之再熱循環

片所使用材料的最高容許溫度之限制。因此，爲了充分利用熱源之熱能，提高排出蒸汽之乾度，及提高循環之熱效率，而使用多級膨脹（ multi - stage expansion ），並在級間予以再熱的再熱循環（ reheat cycle ）。圖8-5所示，爲使用二級膨脹，及一次級間再熱的再熱循環之流程圖與T-s圖。

如圖所示，過熱水蒸汽進入渦輪機，膨脹至某一中間壓力後流出渦輪機，進入再熱器（ reheater ）被加熱再次升高溫度，再進入渦輪機繼續膨脹至冷凝器壓力。如此，除可增加渦輪機的輸出總功外，並可提高排出蒸汽之乾度。當然，循環中加入的總熱量亦增加。

【例題 8-5】

有一再熱循環，10,000 kPa 與 500° C 狀態下的過熱水蒸汽進入渦輪機，膨脹至500 kPa後被再熱至400° C ，而後在渦輪機內自500 kPa再膨脹至5 kPa的冷凝器壓力。試求循環之淨功輸出與熱效率。

若一過熱朗肯循環，作用於相同的供給蒸汽壓力與溫度，及冷凝器壓力，則其淨功輸出與熱效率又爲若干？試與再熱循環作比較。

解：首先繪出再熱循環與過熱朗肯循環之T-s圖。如圖8-6所示，循環 1 － 2 － 3 － 4 － 5 － 6 － 1 爲再熱循環，而循環 1 － 2 － 3 － 4′ － 1 爲過熱朗肯循環。

由已知之壓力與溫度條件，過程之特性，及蒸汽表，可查得或計算得各狀態點之熱力性質。

已知，

$$p_1 = p_{4'} = p_6 = 5 \text{ kPa} \quad , \quad p_2 = p_3 = 10{,}000 \text{ kPa} \ ,$$

$$p_4 = p_5 = 500 \text{ kPa} \ , \ T_3 = 500° \text{C} \ , \ T_5 = 400° \text{C}$$

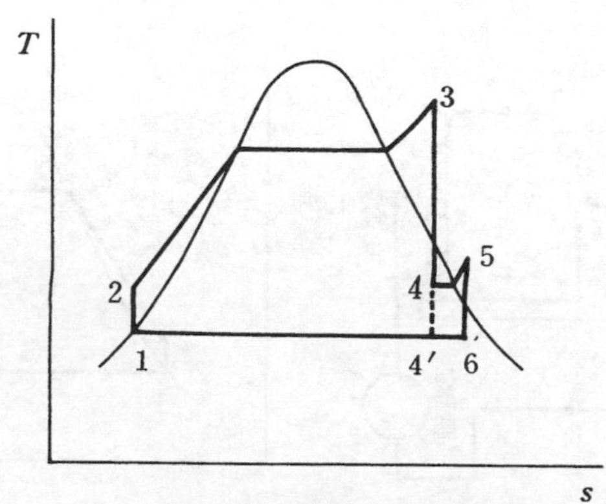

圖 8-6　例題 8-5

由蒸汽表可得，

$$v_1=0.001005\ \text{m}^3/\text{kg} \quad ; \quad h_1=137.82\ \text{kJ/kg}$$
$$h_3=3373.7\ \text{kJ/kg} \quad ; \quad s_3=6.5966\ \text{kJ/kg-K}=s_4=s_{4'}$$
$$h_5=3271.9\ \text{kJ/kg} \quad ; \quad s_5=7.7983\ \text{kJ/kg-K}=s_6$$

泵所需之功 w_P 爲，

$$w_P=v_1(p_2-p_1)=0.001005(10{,}000-5)$$
$$=10.05\ \text{kJ/kg}$$

又 $w_P=h_2-h_1$，因此

$$h_2=h_1+w_P=137.82+10.05=147.87\ \text{kJ/kg}$$

由等熵過程 $3\rightarrow4$，$3\rightarrow4'$，及 $5\rightarrow6$，可分別求得狀態4，4′，及6之乾度：

$$x_4=\frac{6.5966-1.8607}{4.9606}=0.9547$$

$$x_{4'}=\frac{6.5966-0.4764}{7.9187}=0.7729$$

$$x_6=\frac{7.7938-0.4764}{7.9187}=0.9241$$

故狀態4、4′與6之焓值分別爲：

$$h_4=640.23+0.9547\times2108.5=2653.22\ \text{kJ/kg}$$
$$h_4'=137.82+0.7729\times2423.7=2011.10\ \text{kJ/kg}$$
$$h_6=137.82+0.9241\times2423.7=2377.56\ \text{kJ/kg}$$

(a)再熱循環：

渦輪機輸出之功 w_T 爲，

$$w_T=(h_3-h_4)+(h_5-h_6)$$
$$=(3373.7-2653.22)+(3271.9-2377.56)$$
$$=1614.82\ \text{kJ/kg}$$

故循環之淨功w_{net}爲，

$$w_{net}=w_T-w_P=1614.82-10.05=1604.77\ kJ/kg$$

循環所需加入之熱量 q_{in} 爲，

$$\begin{aligned} q_{in} &= (h_3-h_2)+(h_5-h_4) \\ &= (3373.7-147.87)+(3271.9-2653.22) \\ &= 3844.51\ kJ/kg \end{aligned}$$

故循環之熱效率爲，

$$\eta=\frac{w_{net}}{q_{in}}=\frac{1604.77}{3844.51}=41.74\%$$

(b)過熱朗肯循環：

渦輪機輸出之功 w_T 爲，

$$w_T=h_3-h_4'=3373.7-2011.10=1362.6\ kJ/kg$$

故循環之淨功w_{net}爲，

$$w_{net}=w_T-w_P=1362.6-10.05=1352.55\ kJ/kg$$

循環所需加入之熱量 q_{in} 爲，

$$q_{in}=h_3-h_2=3373.7-147.87=3225.83\ kJ/kg$$

故循環之熱效率爲，

$$\eta=\frac{w_{net}}{q_{in}}=\frac{1352.55}{3225.83}=41.93\%$$

由兩循環的比較知，再熱循環並無法提高循環之熱效率，因再熱所加入之熱量，係在較低的溫度範圍。但再熱循環可增加循環的淨功輸出，及增加渦輪機排出蒸汽之乾度。

【例題 8-6】

試解例題8-5，但循環作用於下列情況：進入渦輪機之蒸汽爲 4 MPa 與 400° C，中間壓力爲400 kPa，再熱溫度爲400° C，而冷凝器壓力爲 10 kPa。

解：以例題8-5的方法，可得下列數據：

$v_1 = 0.00101\ \text{m}^3/\text{kg}$　；　$h_1 = 191.8\ \text{kJ}/\text{kg}$

$h_2 = 195.8\ \text{kJ}/\text{kg}$　；　$h_3 = 3213.6\ \text{kJ}/\text{kg}$

$x_4 = 0.9752$　；　$h_4 = 2685.7\ \text{kJ}/\text{kg}$

$x_4' = 0.8159$　；　$h_4' = 2144.1\ \text{kJ}/\text{kg}$

$x_6 = 0.9664$　；　$h_6 = 2504.4\ \text{kJ}/\text{kg}$

$h_5 = 3273.4\ \text{kJ}/\text{kg}$

泵所需之功 w_P 爲，

$$w_P = v_1(p_2 - p_1) = 0.00101(4000 - 10) = 4.0\ \text{kJ}/\text{kg}$$

(a)再熱循環：

$$\begin{aligned} w_T &= (h_3 - h_4) + (h_5 - h_6) \\ &= (3213.6 - 2685.7) + (3273.4 - 2504.4) \\ &= 1296.9\ \text{kJ}/\text{kg} \end{aligned}$$

$$w_{\text{net}} = w_T - w_P = 1296.9 - 4.0 = 1292.9\ \text{kJ}/\text{kg}$$

$$\begin{aligned} q_{\text{in}} &= (h_3 - h_2) + (h_5 - h_4) \\ &= (3213.6 - 195.8) + (3273.4 - 2685.7) \\ &= 3605.5\ \text{kJ}/\text{kg} \end{aligned}$$

$$\eta = \frac{w_{\text{net}}}{q_{\text{in}}} = \frac{1292.9}{3605.5} = 35.9\%$$

(b)過熱朗肯循環：

$$w_T = h_3 - h_4' = 3213.6 - 2144.1 = 1069.5\ \text{kJ}/\text{kg}$$

$$w_{\text{net}} = w_T - w_P = 1069.5 - 4.0 = 1065.5\ \text{kJ}/\text{kg}$$

$$q_{\text{in}} = h_3 - h_2 = 3213.6 - 195.8 = 3017.8\ \text{kJ}/\text{kg}$$

$$\eta = \frac{w_{\text{net}}}{q_{\text{in}}} = \frac{1065.5}{3017.8} = 35.3\%$$

由比較可知，雖然再熱循環可提高循環之熱效率，但提高量極爲有限。其主要目的仍在於增加循環的淨功輸出，及增加渦輪機排出蒸汽的乾度，以增長渦輪機之壽命。

8-4 再生循環

作用於相同的最高溫度與最低溫度之間，朗肯循環的熱效率低於卡諾循環的熱效率。此係因爲朗肯循環的加熱過程分爲兩部份，其一爲低溫加熱，將過冷液體水加熱至循環的最高壓力下之飽和液體；其二爲高溫加熱，在循環的最高壓力下，使飽和液體汽化成爲飽和汽體。因此，整個加熱過程的平均溫度低於循環的最高溫度，造成熱效率的降低。

爲了將朗肯循環之熱效率提高至卡諾循環之熱效率，必須使加熱過程在循環的最高溫度下進行，即低溫加熱部份，或過冷液體的加熱，所需之熱量並非由外部熱源供給，而是在系統內部進行的熱交換。但系統內可用以對飼水（ feedwater ）加熱的流體，惟有進入渦輪機的水蒸汽。故可使水蒸汽一方面在渦輪機內膨脹，一方面對環流經過渦輪機的飼水加熱。此循環稱爲理想的再生循環（ regenerative cycle ），其流程圖與 T-s 圖示於圖 8-7 。

飼水流經渦輪機，與膨脹中之蒸汽維持趨近於零的溫度差進行熱交換，故飼水被加熱至渦輪機之入口溫度（ $T_3 = T_4$ ），而蒸汽膨脹冷卻至泵之出口溫度（ $T_5 = T_2$ ），而後再絕熱地繼續膨脹至冷凝器壓力。由圖 8-7 之 T-s 圖知，蒸汽的放熱量（面積 $4-5-c-d-4$ ），等於飼水的吸熱量（面積 $2-3-b-a-2$ ）。故此循環相當於循環 $3-4-e-f-3$ ，而爲一卡諾循環。

然而，實際的渦輪機並無法滿足理想的熱交換過程，同時渦輪機排出蒸汽（狀態 6 ）的乾度相當低，對渦輪機壽命的影響極大，故理想的再生循環無法應用。但其觀念仍可用以改善朗肯循環之熱效率。

實際的再生循環爲，利用渦輪機的多級膨脹，使蒸汽膨脹至某中間壓力後

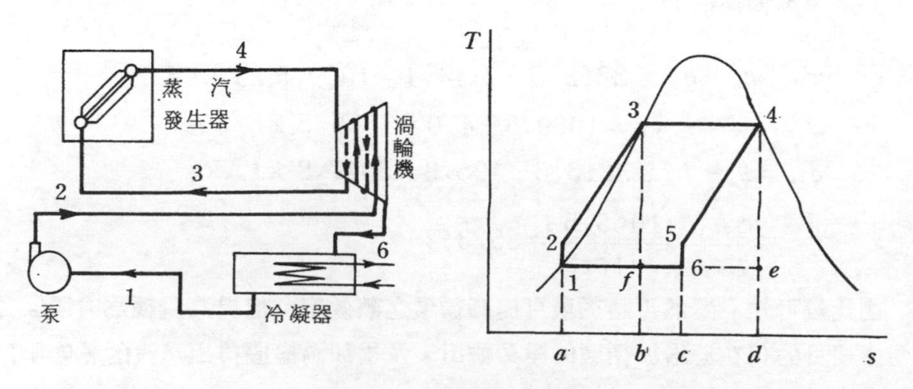

圖 8-7 理想的再生循環

，抽出一部份用以對飼水加熱，未抽出部份繼續在渦輪機內膨脹。抽出之蒸汽對飼水加熱的設備，稱爲飼水加熱器（feedwater heater）。飼水加熱器，根據對飼水加熱的方式，可分爲開放式（open type）與密閉式（closed type）兩種。若使用密閉式，因對飼水加熱後的水蒸汽，欲收回於系統內繼續使用，但其壓力爲中間壓力，故回收的方式又分兩種。其一爲配合一泵，使由高壓側回收；其二爲配合一減壓閥（pressure reducing valve，以PRV表示），使由低壓側回收。

(1)　使用開放式飼水加熱器的再生循環

若抽出之水蒸汽與飼水直接混合進行熱交換，稱爲開放式飼水加熱器。首先考慮兩級膨脹，一次飼水加熱的再生循環，其流程圖與T-s圖如圖8-8所示。圖中假設抽出水蒸汽之量，恰好使混合後變爲中間壓力下的飽和液體。又，爲了使用開放式飼水加熱器，在加熱器的前後各需使用一個泵。

如圖8-8所示，飼水首先被泵加壓至抽出水蒸汽的中間壓力，混合後的飽和液體水再次被泵壓至蒸汽發生器的壓力。爲了配合圖8-8所示之T-s圖，首先需決定抽出水蒸汽之量。對進入渦輪機的水蒸汽 1 kg 而言，假設抽出水蒸汽之量爲 y kg，則由質量平衡知，各部份之質量流量爲：

$$\dot{m}_3 = \dot{m}_4 = \dot{m}_5 = \dot{m}$$

$$\dot{m}_6 = y\dot{m}$$

$$\dot{m}_1 = \dot{m}_2 = \dot{m}_7 = (1-y)\dot{m}$$

對飼水加熱器作能量之平衡可得，

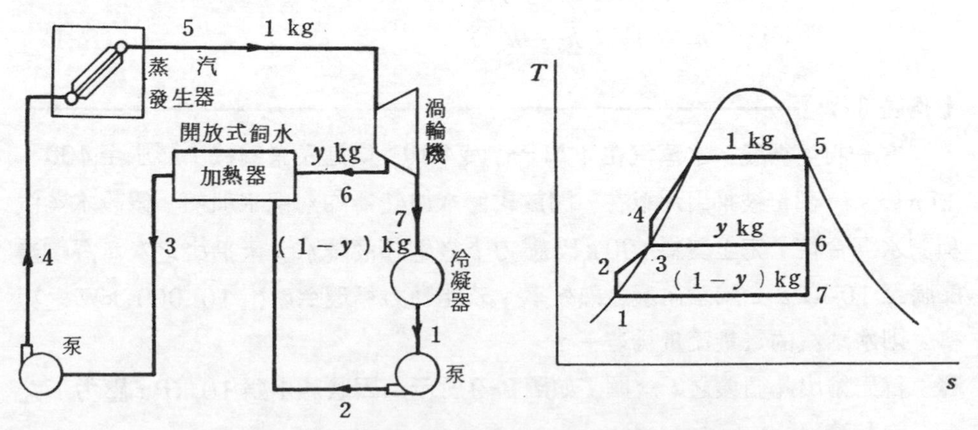

圖 8-8　開放式飼水加熱器一次加熱的再生循環

$$\dot{m}_6 h_6 + \dot{m}_2 h_2 = \dot{m}_3 h_3$$

$$y\dot{m} h_6 + (1-y)\dot{m} h_2 = \dot{m} h_3$$

故抽出水蒸汽之量 y 爲，

$$y = \frac{h_3 - h_2}{h_6 - h_2} \tag{8-8}$$

泵所需之總功 w_P 爲，

$$\begin{aligned} w_P &= (1-y)(h_2 - h_1) + (h_4 - h_3) \\ &= (1-y)v_1(p_2 - p_1) + v_3(p_4 - p_3) \end{aligned} \tag{8-9}$$

渦輪機輸出之總功 w_T 爲，

$$w_T = (h_5 - h_6) + (1-y)(h_6 - h_7) \tag{8-10}$$

循環所需之加熱量 q_{in} 爲，

$$q_{in} = h_5 - h_4 \tag{8-11}$$

故循環之熱效率爲，

$$\begin{aligned} \eta &= \frac{w_T - w_P}{q_{in}} \\ &= [(h_5 - h_6) + (1-y)(h_6 - h_7) - (1-y)(h_2 - h_1) - \\ &\quad (h_4 - h_3)] / (h_5 - h_4) \end{aligned} \tag{8-12}$$

【例題 8-7】

有一再生循環，水蒸汽在 4 MPa 與 400° C 進入渦輪機，膨脹至 400 kPa後，一部份被抽出用以在一開放式飼水加熱器內對飼水加熱。假設水蒸汽與飼水混合後，完全變爲400 kPa壓力下之飽和液體水。未抽出之水蒸汽繼續膨脹至 10 kPa 。試求循環之熱效率。若此動力循環欲產生 10,000 kW之功率，則水蒸汽的質量流量爲若干？

解：首先繪出此循環之 T-s 圖，如圖 8-9所示。因狀態 1 爲 10 kPa 壓力下之飽和液體，故

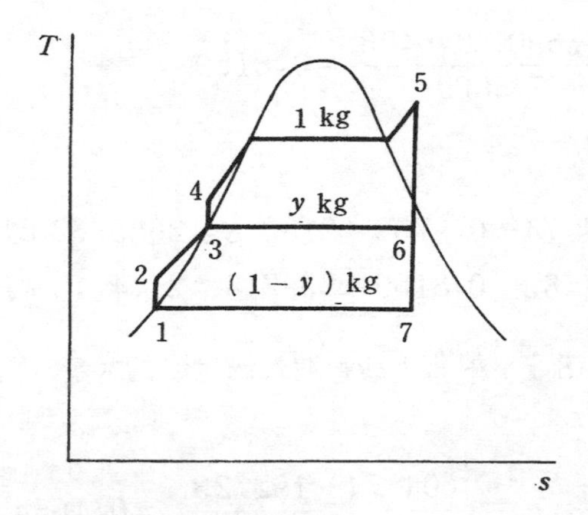

圖 8-9 例題 8-7

$$v_1 = 0.001010\ \text{m}^3/\text{kg} \quad , \quad h_1 = 191.83\ \text{kJ/kg}$$

低壓泵所需之功 w_{P_1} 為，

$$w_{P_1} = v_1(p_2 - p_1) = 0.001010(400 - 10) = 0.4\ \text{kJ/kg}$$
$$= h_2 - h_1 = h_2 - 191.83$$
$$h_2 = 192.23\ \text{kJ/kg}$$

狀態3為400 kPa壓力下之飽和液體，故

$$v_3 = 0.001084\ \text{m}^3/\text{kg} \quad , \quad h_3 = 604.74\ \text{kJ/kg}$$

高壓泵所需之功 w_{P_2} 為，

$$w_{P_2} = v_3(p_4 - p_3) = 0.001084(4000 - 400) = 3.9\ \text{kJ/kg}$$
$$= h_4 - h_3 = h_4 - 604.74$$
$$h_4 = 608.64\ \text{kJ/kg}$$

狀態5為4 MPa 與400° C 的過熱蒸汽，故

$$h_5 = 3213.6\ \text{kJ/kg} \ ; \ s_5 = 6.7690\ \text{kJ/kg-K} = s_6 = s_7$$

因此狀態6與狀態7之乾度分別為，

$$x_6 = \frac{6.7690 - 1.7766}{5.1193} = 0.9752$$

$$x_7=\frac{6.7690-0.6493}{7.5009}=0.8159$$

而其焓值分別爲，

$$h_6=604.74+0.9752\times2133.8=2685.62\ \text{kJ}/\text{kg}$$
$$h_7=191.83+0.8159\times2392.8=2144.12\ \text{kJ}/\text{kg}$$

由方程式（8-8），對每1-kg進入渦輪機的水蒸汽而言，需抽出的蒸汽量y爲，

$$y=\frac{h_3-h_2}{h_6-h_2}=\frac{604.74-192.23}{2685.62-192.23}=0.1654\ \text{kg}$$

故泵所需之總功w_P爲，

$$w_P=(1-y)w_{P_1}+w_{P_2}=(1-0.1654)\times0.4+3.9$$
$$=4.234\ \text{kJ}/\text{kg}$$

渦輪機輸出之總功w_T爲，

$$w_T=(h_5-h_6)+(1-y)(h_6-h_7)$$
$$=(3213.6-2685.62)+(1-0.1654)(2685.62-2144.12)$$
$$=979.916\ \text{kJ}/\text{kg}$$

故循環之淨功輸出w_{net}爲，

$$w_{\text{net}}=w_T-w_P=979.916-4.234=975.682\ \text{kJ}/\text{kg}$$

循環需加入之熱量q_{in}爲，

$$q_{\text{in}}=h_5-h_4=3213.6-608.64=2604.96\ \text{kJ}/\text{kg}$$

故循環之熱效率爲，

$$\eta=\frac{w_{\text{net}}}{q_{\text{in}}}=\frac{975.682}{2604.96}=37.46\%$$

循環產生10,000 kW之功率，所需水蒸汽的質量流量$\dot{m}$爲，

$$\dot{m}=\frac{\dot{W}}{w_{\text{net}}}=\frac{10,000}{975.682}=10.25\ \text{kJ}/\text{sec}$$

與例題8-6中(b)部份，即無使用再生設備的過熱朗肯循環作比較，其熱效率提高，由35.3％提高至 37.46％；但淨功輸出減少，由1065.5 kJ／kg 減少至979.916 kJ／kg；對 10,000 kW 功率輸出所需水蒸汽的質量流量增加，由9.39 kg／sec（$=\frac{10,000}{1065.5}$）增加至10.25 kg／sec。

其次考慮三級膨脹，二次飼水加熱的再生循環，其流程圖與T-s圖如圖8-10所示。令對每1-kg進入渦輪機的水蒸汽而言，第一次與第二次抽出的水蒸汽量分別爲 y_1 與 y_2，而水蒸汽與飼水混合後，變爲其壓力下的飽和液體。此系統內需使用三個泵。

如圖所示，飼水首先被泵壓至第二次抽出水蒸汽之壓力，混合後的飽和液體再被泵壓至第一次抽出水蒸汽之壓力，而混合後的飽和液體又被泵壓至蒸汽發生器的壓力。爲了配合所示的T-s圖，首先需決定抽出水蒸汽的量 y_1 與 y_2。由高壓飼水加熱器的能量平衡可得，

$$y_1 h_8 + (1 - y_1) h_4 = h_5$$

$$y_1 = \frac{h_5 - h_4}{h_8 - h_4} \tag{8-13}$$

由低壓飼水加熱器的能量平衡可得，

$$y_2 h_9 + (1 - y_1 - y_2) h_2 = (1 - y_1) h_3$$

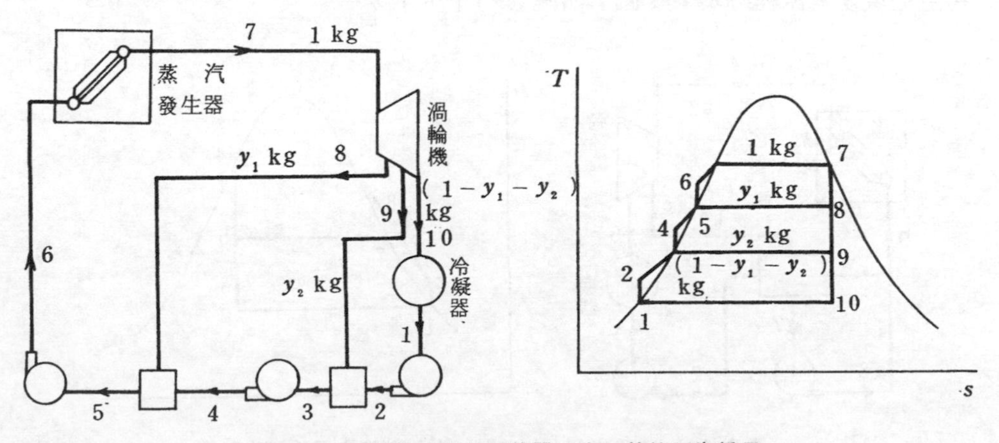

圖 8-10　開放式飼水加熱器二次加熱的再生循環

$$y_2=\frac{(1-y_1)(h_3-h_2)}{h_9-h_2} \tag{8-14}$$

故泵所需之總功 w_P 爲，

$$w_P=(1-y_1-y_2)(h_2-h_1)+(1-y_1)(h_4-h_3)+(h_6-h_5)$$
$$=(1-y_1-y_2)v_1(p_2-p_1)+(1-y_1)v_3(p_4-p_3)+v_5(p_6-p_5)$$

渦輪機輸出之總功 w_T 爲，

$$w_T=(h_7-h_8)+(1-y_1)(h_8-h_9)+(1-y_1-y_2)(h_9-h_{10})$$

而循環加入之熱量 q_{in} 爲，

$$q_{in}=h_7-h_6$$

以上的分析方法，亦可應用於使用任意數目的開放式飼水加熱器的再生循環，故不再贅述。

⑵ 使用密閉式飼水加熱器，配合泵的再生循環

若抽出之水蒸汽不與飼水直接混合，而是在一熱交換器內，藉由管壁進行熱交換，則該熱交換器稱爲密閉式飼水加熱器。假設抽出之水蒸汽將飼水加熱後，本身變爲其壓力下的飽和液體，再以泵予以加壓至蒸汽發生器之壓力。而飼水被加熱後，其溫度視加熱器之性能而定，但最理想（或最高）之溫度，等於抽出水蒸汽之壓力相對應的飽和溫度。首先考慮兩級膨脹，一次飼水加熱的再生循環，其流程圖與 T-s 圖，如圖 8-11所示。

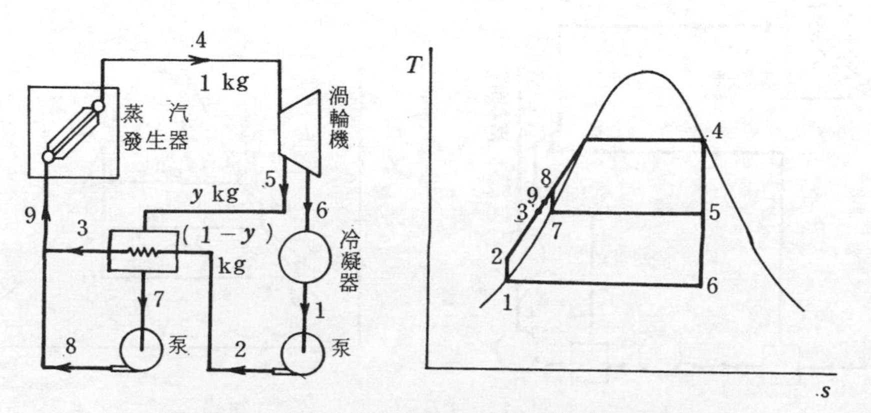

圖 8-11 密閉式飼水加熱器一次加熱配合泵的再生循環

如圖所示，飼水被泵加壓至蒸汽發生器的壓力，在加熱器內被抽出之蒸汽加熱至狀態3，而抽出之蒸汽放熱凝結至狀態7，再被泵加壓至蒸汽發生器的壓力，狀態8；兩者混合後以狀態9進入蒸汽發生器。

由加熱器的能量平衡，可求得抽出蒸汽的量y，

$$yh_5+(1-y)h_2=yh_7+(1-y)h_3$$

狀態3爲過冷液體，對理想的加熱器而言，$T_3=T_7$，故通常假設$h_3=h_7$，故上式可寫爲，

$$y=\frac{h_3-h_2}{h_5-h_2} \tag{8-15}$$

又，狀態9之焓值，可由混合過程求得，

$$yh_8+(1-y)h_3=h_9$$

泵所需之總功w_P爲，

$$\begin{aligned} w_P &= (1-y)(h_2-h_1)+y(h_8-h_7) \\ &= (1-y)v_1(p_2-p_1)+yv_7(p_8-p_7) \end{aligned} \tag{8-16}$$

渦輪機輸出之總功w_T爲，

$$w_T=(h_4-h_5)+(1-y)(h_5-h_6) \tag{8-17}$$

而循環之加熱量q_{in}爲，

$$q_{in}=h_4-h_9 \tag{8-18}$$

【例題8-8】

若在例題8-7之作用條件下，將開放式飼水加熱器，改爲密閉式飼水加熱器，並配合泵之使用，試解之。

解：首先繪出此循環之T-s圖，如圖8-12所示。由例題8-7中，可得下列熱力性質：

$v_1=0.001010\ \text{m}^3/\text{kg}$　；　$h_1=191.83\ \text{kJ/kg}$

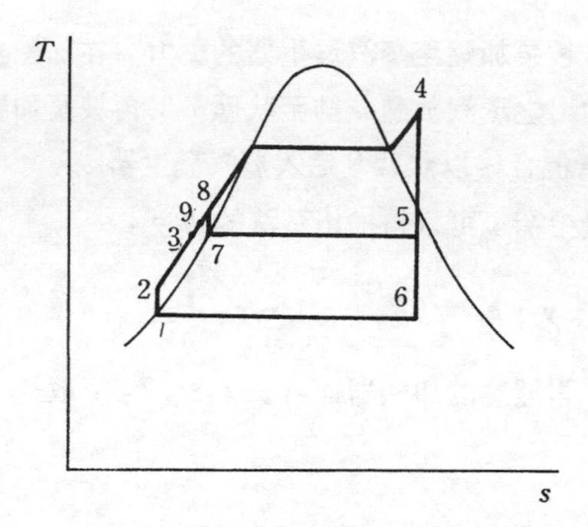

圖 8-12　例題 8-8

$h_4 = 3213.6\ \text{kJ/kg}$　；　$h_5 = 2685.62\ \text{kJ/kg}$

$h_6 = 2144.12\ \text{kJ/kg}$　；　$h_8 = 608.64\ \text{kJ/kg}$

$v_7 = 0.001084\ \text{m}^3/\text{kg}$　；　$h_7 = 604.74\ \text{kJ/kg}$

泵壓過程 $1 \rightarrow 2$ 所需之功 w_{P_1} 爲，

$$\begin{aligned} w_{P_1} &= v_1(p_2 - p_1) = 0.001010(4000 - 10) = 4.03\ \text{kJ/kg} \\ &= h_2 - h_1 = h_2 - 191.83 \end{aligned}$$

$$h_2 = 195.86\ \text{kJ/kg}$$

由方程式（8-15），抽出蒸汽的量 y 爲，

$$y = \frac{h_3 - h_2}{h_5 - h_2} = \frac{604.74 - 195.86}{2685.62 - 195.86} = 0.1642\ \text{kg}$$

假設 $h_3 = h_7 = 604.74\ \text{kJ/kg}$，則由混合過程之能量平衡，可求得 h_9，

$$\begin{aligned} h_9 &= y h_8 + (1 - y) h_3 \\ &= 0.1642 \times 608.64 + (1 - 0.1642) \times 604.74 \\ &= 605.38\ \text{kJ/kg} \end{aligned}$$

由例題8-7知，泵壓過程 $7 \rightarrow 8$ 所需之功 w_{P_2} 爲，

$$w_{P_2} = 3.9\ \text{kJ/kg}$$

故泵所需之總功 w_P 爲，

$$w_P = (1-y)\, w_{P1} + y w_{P2}$$
$$= (1-0.1642) \times 4.03 + 0.1642 \times 3.9$$
$$= 4.01 \text{ kJ/kg}$$

渦輪機輸出之總功 w_T 爲，

$$w_T = (h_4 - h_5) + (1-y)(h_5 - h_6)$$
$$= (3213.6 - 2685.62) + (1-0.1642)(2685.62 - 2144.12)$$
$$= 980.57 \text{ kJ/kg}$$

故循環之淨功輸出 w_{net} 爲，

$$w_{net} = w_T - w_P = 980.57 - 4.01 = 976.56 \text{ kJ/kg}$$

循環需加入之熱量 q_{in} 爲，

$$q_{in} = h_4 - h_9 = 3213.6 - 605.38 = 2608.22 \text{ kJ/kg}$$

故循環之熱效率爲，

$$\eta = \frac{w_{net}}{q_{in}} = \frac{976.56}{2608.22} = 37.44\%$$

循環產生 10,000 kW 之功率，所需水蒸汽的質量流量 $\dot{m}$ 爲，

$$\dot{m} = \frac{\dot{W}}{w_{net}} = \frac{10,000}{976.56} = 10.24 \text{ kg/sec}$$

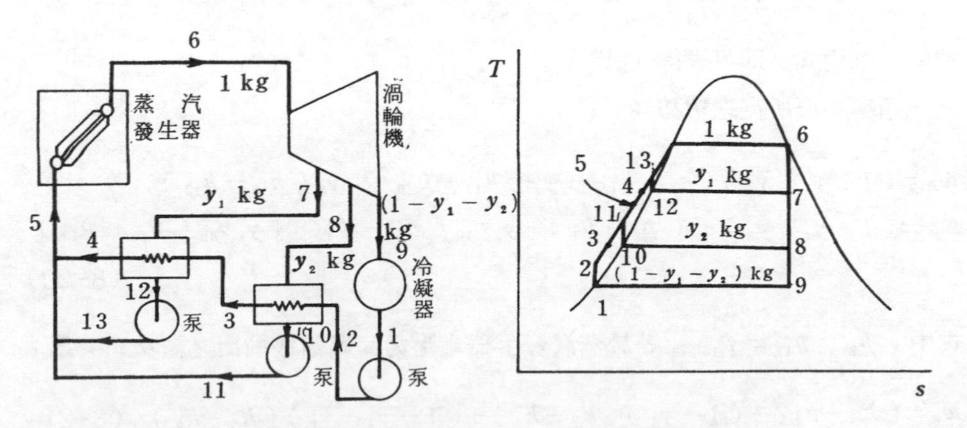

圖 8-13　密閉式飼水加熱器二次加熱配合泵的再生循環

其次考慮三級膨脹，二次飼水加熱的再生循環。假設抽出之水蒸汽對飼水加熱後，本身凝結爲其壓力下之飽和液體，再各別以泵加壓至蒸汽發生器的壓力；又飼水被加熱至抽出水蒸汽之壓力對應的飽和溫度。圖8-13所示爲其流程圖與T-s圖。

由循環的最高與最低壓力，及二次抽出蒸汽的壓力，除狀態5外，其餘所有狀態點的熱力性質均可決定。而狀態5的焓值，可由混合過程的能量平衡決定。

$$h_5=(1-y_1-y_2)h_4+y_1h_{13}+y_2h_{11} \tag{8-19}$$

故首先須決定二次分別抽出水蒸汽的量 y_1 與 y_2 。對高溫飼水加熱器作能量平衡分析可得，

$$y_1h_7+(1-y_1-y_2)h_3=y_1h_{12}+(1-y_1-y_2)h_4$$

因 $h_4\approx h_{12}$ ，故上式可改寫爲，

$$y_1(h_7-h_3)=(1-y_2)(h_4-h_3) \tag{a}$$

對低溫飼水加熱器作能量平衡分析可得，

$$y_2h_8+(1-y_1-y_2)h_2=y_2h_{10}+(1-y_1-y_2)h_3$$

因 $h_3\approx h_{10}$，故上式可改寫爲，

$$y_2(h_8-h_2)=(1-y_1)(h_3-h_2) \tag{b}$$

解(a)，(b)兩式，即可求得 y_1 與 y_2 。

循環中泵所需之總功 w_P 爲，

$$\begin{aligned}w_P&=(1-y_1-y_2)(h_2-h_1)+y_2(h_{11}-h_{10})+y_1(h_{13}-h_{12})\\&=(1-y_1-y_2)v_1(p_2-p_1)+y_2v_{10}(p_{11}-p_{10})+y_1v_{12}(p_{13}-p_{12})\end{aligned} \tag{8-20}$$

式中，$p_2=p_{11}=p_{13}$ ，等於蒸汽發生器之壓力。渦輪機輸出之總功 w_T 爲，

$$w_T=(h_6-h_7)+(1-y_1)(h_7-h_8)+(1-y_1-y_2)(h_8-h_9) \tag{8-21}$$

循環中所需加入之熱量 q_{in} 爲，

$$q_{in}=h_6-h_5 \tag{8-22}$$

由方程式（8-20）～（8-22），可求得循環之熱效率。

以上的分析方法，亦可應用於使用任意數目的密閉式飼水加熱器，同時配合泵的使用之再生循環，故不再贅述。

(3) 使用密閉式飼水加熱器，配合減壓閥的再生循環

抽出的水蒸汽在密閉式飼水加熱內對飼水加熱後，本身凝結爲飽和液體。若欲自低壓側予以回收，可使凝液流經一減壓閥，壓力降至冷凝器壓力而流入冷凝器，其流程圖與 T-s 圖如圖 8-14 所示。凝液流經減壓閥爲一節流過程（throttling process）。

對加熱器作能量平衡分析，可求得抽出蒸汽的量 y，

$$yh_5+h_2=yh_7+h_3$$

$$y=\frac{h_3-h_2}{h_5-h_7} \tag{8-23}$$

泵所需之功 w_P 爲，

$$w_P=h_2-h_1=v_1(p_2-p_1) \tag{8-24}$$

渦輪機輸出之總功 w_T 爲，

$$w_T=(h_4-h_5)+(1-y)(h_5-h_6) \tag{8-25}$$

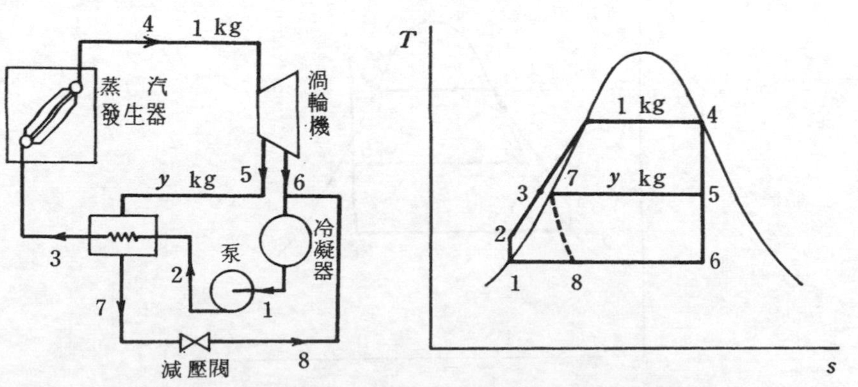

圖 8-14　密閉式飼水加熱器一次加熱配合減壓閥之再生循環

循環需加入之熱量 q_{in} 爲，

$$q_{in}=h_4-h_3 \tag{8-26}$$

故循環之熱效率爲，

$$\eta=\frac{w_T-w_P}{q_{in}}$$

$$=\frac{(h_4-h_5)+(1-y)(h_5-h_6)-(h_2-h_1)}{h_4-h_3} \tag{8-27}$$

【例題 8-9】

若作用在與例題8-8相同的條件下，但使用一減壓閥以取代泵，將凝液自低壓側回收，試解之。

解：首先繪出此循環之T-s圖，如圖 8-15所示。由例題8-8中，可得下列熱力性質：

$$v_1=0.001010\ \text{m}^3/\text{kg} \quad ; \quad h_1=191.83\ \text{kJ/kg}$$
$$h_2=195.86\ \text{kJ/kg} \ ; \ h_3=h_7=h_8=604.74\ \text{kJ/kg}$$
$$h_4=3213.6\ \text{kJ/kg} \quad ; \quad h_5=2685.62\ \text{kJ/kg}$$
$$h_6=2144.12\ \text{kJ/kg}$$

由方程式（8-23），抽出蒸汽的量 y 爲，

$$y=\frac{h_3-h_2}{h_5-h_7}=\frac{604.74-195.86}{2685.62-604.74}=0.1965\ \text{kg}$$

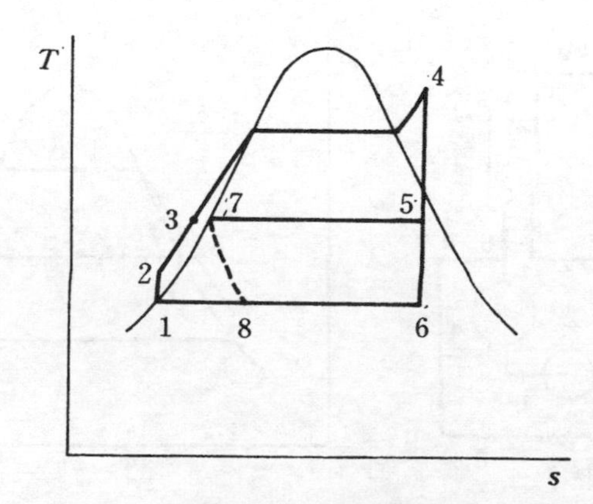

圖 8-15　例題 8-9

由方程式（8-24），泵所需之功 w_P 爲，

$$w_P = v_1(p_2 - p_1) = 0.001010(4000 - 10)$$
$$= 4.03 \text{ kJ/kg}$$

由方程式（8-25），渦輪機輸出之總功 w_T 爲，

$$w_T = (h_4 - h_5) + (1 - y)(h_5 - h_6)$$
$$= (3213.6 - 2685.62) + (1 - 0.1965)(2685.62 - 2144.12)$$
$$= 963.08 \text{ kJ/kg}$$

故循環之淨功 w_{net} 爲，

$$w_{net} = w_T - w_P = 963.08 - 4.03 = 959.05 \text{ kJ/kg}$$

由方程式（8-26），循環需加入之熱量 q_{in} 爲，

$$q_{in} = h_4 - h_3 = 3213.6 - 604.74 = 2608.86 \text{ kJ/kg}$$

故循環之熱效率爲，

$$\eta = \frac{w_{net}}{q_{in}} = \frac{959.05}{2608.86} = 36.76\%$$

與例題8-8比較可知，泵所需之功增加，渦輪機輸出之功減少，即淨功輸出減少，而需加入之熱量增加，循環之熱效率降低。其主要原因爲(1)需抽出的蒸汽量較多，故渦輪機輸出的功減少；(2)凝液降至冷凝器壓力，再予以壓縮至蒸汽發生器壓力，故泵所需之功增加；(3)凝液降壓進入冷凝器，其凝結潛熱爲

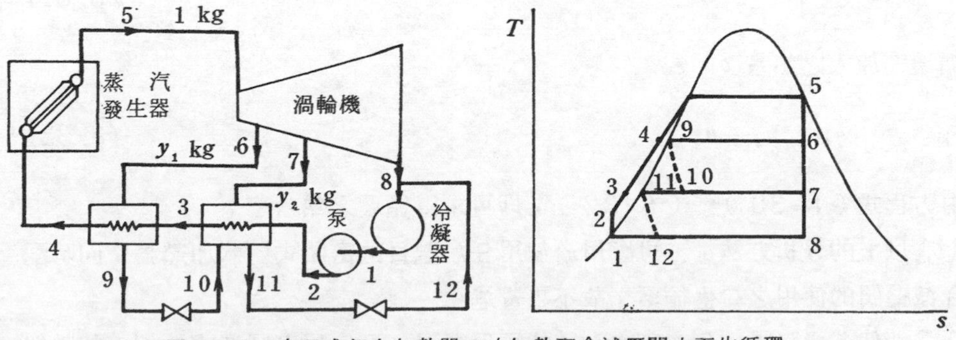

圖 8-16　密閉式飼水加熱器二次加熱配合減壓閥之再生循環

冷卻劑所帶走，而非用以對飼水加熱，故飼水被加熱所達溫度較低，而增加蒸汽發生器所需之熱量。此系統唯一的優點爲，降壓閥的設備成本與維護費用較低。

其次考慮三級膨脹，二次飼水加熱，配合減壓閥的再生循環。假設較高壓級加熱器中，抽出蒸汽放熱凝結後的飽和液體，先以減壓閥將壓力降至次級加熱器之壓力，與抽出之蒸汽一起對飼水加熱，而非直接降至冷凝器的壓力，進入冷凝器。其流程圖與T-s圖，如圖 8-16 所示。

由高壓級加熱器的能量平衡，可求得第一次抽出蒸汽的量 y_1，

$$y_1 h_6 + h_3 = h_4 + y_1 h_9$$

$$y_1 = \frac{h_4 - h_3}{h_6 - h_9} \tag{8-28}$$

由次壓級加熱器的能量平衡，配合 y_1，可求得第二次抽出蒸汽的量 y_2，

$$y_2 h_7 + y_1 h_{10} + h_2 = h_3 + (y_1 + y_2) h_{11}$$

$$y_2 = \frac{(h_3 - h_2) - y_1 (h_{10} - h_{11})}{h_7 - h_{11}} \tag{8-29}$$

泵所需之功 w_P 爲，

$$w_P = h_2 - h_1 = v_1 (p_2 - p_1) \tag{8-30}$$

渦輪機輸出之總功 w_T 爲，

$$w_T = (h_5 - h_6) + (1 - y_1)(h_6 - h_7) + (1 - y_1 - y_2)(h_7 - h_8) \tag{8-31}$$

循環需加入之熱量 q_{in} 爲，

$$q_{in} = h_5 - h_4 \tag{8-32}$$

由方程式（8-30）～（8-32），即可求得循環之熱效率。

以上的分析方法，亦可應用於使用任意數目的密閉式飼水加熱器，同時配合減壓閥的使用之再生循環，故不再贅述。

一個多級膨脹，多次飼水加熱的再生循環，可使用不同型式的飼水加熱器

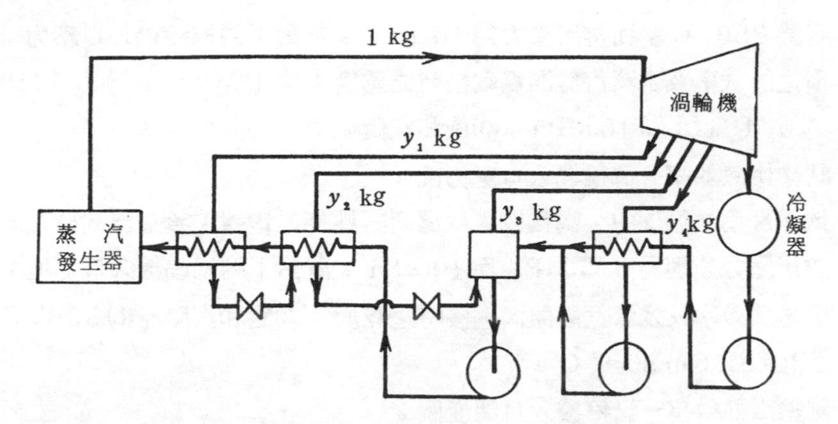

圖 8-17　使用不同型式飼水加熱器多次加熱之再生循環

，開放式或密閉式，配合泵或減壓閥。圖 8-17 所示之流程圖，爲五級膨脹，四次飼水加熱的再生循環，其中使用一個開放式加熱器，三個密閉式加熱器。

在決定循環中所有狀態點的熱力性質後，由各加熱器的能量平衡方程式，可求得各次抽出蒸汽的量 y_1、 y_2、 y_3 及 y_4。再利用前述的方法，可分析循環中泵所需之總功，渦輪機輸出之總功，需加入之熱量，及循環之熱效率。

練習題

1. 一簡單朗肯循環使用水蒸汽爲工作流體，水蒸汽離開蒸汽發生器，或進入渦輪機爲 2 MPa 壓力下之飽和汽體，而冷凝器壓力爲 10 kPa 。試求此循環之熱效率。
2. 在一以簡單朗肯循環運轉的動力廠中，水蒸汽離開渦輪機之壓力爲 40 kPa，乾度爲 85％，而進入渦輪機爲飽和蒸汽。試求此循環之熱效率。若動力廠欲產生 100 kW 之功率，則水蒸汽之質量流量爲若干？
3. 一簡單朗肯循環使用水爲工作物，作用於 1500 kPa 與 100 kPa 兩壓力之間。試決定循環中之各狀態點，並求泵所需之功及渦輪機輸出之功。試與作用於相同的溫度極限間之卡諾循環的熱效率作比較。
4. 欲瞭解朗肯循環中，渦輪機排出壓力對循環性能之影響，考慮水蒸汽在 3.5 MPa ，350° C 進入渦輪機。試對下列渦輪機排出壓力，求循環之熱效率，及水蒸汽離開渦輪機時之乾度：(a) 5 kPa；(b) 10 kPa；(c) 50 kPa；(d) 100 kPa。試繪出熱效率－排出壓力圖。
5. 欲瞭解朗肯循環中，渦輪機入口壓力對性能之影響，考慮渦輪機入口溫度爲350° C，而排出壓力爲10 kPa。試對下列渦輪機入口壓力，求循環之熱效率及水蒸汽離開渦輪機時之乾度：(a) 1 MPa；(b) 3.5 MPa；(c) 6 MPa；(d) 10 MPa；(e)飽和汽體。

試繪出熱效率-渦輪機入口壓力圖。

6. 欲瞭解朗肯循環中，渦輪機入口溫度對性能之影響，考慮渦輪機之入口及排出壓力分別爲3.5 MPa與10 kPa。試對下列渦輪機入口溫度，求循環之熱效率及水蒸汽離開渦輪機時之乾度：(a)飽和汽體；(b) 350° C；(c) 500° C；(d) 800° C。

試繪出熱效率一渦輪機入口溫度圖。

7. 在一再熱朗肯循環中，水蒸汽在1200 kPa與400° C進入渦輪機。當水蒸汽膨脹至乾度爲0.95時，水蒸汽自渦輪機移走，被再熱至300° C，而後在渦輪機再膨脹至10 kPa的冷凝器壓力。試決定下列各項：

(a)泵所需之功。 (b)循環所需之熱量。

(c)渦輪機輸出之功。 (d)循環之熱效率。

(e)若功率輸出爲10,000 kW，則水蒸汽之質量流量爲若干？

8. 在一再熱朗肯循環中，水蒸汽在3.5 MPa與350° C進入高壓渦輪機，膨脹至0.8 MPa。而後被再熱至350° C，在低壓渦輪機膨脹至10 kPa。試求循環之熱效率，及水蒸汽離開低壓渦輪機之乾度。

9. 一朗肯循環動力廠，供給水蒸汽之狀態爲20 MPa與500° C，而蒸汽量爲3.34 kg／kWh。水蒸汽在渦輪機內之熱損爲80 kJ／kg。冷凝器壓力爲15.1 cm Hg。試決定：

(a)渦輪機排出蒸汽之狀態。 (b)循環之熱效率。

10. 在一再生循環中，水蒸汽在3.5 MPa與350° C進入渦輪機，而在10 kPa排出至冷凝器。水蒸汽分別在0.8 MPa與0.2 MPa被抽出，用以在兩個開放式飼水加熱器中對飼水加熱。假設飼水各被加熱至凝結蒸汽的溫度。水離開冷凝器及加熱器，各使用一泵。試求循環之淨功輸出及熱效率。

11. 在一再生循環中，水蒸汽在5000 kPa與400° C進入渦輪機，而在10 kPa排出至冷凝器。當水蒸汽在渦輪機內膨脹達到飽和汽體時，部份被抽出用以在開放式飼水加熱器內對飼水加熱。試對每1 kg凝結之水蒸汽，求循環之淨功。又循環之熱效率爲若干？

12. 若練習題11.之循環中，另在200 kPa之壓力下抽出部份蒸汽，構成二次飼水加熱。假設兩個加熱器均爲開放式，試比較兩種循環之熱效率。
13. 試解練習題7.，假設渦輪機之等熵效率爲90%。
14. 若練習題11.之循環中，未被抽出的水蒸汽被再熱至350°C。試求淨功輸出，供給之熱量，及熱效率。
15. 欲瞭解飼水加熱器的數目，對循環熱效率之影響，考慮水蒸汽在17.5 MPa與550°C離開蒸汽發生器，而冷凝器壓力爲10 kPa。假設使用開放式飼水加熱器。試求下列各循環之熱效率：
(a)無飼水加熱器。
(b)一個飼水加熱器，作用於1 MPa。
(c)兩個飼水加熱器，分別作用於3 MPa與0.2 MPa。
16. 在一再生循環中，水蒸汽在3500 kPa與350°C進入渦輪機，而在20 kPa排出至冷凝器。水蒸汽分別在800 kPa與200 kPa被抽出，用以在兩個密閉式飼水加熱器內對飼水加熱。假設系統內僅有一飼水泵，對冷凝水加壓至3500 kPa。試求循環之熱效率，並與作用於相同的溫度極限間之卡諾循環的熱效率比較。
17. 在一再熱循環中，水蒸汽在4 MPa與350°C進入渦輪機，膨脹至100 kPa，被再熱至300°C，再膨脹至7.384 kPa的冷凝器壓力，試求：
(a)兩級渦輪機輸出之功。　(c)循環之熱效率。
(b)再熱器所加入之熱量。
試與卡諾循環之熱效率作比較。
18. 考慮一再熱與再生之蒸汽循環，其功率輸出爲100,000 kW。水蒸汽在8 MPa與550°C進入高壓渦輪機，膨脹至0.6 MPa，一部份被抽出進入開放式飼水加熱器，其餘被再熱至550°C，再膨脹至10 kPa。
(a)試繪出循環之流程圖及T-s圖。
(b)高壓渦輪機之水蒸汽流量爲若干？
(c)每一泵所需之功率爲若干？
(d)若冷凝器中冷卻水的溫度升高10°C，則冷卻水之流量爲若干？
(e)若水蒸汽自渦輪機流至冷凝器，其最高速度限制爲120 m/sec，則配管之直徑爲若干？
19. 若一蒸汽動力廠有下列的數據資料：

渦輪機入口：　　　　　　　5 MPa，500° C

渦輪機出口／冷凝器入口：5 kPa

冷凝器出口：　　　　　　　5 kPa之飽和液體

渦輪機之等熵效率：　　　84％

渦輪機之機械效率：　　　95％

試決定下列諸項：

(a)渦輪機排出水蒸汽之乾度。

(b) 100 MW功率輸出所需的水蒸汽質量流量。

(c)冷凝器之放熱率。

20. 在一核能動力廠中，一次流體自核反應中吸收能量。此流體再用以對水加熱，產生朗肯循環所需之水蒸汽。水蒸汽在 5 MPa 與 600° C 進入高壓渦輪機（等熵效率爲 90％），膨脹至 200 kPa，一部份被抽出進入開放式飼水加熱器，其餘在低壓渦輪機（等熵效率爲 95％）膨脹至 10 kPa 的冷凝器壓力。飼水泵之效率爲 65％，動力廠之功率輸出爲 750 MW。試求下列各項：

(a)供給之熱量率。

(b)若冷卻水的溫度上升不超過 16° C，則其流量爲若干？

(c)泵所需之功率。

(d)循環之熱效率。

(e)抽出至飼水加熱器的水蒸汽之比例。

21. 一再生循環中，水蒸汽在 4000 kPa 與 400° C 進入渦輪機，膨脹至 800 kPa，一部份被抽出至開放式飼水加熱器，其餘膨脹至 50 kPa 的冷凝器壓力。試求循環之熱效率。若功率輸出爲 10,000 kW，則水蒸汽之質量流量爲若干？

22. 一蒸汽動力廠的最高循環壓力與溫度，分別爲 5 MPa 與 600° C。在 500 kPa 之壓力下，有達到 600° C 的再熱。冷凝器壓力爲 10 kPa。試求 500 MW的功率輸出所需的水蒸汽質量流量。若使用之燃料的熱值爲 42,000 kJ／kg，而其中的 15％損失於排出的煙道氣中。試求動力廠的總熱效率，及燃料消耗率，以 kg／hr 表示。

23. 試解練習題22.，若渦輪機與泵之等熵效率分別爲 75％與 65％。

24. 一再熱蒸汽動力廠，作用於下列之情況下：

蒸汽發生器出口：5 MPa，500° C

再熱器壓力：　400 kPa

再熱器出口溫度：450° C

冷凝器壓力：　40 kPa

冷凝器出口：　飽和液體

功率輸出：　250 MW

試求下列諸項：

(a)水蒸汽之質量流量。　(c)再熱器內之加熱率。

(b)泵所需之功率。　(d)循環之熱效率。

25. 若例題8-4中，渦輪機與泵之等熵效率分別爲 90％與 80％，試決定渦輪機與泵的出口狀態，及循環之熱效率。

26. 有一再熱蒸汽動力廠，水蒸汽在 3.5 MPa 與 350° C 進入高壓渦輪機，膨脹至 0.5 MPa，再熱至 350° C，而在低壓渦輪機膨脹至 7.5 kPa 的冷凝器壓力。離開冷凝器之液體的溫度爲 30° C。渦輪機與泵之等熵效率分別爲 85％與 80％，而功率輸出爲 1000 kW。試決定：

(a)水蒸汽之質量流量。　(c)循環之熱效率。

(b)泵所需之功率。

9

冷凍

自較低溫的物體或空間吸取熱量，利用外來因素（功或熱）的幫助，將熱量放出至較高溫的物體或空間，此種設備稱為冷凍系統（refrigeration system），而工作物在系統內所進行之循環，稱為冷凍循環。

冷凍系統因應用目的不同，又可分為冷凍機（refrigerator）與熱泵（heat pump）。圖9-1(a)所示為一冷凍機，自低溫的物體或空間吸取熱量Q_L，達到製冷的目的，再利用外加功W_{in}的幫助，將熱量Q_H放出至較高溫度T_H的大氣或其它的外界。實際的應用最常見於冰箱及冷氣機。冷凍機的性能，以性能係數（coefficient of performance）COP表示。

$$\mathrm{COP}=\frac{Q_L}{W_{in}}=\frac{Q_L}{Q_H-Q_L} \tag{9-1}$$

圖9-1(b)所示為一熱泵，自較低溫度T_L的大氣或其它外界吸取熱量Q_L，利用外加功W_{in}的幫助，將熱量Q_H放出至較高溫度T_H的物體或空間，達到加熱的目的。實際的應用最常見於暖氣機。熱泵的性能，以性能因數（performance factor）PF表示：

$$\mathrm{PF}=\frac{Q_H}{W_{in}}=\frac{Q_H}{Q_H-Q_L}=1+\mathrm{COP} \tag{9-2}$$

本章首先將討論理想的冷凍循環——反向卡諾循環。其次討論目前應用最廣的冷凍循環——蒸汽壓縮冷凍循環。接著討論吸收式冷凍循環及空氣標準冷凍循環，最後簡單介紹冷凍循環應用於氣體的液化。

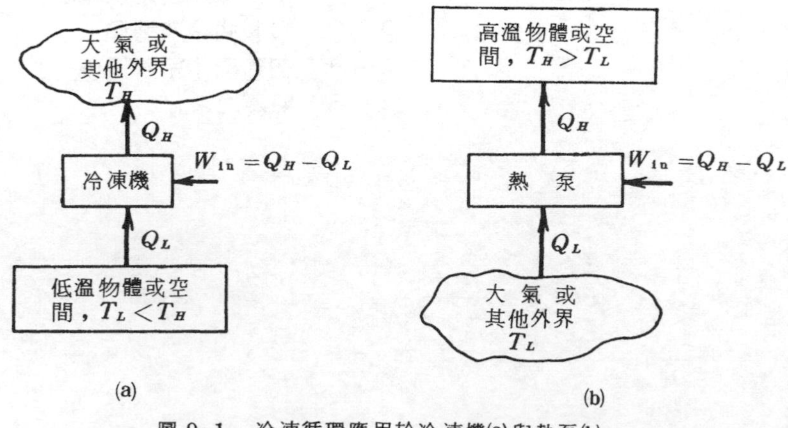

圖 9-1　冷凍循環應用於冷凍機(a)與熱泵(b)

9-1 反向卡諾循環

由第五章知，作用在某兩個溫度極限間，卡諾循環爲具有最高效率的熱機循環。相對地，作用在某兩個溫度極限間，進行反向卡諾循環的冷凍機或熱泵，具有最大的性能係數 COP 或性能因數 PF，而與系統中所使用的工作流體之種類無關。圖 9-2(a)與(b)，分別表示使用汽體與氣體爲工作流體的反向卡諾循環之 T-s 圖。

反向卡諾循環冷凍機之性能係數 COP，由方程式（9-1），

$$\mathrm{COP}=\frac{Q_L}{Q_H-Q_L}$$

由圖 9-2 之 T-s 圖知，

$$Q_L=mT_L(s_2-s_1)\quad ;\quad Q_H=mT_H(s_3-s_4)$$

$$s_1=s_4\quad ;\quad s_2=s_3$$

因此，

$$\mathrm{COP}=\frac{mT_L(s_2-s_1)}{mT_H(s_3-s_4)-mT_L(s_2-s_1)}$$

$$=\frac{T_L}{T_H-T_L}\tag{9-3}$$

而反向卡諾循環熱泵之性能因數 PF，由方程式（9-2），

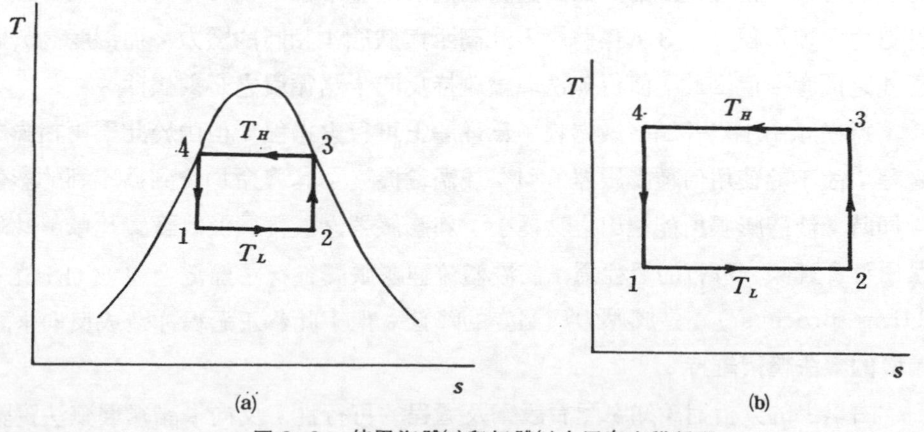

圖 9-2 使用汽體(a)與氣體(b)之反向卡諾循環

$$PF=\frac{Q_H}{Q_H-Q_L}=\frac{mT_H(s_3-s_4)}{mT_H(s_3-s_4)-mT_L(s_2-s_1)}$$

$$=\frac{T_H}{T_H-T_L}=1+COP \qquad (9\text{-}4)$$

由於實際設備的無法配合，故習知之冷凍循環並非反向卡諾循環。以下依使用汽體或氣體爲工作流體，分別予以討論。

首先考慮使用汽體爲工作流體時之情況，如圖9-2(a)所示。過程1→2爲等溫及等壓加熱過程，造成液一汽相間之變化。但加入之熱量需恰使達到準確的乾度 x_2 ，否則接續的過程無法達到狀態3；而影響狀態2的因素甚多，主要的有加入之熱量大小及工作流體的流量，故無法精確控制使達到狀態2。可行的過程爲，供給足夠的熱量，使液體全部蒸發而變爲飽和汽體。

過程2→3爲等熵壓縮過程，造成壓力、溫度及乾度的升高。由於此壓縮係屬兩相壓縮，液體的存在將可能破壞閥片及冲淡潤滑油，影響壓縮機之壽命；同時在壓縮機高速的運轉下，無足夠的時間進行內部能量的轉換，使所有的液體全部變爲汽體，故無法達到狀態3。理想的過程爲，配合前述過程1→2的修正，以壓縮機對汽體進行單相的壓縮。

過程3→4爲等溫及等壓放熱過程，使飽和汽體凝結爲飽和液體，爲一極理想可行的過程。但配合前述壓縮過程的修正，如欲維持此過程爲等溫的特性，以進行反向卡諾循環，則狀態3之溫度與狀態4相同，但其壓力較低。因此在過熱區的冷卻，工作流體一方面放熱，一方面卻必須升高壓力，此爲實際上無法進行並予精確控制的過程。實際上過熱汽體冷卻之較可行方法，爲等壓冷卻過程，即過程2→3，係將壓力升高至與狀態4相同的壓力，而溫度高於狀態4之溫度。但因此，使得無法繼續維持反向卡諾循環之必要條件。

過程4→1爲等熵膨脹過程，爲理論上可行之過程。但由於此爲兩相膨脹過程，故不論使用何種膨脹器（引擎或渦輪機），其壽命均受到極不利的影響；同時，液體膨脹所能輸出之功極小，與膨脹器之設備費及維護費比較，此過程極不合實際。可行的過程爲，使液體流經膨脹閥進行一節流過程（throttling process），造成壓力與溫度的降低。但，此修正過程亦造成反向卡諾循環的無法繼續維持。

由以上的分析討論知，配合設備及過程的可行性，反向卡諾循環無法實際應用，予以修正後而構成下一節所要討論的蒸汽壓縮式冷凍循環。

其次考慮使用氣體爲工作流體時之情況，如圖9-2(b)所示。過程 1 → 2 爲等溫加熱過程，而過程 3 → 4 爲等溫放熱過程，在過程中一方面要維持等溫進行熱交換（加熱或放熱），一方面要改變其壓力（降低或升高），此爲實際設備難以進行與控制的過程。可行之過程爲，改爲等壓加熱與放熱過程。

過程 2 → 3 與 4 → 1，分別爲等熵壓縮與等熵膨脹過程，爲實際設備（壓縮機與渦輪機）可進行之過程。

故實際的冷凍循環並非反向卡諾循環，經修正後而構成第四節中將討論的空氣標準冷凍循環。

冷凍機之冷凍能力（refrigeration capacity），通常以冷凍噸（tons of refrigeration）tons 表示。1-ton 之冷凍能力，係將0°C的飽和液態水 1 噸，在 24 小時內使凝固爲飽和固態水（冰），所必須移走的熱量。其相當的冷卻速率爲3.517 kJ／sec（或英制單位200 Btu／min）。

【例題 9-1】

一反向卡諾循環作用於 − 20° C與 30° C兩溫度之間，循環中自 − 20° C的冷房，每小時移走10,000 kJ 的熱量。試求此循環之性能係數、所需之功率，及冷凍噸。

解：(a)由方程式（9-3），性能係數 COP 爲，

$$COP=\frac{T_L}{T_H-T_L}=\frac{-20+273.15}{30-(-20)}=5.063$$

(b)由方程式（9-1），所需之功率 $\dot{W}_{in}$ 爲，

$$\dot{W}_{in}=\frac{\dot{Q}_L}{COP}=\frac{10,000}{5.063}\ \text{kJ/hr}$$

$$=1975.11\ \text{kJ/hr}=0.549\ \text{kW}$$

(c)冷凍噸 tons 爲，

$$\text{tons}=\frac{\dot{Q}_L}{3.517}=\frac{10,000/3600}{3.517}=0.79$$

【例題 9-2】

一反向卡諾機作爲熱泵使用，作用於 20° C與 50° C兩溫度之間。若自 20° C處吸取 100 kJ 的熱量，則所需之功爲若干？又此循環之性能因數爲若干？

解：(a)由方程式（9-4），性能因數PF為，

$$PF=\frac{T_H.}{T_H-T_L}=\frac{50}{50-20}=1.667$$

(b)由方程式（9-2），

$$PF=1.667=\frac{Q_H}{Q_H-Q_L}=\frac{Q_H}{Q_H-100}$$

$$Q_H=249.93\ \text{kJ}$$

故所需之功W_{in}為，

$$W_{in}=Q_H-Q_L=249.93-100=149.93\ \text{kJ}$$

9-2 蒸汽壓縮式冷凍循環

由前節之討論知，冷凍循環使用汽體為工作物，配合實際可行之設備，將反向卡諾循環予以修正，結果之循環稱為蒸汽壓縮式冷凍循環（vapor-compression refrigeration cycle），最經常見於習用的冷凍及空氣調節系統。其設備之流程圖及循環之T-s圖，如圖9-3所示。

蒸汽壓縮式冷凍系統之主要元件有蒸發器（evaporator）、壓縮機、冷凝器及膨脹閥（expansion valve）；但在冰箱及較小型之空調機（如窗型冷氣機），使用之膨脹閥為毛細管（capillary tube）。如圖9-3(b)所示，蒸汽壓縮式冷凍循環係由四個過程所構成：

過程1→2：冷媒濕蒸汽等壓等溫流經蒸發器，在蒸發器內吸收熱量而蒸發變為飽和汽體，同時造成製冷效果。

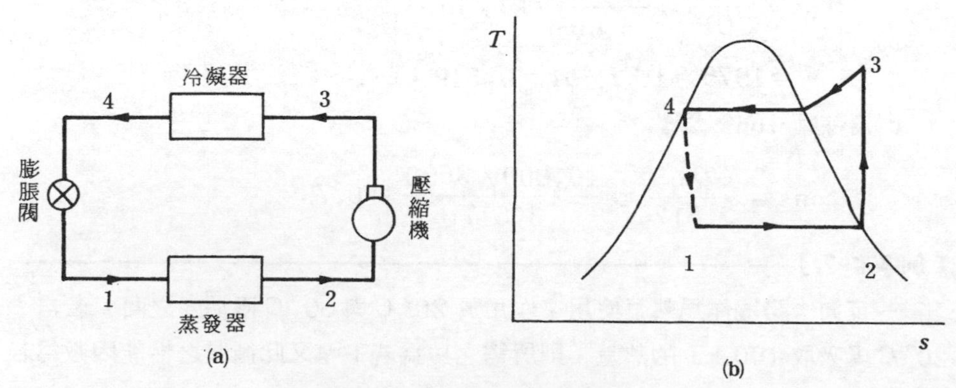

圖9-3 蒸汽壓縮式冷凍系統

過程 2→3：飽和冷媒汽體流經壓縮機，被等熵地壓縮至冷凝器之壓力。

過程 3→4：過熱冷媒汽體等壓流經冷凝器，放出熱量而冷卻並凝結爲飽和液體。

過程 4→1：飽和液體冷媒流經膨脹閥（毛細管），節流膨脹至蒸發器之壓力，溫度亦降低，同時產生些許的冷媒汽體。

由於循環中包含兩個等壓過程，故系統中以壓縮機及膨脹閥爲界，分爲低壓側與高壓側。又，由下面的分析知，必須使用各狀態點之焓值，故經常將此循環繪於壓－焓（p-h）圖，如圖9-4所示。由兩條水平線（等壓線）、一條垂直線（等焓線）及一條等熵線構成該循環。

假設冷媒流經各設備爲穩態穩流過程，進出口間動能與位能之變化可忽略不計，而冷媒之流量爲$\dot{m}$（kg／sec），則由第一定律可分析下列各量。

(1) 冷凍效果與冷凍能力

單位質量冷媒（即每 1 kg）在蒸發器內所吸收之熱量，稱爲冷凍效果（refrigerating effect），以 q_{in} 表示，

$$q_{in} = h_2 - h_1 \text{（kJ／kg）}$$

而其冷凍能力（冷凍噸），以 tons 表示，爲

$$\text{tons} = \frac{\dot{m}(h_2 - h_1)}{3.517}$$

(2) 壓縮功與壓縮機功率

單位質量冷媒被壓縮所需之功（以 w_{in} 表示）爲，

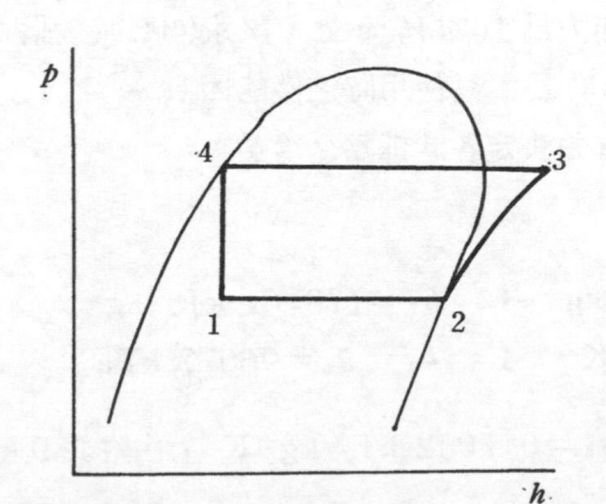

圖 9-4 蒸汽壓縮式冷凍循環之壓一焓圖

$$w_{in} = h_3 - h_2 \text{ (kJ / kg)}$$

而壓縮機所需之功率（以 $\dot{W}_{in}$ 表示）為，

$$\dot{W}_{in} = \dot{m} (h_3 - h_2) \text{ (kW)}$$

(3) 放熱量與放熱率

單位質量冷媒流經冷凝器，所需放出之熱量（以 q_{out} 表示）為，

$$q_{out} = h_3 - h_4 \text{ (kJ / kg)}$$

而冷凝器之放熱率（以 $\dot{Q}_{out}$ 表示）為，

$$\dot{Q}_{out} = \dot{m} (h_3 - h_4) \text{ (kJ / sec)}$$

(4) 性能係數與性能因數

若循環作為冷凍機使用，則其性能係數 COP 為，

$$\text{COP} = \frac{q_{in}}{W_{in}} = \frac{h_2 - h_1}{h_3 - h_2}$$

若作為熱泵使用，則其性能因數 PF 為，

$$\text{PF} = \frac{q_{out}}{W_{in}} = \frac{h_3 - h_4}{h_3 - h_2}$$

【例題 9-3】

一蒸汽壓縮冷凍系統使用冷媒-12為工作流體，作用於 40° C 之冷凝溫度與 − 20° C 之蒸發溫度。若冷凍能力為 10 kJ / sec ，試求(a)冷凍效果；(b)壓縮機所需之功率；(c)性能係數；(d)作為熱泵使用時之性能因數。

解：使用圖9-4所示之狀態點，首先決定各狀態點之焓值：

由附表 8 可得，

$$h_1 = h_4 = 74.527 \text{ kJ / kg} \quad ; \quad h_2 = 178.61 \text{ kJ / kg}$$
$$s_2 = 0.7082 \text{ kJ / kg-K} \quad ; \quad p_3 = p_4 = 960.7 \text{ kPa}$$

因 $p_3 = 960.7$ kPa 及 $s_3 = s_2 = 0.7082$ kJ / kg - K ，由附表 9 可得，

$h_3 = 211.382\ \mathrm{kJ/kg}$

(a)冷凍效果 q_{in} 爲，

$$q_{in} = h_2 - h_1 = 178.61 - 74.527 = 104.083\ \mathrm{kJ/kg}$$

(b)冷媒之流量 $\dot{m}$（kg／sec）爲，

$$\dot{m} = \frac{10}{q_{in}} = \frac{10}{104.083} = 0.0961\ \mathrm{kg/sec}$$

故壓縮機所需之功率 $\dot{W}_{in}$ 爲，

$$\dot{W}_{in} = \dot{m}(h_3 - h_2) = 0.0961 \times (211.382 - 178.61)$$
$$= 3.15\ \mathrm{kW}$$

(c)性能係數 COP 爲，

$$\mathrm{COP} = \frac{h_2 - h_1}{h_3 - h_2} = \frac{104.083}{211.382 - 178.61} = 3.176$$

(d)作爲熱泵使用時之性能因數 PF 爲，

$$\mathrm{PF} = \frac{h_3 - h_4}{h_3 - h_2} = \frac{211.382 - 74.527}{211.382 - 178.61} = 4.176$$

或 $\mathrm{PF} = 1 + \mathrm{COP} = 1 + 3.176 = 4.176$

由於冷凍系統經常作用於變動的冷凍負荷下，當冷凍負荷降低時，冷媒液無法完全蒸發，使得進入壓縮機之冷媒爲濕蒸汽，對壓縮機造成不良之影響。

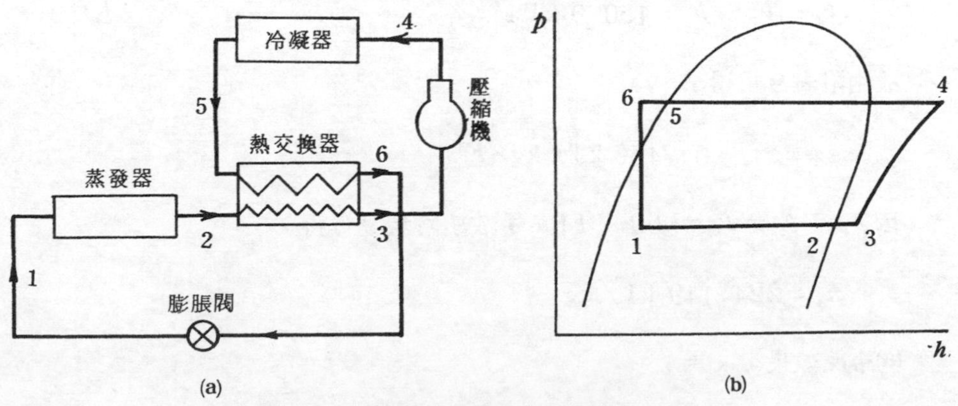

圖 9-5 具有熱交換器的蒸汽壓縮式冷凍系統

爲了避免此種現象的發生，有時在蒸發器出口側與冷凝器出口側之間，裝設一熱交換器，使蒸發器流出之低溫冷媒汽，與冷凝器流出之高溫冷媒液進行熱交換，造成低溫冷媒汽之過熱，或確保進入壓縮機全爲汽體；同時造成高溫冷媒液的過冷，而可增加冷凍效果，在相同的冷凍能力下減少冷媒之流量。由下述例題可瞭解其性能之變化。此種系統之流程圖及循環之 p-h 圖，示於圖9-5。

【例題 9-4】

若例題9-3中，因熱交換器之使用，造成40° C冷媒液過冷至 30° C 。試對相同的10 kJ / sec之冷凍能力，求與例題9-3相同的各項。

解：使用圖9-5(b)所示的狀態點，由例題9-3得，

$$h_2 = 178.61 \text{ kJ/kg} \quad ; \quad h_5 = 74.527 \text{ kJ/kg}$$

假設狀態6（過冷液體），其焓值與相同溫度（30° C）飽和液體的焓值相同，則由附表8可得，

$$h_1 = h_6 = 64.539 \text{ kJ/kg}$$

由熱交換器之能量平衡可得，

$$h_5 - h_6 = h_3 - h_2$$

$$h_3 = h_2 + h_5 - h_6 = 178.61 + 74.527 - 64.539$$

$$= 188.598 \text{ kJ/kg}$$

又由附表8可得，

$$p_3 = p_2 = p_1 = 150.9 \text{ kPa}$$

故由附表9可得，

$$s_3 = s_4 \approx 0.7466 \text{ kJ/kg-K}$$

因 $p_4 = p_5 = p_6 = 960.7$ kPa ，故由附表9可得，

$$h_4 = 224.149 \text{ kJ/kg}$$

(a)冷凍效果 q_{in} 爲，

$$q_{in} = h_2 - h_1 = 178.61 - 64.539 = 114.071 \text{ kJ/kg}$$

(b)冷媒之流量$\dot{m}$（kg/sec）為，

$$\dot{m} = \frac{10}{q_{in}} = \frac{10}{114.071} = 0.0877 \text{ kg/sec}$$

故壓縮機所需之功率$\dot{W}_{in}$為，

$$\dot{W}_{in} = \dot{m}(h_4 - h_3) = 0.0877 \times (224.149 - 188.598)$$
$$= 3.12 \text{ kW}$$

(c)性能係數 COP 為，

$$\text{COP} = \frac{h_2 - h_1}{h_4 - h_3} = \frac{114.071}{224.149 - 188.598} = 3.209$$

(d)作為熱泵使用時之性能因數 PF 為，

$$\text{PF} = \frac{h_4 - h_5}{h_4 - h_3} = \frac{224.149 - 74.527}{224.149 - 188.598} = 4.209$$

或 $\text{PF} = 1 + \text{COP} = 1 + 3.209 = 4.209$

與例題9-3比較，使用熱交換器後，冷媒之流量減少，壓縮機所需功率減少，而系統之性能係數則提高。

若冷凍系統之蒸發器溫度極低，則系統作用的壓力範圍較大，為了降低壓縮機所必須達到的壓力比，同時減少所需之功率，可使用兩級（或多級）壓縮，配合中間冷卻。又，經膨脹閥降壓產生之汽體（通常稱為閃氣，flash gas），進入蒸發器並無製冷之效果，若可減少進入蒸發器的閃氣之量，則一方面可增加冷凍效果，另一方面又可減少壓縮機所需之功率，提高系統的性能係數。因此，可將冷凝器與蒸發器間的膨脹，分成兩次（或多次）完成，而在兩次膨脹之間設一閃氣分離器，將前一次膨脹產生的閃氣分離移除，液體再進行下一次的膨脹。若使壓縮的級間壓力，與膨脹的級間壓力配合，則閃氣分離器中之液體冷媒，可作為壓縮級間中間冷卻之冷卻媒質。

現以兩級壓縮，配合閃氣分離器及中間冷卻器的系統為例，說明此類系統的作用及其分析。其設備之流程圖及循環之p-h圖，示於圖9-6。

冷媒在蒸發器內吸熱蒸發為飽和汽體，進入低壓壓縮機，被等熵地壓縮至

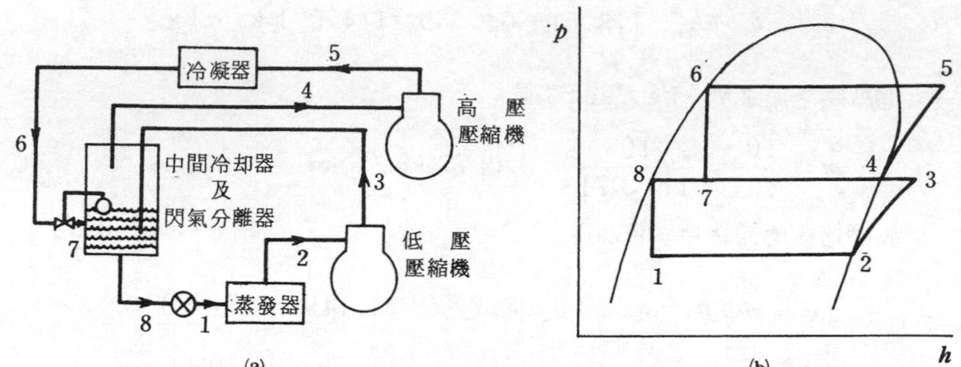

圖 9-6 兩級壓縮配合閃氣分離器及中間冷却器的蒸汽壓縮式冷凍系統

中間壓力，進入中間冷卻器（即閃氣分離器），被其內之液體冷卻去除過熱，成爲飽和汽體，與分離之閃氣及液體吸熱蒸發的汽體，一併進入高壓壓縮機，被等熵地壓縮至冷凝器之壓力，而後在冷凝器被冷卻凝結爲飽和液體，液體進入浮子式膨脹閥膨脹至中間壓力，流入閃氣分離器將閃氣分離，而液體繼續在膨脹閥膨脹至蒸發器之壓力完成循環作用。

由圖 9-6(b)知，利用蒸發器壓力、中間壓力，及冷凝器壓力，即可決定循環中全部的狀態點，而由熱力性質表求得各狀態點的焓值。因此可進行系統的分析，但在分析之前，需先求取進入兩個壓縮機之冷媒流量，即$\dot{m}_2$（$=\dot{m}_1=\dot{m}_3=\dot{m}_8$）與$\dot{m}_4$（$=\dot{m}_5=\dot{m}_6=\dot{m}_7$）。

低壓壓縮機之冷媒流量 $\dot{m}_2$ ，可由蒸發器之冷凍噸（tons）求得。由蒸發器之能量平衡可得，

$$\dot{m}_2=\frac{(\text{tons})\times 3.517}{h_2-h_1}\ (\text{kg/sec})$$

由中間冷卻器之能量平衡可得，

$$\dot{m}_3 h_3+\dot{m}_7 h_7=\dot{m}_4 h_4+\dot{m}_8 h_8$$

而由質量平衡知，

$$\dot{m}_3=\dot{m}_8=\dot{m}_2 \quad ; \quad \dot{m}_4=\dot{m}_7$$

因此由上式可求得進入高壓壓縮機之冷媒流量 $\dot{m}_4$ ，

$$\dot{m}_4 = \frac{\dot{m}_2 (h_3 - h_8)}{h_4 - h_7} \quad (\text{kg/sec})$$

低壓壓縮機與高壓壓縮機所需之功率，$\dot{W}_L$與$\dot{W}_H$，分別為，

$$\dot{W}_L = \dot{m}_2 (h_3 - h_2) \quad (\text{kW})$$
$$\dot{W}_H = \dot{m}_4 (h_5 - h_4) \quad (\text{kW})$$

而系統之性能係數 COP 為，

$$\text{COP} = \frac{(\text{tons}) \times 3.517}{\dot{W}_L + \dot{W}_H}$$

【例題 9-5】

一兩級壓縮，配合中間冷卻器與閃氣槽的蒸汽壓縮式冷凍系統，使用冷媒-12為工作流體。其蒸發器溫度為$-40°$C，冷凝溫度為40°C，而中間壓力為261 kPa。試求此系統之 COP，並與單級壓縮時之 COP 作比較。

解：首先繪出此循環之p-h圖，如圖9-7所示，圖中，循環$1'-2-3'-6-1'$表示單級壓縮時之循環。

由附表 8 與附表 9，可求得所有狀態點的焓值：

狀態2：$-40°$C飽和汽體 → $h_2 = 169.479$ kJ/kg；

$s_2 = 0.7269$ kJ/kg-K

狀態3：$p = 261$ kPa，$s = 0.7269$ kJ/kg-K →

$h_3 = 192.980$ kJ/kg

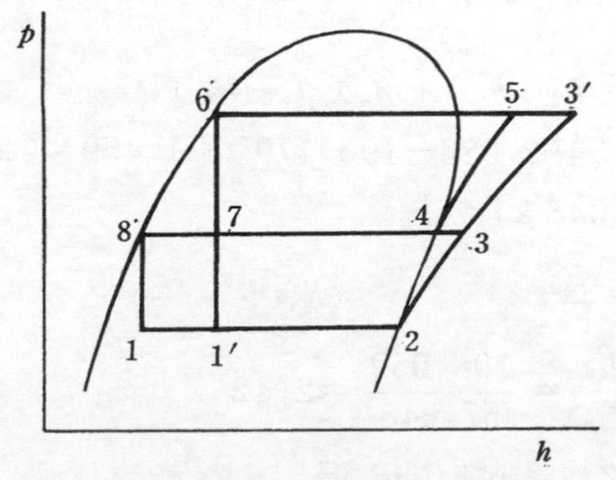

圖 9-7 例題 9-5

狀態 3′：$p = 0.9607$ MPa，$s = 0.7269$ kJ / kg - K →

$h'_3 = 217.509$ kJ / kg

狀態 4：261 kPa 之飽和汽體 → $h_4 = 185.243$ kJ / kg；

$s_4 = 0.6986$ kJ / kg - K

狀態 5：$p = 0.9607$ MPa，$s = 0.6986$ kJ / kg - K →

$h_5 = 208.236$ kJ / kg

狀態 6：40° C 飽和液體 → $h_6 = 74.527$ kJ / kg

狀態 7：$h_7 = h_6 = 74.527$ kJ / kg

狀態 8：261 kPa 之飽和液體 → $h_8 = 31.420$ kJ / kg

狀態 1：$h_1 = h_8 = 31.420$ kJ / kg

狀態 1′：$h'_1 = h_6 = 74.527$ kJ / kg

對進入蒸發器（或低壓壓縮機）的每 1 - kg 冷媒 - 12 作分析。由中間冷卻器之能量平衡可得，

$$h_3 + m_7 h_7 = m_8 + m_4 h_4$$

故進入高壓壓縮機之質量 m_4 爲，

$$m_4 = \frac{h_3 - h_8}{h_4 - h_7} = \frac{192.980 - 31.420}{185.243 - 74.527} = 1.459 \text{ kg}$$

每 1 - kg 所產生之冷凍效果 Q_{in} 爲，

$$Q_{in} = m_1 (h_2 - h_1) = 1 \times (169.479 - 31.420)$$
$$= 138.059 \text{ kJ}$$

壓縮機所需之功 W_{in} 爲，

$$W_{in} = m_1 (h_3 - h_2) + m_4 (h_5 - h_4)$$
$$= 1 \times (192.980 - 196.479) + 1.459 \times (208.236 - 185.243)$$
$$= 57.048 \text{ kJ}$$

故循環之 COP 爲，

$$\text{COP} = \frac{Q_{in}}{W_{in}} = \frac{108.059}{57.048} = 2.42$$

單級壓縮循環之性能係數 COP′爲，

$$COP' = \frac{h_2 - h_1'}{h_3' - h_2} = \frac{169.479 - 74.527}{217.509 - 169.479}$$
$$= 1.98$$

故兩級壓縮，配合中間冷卻器及閃氣分離器，可提高其性能係數（增加22.2%），但設備費及維護費亦相對增加。

9-3 吸收式冷凍循環

蒸汽壓縮式冷凍系統之作用，有賴於壓縮機將冷媒汽自蒸發器壓力，壓縮至冷凝器壓力，屬功動式（work-operated）系統，需消耗大量較昂貴的能量——功。若使冷媒汽溶於某吸收劑中構成一溶液，而以泵予以加壓，則所需之功極小。但為了自溶液中驅出冷媒汽繼續循環使用，需供給大量之熱。所構成之冷凍系統，稱為吸收式冷凍系統（absorption refrigeration sys - tem），屬熱動式（heat - operated）系統。

最常見的吸收式冷凍系統，有用於低溫冷藏冷凍的氨一水系統，及用於空氣調節的溴化鋰一水系統。首先以氨一水系統，說明吸收式冷凍循環的基本原理。

在氨一水系統中，氨為冷媒，而水為吸收劑（absorbent）。設備之流程圖，示於圖9-8，係以吸收器、泵、降壓閥，及發生器等之組合取代蒸汽壓縮式冷凍系統中的壓縮機，再配合冷凝器、膨脹閥及蒸發器而構成。

冷媒（氨）在蒸發器內吸收熱量產生製冷效果，而蒸發成為氨汽。氨汽在吸收器內被吸收劑（水）吸收，形成氨之濃度較高之溶液，稱之為強溶液（

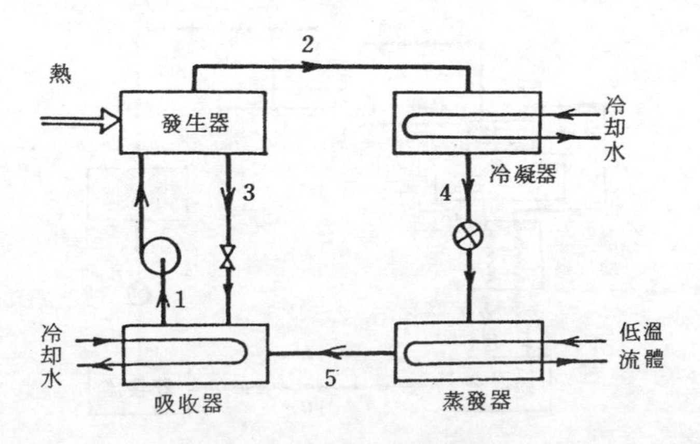

圖 9-8 基本吸收式冷凍系統

strong solution）。由於氨溶於水將放出潛熱，有升高溶液之溫度，降低水吸收氨汽之能力的趨勢，故吸收器必須使用冷卻水將熱量移走，以維持於較低之溫度。使用泵將強溶液加壓至發生器（或冷凝器）之壓力，此爲系統中需要機械功之處。在發生器中，強溶液被加熱而升高溫度，造成部份氨（汽）的驅出，此熱量爲系統作用的主要能量消耗。產生之氨汽接著流經冷凝器與膨脹閥，再進入蒸發器繼續循環使用，與蒸汽壓縮式冷凍循環相同。被加熱而驅出氨汽後之溶液，含有氨之濃度較低，稱爲弱溶液（weak solution），經降壓閥將壓力降至吸收器（或蒸發器）之壓力後，流回吸收器繼續使用。

發生器所產生的，並非純氨汽，可能混雜有部份的水蒸汽，即爲氨一水混合汽。水蒸汽凝結後在膨脹閥內膨脹，將凝固爲冰而破壞系統的作用，故需將進入冷凝器前之水蒸汽予以排除。因泵壓後之低溫強溶液需在發生器內被加熱，而高溫之弱溶液需在吸收器內放熱，故若使兩流體進行熱交換，可減少發生器所需之熱量，提高系統的性能係數。爲了達到上述兩目的，可在系統內使用分解器（analyzer）、除水器（rectifier）及熱交換器等設備。改良之氨一水吸收式冷凍系統，其設備流程圖如圖9-9所示。

溴化鋰一水吸收式冷凍系統，其基本設備與氨一水系統相同，惟冷媒爲水，故無法應用於低溫的冷藏或冷凍，僅能應用於空氣調節（冷氣）。又，因使用溴化鋰爲吸收劑，而溴化鋰爲一不具揮發性之物質，故進入冷凝器爲純水蒸汽。因此，改良之系統不需使用分解器及除水器，僅需使用熱交換器以減少發生器所需之熱量。同時，自吸收器泵壓出之溶液，溴化鋰之濃度較低，稱爲弱溶液；而自發生器流回吸收器之溶液，溴化鋰之濃度較高，稱爲強溶液。

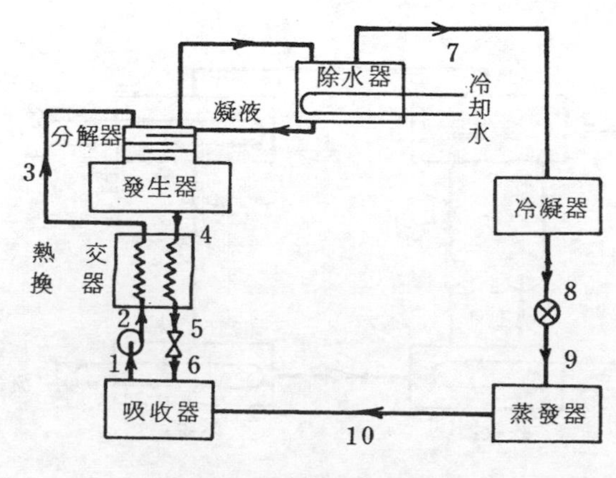

圖 9-9 改良氨一水系統

氨一水系統之分析，需使用氨一水雙質混合液（汽）之熱力性質；而溴化鋰一水系統之分析，需使用溴化鋰一水雙質混合液及水的熱力性質。雙質混合物熱力性質之探討，超出本書之範圍，故不予詳述。惟自熱力學之分析，可瞭解性能係數的大要。

令系統中與外界之能量交換，分別以下列符號表示：

Q_E：冷媒在蒸發器所吸收之熱量

Q_A：在吸收器所放出之熱量

Q_G：在發生器所加入之熱量

Q_C：在冷凝器所放出之熱量

W_P：在泵所加入之功

系統之性能係數 COP 為，

$$\mathrm{COP}=\frac{Q_E}{Q_G+W_P} \tag{9-5}$$

由於泵所需之能量（功），與發生器所需之能量（熱）比較，為相當的小，故經常可忽略不計，則

$$\mathrm{COP}=\frac{Q_E}{Q_G} \tag{9-6}$$

由熱力學第一定律，假設 $W_P\approx 0$，則

$$Q_E+Q_G-Q_A-Q_C=0 \tag{9-7}$$

由克勞休斯不等率，即 $\oint\left(\frac{\delta Q}{T}\right)_{\mathrm{rev}}\leq 0$，可得

$$\frac{Q_E}{T_E}+\frac{Q_G}{T_G}-\frac{Q_A}{T_A}-\frac{Q_C}{T_C}\leq 0 \tag{9-8}$$

因吸收器與冷凝器均以冷卻水為冷卻媒質，假設兩者作用於相同之溫度，即 $T_A=T_C$，則方程式（9-8）可寫為，

$$\frac{Q_E}{T_E}+\frac{Q_G}{T_G}-\frac{1}{T_A}(Q_A+Q_C)\leq 0 \tag{9-9}$$

由方程式（9-7），因 $Q_A+Q_C=Q_E+Q_G$，故方程式（9-9）可改寫為，

$$\frac{Q_E}{T_E}+\frac{Q_G}{T_G}-\frac{Q_E}{T_A}-\frac{Q_G}{T_A}\leq 0 \tag{9-10}$$

方程式（9-10）整理後可得，

$$\mathrm{COP}=\frac{Q_E}{Q_G}\leq\frac{T_G-T_A}{T_G}\cdot\frac{T_E}{T_A-T_E} \tag{9-11}$$

由方程式（9-11）可知，吸收式冷凍系統最大可能之 COP 值，為作用於發生器溫度 T_G 與吸收器溫度 T_A 之間的卡諾引擎之熱效率，及作用於吸收器溫度 T_A 與蒸發器溫度 T_E 之間的卡諾冷凍機之性能係數，兩者之乘積。

與蒸汽壓縮式冷凍系統比較，就相同的冷凍能力而言，吸收式冷凍系統需消耗較多的能量（熱能），而性能係數較低。但若有廉價的熱能可用，如蒸汽動力廠的排出蒸汽或氣體動力廠的排出廢氣等，可作為發生器的熱源；或配合高溫的太陽能收集器，則吸收式冷凍系統仍有其應用的價值。

另有一種吸收式冷凍系統，不僅不需壓縮機，同時不需使用泵。最常見者為氨－水－氫吸收式冷凍系統，如圖9-10所示。系統中使用氨為冷媒，水為吸收劑，同時有第三種工作物氫氣。整個系統作用於一近乎均衡之壓力，而利用氫氣的存在與否，造成系統內冷媒高低壓力的改變。

氨－水強溶液在發生器內被加熱，產生之汽體由於密度較低，故經由汽泡泵（bubble pump）流至分離器（separator），使液汽分離，汽體進入冷凝器，而液體（弱溶液）流入吸收器。在冷凝器內，氨汽之壓力約與系統之壓力相等，故可在一較高之溫度被冷卻而凝結成液體。接著液體進入含有氫氣之蒸發器，與氫氣混合後，其分壓低於系統之壓力，故可在一較低之溫度吸熱而蒸發為汽體。冷凝器與蒸發器間及分離器與吸收器間之彎曲部份，係用以造成液封（liquid seal），以防止氫氣的逸出至冷凝器。蒸發器產生之汽體，進入吸收器被水吸收形成氨－水強溶液，再流至發生器而構成循環。氫氣在吸收器內並不被水吸收，而再流回至蒸發器。

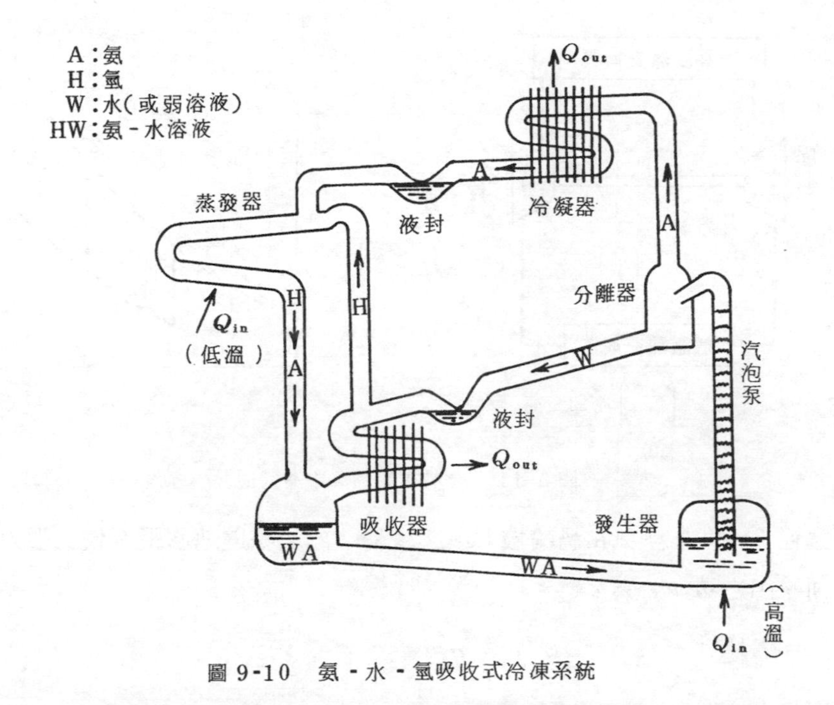

圖 9-10 氨－水－氫吸收式冷凍系統

當然，此種系統亦可使用分解器、除水器及熱交換器，以改進系統之性能係數及作用之可靠性。

9-4 空氣標準冷凍循環

由第一節之分析知，若使用氣體爲工作物，則需將反向卡諾循環中，等溫加熱與放熱過程改爲等壓加熱與放熱過程，構成之冷凍循環即爲反向布雷登循環。

由於反向布雷登循環最經常使用於飛機的冷氣系統，而工作物爲空氣，故以下之分析均基於空氣標準，稱之爲空氣標準冷凍循環。簡單空氣標準冷凍系統，其設備之流程圖及循環之 T-s 圖，示於圖 9-11。

過程 1→2，空氣被等熵地壓縮至高壓與高溫，壓縮所需之功 w_C 爲，

$$w_C = h_2 - h_1 = c_p (T_2 - T_1) \tag{9-12}$$

過程 2→3，空氣在定壓下，在熱交換器內被冷卻至一較低之溫度，所放出之熱量 q_{out} 爲，

$$q_{out} = h_2 - h_3 = c_p (T_2 - T_3) \tag{9-13}$$

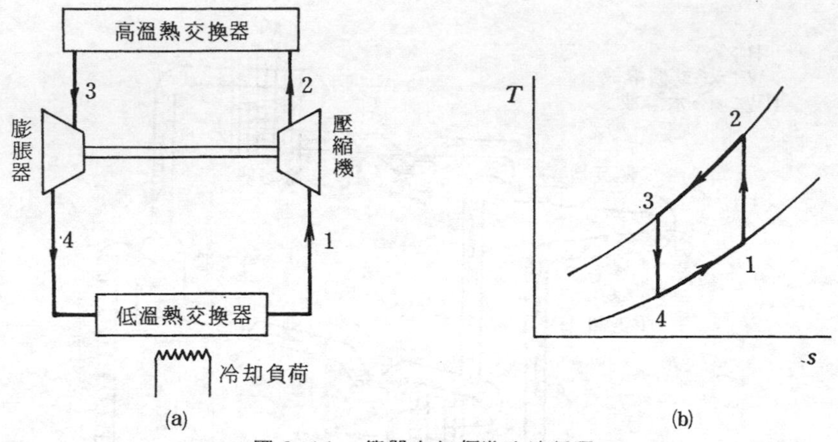

圖 9-11　簡單空氣標準冷凍循環

過程 3→4，空氣在渦輪機（或膨脹器）內，等熵地膨脹至較低壓力與低溫，而輸出之功 w_T 爲，

$$w_T = h_3 - h_4 = c_p (T_3 - T_4) \tag{9-14}$$

過程 4→1，低溫之空氣在熱交換器內，在定壓下吸收熱量而產生製冷的效果，其冷凍效應 q_{in} 爲，

$$q_{in} = h_1 - h_4 = c_p (T_1 - T_4) \tag{9-15}$$

系統之性能係數 COP，由方程式（9-15）、（9-12）及（9-14），可得爲，

$$\text{COP} = \frac{q_{in}}{w_C - w_T} = \frac{c_p (T_1 - T_4)}{c_p (T_2 - T_1) - c_p (T_3 - T_4)}$$

$$= \frac{T_1 - T_4}{(T_2 - T_1) - (T_3 - T_4)} \tag{9-16}$$

由等熵過程 1→2 與 3→4，可分別得，

$$\frac{T_2}{T_1} = \left(\frac{p_2}{p_1}\right)^{(k-1)/k} = r_{ps}^{(k-1)/k}$$

$$\frac{T_3}{T_4} = \left(\frac{p_3}{p_4}\right)^{(k-1)/k} = r_{ps}^{(k-1)/k}$$

式中 r_{ps} 爲等熵壓力比。由兩式可得，

$$\frac{T_2}{T_1}=\frac{T_3}{T_4} \quad \text{或} \quad \frac{T_1}{T_4}=\frac{T_2}{T_3}$$

因此方程式（ 9-16 ）可改寫爲，

$$\text{COP}=\frac{T_4(T_1/T_4-1)}{T_3(T_2/T_3-1)-T_4(T_1/T_4-1)}$$

$$=\frac{T_4}{T_3-T_4} \tag{9-17}$$

故簡單空氣標準冷凍循環之性能係數 COP ，僅決定於膨脹器進出口處之溫度。COP 亦可用等熵壓力比 r_{ps} 之函數表示如下：

$$\text{COP}=\left(\frac{T_3}{T_4}-1\right)^{-1}=\left[r_{ps}^{(k-1)/k}-1\right]^{-1} \tag{9-18}$$

由圖 9-11 (b)知，若使進入膨脹器前之空氣的溫度降低，則膨脹後之溫度亦降低，而可得到更低溫的冷凍效果。但溫度的更進一步降低，由外界的冷卻媒質（空氣或水）已無法完成，故可利用膨脹後之低溫空氣作爲冷卻媒質，將進入膨脹器前之空氣先行冷卻。即在高溫熱交換器與膨脹器之間，及低溫熱交換器與壓縮機之間，裝設一熱交換器，使自高溫熱交換器及低溫熱交換器流出之空氣，在此熱交換器內進行熱交換。此添加之熱交換器，稱爲再生器（ re-

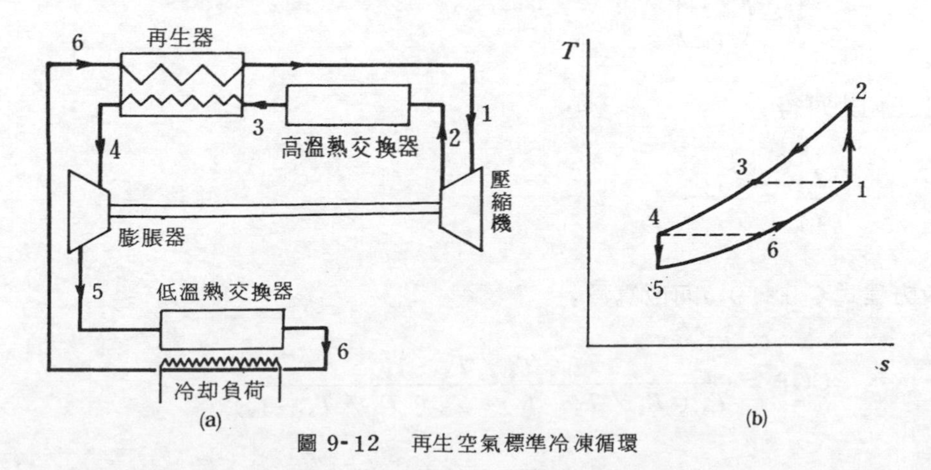

圖 9-12　再生空氣標準冷凍循環

generator），而構成之循環稱爲再生（ regenerative ）空氣標準冷凍循環，其設備之流程圖及循環之T-s圖，示於圖9-12。

壓縮所需之功 w_C 爲，

$$w_C = h_2 - h_1 = c_p (T_2 - T_1)$$

膨脹器所輸出之功 w_T 爲，

$$w_T = h_4 - h_5 = c_p (T_4 - T_5)$$

冷凍效應 q_{in} 爲，

$$q_{in} = h_6 - h_5 = c_p (T_6 - T_5)$$

故系統之性能係數 COP 爲，

$$\text{COP} = \frac{q_{in}}{w_C - w_T} = \frac{c_p (T_6 - T_5)}{c_p (T_2 - T_1^1) - c_p (T_4 - T_5)}$$

$$= \frac{T_4 - T_5}{(T_2 - T_1) - (T_4 - T_5)} \qquad (9\text{-}19)$$

由等熵過程1→2與4→5，可分別得，

$$\frac{T_2}{T_1} = \left(\frac{p_2}{p_1} \right)^{(k-1)/k} = r_{ps}^{(k-1)/k}$$

$$\frac{T_4}{T_5} = \left(\frac{p_4}{p_5} \right)^{(k-1)/k} = r_{ps}^{(k-1)/k}$$

由上兩式可得，

$$\frac{T_2}{T_1} = \frac{T_4}{T_5}$$

故方程式（9-19）可改寫爲，

$$\text{COP} = \frac{T_5 (T_4 / T_5 - 1)}{T_1 (T_2 / T_1 - 1) - T_5 (T_4 / T_5 - 1)}$$

$$= \frac{T_5}{T_1 - T_5} = \left(\frac{T_1}{T_5} \cdot \frac{T_4}{T_5} - 1 \right)^{-1}$$

$$= \left[\frac{T_1}{T_4} (r_{ps})^{(k-1)/k} - 1 \right]^{-1} \quad (9\text{-}20)$$

與簡單循環比較，在相同的等熵壓力比 r_{ps} 之作用條件下，因 T_1 / T_4 大於 1，故再生循環的 COP 小於簡單循環的 COP 。使用再生循環的惟一目的爲，可得到較低溫度的製冷效果。

【例題 9-6】

一再生空氣標準冷凍循環，等熵壓力比爲 3，壓縮機入口溫度爲 20° C，而循環之最低溫度爲 −100° C。試求此循環之性能係數 COP ，及冷卻負荷之溫度範圍。試與簡單循環作比較。

解：首先繪出循環之 T-s 圖，如圖 9-13 所示。圖中循環 1 − 2 − 3 − 4 − 5 − 6 − 1 爲再生循環，而循環 1 − 2 − 3 − 4′ − 1 爲簡單循環。

(a)再生循環

由等熵過程 4 → 5，

$$T_4 = T_5 (r_{ps})^{(k-1)/k} = (-100 + 273.15) (3)^{(1.4-1)/1.4}$$
$$= 237 \text{ K}$$

故冷卻負荷之溫度範圍爲，

$$T_6 - T_5 = T_4 - T_5 = 237 - (-100 + 273.15)$$

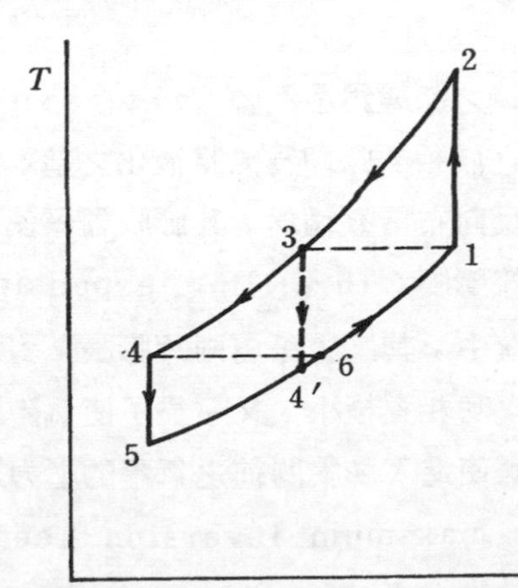

圖 9-13 例題 9-6

$= 63.85°$

循環之性能係數 COP ，由方程式（ 9-20 ）可得，

$$COP = \frac{T_5}{T_1 - T_5} = \frac{-100+273.15}{20-(-100)}$$

$$=1.443$$

(b)簡單循環

由等熵過程 $3 \rightarrow 4'$ ，

$$T'_4 = T_3 / (r_{ps})^{(k-1)/k} = T_1 / (r_{ps})^{(k-1)/k}$$

$$= (20+273.15) / (3)^{(1.4-1)/1.4} = 214.18 \text{ K}$$

故冷卻負荷之溫度範圍為，

$$T_1 - T'_4 = (20+273.15) - 214.18 = 78.97°$$

系統之性能係數 COP ，由方程式（ 9-17 ）可得，

$$COP = \frac{T'_4}{T_3 - T'_4} = \frac{T'_4}{T_1 - T'_4} = \frac{214.18}{78.97}$$

$$=2.712$$

故再生循環之 COP 較低，冷卻負荷之溫度範圍亦較小，但可有較低的製冷溫度。

9-5 氣體之液化

前述之反向布雷登循環中，若膨脹後之狀態為濕汽體（ wet vapor ），則以分離器使液汽分離，而可得到該物質之液相，此即為氣體液化之基本原理。

但實際的氣體液化系統，並非進行反向布雷登循環。其膨脹器係使用膨脹閥，而非渦輪機或其他膨脹器，即以節流膨脹（ throttling expansion ）過程，取代等熵膨脹過程。因為在液化系統中，其膨脹係屬兩相膨脹，對渦輪機之壽命有極不良之影響，同時膨脹可得之功相對極小。又，為了使氣體膨脹後得以進入濕區域（ wet region ），則需使進入膨脹閥前之氣體的壓力為相當高，而溫度低於該物質的最高反曲溫度（ maximum inversion temperature ），始能利用焦耳一湯姆遜冷卻效應（ Joule-Thomson cooling

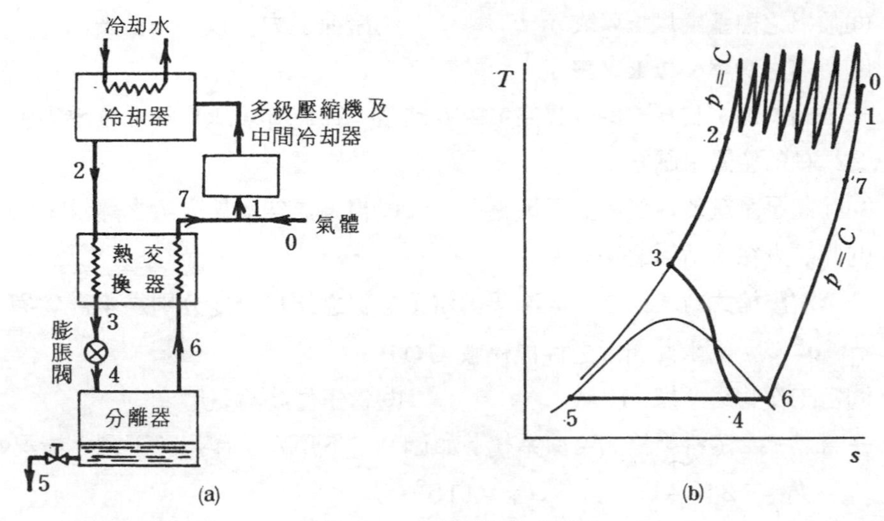

圖 9-14　林德氣體液化系統

effect ），達到使氣體液化之目的。

氣體液化之系統，稱為林德系統（ Linde system ），其設備之流程圖及循環之 T-s 圖，如圖 9-14 所示。氣體在一組配合中間冷卻器的多級壓縮機中，被壓縮至相當高的壓力，而後在冷卻器內被第一次降低溫度。接著在熱交換器內，被分離器流出之低溫汽體再次冷卻至低於最高反曲溫度之溫度。流經膨脹閥，自高壓膨脹至大氣壓力，而成為濕汽體，而後在分離器內使液汽分離。液體可予移走，而汽體先流經熱交換器，再與補充之氣體混合進入壓縮機，繼續進行液化之循環。

練 習 題

1. 一卡諾冷凍機自 0°C 吸收熱量，而需要 2.0 kW／ton 的功率輸入。試求此冷凍機之性能係數 COP ，及放熱之溫度。若冷凍機放熱之溫度為 40°C，則所需之功率為若干？以 kW／ton 表示。
2. 一反向卡諾循環之性能係數 COP 為 4 ，則循環之高溫與低溫的比值為若干？若所需之功率為 6 kW ，則其冷凍能力（ tons ）為若干？若此系統作為熱泵使用，則其性能因數 PF 為若干？
3. 一冷凍機作用於 245K 與 300K 兩溫度之間，自低溫處吸收之熱量為 9 kW 。若其性能係數 COP ，為作用於相同的溫度極限間之卡諾冷凍機的性能係數 COP 的 75％，試求下列諸項：

(a)放出之熱量，以 kW表示。 (c)冷凍能力，以 tons 表示。

(b)所需之功率，以 kW表示。

4. 一卡諾熱泵，自0°C的外界空氣吸取熱量，而將250 kW的熱量放出至22° C的空間。試求，

(a)此熱泵系統的性能因數 PF 。 (c)自外界空氣所吸收之熱量。

(b)此熱泵循環所需之功率。

5. 一蒸汽壓縮式冷凍循環，其冷凝器與蒸發器之作用溫度分別爲45° C與－15° C，試求此循環之性能係數 COP 。

(a)當工作物爲冷媒-12時。 (b)當工作物爲氨時。

6. 一冷媒-12蒸汽壓縮式冷凍系統，如圖9-15所示，作用於下列之情況：

$p_1 = 1240$ kPa ， $T_1 = 115°$ C

$p_2 = 1230$ kPa ， $T_2 = 105°$ C

$p_3 = 1200$ kPa ， $T_3 = 35°$ C

$p_4 = 200$ kPa

$p_5 = 180$ kPa ， $T_5 = -5°$ C

$p_6 = 170$ kPa $T_6 = 5°$ C

冷媒-12之流量＝0.025 kg / sec

壓縮機所需功率＝2 kW

試求下列諸項：

(a)自壓縮機傳出之熱量。 (c)在蒸發器內傳至冷媒-12之熱量。

(b)冷媒-12在冷凝器傳出之熱量。 (d)系統的性能係數 COP 。

若一卡諾冷凍機，作用於相同的冷凝與蒸發溫度，試比較兩系統之性能係數 COP 。

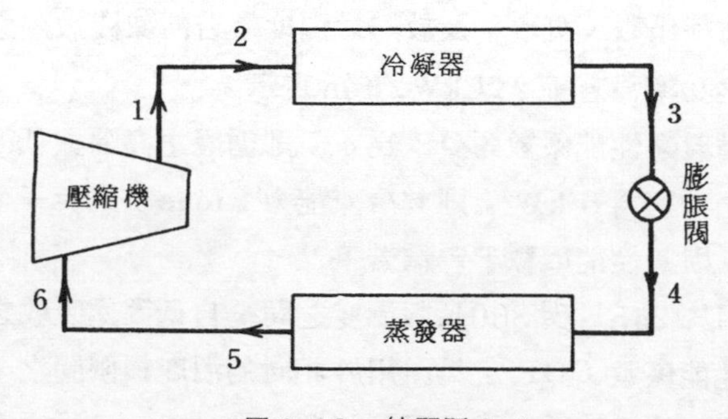

圖9-15 練習題9-6

7. 一卡諾熱泵，供給 24 kW 的熱量至一空間，所需之功率為 2 kW 。若外界空氣之溫度為 $-3°C$，則加熱空間之溫度為若干？

8. 一蒸汽壓縮式冷凍系統，$-20°C$的冷媒-12濕汽體，進入 15 cm× 15 cm 雙缸的單動式壓縮機，轉速為 225 rpm。經壓縮後成為 $50°C$的飽和汽體。冷媒-12液體在 $40°C$ 進入膨脹閥，試求下列諸項：

(a)此系統之冷凍能力，以 tons 表示。

(b)系統所需之功率，以 kW/ ton 表示。

(c)若實際 COP 為理想值之 75％，則所需之功率為若干？以 kW/ ton 表示。

9. 一冷媒-12蒸汽壓縮式冷凍系統，其冷凍能力為 100 tons 。蒸發器與冷凝器之壓力分別為 2 kPa 與 12 kPa 。液體在 $30°C$ 進入膨脹閥，而離開蒸發器之冷媒汽的過熱度為 $5°C$。壓縮為絕熱過程，其等熵效率為 85％。試決定下列諸項：

(a)冷媒之質量流量，以 kg／sec 表示。

(b)系統之性能係數 COP 。

(c)所需之功率，以 kW/ ton 表示。

10. 一冷媒-12蒸汽壓縮式冷凍系統，作用於下列情況：

蒸發器溫度：$-20°C$

冷凝器溫度：　$30°C$

壓縮機入口狀態：乾飽和汽體

冷凝器出口狀態：飽和液體

冷凍負荷：1 kW

壓縮機：單缸單動式，位移容積 100 cm^3

試決定下列諸項：

(a)冷媒進入蒸發器時之乾度。

(b)系統之性能係數 COP 。

(c)壓縮機所需之功率。

(d)冷媒之質量流量。

11. 在一傳統的蒸汽壓縮式冷凍循環中，使用冷媒-12為工作流體，蒸發流體之溫度為 $-20°C$，自蒸發器流出而進入壓縮機為 $-20°C$之飽和汽體。冷凝器之壓力為 1.2 MPa ，而自冷凝器流出，進入膨脹閥之溫度為 $40°C$。

若將此循環予以修正如圖 9-16 所示，即添加一熱交換器，使離開蒸發器

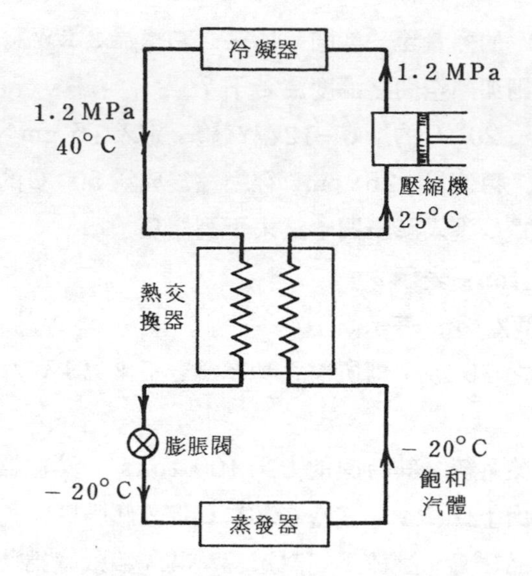

圖 9-16　練習題 9-11

的低溫汽體，與進入膨脹閥前的高溫液體進行熱交換。

試比較兩循環之性能係數 COP 。

12. 在一實際的冷媒-12蒸汽壓縮式冷凍循環中，冷媒之質量流量爲0.04 kg／sec 。冷媒在壓縮機進出口的壓力與溫度，分別爲0.15 MPa，－10° C與1.2 MPa，75° C 。壓縮機所需功率爲1.9 kW 。冷媒在1.15 MPa與40° C進入膨脹閥，而在0.175 MPa 與－15° C離開蒸發器。試求：

(a)壓縮過程之等熵效率。

(b)系統之冷凍能力，以 tons 表示。

(c)循環之性能係數 COP 。

13. 一理想的兩級壓縮，配合中間冷卻器及閃氣分離器的蒸汽壓縮式冷凍系統，使用氨爲冷媒，作用於190.22 kPa 與1166.49 kPa 兩壓力之間，而中間壓力爲462.49 kPa，試求此系統之性能係數 COP 。若系統之冷凍能力爲 15 kW ，則壓縮機所需功率爲若干？

14. 一理想的兩級壓縮，配合中間冷卻器及閃氣分離器的蒸汽壓縮式冷凍系統，使用冷媒-12爲工作流體。若蒸發溫度爲－45° C，冷凝溫度爲40° C，而中間溫度爲－10° C。試求：

(a)系統之性能係數 COP 。

(b)循環中的最高溫度。

(c)活塞的總位移容積，以m^3／min-ton 表示。

15. 一簡單空氣標準冷凍循環，空氣在 0.1 MPa 與 $-20°$ C 進入壓縮機，而在 0.5 MPa 流出。進入膨脹器時空氣之溫度爲 $15°$ C 。試求：
(a)此循環之性能係數 COP 。
(b)若冷凍能力爲 1- kW，則空氣之流量爲若干？

16. 一反向布雷登循環冷凍機，作用於 300 K 與 250 K 之間。假設使用之工作物爲理想氣體，其 $c_p=1.00$ kJ / kg - K，$\kappa=1.4$。試求循環的性能係數 COP ，當(a)壓縮比爲 3；及(b)當壓縮比爲 6 。

17. 一空氣標準冷凍循環，作用於 400 kPa 與 100 kPa 兩壓力之間。空氣進入膨脹器與壓縮機時之溫度，分別爲 $35°$ C 與 $-15°$ C 。試求下列各項：
(a)循環的性能係數 COP 。
(b)若冷凍能力爲 5 tons ，則壓縮機之活塞位移容積爲若干？以 m^3 / min - ton 表示。

18. 一理想再生式反向布雷登循環冷凍機，見圖 9-13，作用於 290 K（T_1）與 200 K（T_6）之間，而等熵壓力比爲 5 。假設使用之工作流體爲理想氣體，其 $c_p=1.04$ kJ / kg - K ，$\kappa=1.3$。
(a)試求循環之性能係數 COP ，並與卡諾冷凍機的性能係數 COP 作比較。
(b)若系統所需之功率爲 3 kW ，試求其冷凍噸。

19. 一理想再生式反向布雷登循環，使用氮爲工作流體，用以產生 $-100°$C 的製冷效果。外界溫度爲 $20°$ C，等熵壓力比爲 4，則循環之性能係數 COP 爲若干？

20. 一再生空氣標準冷凍循環，作用於圖 9-17 所示的情況下。假設壓縮與膨

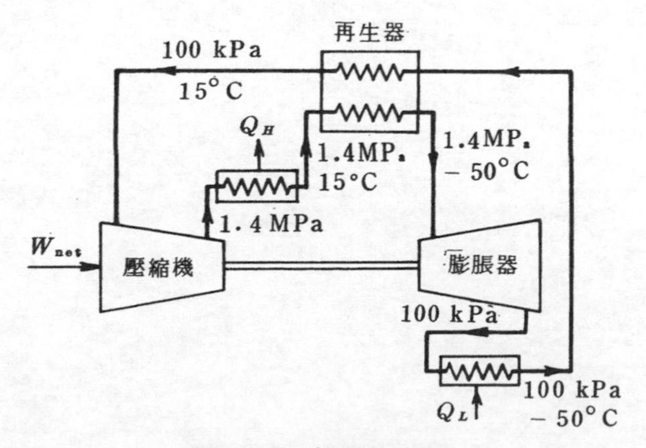

圖 9-17 練習題 9-20

脹均為等熵過程，試求此循環的性能係數 COP 。

21. 若練習題20.中，壓縮過程與膨脹過程之等熵效率，均為 75 ％，則其COP又為若干？

22. 一林德液化系統，用以將100 kPa與10° C的氮液化。假設經配合中間冷卻器的多級壓縮，可視為等溫壓縮，壓力達20 kPa 。對每 1 - kg 產生之液態氮而言，系統所需之功為若干？

10

空氣調節

以適當的設備與方法，將空氣的熱力性質改變，使達到所需要的狀態，稱爲空氣調節（ air-conditioning ）。空氣調節，主要是調節空氣的溫度、濕度（ humidity ）、純度（ purity ）及速度，但在熱力學上，主要考慮其溫度與濕度之變化。本章將首先說明大氣的熱力性質，以利問題之分析；其次將討論濕度之觀念，包括相對濕度與濕度比；接著將敍述一般用於空氣調節問題之分析的熱力性質圖 —— 空氣濕度線圖；最後將介紹若干基本的空氣調節過程，及過程之分析。

10-1　大氣之熱力性質

大氣（ atmospheric air ）爲乾空氣與水蒸汽之混合物，乾空氣可視爲理想氣體，而在一般空氣調節的溫度範圍內（約 50° C 以下），及最高水蒸汽分壓（ partial pressure ）下，水蒸汽亦可視爲理想氣體，其焓值僅爲溫度之函數。

空氣中可含有水蒸汽之最大量，視其溫度而定；當水蒸汽所佔之分壓，等於其溫度對應之飽和壓力時，表示空氣中已含有最大量的水蒸汽。故，若空氣中所含有的水蒸汽爲飽和汽體時，稱之爲飽和空氣（ saturated air ）。

大氣之熱力性質，通常以每單位質量之乾空氣（ kg of dry air ）爲基準表示之。故大氣之比容 v 可表示爲，

$$v=\frac{R_a T}{p_a} \quad (\mathrm{m^3/kg\ of\ dry\ air}) \qquad (10\text{-}1)$$

式中 R_a 爲乾空氣之氣體常數，0.287 kJ / kg - K ； p_a 爲乾空氣所佔之分壓，kPa；而 T 爲溫度，K 。比容亦可以下式表示之，

$$v=\frac{R_v T}{p-p_a}=\frac{R_v T}{p_v} \qquad (10\text{-}2)$$

式中 R_v 爲水蒸汽之氣體常數，0.46152 kJ / kg - K ； p_v 爲水蒸汽所佔之分壓，kPa；而 T 爲溫度，K 。

考慮大氣中含有乾空氣之質量爲 m_a ，而水蒸汽之質量爲 m_v；則其摩爾數（ number of moles ）n 分別爲，

$$n_a=\frac{m_a}{M_a} \qquad 與 \qquad n_v=\frac{m_v}{M_v}$$

其中M_a與M_v分別爲乾空氣與水蒸汽之分子量。而乾空氣與水蒸汽之摩爾分數（mole　fraction）x分別爲，

$$x_a=\frac{n_a}{n_a+n_v} \qquad 與 \qquad x_v=\frac{n_v}{n_a+n_v}$$

道爾頓分壓定律（Dalton′s　partial　pressure　law）謂，氣（汽）體混合物中，各成分所佔之分壓，爲各成分之摩爾分數與總壓力之乘積。故大氣中乾空氣與水蒸汽所佔之分壓分別爲，

$$p_a=x_a\,p \qquad 與 \qquad p_v=x_v\,p$$

式中p爲大氣之總壓力。

大氣之焓值h，可如下表示，

$$h=h_a+\frac{m_v}{m_a}\,h_v \qquad (\text{kJ/kg of dry air})$$

式中h_a爲每1-kg乾空氣之焓值；（m_v/m_a）爲每1-kg的乾空氣中含有水蒸汽之質量；h_v爲每1-kg水蒸汽的焓值。乾空氣可視爲理想氣體，其定壓比熱$c_{p,a}$爲常數，故$h_a=c_{p,a}\,t$，其溫度爲°C。除飽和空氣外，空氣中所含有之水蒸汽均爲過熱蒸汽，而在一般空氣調節之溫度下（50°C以內），過熱蒸汽之焓，約與相同溫度下飽和蒸汽之焓相等，故焓僅爲溫度之函數，而與理想氣體的特性相同，故空氣中水蒸汽之焓通常以其溫度下飽和蒸汽之焓表示之。因此，上式可改寫爲，

$$h=c_{p,a}\,t+\frac{m_v}{m_a}\,h_g \qquad (10\text{-}3)$$

10-2　相對濕度與濕度比

用以表示空氣中水蒸汽含量之多少的量，稱爲濕度（humidity）。常見

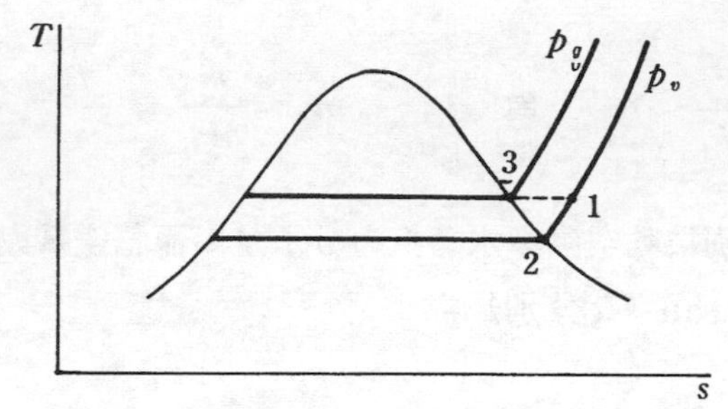

圖 10-1 用以說明相對濕度與露點溫度之 T-s 圖

的濕度有相對濕度(relative humidity)與濕度比(humidity ratio)兩種。

(1) 相對濕度

如圖 10-1 所示，若空氣中水蒸汽之狀態為狀態 1，其分壓為 p_v；而在其溫度下之飽和蒸汽為狀態 3，其壓力為 p_g，則兩壓力之比稱為相對濕度，以 ϕ 表示。即，

$$\phi = \frac{p_v}{p_g} \tag{10-4}$$

由於水蒸汽之分壓與其摩爾分數(或質量)成正比，故相對濕度表示空氣中水蒸汽含量偏離最大含量的距離，亦即空氣再接納水蒸汽的難易。因此，影響人類感覺的濕度為相對濕度。

相對濕度通常以百分比表示，若 $\phi = 0\%$，即空氣中不含任何水份而為乾空氣，則人類之感覺為過於乾燥，因水分極易蒸發進入空氣中。若 $\phi = 100\%$，即空氣中已含有最大量的水蒸汽，則人類之感覺為過於燠悶，因人體無法以水分的蒸發來調節體溫。因此，令人類感覺舒適的相對濕度為 40～60%，視季節及氣溫而定。

因將空氣中的水蒸汽視為理想氣體，故由理想氣體狀態方程式，可將方程式(10-4)改寫為，

$$\phi = \frac{p_v}{p_g} = \frac{R_v T / v_v}{R_v T / v_g} = \frac{v_g}{v_v} = \frac{\rho_v}{\rho_g} \tag{10-5}$$

(2) 濕度比

大氣中水蒸汽之質量 m_v，與乾空氣之質量 m_a 的比值，稱為濕度比，以 ω

表示之，

$$\omega = \frac{m_v}{m_a} \qquad (kg_v / kg_a) \tag{10-6}$$

濕度比有時又稱爲絕對濕度（absolute　humidity）或比濕度（specific humidity），表示每單位質量（kg）的乾空氣中，含有水蒸汽之質量（kg），其單位爲 kg_v / kg_a 。故濕度比並無法直接顯示其與人類感覺的關係，但卻有間接之關係。濕度比與相對濕度間之關係說明如下。由理想氣體狀態方程式，可得乾空氣與水蒸汽之質量分別爲，

$$m_v = \frac{p_v V}{R_v T} = \frac{p_v V M_v}{R_u T}$$

$$m_a = \frac{p_a V}{R_a T} = \frac{p_a V M_a}{R_u T}$$

故方程式（10-6）可寫爲，

$$\omega = \frac{m_v}{m_a} = \frac{p_v V M_v / R_u T}{p_a V M_a / R_u T} = \frac{M_v p_v}{M_v p_a}$$

$$= 0.622 \frac{p_v}{p_a} = 0.622 \frac{x_v}{1 - x_v} \tag{10-7}$$

由方程式（10-4）與（10-7），可得

$$\phi = \frac{\omega p_a}{0.622 p_g} \tag{10-8}$$

【例題 10-1】

在 1 atm 與 25° C 的大氣中，水蒸汽所佔之容積爲 1%。試求濕度比、水蒸汽之分壓，及相對濕度。

解：由理想氣體可知，混合物中各成分容積的百分組成，即爲其摩爾分數。故由本例題，水蒸汽之摩爾分數 $x_v = 0.01\% = 10^{-4}$，而由方程式（10-7）可得濕度比 ω 爲，

$$\omega = 0.622\ \frac{x_v}{1-x_v} = 0.622\ \frac{0.01}{1-0.01}$$

$$= 6.283\times10^{-3}\ \mathrm{kg_v / kg_a}$$

水蒸汽之分壓 p_v 爲，

$$p_v = x_v\, p = 0.01\times1.013\times10^2 = 1.013\ \mathrm{kPa}$$

由附表 1，水在 25° C 之飽和壓力 p_g 爲 3.169 kPa，故相對濕度 ϕ 爲，

$$\phi = \frac{p_v}{p_g} = \frac{1.013}{3.169} = 31.97\ \%$$

【例題 10-2】

若有 0.1 MPa ，35° C 的大氣 100 m³ ，其相對濕度爲 70 ％ 。試求濕度比、乾空氣與水蒸汽之質量。

解：由附表 1，水在 35° C 之飽和壓力 $p_g = 5.628$ MPa ，故由方程式（ 10-4 ）可得，

$$p_v = \phi\, p_g = 0.7\times5.628 = 3.94\ \mathrm{kPa}$$

而乾空氣之分壓 p_a 爲，

$$p_a = p - p_v = 100 - 3.94 = 96.06\ \mathrm{kPa}$$

由方程式（ 10-7 ），濕度比 ω 爲，

$$\omega = 0.622\ \frac{p_v}{p_a} = 0.622\ \frac{3.94}{96.06} = 0.0255\ \mathrm{kg_v / kg_a}$$

由理想氣體狀態方程式，乾空氣之質量 m_a 爲，

$$m_a = \frac{p_a V}{R_a T} = \frac{96.06\times100}{0.287\times(35+273.15)} = 108.6\ \mathrm{kg}$$

由方程式（ 10-6 ），水蒸汽之質量 m_v 爲，

$$m_v = \omega\, m_a = 0.0255\times108.6 = 2.77\ \mathrm{kg}$$

或由理想氣體狀態方程式，

$$m_v = \frac{p_v V}{R_v T} = \frac{3.94\times100}{0.46152\times(35+273.15)} = 2.77\ \mathrm{kg}$$

10-3　露點溫度、乾球溫度、濕球溫度與絕熱飽和溫度

用以決定大氣之熱力性質的溫度有四個，爲露點溫度（dew-point temperature）、乾球溫度（dry-bulb temperature）、濕球溫度（wet-bulb temperature）及絕熱飽和溫度（adiabatic saturation temperature）。以下將分別討論之。

(1)　露點溫度

如圖10-1所示，若將最初水蒸汽爲狀態1的大氣，在定壓下予以冷卻，當溫度降低至狀態2之溫度時，則開始有水蒸汽被凝結爲液體，該溫度即稱爲此大氣之露點溫度，有時簡稱爲露點，以DP表示。故大氣被定壓冷卻，開始產生凝結水之溫度；或大氣中水蒸汽分壓之對應飽和溫度，即爲該大氣之露點溫度。而達到露點溫度之大氣，即爲飽和空氣，其相對濕度爲100％。

【例題 10-3】

(1)試決定例題10-2中大氣之露點溫度DP。

(2)若例題10-2中之大氣，在定壓下被冷卻至5°C，試求被凝結的水蒸汽量。

解：(1)由例題10-2知，水蒸汽之分壓爲 $p_v=3.94$ kPa，故由附表2，其飽和溫度，即露點溫度DP爲，

$$DP=28.6°C$$

(2)由於在定壓下被冷卻至5°C，低於其露點溫度，故最後爲飽和空氣，其水蒸汽分壓等於5°C之飽和壓力，由附表1可得，

$$p_{v2}=p_{g2}=0.8721 \text{ kPa}$$

而乾空氣之分壓 p_{a2} 爲，

$$p_{a2}=p-p_{v2}=100-0.8721=99.1279 \text{ kPa}$$

由方程式（10-7），最後之濕度比 ω_2 爲，

$$\omega_2=0.622\,\frac{p_{v2}}{p_{a2}}=0.622\,\frac{0.8721}{99.1279}=0.0055 \text{ kg}_v/\text{kg}_a$$

被凝結水蒸汽之質量，等於大氣中水蒸汽含量之差，即，

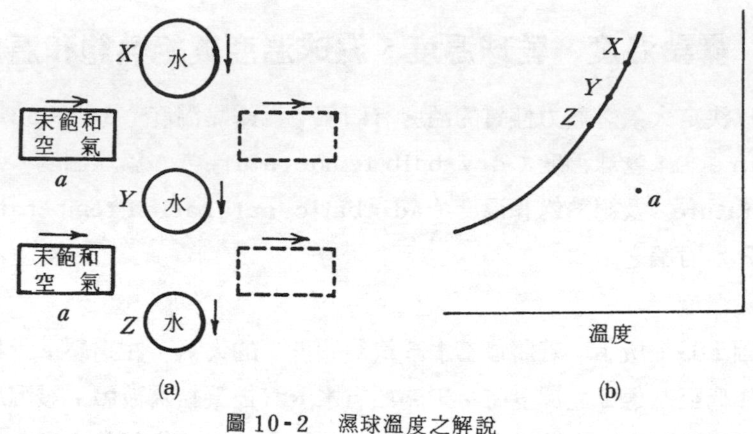

圖 10-2 濕球溫度之解說

$$m_a(\omega_1-\omega_2)=108.6(0.0255-0.0055)=2.172\text{ kg}$$

(2) 乾球溫度

以一般的溫度計，即其感溫球完全乾燥不含任何水份，對大氣測量所得之溫度，稱爲乾球溫度，以 DB 表示。通常所謂大氣的溫度，即指其乾球溫度。

(3) 濕球溫度

若將溫度計的感溫球四周，覆以充滿水份的材料（如棉紗），則對大氣測量所得之溫度稱爲濕球溫度，以 WB 表示。當大氣爲飽和空氣時，其濕球溫度與乾球溫度相等；而大氣通常皆爲未飽和空氣，則其濕球溫度低於乾球溫度。感溫球溫度變化的基本結構詳述於下。

如圖 10-2 所示，當水滴 X 與未飽和空氣 a 接觸時，因水的蒸汽壓大於未飽和空氣的蒸汽壓，故水份有自水滴逸出至大氣的質傳趨勢。又因大氣的溫度高於水滴的溫度，故熱量有自大氣傳至水滴的熱傳趨勢。因此，利用取自大氣的熱量，配合水滴自身儲能的一部份，造成若干水份子蒸發進入大氣中，而未蒸發部份，由於儲能的減少導致溫度的降低，成爲水滴 Y 。

水滴 Y 繼續與未飽和空氣 a 接觸，此時水的蒸汽壓仍大於空氣的蒸汽壓，但壓力差小於第一次接觸時之壓力差，故質傳趨勢已稍爲緩和。又，大氣與水滴間的溫度差，大於第一次接觸時之溫度差，故自大氣傳至水滴的熱量增加。因此，第二次接觸水份蒸發所需之能量，來自大氣的部份增加，而利用本身儲能的部份減少，但仍造成未蒸發部份溫度的降低，而成爲水滴 Z 。

當水滴繼續不斷與未飽和空氣接觸，則兩者間的蒸汽壓差愈來愈小，但溫度差愈來愈大。水份蒸發所需之能量，來自大氣的部份亦愈來愈多。當達到某一水滴溫度，兩者間溫度差所造成的熱傳量，已足以使水份蒸發，不需再使用水滴本身之儲能，則水滴之溫度即不再改變，此溫度即稱爲大氣之濕球溫度。

欲測得較準確的濕球溫度，則大氣需不斷流經濕球溫度計；若大氣爲靜止的情況，則可使用搖轉濕度計（ sling psychrometer ），將之在大氣中搖轉一段時間後，再讀取溫度值，即爲濕球溫度。

(4)　絕熱飽和溫度

由濕球溫度的觀念知，當未飽和空氣與水接觸，將造成部分水份蒸發進入大氣，使得大氣的濕度比增加，溫度降低，而水的溫度亦降低。

如圖10-3所示之設備，爲一絕熱之空氣流道，而空氣與水接觸之時間相當長，假設出口處大氣可成爲飽和空氣。若供給某溫度的水，可絕熱地使大氣成爲相同溫度的飽和空氣，則該溫度稱爲該大氣的絕熱飽和溫度。

由絕熱飽和過程之能量平衡可得，

$$h_1 + (\omega_2 - \omega_1) h_{f,2} = h_2 \qquad (10\text{-}9)$$

由於狀態2爲飽和空氣，$\phi_2 = 100\%$，$p_{v2} = p_{g2}$，$p_{a2} = p - p_{v2}$，由方程式（10-8）可知，

$$\phi_2 = \frac{\omega_2 (p - p_{g2})}{0.622\, p_{g2}}$$

即在某一大氣壓力 p 下，ω_2 僅爲 t_2 之函數。又由方程式（10-3），因 $m_v / m_a = \omega$，故

$$h_2 = c_{p,2} t_2 + \omega_2 h_{g2}$$

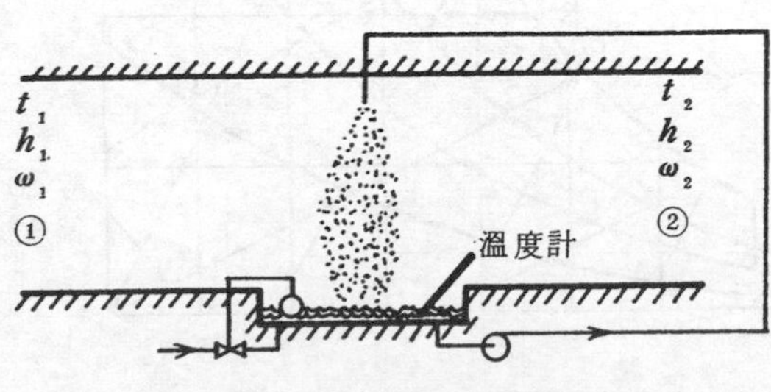

圖10-3　絕熱飽和設備

因此，h_2 亦僅爲絕熱飽和溫度 t_2 之函數。當然，$h_{f,2}$ 亦爲 t_2 之函數。故由方程式（10-9）知，在某一大氣壓力 p 下，絕熱飽和溫度 t_2 爲 h_1 與 ω_1 之函數，或爲狀態 1 之函數。即絕熱飽和溫度爲狀態 1 的一個熱力性質，而稱之爲熱力濕球溫度（thermodynamic wet-bulb temperature）。由於絕熱飽和溫度與濕球溫度間的差極小，故一般在空氣調節問題的分析中，通常均假設兩者相等。

10-4 濕度線圖

在空氣調節問題之分析中，經常需使用的大氣之熱力性質，包括乾球溫度（DB）、濕球溫度（WB）、相對濕度（ϕ）、濕度比（ω）、比容（v）及焓（h）。雖然由量測、理想氣體狀態方程式、蒸汽表等，配合適當的方程式，可求得此等熱力性質，但在應用上仍相當繁瑣而不方便。若將此等熱力性質示於一圖（chart）上，僅由兩個性質即可定出其狀態，而得到其他的性質，則在應用上極爲方便。此種圖稱之爲濕度線圖（psychrometric chart），或稱之爲空氣線圖，如圖 10-4 所示。

濕度線圖係以乾球溫度（°C）爲水平座標，而濕度比（kg_v/kg_a）爲垂直座標。以下將說明濕度線圖之繪製。

(1) 飽和曲線

飽和曲線即爲相對濕度爲100％之飽和空氣的所有狀態點。由方程式（10-7）可得，

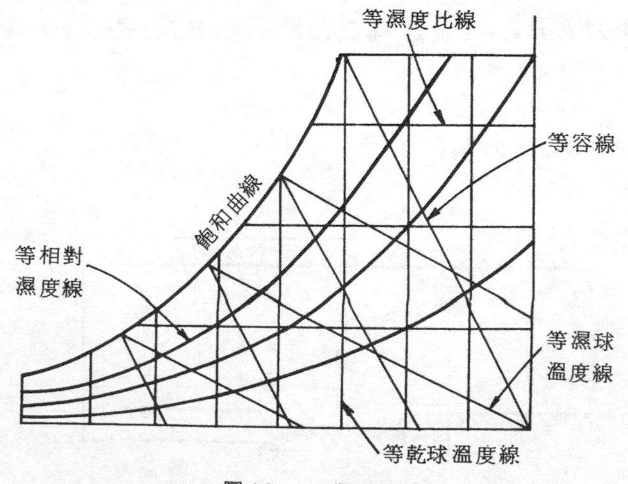

圖 10-4　濕度線圖

$$\omega_s = 0.622 \frac{p_g}{p - p_g}$$

由乾球溫度可自蒸汽表查得 p_g，就所考慮的大氣壓力 p，由上式即可求得 ω_s。因此，由 DB 與 ω_s 即可定出一點。同理，所有不同 DB 之飽和空氣的狀態點均可予以定出，而其連線即爲飽和曲線。

(2) 等相對濕度線（ $\phi = c$ ）

由方程式（ 10-5 ）與（ 10-7 ）可得，

$$\omega = 0.622 \frac{\phi p_g}{p - \phi p_g}$$

由乾球溫度可自蒸汽表查得 p_g，就所考慮的大氣壓力 p，及所欲繪出的相對濕度 ϕ，由上式即可求得 ω。因此，由 DB 與 ω 即可定出一點。同理，所有不同 DB 而具有相同 ϕ 的狀態點均可予以定出，而其連線即爲等相對濕度線。而其他不同相對濕度值，亦可利用相同方法予以繪出。

(3) 等容線（ $v = c$ ）

由方程式（ 10-1 ）與（ 10-5 ）可得，

$$v = \frac{R_a T}{p - \phi p_g}$$

由乾球溫度可自蒸汽表查得 p_g，就所考慮的大氣壓力 p，及所欲繪出的比容 v，由上式可求得 ϕ。因此，由 DB 與 ϕ 即可定出一點。同理，所有不同 DB 而具有相同 v 值的狀態點均可予以定出，而其連線即爲等容線。而其他不同比容值，均可利用相同方法予以繪出。

(4) 等濕球溫度線（ WB = c ）

假設濕球溫度等於絕熱飽和溫度，因此配合量測，將絕熱飽和過程中，大氣之狀態點繪於 DB - ω 圖上，其連線即爲等濕球溫度線，而其值爲該線與飽和曲線之交點的乾球溫度。改變進入絕熱飽和器之大氣的狀態，即可繪出其他的等濕球溫度線。

(5) 等焓線（ $h = c$ ）

由方程式（ 10-3 ）、（ 10-6 ）與（ 10-9 ）可得，

$$(c_{pa}t_1+\omega_1 h_{g1})+(\omega_2-\omega_1)h_{f2}=c_{pa}t_2+\omega_2 h_{g2}$$

由於$(\omega_2-\omega_1)$相當小，且 h_{f2} 亦甚小，故若將$(\omega_2-\omega_1)h_{f2}$ 予以忽略不計，則上式為

$$c_{pa}t_1+\omega_1 h_{g1}=c_{pa}t_2+\omega_2 h_{g2}$$

即絕熱飽和過程可視為一等焓過程，或等濕球溫度線即為等焓線。而其焓值可由飽和狀態予以定出。因

$$h=c_{pa}t_2+\omega_2 h_{g2}$$

由乾球溫度可自蒸汽表查得 h_{g2}，而在該乾球溫度下之飽和空氣之 ω 值，可自方程式（10-8）或已繪出之部份求得。同時，對乾空氣假設一焓值為零之基準溫度（一般假設為 $-20°C$），則由上式可求得焓之值。同理，由不同之乾球溫度，可定出不同的焓值。

由以上所述之方法，即可繪出各種不同大氣壓力下之濕度線圖。標準大氣壓（1 atm）下之濕度線圖，示於附圖3，圖中另有示出焓之修正因數線，可得較精確之焓值。

10-5　基本空氣調節過程

欲調節空氣之溫度與濕度，有甚多可行的方法，本節將敘述若干基本的空氣調節過程及其分析。實際的空氣調節過程，通常為二個或二個以上基本過程的組合。以下之分析均基於兩個假設：(1)空氣流經空氣調節設備為穩態穩流過程；(2)大氣之壓力，在整個調節過程中維持固定不變，即不計大氣流經設備之壓力降。

(1)　顯加熱過程

對低溫空氣加熱，使其乾球溫度升高，但不改變其水份的含量，稱為顯加熱過程（sensible heating process）。以電熱線對空氣直接加熱，即為方法之一；此外，亦可使用高溫熱媒（如熱水、水蒸汽或氣體動力廠排出之廢氣等），透過管壁對空氣作間接加熱。

顯加熱過程設備之草圖及濕度線圖，示於圖10-5。由於空氣中水份之含量不變，故其濕度比為常數，而在濕度線圖上，此過程為一自左向右的水平線。

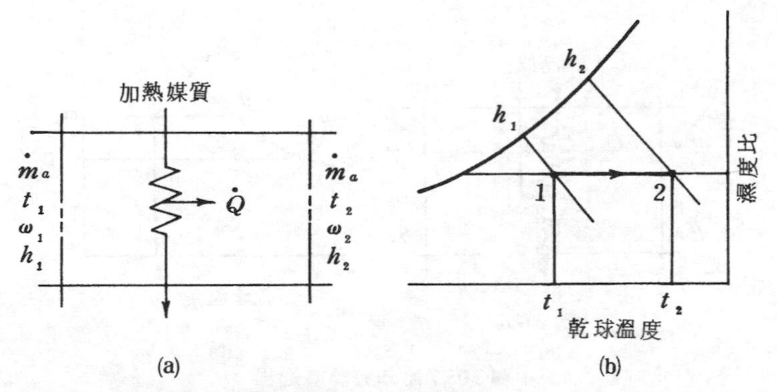

圖 10-5　顯加熱過程

由能量平衡可得，加熱率$\dot{Q}$爲，

$$\dot{Q}=\dot{m}_a\,(\,h_2-h_1\,) \tag{10-10}$$

式中 $\dot{m}_a$ 爲乾空氣之質量流量。

⑵ 顯冷卻過程

當空氣流經低溫的表面（如內有低溫的冷媒或冰水流經的冷卻盤管之表面），將放出熱量而降低乾球溫度，若溫度不低於其露點溫度，則水份之含量不變，或濕度比維持固定，則此過程稱爲顯冷卻過程（sensible cooling process）。

顯冷卻過程設備之草圖及濕度線圖，示於圖 10-6 。在濕度線圖上，此過程爲一自右向左的水平線。由能量平衡，可求得空氣之放熱率$\dot{Q}$爲，

$$\dot{Q}=\dot{m}_a\,(\,h_1-h_2\,) \tag{10-11}$$

⑶ 冷卻與除濕過程

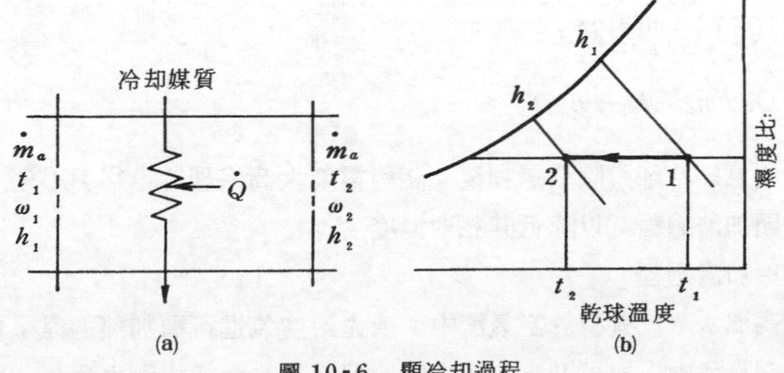

圖 10-6　顯冷却過程

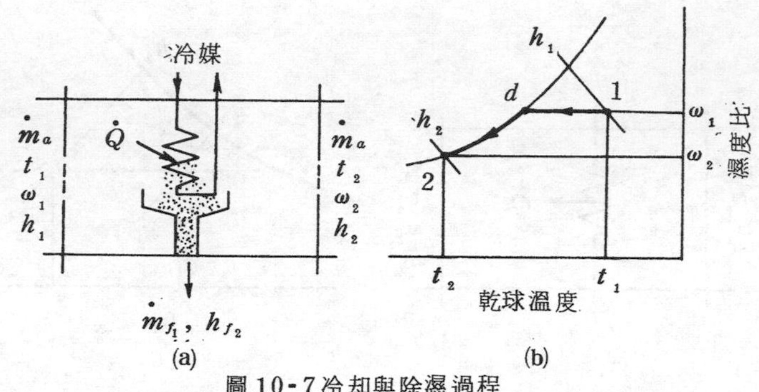

圖10-7冷却與除濕過程

當空氣接觸更低溫之表面，放出熱量而使乾球溫度降低至露點溫度以下，則空氣中的水蒸汽有部份將凝結，而造成濕度比的降低，此過程稱爲冷卻與除濕過程（cooling and dehumidification process）。冷卻與除濕過程設備之草圖及濕度線圖，示於圖10-7。

如圖所示，冷卻與除濕過程可視爲顯冷卻過程 $1 \rightarrow d$，及沿飽和曲線的過程 $d \rightarrow 2$ 所組成。分析中一般均假設，凝結出之水被冷卻至與空氣出口相同之溫度。

由水蒸汽含量之質量平衡，可求得凝結出水份的質量率 $\dot{m}_f$，

$$\dot{m}_f = \dot{m}_a(\omega_1 - \omega_2) \tag{10-12}$$

而由能量平衡，可求得空氣之放熱率 $\dot{Q}$，

$$\begin{aligned}\dot{Q} &= \dot{m}_a(h_1 - h_2) - \dot{m}_f h_{f2} \\ &= \dot{m}_a[(h_1 - h_2) - (\omega_1 - \omega_2)h_{f2}]\end{aligned} \tag{10-13}$$

由於 $(\omega_1 - \omega_2)h_{f2}$ 與 $(h_1 - h_2)$ 比較，通常爲極小，故經常予以忽略，而方程式（10-13）可寫爲，

$$\dot{Q} = \dot{m}_a(h_1 - h_2) \tag{10-14}$$

由於空氣經冷卻與除濕過程後，相對濕度太高（理論上爲100％），故經常再配合顯加熱過程，以降低其相對濕度。

(4) 加熱與加濕過程

若將高溫水蒸汽噴灑於空氣流中，或先對空氣進行顯加熱過程，再將水噴灑於高溫空氣流中，均可升高空氣之乾球溫度，並增加水份之含量，此種過程

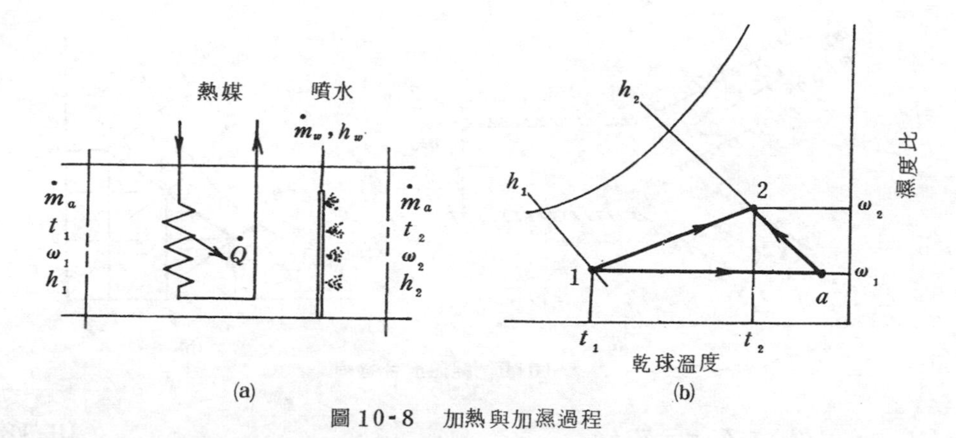

圖 10-8　加熱與加濕過程

稱爲加熱與加濕過程（heating and humidification process），其設備之草圖及濕度線圖示於圖 10-8 。

由圖 10-8(b)知，加熱與加濕過程可視爲顯加熱過程 $1 \to a$ ，與部份的絕熱飽和過程 $a \to 2$ 所構成。但在問題之分析中，僅需考慮假想的過程 $1 \to 2$ 。由水蒸汽之質量平衡，可求得加入之水的質量率 $\dot{m}_w$ ，

$$\dot{m}_w = \dot{m}_a(\omega_2 - \omega_1) \tag{10-15}$$

由能量平衡，可求得加熱率 $\dot{Q}$ ，

$$\begin{aligned}\dot{Q} &= \dot{m}_a(h_2 - h_1) - \dot{m}_w h_w \\ &= \dot{m}_a[(h_2 - h_1) - (\omega_2 - \omega_1)h_w]\end{aligned} \tag{10-16}$$

由於 $(\omega_2 - \omega_1)h_w$ 與 $(h_2 - h_1)$ 比較，通常爲極小，故可予以忽略不計，而方程式（10-16）可寫爲，

$$\dot{Q} = \dot{m}_a(h_2 - h_1) \tag{10-17}$$

(5)　絕熱混合過程

在空調系統中，經常有兩股不同狀態之空氣流的混合，且爲一絕熱過程，例如當室內之乾淨度不佳時，引入一部份的室外空氣，與室內的返流空氣混合，再進行其他的調節過程。絕熱混合過程設備之草圖及濕度線圖，示於圖10-9 。

由乾空氣之質量平衡、水蒸汽之質量平衡，及能量平衡，可得到下列三個方程式，

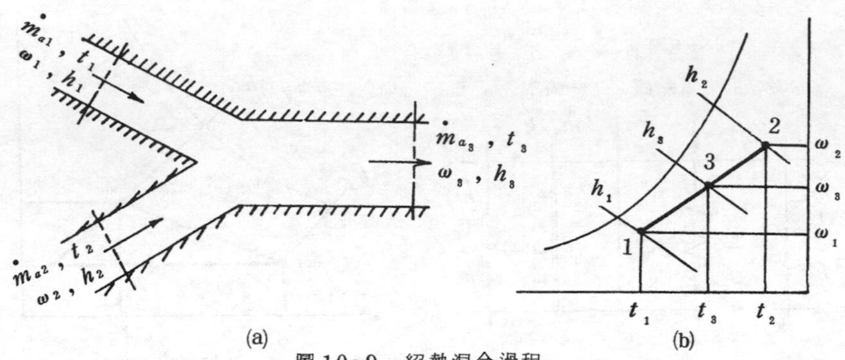

圖10-9 絕熱混合過程

$$\dot{m}_{a1} + \dot{m}_{a2} = \dot{m}_{a3} \tag{10-18}$$

$$\dot{m}_{a1}\omega_1 + \dot{m}_{a2}\omega_2 = \dot{m}_{a3}\omega_3 \tag{10-19}$$

$$\dot{m}_{a1} h_1 + \dot{m}_{a2} h_2 = \dot{m}_{a3} h_3 \tag{10-20}$$

將方程式（10-18）分別代入方程式（10-19）與（10-20），整理後可得，

$$\frac{\dot{m}_{a1}}{\dot{m}_{a2}} = \frac{h_2 - h_3}{h_3 - h_1} = \frac{\omega_2 - \omega_3}{\omega_3 - \omega_1} \tag{10-21}$$

由方程式（10-21）可知，在濕度線圖上，混合後之狀態3，必在狀態1與狀態2之連接線上，如圖10-9(b)所示。因此，流量與線段間之關係可表示如下：

$$\frac{\dot{m}_{a1}}{\dot{m}_{a2}} = \frac{\overline{32}}{\overline{13}} \quad \text{或} \quad \frac{\dot{m}_{a1}}{\dot{m}_{a3}} = \frac{\overline{32}}{\overline{12}} \quad \text{或} \quad \frac{\dot{m}_{a2}}{\dot{m}_{a3}} = \frac{\overline{13}}{\overline{12}} \tag{10-22}$$

若已知兩股混合前空氣流之狀態及流量 $\dot{m}_{a1}$ 與 $\dot{m}_{a2}$，則由方程式（10-21）可求得 h_3 與 ω_3 而定出狀態3。或由方程式（10-22），在濕度線圖上利用圖解法，亦可定出狀態3。

此外，若可先求出混合後空氣流之乾球溫度 t_3，則在濕度線圖上即可定出狀態3之位置。其法如下。

由方程式（10-18）與（10-20）可得，

$$h_3 = \frac{\dot{m}_{a1} h_1 + \dot{m}_{a2} h_2}{\dot{m}_{a1} + \dot{m}_{a2}} \tag{10-23}$$

而由方程式（10-18）與（10-19）可得，

$$\omega_3=\frac{\dot{m}_{a1}\omega_1+\dot{m}_{a2}\omega_2}{\dot{m}_{a1}+\dot{m}_{a2}} \qquad (10\text{-}24)$$

由方程式（10-3）與（10-6）知，

$$h=c_{pa}\,t+\omega h_g$$

故方程式（10-23）可寫爲，

$$c_{pa}\,t_3+\omega_3 h_{g3}=\frac{\dot{m}_{a1}(c_{pa}\,t_1+\omega_1 h_{g1})+\dot{m}_{a2}(c_{pa}\,t_2+\omega_2 h_{g2})}{\dot{m}_{a1}+\dot{m}_{a2}} \qquad (10\text{-}25)$$

將方程式（10-24）代入方程式（10-25）可得，

$$c_{pa}\,t_3+\frac{(\dot{m}_{a1}\omega_1+\dot{m}_{a2}\omega_2)h_{g3}}{\dot{m}_{a1}+\dot{m}_{a2}}$$

$$=\frac{\dot{m}_{a1}(c_{pa}\,t_1+\omega_1 h_{g2})+\dot{m}_{a2}(c_{pa}\,t_2+\omega_2 h_{g2})}{\dot{m}_{a1}+\dot{m}_{a2}}$$

上式予以整理，並除以 c_{pa} 可得，

$$t_3=\frac{\dot{m}_{a1}\,t_1+\dot{m}_{a2}\,t_2}{\dot{m}_{a1}+\dot{m}_{a2}}$$

$$+\frac{(\dot{m}_{a1}\omega_1 h_{g1}-\dot{m}_{a1}\omega_1 h_{g3})-(\dot{m}_{a2}\omega_2 h_{g3}-\dot{m}_{a2}\omega_2 h_{g2})}{c_{pa}(\dot{m}_{a1}+\dot{m}_{a2})}$$

(10-26)

方程式（10-26）中的最後一項，通常爲極小而可予忽略。故混合後空氣之乾球溫度 t_3 可近似表示爲，

$$t_3=\frac{\dot{m}_{a1}\,t_1+\dot{m}_{a2}\,t_2}{\dot{m}_{a1}+\dot{m}_{a2}} \qquad (10\text{-}27)$$

通常，在空氣調節系統中已知者爲空氣之體積流量$\dot{V}$，而非乾空氣之質量流量 $\dot{m}_a$ ，故方程式（10-27）可予改寫爲，

$$t_3 = \frac{\dfrac{\dot{V}_1}{v_1}\ t_1 + \dfrac{\dot{V}_2}{v_2}\ t_2}{\dfrac{\dot{V}_1}{v_1} + \dfrac{\dot{V}_2}{v_2}} \tag{10-28}$$

若混合之兩股空氣流的比容 v_1 與 v_2 極爲相近，而可視爲相等時，則 t_3 可更進一步地近似表示爲，

$$t_3 = \frac{\dot{V}_1 t_1 + \dot{V}_2 t_2}{\dot{V}_1 + \dot{V}_2} \tag{10-29}$$

【例題 10-4 】

一大氣壓的空氣，自 14°C 與 90 % 的相對濕度，被加熱至 50 % 的相對濕度。試求每 kg 乾空氣所需之熱量。

解：此爲一顯加熱過程，其濕度線圖如圖 10-5(b)所示。由附圖 3（濕度線圖）可讀取，

$$h_1 = 36.8\ \mathrm{kJ/kg_a} \qquad , \qquad h_2 = 47.0\ \mathrm{kJ/kg_a}$$

由方程式（10-10），每 kg 乾空氣所需之熱量 q 爲，

$$q = \frac{\dot{Q}}{\dot{m}_a} = h_2 - h_1 = 47.0 - 36.8 = 10.2\ \mathrm{kJ/kg_a}$$

【例題 10-5 】

一大氣壓之空氣，在 32°C 與 60 % 的相對濕度，以 1.5 $\mathrm{kg_a/sec}$ 之流量流經除濕器的冷凍盤管。空氣流出時爲 15°C 之飽和空氣。試求(a)冷凝水之流率；(b)所需之冷凍噸。

解：此爲一冷卻與除濕過程，其濕度線圖如圖 10-7(b)所示。由附圖 3 可讀取

$$h_1 = 78.2\ \mathrm{kJ/kg_a} \quad ; \quad \omega_1 = 0.018\ \mathrm{kg_v/kg_a}$$

$$h_2 = 42.0\ \mathrm{kJ/kg_a} \quad ; \quad \omega_2 = 0.0106\ \mathrm{kg_v/kg_a}$$

由附表 1 可得，

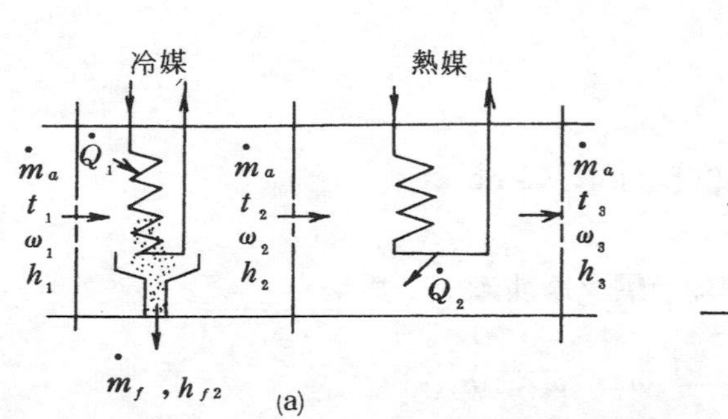

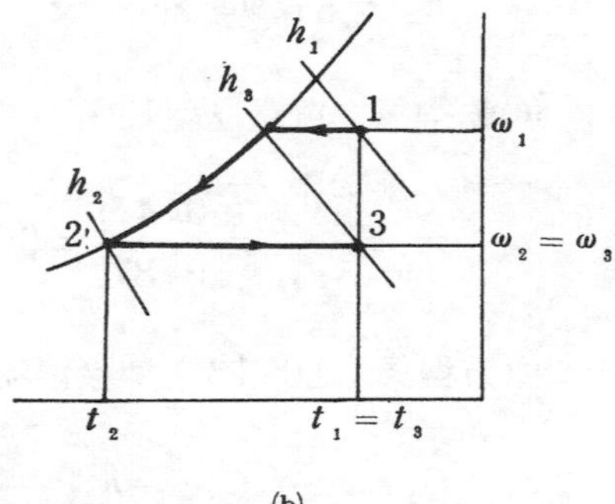

圖 10-10　冷却與除濕及再熱過程，例題 10-6

$h_{f2}=62.99$ kJ / kg

(a)由方程式（10-12），冷凝水之流率 $\dot{m}_f$ 爲，

$$\dot{m}_f=\dot{m}_a(\omega_1-\omega_2)=1.5(0.018-0.0106)$$
$$=0.0111 \text{ kg / sec}$$

(b)由方程式（10-13），所需之冷凍噸 $\dot{Q}$ 爲，

$$\dot{Q}=\dot{m}_a(h_1-h_2)-\dot{m}_f h_{f2}$$
$$=1.5(78.2-42.0)-0.0111\times 62.99=53.6 \text{ kW}$$
$$=\frac{53.6}{3.517}=15.24 \text{ 噸}$$

【例題 10-6】

一大氣壓之空氣，在 26° C 與 80 % 的相對濕度，進入一除濕器一再熱器設備，被調節至 26° C 與 50 % 的相對濕度。空氣入口處之體積流量爲 0.47 m³ / sec，試求(a)除濕器所需之冷凍噸；(b)再熱器所需之加熱率。

解：此爲冷卻除濕過程配合再熱過程，其設備之草圖及濕度線圖，如圖10-10所示。由附圖 3 可得，

$$h_1=69.0 \text{ kJ / kg}_a\ ;\ \omega_1=0.0168 \text{ kg}_v/\text{kg}_a\ ;\ v_1=0.87 \text{ m}^3/\text{kg}_a$$
$$h_2=49.5 \text{ kJ / kg}_a\ ;\ \omega_2=0.0126 \text{ kg}_v/\text{kg}_a\ ;\ T_2=14.75^\circ \text{C}$$
$$h_3=52.6 \text{ kJ / kg}_a$$

由附表 1 可得，

$h_{f2} = 61.94\ kJ/kg$

(a)乾空氣之流量 $\dot{m}_a$ 爲，

$$\dot{m}_a = \frac{\dot{V}}{v_1} = \frac{0.47}{0.87} = 0.54\ kg_a/sec$$

由方程式（10-13），除濕器所需之冷凍噸 $\dot{Q}_1$ 爲，

$$\begin{aligned}\dot{Q}_1 &= \dot{m}_a[(h_1 - h_2) - (\omega_1 - \omega_2)h_{f2}] \\ &= 0.54[(69.0 - 49.5) - (0.0168 - 0.0126) \times 61.94] \\ &= 10.39\ kW = 2.95\ 噸\end{aligned}$$

(b)由方程式（10-10），再熱器所需之加熱率 $\dot{Q}_2$ 爲，

$$\begin{aligned}\dot{Q}_2 &= \dot{m}_a(h_3 - h_2) = 0.54(52.6 - 49.5) \\ &= 1.67\ kJ/sec\end{aligned}$$

【例題 10-7】

一大氣壓的空氣，在10° C與10 %的相對濕度，進入一加熱與加濕設備，如圖10-8所示，而被調節至24° C與50 %的相對濕度。若乾空氣之流量爲0.75 kg_a/sec，而噴灑水之溫度爲15° C，試求(a)需加入之熱量率；(b)加入之水的質量率。

解：如圖10-8(b)所示，由附圖3可得，

$$h_1 = 12.0\ kJ/kg_a \quad ; \quad \omega_1 = 0.0007\ kg_v/kg_a$$
$$h_2 = 47.9\ kJ/kg_a \quad ; \quad \omega_2 = 0.0094\ kg_v/kg_a$$

由附表1，水在15° C時，

$h_w = 62.99\ kJ/kg$

(a)由方程式（10-16），需加入之熱量率 $\dot{Q}$ 爲，

$$\begin{aligned}\dot{Q} &= \dot{m}_a[(h_2 - h_1) - (\omega_2 - \omega_1)h_w] \\ &= 0.75[(47.9 - 12.0) - (0.0094 - 0.0007) \times 62.99] \\ &= 26.51\ kJ/sec\end{aligned}$$

(b)由方程式（10-15），加入之水的質量率 $\dot{m}_w$ 爲，

$$\dot{m}_w = \dot{m}_a(\omega_2 - \omega_1) = 0.75(0.0094 - 0.0007)$$
$$= 0.00652 \text{ kg/sec}$$

練習題

1. 100 kPa與27° C的濕空氣，其濕度比爲0.012 kg_v/kg_a。試求(a)水蒸汽之分壓；(b)露點溫度。
2. 101 kPa與35° C的大氣，相對濕度爲80％。試求(a)露點溫度；(b)濕度比；(c)乾空氣之分壓；(d)水蒸汽之質量分數（mass fraction）。
3. 100 kPa與25° C的大氣，其濕度比爲0.016 kg_v/kg_a。試求(a)水蒸汽之摩爾分數；(b)露點溫度；(c)相對濕度。
4. 若濕空氣之壓力、溫度與相對濕度分別爲300 kPa、60° C與50.1％，試求其露點溫度與濕度比。
5. 若101 kPa與25° C之大氣，其露點溫度爲10° C，試求(a)濕度比；(b)相對濕度。
6. 試求練習題3.之大氣的絕熱飽和溫度。
7. 試求練習題5.之大氣的絕熱飽和溫度。
8. 壓力、溫度與相對濕度分別爲101 kPa、10° C與50％的大氣，以0.2 m^3/sec之體積流量進入一空氣調節設備，被調節至32° C與95％的相對濕度。試求(a)供給之熱量率；(b)供給水份的質量率。
9. 在一容積爲1.4 m^3的容器內，裝有138 kPa，43° C，而相對濕度爲50％的濕空氣。若空氣被冷卻至21° C，試求：
   (a)被凝結出水份之質量。
   (b)水蒸汽最初之分壓。
   (c)濕空氣最後之壓力。
   (d)被冷卻放出之熱量。
10. 一壓力爲96 kPa，溫度爲10° C，而蒸汽壓爲1.0 kPa的濕空氣，在壓縮機內被絕熱地壓縮至207 kPa與65° C。
    (a)試求每 kg 之空氣所需之功。
    (b)空氣最初與最後的相對濕度各爲若干？
11. 若一室內空氣之乾球溫度爲23° C，而牆壁之溫度爲16° C，若希望牆壁上不會發生水份凝結之現象，則空氣最大可能之相對濕度爲若干？

12. 有一空氣調節設備，自某建築物移走之熱量率爲 35 kJ／sec。空氣進入空氣調節設備之體積流量爲 1.92 m^3／sec，其中 0.29 m^3／sec 爲乾球溫度 35° C，而濕球溫度 24° C 的外氣，其餘爲建築物內循環之空氣。建築物內之空氣維持於 25° C 乾球溫度與 40 % 相對濕度。冷凍盤管表面之溫度爲 10° C。

    (a)進入建築物之空氣的狀態爲何？

    (b)冷凍盤管之冷凍噸爲若干？

    (c)水份凝結之質量率（kg／sec）爲若干？

13. 空氣在 2°C 乾球溫度與 50 % 相對濕度，以 5 m^3／sec 之體積流量進入一加熱與加濕之空氣調節設備，而被調節至 25° C 乾球溫度與 45 % 相對濕度。噴灑之水爲 65° C。

    (a)供給水份之質量率爲若干？

    (b)供給之熱量率爲若干？

14. 如圖 10-11 所示，將飽和空氣在一加熱盤管加熱。部份空氣流經盤管（即途徑 1－2－3），而其餘的空氣旁通（即途徑 1－4－3）。假設標準大氣壓，試求旁通之空氣量，及供給之熱量率。

15. 濕空氣在 150 kPa 的壓力，40° C 的溫度，以 0.2 kg_a／min 的乾空氣質量流量進入一絕熱的空氣調節設備，而被調節至 150 kPa、30° C、及 80 % 的相對濕度。在設備內有 30° C 的水噴灑，用以冷卻空氣。試求此設備運轉一小時，所需水的質量。

16. 標準大氣壓之空氣，在 28° C 與 10 % 的相對濕度，以 0.23 kg_a／sec 之流量進入一空氣調節設備。在設備內，20° C 的水噴灑於空氣中，並有熱量的加入（或移走）。空氣被調節至 16° C 與 70 % 相對濕度。試求熱

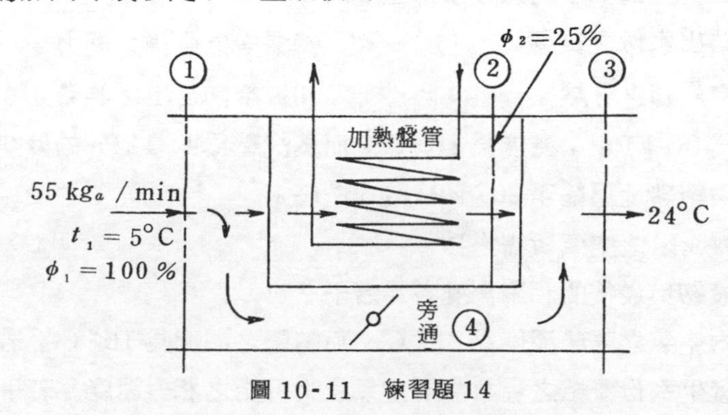

圖 10-11　練習題 14

交換量（加入或移走）及水的質量流量。

17. 標準大氣壓之空氣，在25° C與 30％的相對濕度，以15 kg／sec之流量進入一空氣調節設備。在調節過程中，有20° C的水被移走，並有熱量的加入（或移走）。空氣被調節至15° C的乾球溫度與5°C的濕球溫度。試求熱交換量（加入或移走）。

18. 濕空氣在150 kPa的壓力，30° C的乾球溫度，及80％的相對濕度，進入一空氣調節設備。乾空氣之質量爲1 kg_a／sec 。空氣被調節至125 kPa、10° C、及100％的相對濕度，而過程中排出之凝結水爲10° C 。試求此調節過程之熱傳率。

参考資料

1. Richard E. Sonntag, and Gordon J. Van Wylen, : " Fundamentals of Classical Thermodynamics ", SI Version, 2e, John Wiley & Sons, Inc., 1978.
2. James B. Jones, and George A. Hawkins, : " Engineering Thermodynamics ", John Wiley & Sons, Inc., 1960.
3. Kennth Wark, : " Thermodynamics ", McGraw-Hill, 1983.
4. B. V. Karlekar, : " Thermodynamics for Engineers ", Prentice-Hall, 1983.
5. J. P. Holman, : " Thermodynamics ", McGraw-Hill, 1975.
6. M. David Burghardt, : " Engineering Thermodynamics with Applications ", Harper & Row, 1982.
7. William C. Reynolds, and Henry C. Perkins, : "Engineering Thermodynamics ", McGraw-Hill, 1977.
8. Virgil Moring Faires, : " Thermodynamics ", Macmillan, 1970.
9. Martin V. Sussman, : " Elementary General Thermodynamics ", Addison-Wesley, 1972.
10. Richard E. Balzhiser, and Michael R. Samuels, : " Engineering Thermodynamics ", Prentice-Hall, 1977.
11. Bernard D. Wood, : " Applications of Thermodynamics ", *Addison-Wesley, 1982.*
12. James P. Todd, and Herbert B. Ellis, : " An Introduction to Thermodynamics for Engineering Technologists ", 1981.
13. Rayner Joel, : " Basic Engineering Thermodyuamics in SI

Units", 1974.

14. David A. Mooney, : "Mechanical Engineering Thermodynamics", 1969.
15. Fran Bosnjakovic, : "Technical Thermodynamics", 1965.
16. Edward F. Obert, and Richard A. Gaggioli, : "Thermodynamics", McGraw-Hill, 1968.
17. George A. Hawkins, : "Thermodynamics", 1950.
18. T. D. Eastop, and A. McConkey, : "Applied Thermodynamics for Engineering Technologists", Longman, 1978.
19. W. F. Stoecker, : "Refrigeration and Air Conditioning", McGraw-Hill, 1958.
20. James L. Threlkeld, : "Thermal Enviromental Engineering", Prentice-Hall, 1970.
21. Guy R. King, : "Modern Refrigeration Practice", McGraw-Hill, 1971.
22. Norman C. Harris, and David F. Conde, : "Modern Air Conditioning Practice", McGraw-Hill, 1959.

部份習題之答案

第一章

1. 1062.4 kPa
3. 2.35 kPa；17.65 mm
5. 800.69 kPa
7. 1467.1 Pa
9. −24.9 MJ
11. (a) −100 kJ；(b) −138.63 kJ
15. 10.125 m/sec；
    0.254 kg/sec
17. 558.9 m/sec；16.37 cm^2

第二章

1. 5.992×10^3 kJ
3. −6.912 kJ；−24.114 kg；
    −17.202 kJ
5. −23.286 kJ；−8.971 kJ；
    14.315 kJ
7. 59.5 kJ
9. −708.75 kJ/kg
11. −195 kJ/kg
13. −21.25 kJ/kg
15. 23.36 kJ/kg
17. −54.75 kJ/kg
19. −34.85 kJ/kg

第三章

1. (a) 0.0888 m^3/kg；
    (b) 0.00283 m^3/kg；
    (c) 0.02308 m^3/kg；
    (d) 0.02732 m^3/kg。
3. 33％
5. 0.0614 m^3；13.97 kg
7. 1.518 m^3
9. 0.06798 m^3/sec；3.3％
11. 98.58％；5.98 MJ/kg
13. 26534.27 kJ
15. 2116.52 MJ
17. (b) 1.993 MPa
    (c) 13.033 MJ；346.5 kJ
19. −13.7° C
21. 0.2815 MPa
23. (a) 151.6° C；(b) 152.3 kJ
    (c) 682 kPa；142.5° C
25. 418.3 kJ/kg
27. 95.9％
29. 7.238 kg

第四章

1. 2.78 kg
3. 21.75 kg
5. (a) 2596.3 kJ／kg；
   (b) 520.8 kJ／kg；
   (c) 420.9 kJ／kg
7. −22.9 kJ；−8.6 kJ
9. 220 kJ
11. 94.7 kJ／kg
13. −24.9 MJ
15. 138.6 kJ／kg
17. 650 kJ；2590° C
19. −17.98 MJ；−14.74 MJ
21. (a) 1.116；(b) 0.0526 m^3；
   (c) 9.12 kJ
23. −10.04 kJ／sec
25. 3.6 kg／sec
27. 10.7 kg／sec
29. 17.6 g／sec
31. 13.1 MJ／sec
33. 144.3° C
35. (a) 137.2° C，3.82 kg
   (b) 1.816 MPa，0.112 m^3
   (c) 220 kJ
37. $\frac{pVc_p}{R} \ln \frac{T_f}{T_i}$

第五章

3. 6.71％
5. 不可能；41.23 kJ
7. (a) 2931.2 J；(b) 1068.8 J
   (c) 26.7％
9. 1.626 kW
15. 15.8 kW
17. (a) 0.91 kW；(b) 40° C
19. 148 kJ／hr
23. 35.56％

第六章

1. (b) 0.9610；0.2876
   (c) 4.6
3. −16.64 J／K；200° C
5. 480.4 J／K
7. −0.41698 kJ／kg-K
9. (a) 1.202 kJ／K；
   (b) −1.045 kJ／K；
   (c) 0.157 kJ／K
11. (b) 2108.5 kJ；
   (c) 4.9606 kJ／K
13. 3.9236 kJ／K
15. 4.42 J／K
17. (a) 14.91 m^3／kg；394.5 K
   6.87 kPa
   (b) 1.0 kJ／K
19. (a) 949.5 kPa；799.8 kPa
   (b) 1.15 kg；
   (c) 0.7624 kJ／K
21. 552.71 kJ／kg
23. (a) 14.75 MJ；
   (b) 25.742 kJ／K
25. (a) 1.2685；(b) 0.1676 m^3

(c) −95.3 kJ；−31.5 kJ
(d) 0.0153 kJ/K

27. 0.679 kW
29. (a) 696 m/sec；(b) 0.95
31. (a) 16.35 MW；
(b) 4.232 MW
33. 0.843

第七章

1. (a) 1646 kPa；638 K；
55.3%
(b) 1345 kPa；522 K；
45.4%
3. (a) 7.67 kW；(b) 51%
5. 59.8%
7. (c) 1176.6 kJ/kg；
(d) 599.6 kJ/kg；(e) 51%
9. 1480 kJ/kg；56.9%
11. (a) 171.75 kJ/kg；
(b) 434.0 kJ/kg；
(c) 36.9%
13. (a) 16.2 MW；(b) 36.2 MW
(c) 49.9 MW；(d) 40%
(e) 83.9 kg/sec
15. (a) 31.21 kW；(b) 35.9%
(c) 79.18 kg/sec；
69.37 m^3/sec
17. 35.8；78.3 kJ/kg
19. 0.0885kg/sec
21. 46.7%；95.8%
23. 120.3 kJ/kg；21.4%
25. 126.8 kJ/kg；
423.4 kJ/kg；70.1%
27. 193.07 kJ/kg；
532.16 kJ/kg；35.61%
28. (a) 176.1 kJ/kg；
588.6 kJ/kg；34.7%
(b) 176.1 kJ/kg；
588.6 kJ/kg；70.0%

第八章

1. 30.3%
3. (a) w_P = 1.46 kJ/kg；
w_T = 457.7 kJ/kg
(b) η_R = 19.2%；
η_C = 20.9%
5. (a) 28.4%；0.8868
(b) 34.1%；0.8011
(c) 36.3%；0.7578
(d) 37.9%；0.7059
7. (a) 1.2 kJ/kg；
(b) 3631 kJ/kg；
(c) 1034 kJ/kg；
(d) 28.44%；
(e) 9.682 kg/sec
9. (a) 1077.8 kJ/kg；
(b) 36.3%
11. 1194.1 kJ/kg；38.4%
13. (c) 929.4 kJ/kg；
(d) 26%
15. (a) 42.7%；(b) 46.1%；
(c) 47.5%

17. (a)1222.7 kJ／kg；
(b)692.4 kJ／kg
(c) 33.8％
19. (a)0.906；(b) 9.58 kg／sec
(c)5.85 kJ／hr
21. 31.5％；12.74 kg／sec
23. (a) 323.4 kJ／sec；
(b)37.9％；
(c) 113,040 kg／hr
25. (a)x = 0.961；(b) 81.91° C
(c) 23.7％

第九章

1. COP = 1.75；T_H = 429 K
1.12 kW／ton
3. (a)11.7 kW；(b) 2.69 kW
(c) 2.57 tons
5. (a) 3.207；(b)3.347
7. 19.5° C
9. (a)2.8 kg／sec；(b) 3.125
(c) 1.12 kW／ton
11. 2.818；2.92
13. 2.64；5.68 kW
15. (a)1.713；(b)0.014 kg／sec
17. (a)0.406
(b)14.8 m^3／min-ton
19. 0.590
21. 0.258

第十章

1. (a) 741 Pa；(b) 99.6° C
3. (a) 0.98％；(b) 99.6° C
(c)0.311％
5. (b) 39％
7. 7.0° C
9. (a)0.01754 kg；
(b)4.3245 kPa；
(c) 136.2 kPa；(d) 76 kJ
11. 65％
13. (a)0.0408 kg／sec
(b)234.3 kJ／sec
15. 0.0505 kg
17. －309.3 kJ／sec

索　引

A

B

C

E

F

G

H

I

J

K

L

M

O

P

S

T

U

V

W

Z

附錄

附表・附圖

附表1 飽和水-水蒸汽(溫度表)

溫度 (°C) (T)	壓力 (kPa) (p)	比容 (m³/kg) v_f	比容 (m³/kg) v_g	內能 (kJ/kg) u_f	內能 (kJ/kg) u_{fg}	內能 (kJ/kg) u_g	焓 (kJ/kg) h_f	焓 (kJ/kg) h_{fg}	焓 (kJ/kg) h_g	熵 (kJ/kg-K) s_f	熵 (kJ/kg-K) s_{fg}	熵 (kJ/kg-K) s_g
0.01	0.6113	0.001 000	206.14	.00	2375.3	2375.3	.01	2501.3	2501.4	.0000	9.1562	9.1562
5	0.8721	0.001 000	147.12	20.97	2361.3	2382.3	20.98	2489.6	2510.6	.0761	8.9496	9.0257
10	1.2276	0.001 000	106.38	42.00	2347.2	2389.2	42.01	2477.7	2519.8	.1510	8.7498	8.9008
15	1.7051	0.001 001	77.93	62.99	2333.1	2396.1	62.99	2465.9	2528.9	.2245	8.5569	8.7814
20	2.339	0.001 002	57.79	83.95	2319.0	2402.9	83.96	2454.1	2538.1	.2966	8.3706	8.6672
25	3.169	0.001 003	43.36	104.88	2304.9	2409.8	104.89	2442.3	2547.2	.3674	8.1905	8.5580
30	4.246	0.001 004	32.89	125.78	2290.8	2416.6	125.79	2430.5	2556.3	.4369	8.0164	8.4533
35	5.628	0.001 006	25.22	146.67	2276.7	2423.4	146.68	2418.6	2565.3	.5053	7.8478	8.3531
40	7.384	0.001 008	19.52	167.56	2262.6	2430.1	167.57	2406.7	2574.3	.5725	7.6845	8.2570
45	9.593	0.001 010	15.26	188.44	2248.4	2436.8	188.45	2394.8	2583.2	.6387	7.5261	8.1648
50	12.349	0.001 012	12.03	209.32	2234.2	2443.5	209.33	2382.7	2592.1	.7038	7.3725	8.0763
55	15.758	0.001 015	9.568	230.21	2219.9	2450.1	230.23	2370.7	2600.9	.7679	7.2234	7.9913
60	19.940	0.001 017	7.671	251.11	2205.5	2456.6	251.13	2358.5	2609.6	.8312	7.0784	7.9096
65	25.03	0.001 020	6.197	272.02	2191.1	2463.1	272.06	2346.2	2618.3	.8935	6.9375	7.8310
70	31.19	0.001 023	5.042	292.95	2176.6	2469.6	292.98	2333.8	2626.8	.9549	6.8004	7.7553
75	38.58	0.001 026	4.131	313.90	2162.0	2475.9	313.93	2321.4	2635.3	1.0155	6.6669	7.6824
80	47.39	0.001 029	3.407	334.86	2147.4	2482.2	334.91	2308.8	2643.7	1.0753	6.5369	7.6122
85	57.83	0.001 033	2.828	355.84	2132.6	2488.4	355.90	2296.0	2651.9	1.1343	6.4102	7.5445
90	70.14	0.001 036	2.361	376.85	2117.7	2494.5	376.92	2283.2	2660.1	1.1925	6.2866	7.4791
95	84.55	0.001 040	1.982	397.88	2102.7	2500.6	397.96	2270.2	2668.1	1.2500	6.1659	7.4159

附表1 （續）

溫度 (°C)	壓力 (MPa)	比容 (m³/kg)		內能 (kJ/kg)			焓 (kJ/kg)			熵 (kJ/kg-K)		
(T)	(p)	v_f	v_g	u_f	u_{fg}	u_g	h_f	h_{fg}	h_g	s_f	s_{fg}	s_g
100	0.101 35	0.001 044	1.6729	418.94	2087.6	2506.5	419.04	2257.0	2676.1	1.3069	6.0480	7.3549
105	0.120 82	0.001 048	1.4194	440.02	2072.3	2512.4	440.15	2243.7	2683.8	1.3630	5.9328	7.2958
110	0.143 27	0.001 052	1.2102	461.14	2057.0	2518.1	461.30	2230.2	2691.5	1.4185	5.8202	7.2387
115	0.169 06	0.001 056	1.0366	482.30	2041.4	2523.7	482.48	2216.5	2699.0	1.4734	5.7100	7.1833
120	0.198 53	0.001 060	0.8919	503.50	2025.8	2529.3	503.71	2202.6	2706.3	1.5276	5.6020	7.1296
125	0.2321	0.001 065	0.7706	524.74	2009.9	2534.6	524.99	2188.5	2713.5	1.5813	5.4962	7.0775
130	0.2701	0.001 070	0.6685	546.02	1993.9	2539.9	546.31	2174.2	2720.5	1.6344	5.3925	7.0269
135	0.3130	0.001 075	0.5822	567.35	1977.7	2545.0	567.69	2159.6	2727.3	1.6870	5.2907	6.9777
140	0.3613	0.001 080	0.5089	588.74	1961.3	2550.0	589.13	2144.7	2733.9	1.7391	5.1908	6.9299
145	0.4154	0.001 085	0.4463	610.18	1944.7	2554.9	610.63	2129.6	2740.3	1.7907	5.0926	6.8833
150	0.4758	0.001 091	0.3928	631.68	1927.9	2559.5	632.20	2114.3	2746.5	1.8418	4.9960	6.8379
155	0.5431	0.001 096	0.3468	653.24	1910.8	2564.1	653.84	2098.6	2752.4	1.8925	4.9010	6.7935
160	0.6178	0.001 102	0.3071	674.87	1893.5	2568.4	675.55	2082.6	2758.1	1.9427	4.8075	6.7502
165	0.7005	0.001 108	0.2727	696.56	1876.0	2572.5	697.34	2066.2	2763.5	1.9925	4.7153	6.7078
170	0.7917	0.001 114	0.2428	718.33	1858.1	2576.5	719.21	2049.5	2768.7	2.0419	4.6244	6.6663
175	0.8920	0.001 121	0.2168	740.17	1840.0	2580.2	741.17	2032.4	2773.6	2.0909	4.5347	6.6256
180	1.0021	0.001 127	0.194 05	762.09	1821.6	2583.7	763.22	2015.0	2778.2	2.1396	4.4461	6.5857
185	1.1227	0.001 134	0.174 09	784.10	1802.9	2587.0	785.37	1997.1	2782.4	2.1879	4.3586	6.5465
190	1.2544	0.001 141	0.156 54	806.19	1783.8	2590.0	807.62	1978.8	2786.4	2.2359	4.2720	6.5079
195	1.3978	0.001 149	0.141 05	828.37	1764.4	2592.8	829.98	1960.0	2790.0	2.2835	4.1863	6.4698
200	1.5538	0.001 157	0.127 36	850.65	1744.7	2595.3	852.45	1940.7	2793.2	2.3309	4.1014	6.4323
205	1.7230	0.001 164	0.115 21	873.04	1724.5	2597.5	875.04	1921.0	2796.0	2.3780	4.0172	6.3952
210	1.9062	0.001 173	0.104 41	895.53	1703.9	2599.5	897.76	1900.7	2798.5	2.4248	3.9337	6.3585

215	2.104	0.001 181	0.094 79	918.14	1682.9	2601.1	920.62	1879.9	2800.5	2.4714	3.8507	6.3221
220	2.318	0.001 190	0.086 19	940.87	1661.5	2602.4	943.62	1858.5	2802.1	2.5178	3.7683	6.2861
225	2.548	0.001 199	0.078 49	963.73	1639.6	2603.3	966.78	1836.5	2803.3	2.5639	3.6863	6.2503
230	2.795	0.001 209	0.071 58	986.74	1617.2	2603.9	990.12	1813.8	2804.0	2.6099	3.6047	6.2146
235	3.060	0.001 219	0.065 37	1009.89	1594.2	2604.1	1013.62	1790.5	2804.2	2.6558	3.5233	6.1791
240	3.344	0.001 229	0.059 76	1033.21	1570.8	2604.0	1037.32	1766.5	2803.8	2.7015	3.4422	6.1437
245	3.648	0.001 240	0.054 71	1056.71	1546.7	2603.4	1061.23	1741.7	2803.0	2.7472	3.3612	6.1083
250	3.973	0.001 251	0.050 13	1080.39	1522.0	2602.4	1085.36	1716.2	2801.5	2.7927	3.2802	6.0730
255	4.319	0.001 263	0.045 98	1104.28	1496.7	2600.9	1109.73	1689.8	2799.5	2.8383	3.1992	6.0375
260	4.688	0.001 276	0.042 21	1128.39	1470.6	2599.0	1134.37	1662.5	2796.9	2.8838	3.1181	6.0019
265	5.081	0.001 289	0.038 77	1152.74	1443.9	2596.6	1159.28	1634.4	2793.6	2.9294	3.0368	5.9662
270	5.499	0.001 302	0.035 64	1177.36	1416.3	2593.7	1184.51	1605.2	2789.7	2.9751	2.9551	5.9301
275	5.942	0.001 317	0.032 79	1202.25	1387.9	2590.2	1210.07	1574.9	2785.0	3.0208	2.8730	5.8938
280	6.412	0.001 332	0.030 17	1227.46	1358.7	2586.1	1235.99	1543.6	2779.6	3.0668	2.7903	5.8571
285	6.909	0.001 348	0.027 77	1253.00	1328.4	2581.4	1262.31	1511.0	2773.3	3.1130	2.7070	5.8199
290	7.436	0.001 366	0.025 57	1278.92	1297.1	2576.0	1289.07	1477.1	2766.2	3.1594	2.6227	5.7821
295	7.993	0.001 384	0.023 54	1305.2	1264.7	2569.9	1316.3	1441.8	2758.1	3.2062	2.5375	5.7437
300	8.581	0.001 404	0.021 67	1332.0	1231.0	2563.0	1344.0	1404.9	2749.0	3.2534	2.4511	5.7045
305	9.202	0.001 425	0.019 948	1359.3	1195.9	2555.2	1372.4	1366.4	2738.7	3.3010	2.3633	5.6643
310	9.856	0.001 447	0.018 350	1387.1	1159.4	2546.4	1401.3	1326.0	2727.3	3.3493	2.2737	5.6230
315	10.547	0.001 472	0.016 867	1415.5	1121.1	2536.6	1431.0	1283.5	2714.5	3.3982	2.1821	5.5804
320	11.274	0.001 499	0.015 488	1444.6	1080.9	2525.5	1461.5	1238.6	2700.1	3.4480	2.0882	5.5362
330	12.845	0.001 561	0.012 996	1505.3	993.7	2498.9	1525.3	1140.6	2665.9	3.5507	1.8909	5.4417
340	14.586	0.001 638	0.010 797	1570.3	894.3	2464.6	1594.2	1027.9	2622.0	3.6594	1.6763	5.3357
350	16.513	0.001 740	0.008 813	1641.9	776.6	2418.4	1670.6	893.4	2563.9	3.7777	1.4335	5.2112
360	18.651	0.001 893	0.006 945	1725.2	626.3	2351.5	1760.5	720.5	2481.0	3.9147	1.1379	5.0526
370	21.03	0.002 213	0.004 925	1844.0	384.5	2228.5	1890.5	441.6	2332.1	4.1106	.6865	4.7971
374.14	22.09	0.003 155	0.003 155	2029.6	0	2029.6	2099.3	0	2099.3	4.4298	0	4.4298

附表2　飽和水-水蒸汽(壓力表)

壓力 (kPa)	溫度 (°C)	比容 (m³/kg)		內能 (kJ/kg)			焓 (kJ/kg)			熵 (kJ/kg-K)		
(p)	(T)	v_f	v_g	u_f	u_{fg}	u_g	h_f	h_{fg}	h_g	s_f	s_{fg}	s_g
0.6113	0.01	0.001 000	206.14	.00	2375.3	2375.3	.01	2501.3	2501.4	.0000	9.1562	9.1562
1.0	6.98	0.001 000	129.21	29.30	2355.7	2385.0	29.30	2484.9	2514.2	.1059	8.8697	8.9756
1.5	13.03	0.001 001	87.98	54.71	2338.6	2393.3	54.71	2470.6	2525.3	.1957	8.6322	8.8279
2.0	17.50	0.001 001	67.00	73.48	2326.0	2399.5	73.48	2460.0	2533.5	.2607	8.4629	8.7237
2.5	21.08	0.001 002	54.25	88.48	2315.9	2404.4	88.49	2451.6	2540.0	.3120	8.3311	8.6432
3.0	24.08	0.001 003	45.67	101.04	2307.5	2408.5	101.05	2444.5	2545.5	.3545	8.2231	8.5776
4.0	28.96	0.001 004	34.80	121.45	2293.7	2415.2	121.46	2432.9	2554.4	.4226	8.0520	8.4746
5.0	32.88	0.001 005	28.19	137.81	2282.7	2420.5	137.82	2423.7	2561.5	.4764	7.9187	8.3951
7.5	40.29	0.001 008	19.24	168.78	2261.7	2430.5	168.79	2406.0	2574.8	.5764	7.6750	8.2515
10	45.81	0.001 010	14.67	191.82	2246.1	2437.9	191.83	2392.8	2584.7	.6493	7.5009	8.1502
15	53.97	0.001 014	10.02	225.92	2222.8	2448.7	225.94	2373.1	2599.1	.7549	7.2536	8.0085
20	60.06	0.001 017	7.649	251.38	2205.4	2456.7	251.40	2358.3	2609.7	.8320	7.0766	7.9085
25	64.97	0.001 020	6.204	271.90	2191.2	2463.1	271.93	2346.3	2618.2	.8931	6.9383	7.8314
30	69.10	0.001 022	5.229	289.20	2179.2	2468.4	289.23	2336.1	2625.3	.9439	6.8247	7.7686
40	75.87	0.001 027	3.993	317.53	2159.5	2477.0	317.58	2319.2	2636.8	1.0259	6.6441	7.6700
50	81.33	0.001 030	3.240	340.44	2143.4	2483.9	340.49	2305.4	2645.9	1.0910	6.5029	7.5939
75	91.78	0.001 037	2.217	384.31	2112.4	2496.7	384.39	2278.6	2663.0	1.2130	6.2434	7.4564
MPa												
0.100	99.63	0.001 043	1.6940	417.36	2088.7	2506.1	417.46	2258.0	2675.5	1.3026	6.0568	7.3594
0.125	105.99	0.001 048	1.3749	444.19	2069.3	2513.5	444.32	2241.0	2685.4	1.3740	5.9104	7.2844
0.150	111.37	0.001 053	1.1593	466.94	2052.7	2519.7	467.11	2226.5	2693.6	1.4336	5.7897	7.2233
0.175	116.06	0.001 057	1.0036	486.80	2038.1	2524.9	486.99	2213.6	2700.6	1.4849	5.6868	7.1717
0.200	120.23	0.001 061	0.8857	504.49	2025.0	2529.5	504.70	2201.9	2706.7	1.5301	5.5970	7.1271
0.225	124.00	0.001 064	0.7933	520.47	2013.1	2533.6	520.72	2191.3	2712.1	1.5706	5.5173	7.0878

附表2 （續）

壓力 (MPa)	溫度 (°C)	比容 (m³/kg)		內能 (kJ/kg)			焓 (kJ/kg)			熵 (kJ/kg-K)		
(p)	(T)	v_f	v_g	u_f	u_{fg}	u_g	h_f	h_{fg}	h_g	s_f	s_{fg}	s_g
0.250	127.44	0.001 067	0.7187	535.10	2002.1	2537.2	535.37	2181.5	2716.9	1.6072	5.4455	7.0527
0.275	130.60	0.001 070	0.6573	548.59	1991.9	2540.5	548.89	2172.4	2721.3	1.6408	5.3801	7.0209
0.300	133.55	0.001 073	0.6058	561.15	1982.4	2543.6	561.47	2163.8	2725.3	1.6718	5.3201	6.9919
0.325	136.30	0.001 076	0.5620	572.90	1973.5	2546.4	573.25	2155.8	2729.0	1.7006	5.2646	6.9652
0.350	138.88	0.001 079	0.5243	583.95	1965.0	2548.9	584.33	2148.1	2732.4	1.7275	5.2130	6.9405
0.375	141.32	0.001 081	0.4914	594.40	1956.9	2551.3	594.81	2140.8	2735.6	1.7528	5.1647	6.9175
0.40	143.63	0.001 084	0.4625	604.31	1949.3	2553.6	604.74	2133.8	2738.6	1.7766	5.1193	6.8959
0.45	147.93	0.001 088	0.4140	622.77	1934.9	2557.6	623.25	2120.7	2743.9	1.8207	5.0359	6.8565
0.50	151.86	0.001 093	0.3749	639.68	1921.6	2561.2	640.23	2108.5	2748.7	1.8607	4.9606	6.8213
0.55	155.48	0.001 097	0.3427	655.32	1909.2	2564.5	655.93	2097.0	2753.0	1.8973	4.8920	6.7893
0.60	158.85	0.001 101	0.3157	669.90	1897.5	2567.4	670.56	2086.3	2756.8	1.9312	4.8288	6.7600
0.65	162.01	0.001 104	0.2927	683.56	1886.5	2570.1	684.28	2076.0	2760.3	1.9627	4.7703	6.7331
0.70	164.97	0.001 108	0.2729	696.44	1876.1	2572.5	697.22	2066.3	2763.5	1.9922	4.7158	6.7080
0.75	167.78	0.001 112	0.2556	708.64	1866.1	2574.7	709.47	2057.0	2766.4	2.0200	4.6647	6.6847
0.80	170.43	0.001 115	0.2404	720.22	1856.6	2576.8	721.11	2048.0	2769.1	2.0462	4.6166	6.6628
0.85	172.96	0.001 118	0.2270	731.27	1847.4	2578.7	732.22	2039.4	2771.6	2.0710	4.5711	6.6421
0.90	175.38	0.001 121	0.2150	741.83	1838.6	2580.5	742.83	2031.1	2773.9	2.0946	4.5280	6.6226
0.95	177.69	0.001 124	0.2042	751.95	1830.2	2582.1	753.02	2023.1	2776.1	2.1172	4.4869	6.6041
1.00	179.91	0.001 127	0.194 44	761.68	1822.0	2583.6	762.81	2015.3	2778.1	2.1387	4.4478	6.5865
1.10	184.09	0.001 133	0.177 53	780.09	1806.3	2586.4	781.34	2000.4	2781.7	2.1792	4.3744	6.5536
1.20	187.99	0.001 139	0.163 33	797.29	1791.5	2588.8	798.65	1986.2	2784.8	2.2166	4.3067	6.5233
1.30	191.64	0.001 144	0.151 25	813.44	1777.5	2591.0	814.93	1972.7	2787.6	2.2515	4.2438	6.4953
1.40	195.07	0.001 149	0.140 84	828.70	1764.1	2592.8	830.30	1959.7	2790.0	2.2842	4.1850	6.4693
1.50	198.32	0.001 154	0.131 77	843.16	1751.3	2594.5	844.89	1947.3	2792.2	2.3150	4.1298	6.4448

1.75	205.76	0.001 166	0.113 49	876.46	1721.4	2597.8	878.50	1917.9	2796.4	2.3851	4.0044	6.3896
2.00	212.42	0.001 177	0.099 63	906.44	1693.8	2600.3	908.79	1890.7	2799.5	2.4474	3.8935	6.3409
2.25	218.45	0.001 187	0.088 75	933.83	1668.2	2602.0	936.49	1865.2	2801.7	2.5035	3.7937	6.2972
2.5	223.99	0.001 197	0.079 98	959.11	1644.0	2603.1	962.11	1841.0	2803.1	2.5547	3.7028	6.2575
3.0	233.90	0.001 217	0.066 68	1004.78	1599.3	2604.1	1008.42	1795.7	2804.2	2.6457	3.5412	6.1869
3.5	242.60	0.001 235	0.057 07	1045.43	1558.3	2603.7	1049.75	1753.7	2803.4	2.7253	3.4000	6.1253
4	250.40	0.001 252	0.049 78	1082.31	1520.0	2602.3	1087.31	1714.1	2801.4	2.7964	3.2737	6.0701
5	263.99	0.001 286	0.039 44	1147.81	1449.3	2597.1	1154.23	1640.1	2794.3	2.9202	3.0532	5.9734
6	275.64	0.001 319	0.032 44	1205.44	1384.3	2589.7	1213.35	1571.0	2784.3	3.0267	2.8625	5.8892
7	285.88	0.001 351	0.027 37	1257.55	1323.0	2580.5	1267.00	1505.1	2772.1	3.1211	2.6922	5.8133
8	295.06	0.001 384	0.023 52	1305.57	1264.2	2569.8	1316.64	1441.3	2758.0	3.2068	2.5364	5.7432
9	303.40	0.001 418	0.020 48	1350.51	1207.3	2557.8	1363.26	1378.9	2742.1	3.2858	2.3915	5.6772
10	311.06	0.001 452	0.018 026	1393.04	1151.4	2544.4	1407.56	1317.1	2724.7	3.3596	2.2544	5.6141
11	318.15	0.001 489	0.015 987	1433.7	1096.0	2529.8	1450.1	1255.5	2705.6	3.4295	2.1233	5.5527
12	324.75	0.001 527	0.014 263	1473.0	1040.7	2513.7	1491.3	1193.6	2684.9	3.4962	1.9962	5.4924
13	330.93	0.001 567	0.012 780	1511.1	985.0	2496.1	1531.5	1130.7	2662.2	3.5606	1.8718	5.4323
14	336.75	0.001 611	0.011 485	1548.6	928.2	2476.8	1571.1	1066.5	2637.6	3.6232	1.7485	5.3717
15	342.24	0.001 658	0.010 337	1585.6	869.8	2455.5	1610.5	1000.0	2610.5	3.6848	1.6249	5.3098
16	347.44	0.001 711	0.009 306	1622.7	809.0	2431.7	1650.1	930.6	2580.6	3,7461	1.4994	5.2455
17	352.37	0.001 770	0.008 364	1660.2	744.8	2405.0	1690.3	856.9	2547.2	3.8079	1.3698	5.1777
18	357.06	0.001 840	0.007 489	1698.9	675.4	2374.3	1732.0	777.1	2509.1	3.8715	1.2329	5.1044
19	361.54	0.001 924	0.006 657	1739.9	598.1	2338.1	1776.5	688.0	2464.5	3.9388	1.0839	5.0228
20	365.81	0.002 036	0.005 834	1785.6	507.5	2293.0	1826.3	583.4	2409.7	4.0139	.9130	4.9269
21	369.89	0.002 207	0.004 952	1842.1	388.5	2230.6	1888.4	446.2	2334.6	4.1075	.6938	4.8013
22	373.80	0.002 742	0.003 568	1961.9	125.2	2087.1	2022.2	143.4	2165.6	4.3110	.2216	4.5327
22.09	374.14	0.003 155	0.003 155	2029.6	0	2029.6	2099.3	0	2099.3	4.4298	0	4.4298

附表3 過熱水蒸汽

T	p = .010 MPa (45.81)				p = .050 MPa (81.33)				p = .10 MPa (99.63)			
	v	u	h	s	v	u	h	s	v	u	h	s
Sat.	14.674	2437.9	2584.7	8.1502	3.240	2483.9	2645.9	7.5939	1.6940	2506.1	2675.5	7.3594
50	14.869	2443.9	2592.6	8.1749								
100	17.196	2515.5	2687.5	8.4479	3.418	2511.6	2682.5	7.6947	1.6958	2506.7	2676.2	7.3614
150	19.512	2587.9	2783.0	8.6882	3.889	2585.6	2780.1	7.9401	1.9364	2582.8	2776.4	7.6134
200	21.825	2661.3	2879.5	8.9038	4.356	2659.9	2877.7	8.1580	2.172	2658.1	2875.3	7.8343
250	24.136	2736.0	2977.3	9.1002	4.820	2735.0	2976.0	8.3556	2.406	2733.7	2974.3	8.0333
300	26.445	2812.1	3076.5	9.2813	5.284	2811.3	3075.5	8.5373	2.639	2810.4	3074.3	8.2158
400	31.063	2968.9	3279.6	9.6077	6.209	2968.5	3278.9	8.8642	3.103	2967.9	3278.2	8.5435
500	35.679	3132.3	3489.1	9.8978	7.134	3132.0	3488.7	9.1546	3.565	3131.6	3488.1	8.8342
600	40.295	3302.5	3705.4	10.1608	8.057	3302.2	3705.1	9.4178	4.028	3301.9	3704.7	9.0976
700	44.911	3479.6	3928.7	10.4028	8.981	3479.4	3928.5	9.6599	4.490	3479.2	3928.2	9.3398
800	49.526	3663.8	4159.0	10.6281	9.904	3663.6	4158.9	9.8852	4.952	3663.5	4158.6	9.5652
900	54.141	3855.0	4396.4	10.8396	10.828	3854.9	4396.3	10.0967	5.414	3854.8	4396.1	9.7767
1000	58.757	4053.0	4640.6	11.0393	11.751	4052.9	4640.5	10.2964	5.875	4052.8	4640.3	9.9764
1100	63.372	4257.5	4891.2	11.2287	12.674	4257.4	4891.1	10.4859	6.337	4257.3	4891.0	10.1659
1200	67.987	4467.9	5147.8	11.4091	13.597	4467.8	5147.7	10.6662	6.799	4467.7	5147.6	10.3463
1300	72.602	4683.7	5409.7	11.5811	14.521	4683.6	5409.6	10.8382	7.260	4683.5	5409.5	10.5183

T	p = .20 MPa (120.23)				p = .30 MPa (133.55)				p = .40 MPa (143.63)			
	v	u	h	s	v	u	h	s	v	u	h	s
Sat.	.8857	2529.5	2706.7	7.1272	.6058	2543.6	2725.3	6.9919	.4625	2553.6	2738.6	6.8959
150	.9596	2576.9	2768.8	7.2795	.6339	2570.8	2761.0	7.0778	.4708	2564.5	2752.8	6.9299
200	1.0803	2654.4	2870.5	7.5066	.7163	2650.7	2865.6	7.3115	.5342	2646.8	2860.5	7.1706
250	1.1988	2731.2	2971.0	7.7086	.7964	2728.7	2967.6	7.5166	.5951	2726.1	2964.2	7.3789
300	1.3162	2808.6	3071.8	7.8926	.8753	2806.7	3069.3	7.7022	.6548	2804.8	3066.8	7.5662
400	1.5493	2966.7	3276.6	8.2218	1.0315	2965.6	3275.0	8.0330	.7726	2964.4	3273.4	7.8985

	p = .20 MPa (120.23)				p = .30 MPa (133.55)				p = .40 MPa (143.63)			
500	1.7814	3130.8	3487.1	8.5133	1.1867	3130.0	3486.0	8.3251	.8893	3129.2	3484.9	8.1913
600	2.013	3301.4	3704.0	8.7770	1.3414	3300.8	3703.2	8.5892	1.0055	3300.2	3702.4	8.4558
700	2.244	3478.8	3927.6	9.0194	1.4957	3478.4	3927.1	8.8319	1.1215	3477.9	3926.5	8.6987
800	2.475	3663.1	4158.2	9.2449	1.6499	3662.9	4157.8	9.0576	1.2372	3662.4	4157.3	8.9244
900	2.706	3854.5	4395.8	9.4566	1.8041	3854.2	4395.4	9.2692	1.3529	3853.9	4395.1	9.1362
1000	2.937	4052.5	4640.0	9.6563	1.9581	4052.3	4639.7	9.4690	1.4685	4052.0	4639.4	9.3360
1100	3.168	4257.0	4890.7	9.8458	2.1121	4256.8	4890.4	9.6585	1.5840	4256.5	4890.2	9.5256
1200	3.399	4467.5	5147.3	10.0262	2.2661	4467.2	5147.1	9.8389	1.6996	4467.0	5146.8	9.7060
1300	3.630	4683.2	5409.3	10.1982	2.4201	4683.0	5409.0	10.0110	1.8151	4682.8	5408.8	9.8780

	p = .50 MPa (151.86)				p = .60 MPa (158.85)				p = .80 MPa (170.43)			
Sat.	.3749	2561.2	2748.7	6.8213	.3157	2567.4	2756.8	6.7600	.2404	2576.8	2769.1	6.6628
200	.4249	2642.9	2855.4	7.0592	.3520	2638.9	2850.1	6.9665	.2608	2630.6	2839.3	6.8158
250	.4744	2723.5	2960.7	7.2709	.3938	2720.9	2957.2	7.1816	.2931	2715.5	2950.0	7.0384
300	.5226	2802.9	3064.2	7.4599	.4344	2801.0	3061.6	7.3724	.3241	2797.2	3056.5	7.2328
350	.5701	2882.6	3167.7	7.6329	.4742	2881.2	3165.7	7.5464	.3544	2878.2	3161.7	7.4089
400	.6173	2963.2	3271.9	7.7938	.5137	2962.1	3270.3	7.7079	.3843	2959.7	3267.1	7.5716
500	.7109	3128.4	3483.9	8.0873	.5920	3127.6	3482.8	8.0021	.4433	3126.0	3480.6	7.8673
600	.8041	3299.6	3701.7	7.3522	.6697	3299.1	3700.9	8.2674	.5018	3297.9	3699.4	8.1333
700	.8969	3477.5	3925.9	8.5952	.7472	3477.0	3925.3	8.5107	.5601	3476.2	3924.2	8.3770
800	.9896	3662.1	4156.9	8.8211	.8245	3661.8	4156.5	8.7367	.6181	3661.1	4155.6	8.6033
900	1.0822	3853.6	4394.7	9.0329	.9017	3853.4	4394.4	8.9486	.6761	3852.8	4393.7	8.8153
1000	1.1747	4051.8	4639.1	9.2328	.9788	4051.5	4638.8	9.1485	.7340	4051.0	4638.2	9.0153
1100	1.2672	4256.3	4889.9	9.4224	1.0559	4256.1	4889.6	9.3381	.7919	4255.6	4889.1	9.2050
1200	1.3596	4466.8	5146.6	9.6029	1.1330	4466.5	5146.3	9.5185	.8497	4466.1	5145.9	9.3855
1300	1.4521	4682.5	5408.6	9.7749	1.2101	4682.3	5408.3	9.6906	.9076	4681.8	5407.9	9.5575

附表3 （續）

T	v	u	h	s	v	u	h	s	v	u	h	s
	p = 1.00 MPa (179.91)				p = 1.20 MPa (187.99)				p = 1.40 MPa (195.07)			
Sat.	.194 44	2583.6	2778.1	6.5865	.163 33	2588.8	2784.8	6.5233	.140 84	2592.8	2790.0	6.4693
200	.2060	2621.9	2827.9	6.6940	.169 30	2612.8	2815.9	6.5898	.143 02	2603.1	2803.3	6.4975
250	.2327	2709.9	2942.6	6.9247	.192 34	2704.2	2935.0	6.8294	.163 50	2698.3	2927.2	6.7467
300	.2579	2793.2	3051.2	7.1229	.2138	2789.2	3045.8	7.0317	.182 28	2785.2	3040.4	6.9534
350	.2825	2875.2	3157.7	7.3011	.2345	2872.2	3153.6	7.2121	.2003	2869.2	3149.5	7.1360
400	.3066	2957.3	3263.9	7.4651	.2548	2954.9	3260.7	7.3774	.2178	2952.5	3257.5	7.3026
500	.3541	3124.4	3478.5	7.7622	.2946	3122.8	3476.3	7.6759	.2521	3121.1	3474.1	7.6027
600	.4011	3296.8	3697.9	8.0290	.3339	3295.6	3696.3	7.9435	.2860	3294.4	3694.8	7.8710
700	.4478	3475.3	3923.1	8.2731	.3729	3474.4	3922.0	8.1881	.3195	3473.6	3920.8	8.1160
800	.4943	3660.4	4154.7	8.4996	.4118	3659.7	4153.8	8.4148	.3528	3659.0	4153.0	8.3431
900	.5407	3852.2	4392.9	8.7118	.4505	3851.6	4392.2	8.6272	.3861	3851.1	4391.5	8.5556
1000	.5871	4050.5	4637.6	8.9119	.4892	4050.0	4637.0	8.8274	.4192	4049.5	4636.4	8.7559
1100	.6335	4255.1	4888.6	9.1017	.5278	4254.6	4888.0	9.0172	.4524	4254.1	4887.5	8.9457
1200	.6798	4465.6	5145.4	9.2822	.5665	4465.1	5144.9	9.1977	.4855	4464.7	5144.4	9.1262
1300	.7261	4681.3	5407.4	9.4543	.6051	4680.9	5407.0	9.3698	.5186	4680.4	5406.5	9.2984
	p = 1.60 MPa (201.41)				p = 1.80 MPa (207.15)				p = 2.00 MPa (212.42)			
Sat.	.123 80	2596.0	2794.0	6.4218	.110 42	2598.4	2797.1	6.3794	.099 63	2600.3	2799.5	6.3409
225	.132 87	2644.7	2857.3	6.5518	.116 73	2636.6	2846.7	6.4808	.103 77	2628.3	2835.8	6.4147
250	.141 84	2692.3	2919.2	6.6732	.124 97	2686.0	2911.0	6.6066	.111 44	2679.6	2902.5	6.5453
300	.158 62	2781.1	3034.8	6.8844	.140 21	2776.9	3029.2	6.8226	.125 47	2772.6	3023.5	6.7664
350	.174 56	2866.1	3145.4	7 0694	.154 57	2863.0	3141.2	7.0100	.138 57	2859.8	3137.0	6.9563
400	.190 05	2950.1	3254.2	7.2374	.168 47	2947.7	3250.9	7.1794	.151 20	2945 2	3247.6	7.1271
500	.2203	3119.5	3472.0	7.5390	.195 50	3117.9	3469.8	7.4825	.175 68	3116.2	3467.6	7.4317
600	.2500	3293.3	3693.2	7.8080	.2220	3292.1	3691.7	7.7523	.199 60	3290.9	3690.1	7.7024
700	.2794	3472.7	3919.7	8.0535	.2482	3471.8	3918.5	7.9983	.2232	3470.9	3917.4	7.9487

	p = 1.60 MPa (201.41)				p = 1.80 MPa (207.15)				p = 2.00 MPa (212.42)			
800	.3086	3658.3	4152.1	8.2808	.2742	3657.6	4151.2	8.2258	.2467	3657.0	4150.3	8.1765
900	.3377	3850.5	4390.8	8.4935	.3001	3849.9	4390.1	8.4386	.2700	3849.3	4389.4	8.3895
1000	.3668	4049.0	4635.8	8.6938	.3260	4048.5	4635.2	8.6391	.2933	4048.0	4634.6	8.5901
1100	.3958	4253.7	4887.0	8.8837	.3518	4253.2	4886.4	8.8290	.3166	4252.7	4885.9	8.7800
1200	.4248	4464.2	5143.9	9.0643	.3776	4463.7	5143.4	9.0096	.3398	4463.3	5142.9	8.9607
1300	.4538	4679.9	5406.0	9.2364	.4034	4679.5	5405.6	9.1818	.3631	4679.0	5405.1	9.1329
	p = 2.50 MPa (223.99)				p = 3.00 MPa (233.90)				p = 3.50 MPa (242.60)			
Sat.	.079 98	2603.1	2803.1	6.2575	.066 68	2604.1	2804.2	6.1869	.057 07	2603.7	2803.4	6.1253
225	.080 27	2605.6	2806.3	6.2639								
250	.087 00	2662.6	2880.1	6.4085	.070 58	2644.0	2855.8	6.2872	.058 72	2623.7	2829.2	6.1749
300	.098 90	2761.6	3008.8	6.6438	.081 14	2750.1	2993.5	6.5390	.068 42	2738.0	2977.5	6.4461
350	.109 76	2851.9	3126.3	6.8403	.090 53	2843.7	3115.3	6.7428	.076 78	2835.3	3104.0	6.6579
400	.120 10	2939.1	3239.3	7.0148	.099 36	2932.8	3230.9	6.9212	.084 53	2926.4	3222.3	6.8405
450	.130 14	3025.5	3350.8	7.1746	.107 87	3020.4	3344.0	7.0834	.091 96	3015.3	3337.2	7.0052
500	.139 98	3112.1	3462.1	7.3234	.116 19	3108.0	3456.5	7.2338	.099 18	3103.0	3450.9	7.1572
600	.159 30	3288.0	3686.3	7.5960	.132 43	3285.0	3682.3	7.5085	.113 24	3282.1	3678.4	7.4339
700	.178 32	3468.7	3914.5	7.8435	.148 38	3466.5	3911.7	7.7571	.126 99	3464.3	3908.8	7.6837
800	.197 16	3655.3	4148.2	8.0720	.164 14	3653.5	4145.9	7.9862	.140 56	3651.8	4143.7	7.9134
900	.215 90	3847.9	4387.6	8.2853	.179 80	3846.5	4385.9	8.1999	.154 02	3845.0	4384.1	8.1276
1000	.2346	4046.7	4633.1	8.4861	.195 41	4045.4	4631.6	8.4009	.167 43	4044.1	4630.1	8.3288
1100	.2532	4251.5	4884.6	8.6762	.210 98	4250.3	4883.3	8.5912	.180 80	4249.2	4881.9	8.5192
1200	.2718	4462.1	5141.7	8.8569	.226 52	4460.9	5140.5	8.7720	.194 15	4459.8	5139.3	8.7000
1300	.2905	4677.8	5404.0	9.0291	.242 06	4676.6	5402.8	8.9442	.207 49	4675.5	5401.7	8.8723
	p = 4.0 MPa (250.40)				p = 4.5 MPa (257.49)				p = 5.0 MPa (263.99)			
Sat.	.049 78	2602.3	2801.4	6.0701	.044 06	2600.1	2798.3	6.0198	.039 44	2597.1	2794.3	5.9734
275	.054 57	2667.9	2886.2	6.2285	.047 30	2650.3	2863.2	6.1401	.041 41	2631.3	2838.3	6.0544
300	.058 84	2725.3	2960.7	6.3615	.051 35	2712.0	2943.1	6.2828	.045 32	2698.0	2924.5	6.2084

T	v	u	h	s	v	u	h	s	v	u	h	s
350	.066 45	2826.7	3092.5	6.5821	.058 40	2817.8	3080.6	6.5131	.051 94	2808.7	3068.4	6.4493
400	.073 41	2919.9	3213.6	6.7690	.064 75	2913.3	3204.7	6.7047	.057 81	2906.6	3195.7	6.6459
450	.080 02	3010.2	3330.3	6.9363	.070 74	3005.0	3323.3	6.8746	.063 30	2999.7	3316.2	6.8186
500	.086 43	3099.5	3445.3	7.0901	.076 51	3095.3	3439.6	7.0301	.068 57	3091.0	3433.8	6.9759
600	.098 85	3279.1	3674.4	7.3688	.087 65	3276.0	3670.5	7.3110	.078 69	3273.0	3666.5	7.2589
700	.110 95	3462.1	3905.9	7.6198	.098 47	3459.9	3903.0	7.5631	.088 49	3457.6	3900.1	7.5122
800	.122 87	3650.0	4141.5	7.8502	.109 11	3648.3	4139.3	7.7942	.098 11	3646.6	4137.1	7.7440
900	.134 69	3843.6	4382.3	8.0647	.119 65	3842.2	4380.6	8.0091	.107 62	3840.7	4378.8	7.9593
1000	.146 45	4042.9	4628.7	8.2662	.130 13	4041.6	4627.2	8.2108	.117 07	4040.4	4625.7	8.1612
1100	.158 17	4248.0	4880.6	8.4567	.140 56	4246.8	4879.3	8.4015	.126 48	4245.6	4878.0	8.3520
1200	.169 87	4458.6	5138.1	8.6376	.150 98	4457.5	5136.9	8.5825	.135 87	4456.3	5135.7	8.5331
1300	.181 56	4674.3	5400.5	8.8100	.161 39	4673.1	5399.4	8.7549	.145 26	4672.0	5398.2	8.7055
	$p = 6.0$ MPa (275.64)				$p = 7.0$ MPa (285.88)				$p = 8.0$ MPa (295.06)			
Sat.	.032 44	2589.7	2784.3	5.8892	.027 37	2580.5	2772.1	5.8133	.023 52	2569.8	2758.0	5.7432
300	.036 16	2667.2	2884.2	6.0674	.029 47	2632.2	2838.4	5.9305	.024 26	2590.9	2785.0	5.7906
350	.042 23	2789.6	3043.0	6.3335	.035 24	2769.4	3016.0	6.2283	.029 95	2747.7	2987.3	6.1301
400	.047 39	2892.9	3177.2	6.5408	.039 93	2878.6	3158.1	6.4478	.034 32	2863.8	3138.3	6.3634
450	.052 14	2988.9	3301.8	6.7193	.044 16	2978.0	3287.1	6.6327	.038 17	2966.7	3272.0	6.5551
500	.056 65	3082.2	3422.2	6.8803	.048 14	3073.4	3410.3	6.7975	.041 75	3064.3	3398.3	6.7240
550	.061 01	3174.6	3540.6	7.0288	.051 95	3167.2	3530.9	6.9486	.045 16	3159.8	3521.0	6.8778
600	.065 25	3266.9	3658.4	7.1677	.055 65	3260.7	3650.3	7.0894	.048 45	3254.4	3642.0	7.0206
700	.073 52	3453.1	3894.2	7.4234	.062 83	3448.5	3888.3	7.3476	.054 81	3443.9	3882.4	7.2812
800	.081 60	3643.1	4132.7	7.6566	.069 81	3639.5	4128.2	7.5822	.060 97	3636.0	4123.8	7.5173
900	.089 58	3837.8	4375.3	7.8727	.076 69	3835.0	4371.8	7.7991	.067 02	3832.1	4368.3	7.7351
1000	.097 49	4037.8	4622.7	8.0751	.083 50	4035.3	4619.8	8.0020	.073 01	4032.8	4616.9	7.9384
1100	.105 36	4243.3	4875.4	8.2661	.090 27	4240.9	4872.8	8.1933	.078 96	4238.6	4870.3	8.1300

	p = 6.0 MPa (275.64)				p = 7.0 MPa (285.88)				p = 8.0 MPa (295.06)			
1200	.113 21	4454.0	5133.3	8.4474	.097 03	4451.7	5130.9	8.3747	.084 89	4449.5	5128.5	8.3115
1300	.121 06	4669.6	5396.0	8.6199	.103 77	4667.3	5393.7	8.5473	.090 80	4665.0	5391.5	8.4842
	p = 9.0 MPa (303.40)				p = 10.0 MPa (311.06)				p = 12.5 MPa (327.89)			
Sat.	.020 48	2557.8	2742.1	5.6772	.018 026	2544.4	2724.7	5.6141	.013 495	2505.1	2673.8	5.4624
325	.023 27	2646.6	2856.0	5.8712	.019 861	2610.4	2809.1	5.7568				
350	.025 80	2724.4	2956.6	6.0361	.022 42	2699.2	2923.4	5.9443	.016 126	2624.6	2826.2	5.7118
400	.029 93	2848.4	3117.8	6.2854	.026 41	2832.4	3096.5	6.2120	.020 00	2789.3	3039.3	6.0417
450	.033 50	2955.2	3256.6	6.4844	.029 75	2943.4	3240.9	6.4190	.022 99	2912.5	3199.8	6.2719
500	.036 77	3055.2	3386.1	6.6576	.032 79	3045.8	3373.7	6.5966	.025 60	3021.7	3341.8	6.4618
550	.039 87	3152.2	3511.0	6.8142	.035 64	3144.6	3500.9	6.7561	.028 01	3125.0	3475.2	6.6290
600	.042 85	3248.1	3633.7	6.9589	.038 37	3241.7	3625.3	6.9029	.030 29	3225.4	3604.0	6.7810
650	.045 74	3343.6	3755.3	7.0943	.041 01	3338.2	3748.2	7.0398	.032 48	3324.4	3730.4	6.9218
700	.048 57	3439.3	3876.5	7.2221	.043 58	3434.7	3870.5	7.1687	.034 60	3422.9	3855.3	7.0536
800	.054 09	3632.5	4119.3	7.4596	.048 59	3628.9	4114.8	7.4077	.038 69	3620.0	4103.6	7.2965
900	.059 50	3829.2	4364.8	7.6783	.053 49	3826.3	4361.2	7.6272	.042 67	3819.1	4352.5	7.5182
1000	.064 85	4030.3	4614.0	7.8821	.058 32	4027.8	4611.0	7.8315	.046 58	4021.6	4603.8	7.7237
1100	.070 16	4236.3	4867.7	8.0740	.063 12	4234.0	4865.1	8.0237	.050 45	4228.2	4858.8	7.9165
1200	.075 44	4447.2	5126.2	8.2556	.067 89	4444.9	5123.8	8.2055	.054 30	4439.3	5118.0	8.0987
1300	.080 72	4662.7	5389.2	8.4284	.072 65	4460.5	5387.0	8.3783	.058 13	4654.8	5381.4	8.2717
	p = 15.0 MPa (342.24)				p = 17.5 MPa (354.75)				p = 20.0 MPa (365.81)			
Sat.	.010 337	2455.5	2610.5	5.3098	.007 920	2390.2	2528.8	5.1419	.005 834	2293.0	2409.7	4.9269
350	.011 470	2520.4	2692.4	5.4421								
400	.015 649	2740.7	2975.5	5.8811	.012 447	2685.0	2902.9	5.7213	.009 942	2619.3	2818.1	5.5540

附表3 （續）

T	v	u	h	s	v	u	h	s	v	u	h	s
450	.018 445	2879.5	3156.2	6.1404	.015 174	2844.2	3109.7	6.0184	.012 695	2806.2	3060.1	5.9017
500	.020 80	2996.6	3308.6	6.3443	.017 358	2970.3	3274.1	6.2383	.014 768	2942.9	3238.2	6.1401
550	.022 93	3104.7	3448.6	6.5199	.019 288	3083.9	3421.4	6.4230	.016 555	3062.4	3393.5	6.3348
600	.024 91	3208.6	3582.3	6.6776	.021 06	3191.5	3560.1	6.5866	.018 178	3174.0	3537.6	6.5048
650	.026 80	3310.3	3712.3	6.8224	.022 74	3296.0	3693.9	6.7357	.019 693	3281.4	3675.3	6.6582
700	.028 61	3410.9	3840.1	6.9572	.024 34	3398.7	3824.6	6.8736	.021 13	3386.4	3809.0	6.7993
800	.032 10	3610.9	4092.4	7.2040	.027 38	3601.8	4081.1	7.1244	.023 85	3592.7	4069.7	7.0544
900	.035 46	3811.9	4343.8	7.4279	.030 31	3804.7	4335.1	7.3507	.026 45	3797.5	4326.4	7.2830
1000	.038 75	4015.4	4596.6	7.6348	.033 16	4009.3	4589.5	7.5589	.028 97	4003.1	4582.5	7.4925
1100	.042 00	4222.6	4852.6	7.8283	.035 97	4216.9	4846.4	7.7531	.031 45	4211.3	4840.2	7.6874
1200	.045 23	4433.8	5112.3	8.0108	.038 76	4428.3	5106.6	7.9360	.033 91	4422.8	5101.0	7.8707
1300	.048 45	4649.1	5376.0	8.1840	.041 54	4643.5	5370.5	8.1093	.036 36	4638.0	5365.1	8.0442
	$p = 25.0$ MPa				$p = 30.0$ MPa				$p = 35.0$ MPa			
375	.001 973 1	1798.7	1848.0	4.0320	.001 789 2	1737.8	1791.5	3.9305	.001 700 3	1702.9	1762.4	3.8722
400	.006 004	2430.1	2580.2	5.1418	.002 790	2067.4	2151.1	4.4728	.002 100	1914.1	1987.6	4.2126
425	.007 881	2609.2	2806.3	5.4723	.005 303	2455.1	2614.2	5.1504	.003 428	2253.4	2373.4	4.7747
450	.009 162	2720.7	2949.7	5.6744	.006 735	2619.3	2821.4	5.4424	.004 961	2498.7	2672.4	5.1962
500	.011 123	2884.3	3162.4	5.9592	.008 678	2820.7	3081.1	5.7905	.006 927	2751.9	2994.4	5.6282
550	.012 724	3017.5	3335.6	6.1765	.010 168	2970.3	3275.4	6.0342	.008 345	2921.0	3213.0	5.9026
600	.014 137	3137.9	3491.4	6.3602	.011 446	3100.5	3443.9	6.2331	.009 527	3062.0	3395.5	6.1179
650	.015 433	3251.6	3637.4	6.5229	.012 596	3221.0	3598.9	6.4058	.010 575	3189.8	3559.9	6.3010
700	.016 646	3361.3	3777.5	6.6707	.013 661	3335.8	3745.6	6.5606	.011 533	3309.8	3713.5	6.4631
800	.018 912	3574.3	4047.1	6.9345	.015 623	3555.5	4024.2	6.8332	.013 278	3536.7	4001.5	6.7450
900	.021 045	3783.0	4309.1	7.1680	.017 448	3768.5	4291.9	7.0718	.014 883	3754.0	4274.9	6.9886
1000	.023 10	3990.9	4568.5	7.3802	.019 196	3978.8	4554.7	7.2867	.016 410	3966.7	4541.1	7.2064
1100	.025 12	4200.2	4828.2	7.5765	.020 903	4189.2	4816.3	7.4845	.017 895	4178.3	4804.6	7.4057

附表3 （續）

T	v	u	h	s	v	u	h	s	v	u	h	s
	$p=25.0$ MPa				$p=30.0$ MPa				$p=35.0$ MPa			
1200	.027 11	4412.0	5089.9	7.7605	.022 589	4401.3	5079.0	7.6692	.019 360	4390.7	5068.3	7.5910
1300	.029 10	4626.9	5354.4	7.9342	.024 266	4616.0	5344.0	7.8432	.020 815	4605.1	5333.6	7.7653
	$p=40.0$ MPa				$p=50.0$ MPa				$p=60.0$ MPa			
375	.001 640 7	1677.1	1742.8	3.8290	.001 559 4	1638.6	1716.6	3.7639	.001 502 8	1609.4	1699.5	3.7141
400	.001 907 7	1854.6	1930.9	4.1135	.001 730 9	1788.1	1874.6	4.0031	.001 633 5	1745.4	1843.4	3.9318
425	.002 532	2096.9	2198.1	4.5029	.002 007	1959.7	2060.0	4.2734	.001 816 5	1892.7	2001.7	4.1626
450	.003 693	2365.1	2512.8	4.9459	.002 486	2159.6	2284.0	4.5884	.002 085	2053.9	2179.0	4.4121
500	.005 622	2678.4	2903.3	5.4700	.003 892	2525.5	2720.1	5.1726	.002 956	2390.6	2567.9	4.9321
550	.006 984	2869.7	3149.1	5.7785	.005 118	2763.6	3019.5	5.5485	.003 956	2658.8	2896.2	5.3441
600	.008 094	3022.6	3346.4	6.0114	.006 112	2942.0	3247.6	5.8178	.004 834	2861.1	3151.2	5.6452
650	.009 063	3158.0	3520.6	6.2054	.006 966	3093.5	3441.8	6.0342	.005 595	3028.8	3364.5	5.8829
700	.009 941	3283.6	3681.2	6.3750	.007 727	3230.5	3616.8	6.2189	.006 272	3177.2	3553.5	6.0824
800	.011 523	3517.8	3978.7	6.6662	.009 076	3479.8	3933.6	6.5290	.007 459	3441.5	3889.1	6.4109
900	.012 962	3739.4	4257.9	6.9150	.010 283	3710.3	4224.4	6.7882	.008 508	3681.0	4191.5	6.6805
1000	.014 324	3954.6	4527.6	7.1356	.011 411	3930.5	4501.1	7.0146	.009 480	3906.4	4475.2	6.9127
1100	.015 642	4167.4	4793.1	7.3364	.012 496	4145.7	4770.5	7.2184	.010 409	4124.1	4748.6	7.1195
1200	.016 940	4380.1	5057.7	7.5224	.013 561	4359.1	5037.2	7.4058	.011 317	4338.2	5017.2	7.3083
1300	.018 229	4594.3	5323.5	7.6969	.014 616	4572.8	5303.6	7.5808	.012 215	4551.4	5284.3	7.4837

附表4　壓縮液體水

T	$p = 5$ MPa (263.99)				$p = 10$ MPa (311.06)				$p = 15$ MPa (342.24)			
	v	u	h	s	v	u	h	s	v	u	h	s
Sat.	.001 285 9	1147.8	1154.2	2.9202	.001 452 4	1393.0	1407.6	3.3596	.001 658 1	1585.6	1610.5	3.6848
0	.000 997 7	.04	5.04	.0001	.000 995 2	.09	10.04	.0002	.000 992 8	.15	15.05	.0004
20	.000 999 5	83.65	88.65	.2956	.000 997 2	83.36	93.33	.2945	.000 995 0	83.06	97.99	.2934
40	.001 005 6	166.95	171.97	.5705	.001 003 4	166.35	176.38	.5686	.001 001 3	165.76	180.78	.5666
60	.001 014 9	250.23	255.30	.8285	.001 012 7	249.36	259.49	.8258	.001 010 5	248.51	263.67	.8232
80	.001 026 8	333.72	338.85	1.0720	.001 024 5	332.59	342.83	1.0688	.001 022 2	331.48	346.81	1.0656
100	.001 041 0	417.52	422.72	1.3030	.001 038 5	416.12	426.50	1.2992	.001 036 1	414.74	430.28	1.2955
120	.001 057 6	501.80	507.09	1.5233	.001 054 9	500.08	510.64	1.5189	.001 052 2	498.40	514.19	1.5145
140	.001 076 8	586.76	592.15	1.7343	.001 073 7	584.68	595.42	1.7292	.001 070 7	582.66	598.72	1.7242
160	.001 098 8	672.62	678.12	1.9375	.001 095 3	670.13	681.08	1.9317	.001 091 8	667.71	684.09	1.9260
180	.001 124 0	759.63	765.25	2.1341	.001 119 9	756.65	767.84	2.1275	.001 115 9	753.76	770.50	2.1210
200	.001 153 0	848.1	853.9	2.3255	.001 148 0	844.5	856.0	2.3178	.001 143 3	841.0	858.2	2.3104
220	.001 186 6	938.4	944.4	2.5128	.001 180 5	934.1	945.9	2.5039	.001 174 8	929.9	947.5	2.4953
240	.001 226 4	1031.4	1037.5	2.6979	.001 218 7	1026.0	1038.1	2.6872	.001 211 4	1020.8	1039.0	2.6771
260	.001 274 9	1127.9	1134.3	2.8830	.001 264 5	1121.1	1133.7	2.8699	.001 255 0	1114.6	1133.4	2.8576
280					.001 321 6	1220.9	1234.1	3.0548	.001 308 4	1212.5	1232.1	3.0393
300					.001 397 2	1328.4	1342.3	3.2469	.001 377 0	1316.6	1337.3	3.2260
320									.001 472 4	1431.1	1453.2	3.4247
340									.001 631 1	1567.5	1591.9	3.6546

T	$p = 20$ MPa (365.81)				$p = 30$ MPa				$p = 50$ MPa			
	v	u	h	s	v	u	h	s	v	u	h	s
Sat.	.002 036	1785.6	1826.3	4.0139								
0	.000 990 4	.19	20.01	.0004	.000 985 6	.25	29.82	.0001	.000 976 6	.20	49.03	.0014
20	.000 992 8	82.77	102.62	.2923	.000 988 6	82.17	111.84	.2899	.000 980 4	81.00	130.02	.2848
40	.000 999 2	165.17	185.16	.5646	.000 995 1	164.04	193.89	.5607	.000 987 2	161.86	211.21	.5527
60	.001 008 4	247.68	267.85	.8206	.001 004 2	246.06	276.19	.8154	.000 996 2	242.98	292.79	.8052
80	.001 019 9	330.40	350.80	1.0624	.001 015 6	328.30	358.77	1.0561	.001 007 3	324.34	374.70	1.0440
100	.001 033 7	413.39	434.06	1.2917	.001 029 0	410.78	441.66	1.2844	.001 020 1	405.88	456.89	1.2703
120	.001 049 6	496.76	517.76	1.5102	.001 044 5	493.59	524.93	1.5018	.001 034 8	487.65	539.39	1.4857
140	.001 067 8	580.69	602.04	1.7193	.001 062 1	576.88	608.75	1.7098	.001 051 5	569.77	622.35	1.6915
160	.001 088 5	665.35	687.12	1.9204	.001 082 1	660.82	693.28	1.9096	.001 070 3	652.41	705.92	1.8891
180	.001 112 0	750.95	773.20	2.1147	.001 104 7	745.59	778.73	2.1024	.001 091 2	735.69	790.25	2.0794
200	.001 138 8	837.7	860.5	2.3031	.001 130 2	831.4	865.3	2.2893	.001 114 6	819.7	875.5	2.2634
220	.001 169 3	925.9	949.3	2.4870	.001 159 0	918.3	953.1	2.4711	.001 140 8	904.7	961.7	2.4419
240	.001 204 6	1016.0	1040.0	2.6674	.001 192 0	1006.9	1042.6	2.6490	.001 170 2	990.7	1049.2	2.6158
260	.001 246 2	1108.6	1133.5	2.8459	.001 230 3	1097.4	1134.3	2.8243	.001 203 4	1078.1	1138.2	2.7860
280	.001 296 5	1204.7	1230.6	3.0248	.001 275 5	1190.7	1229.0	2.9986	.001 241 5	1167.2	1229.3	2.9537
300	.001 359 6	1306.1	1333.3	3.2071	.001 330 4	1287.9	1327.8	3.1741	.001 286 0	1258.7	1323.0	3.1200
320	.001 443 7	1415.7	1444.6	3.3979	.001 399 7	1390.7	1432.7	3.3539	.001 338 8	1353.3	1420.2	3.2868
340	.001 568 4	1539.7	1571.0	3.6075	.001 492 0	1501.7	1546.5	3.5426	.001 403 2	1452.0	1522.1	3.4557
360	.001 822 6	1702.8	1739.3	3.8772	.001 626 5	1626.6	1675.4	3.7494	.001 483 8	1556.0	1630.2	3.6291
380					.001 869 1	1781.4	1837.5	4.0012	.001 588 4	1667.2	1746.6	3.8101

附表5　飽和固態水-水蒸汽

溫度 (°C)	壓力 (kPa)	比容 (m³/kg)		內能 (kJ/kg)			焓 (kJ/kg)			熵 (kJ/kg-K)		
(T)	(p)	$v_i \times 10^3$	v_g	u_i	u_{ig}	u_g	h_i	h_{ig}	h_g	s_i	s_{ig}	s_g
.01	.6113	1.0908	206.1	−333.40	2708.7	2375.3	−333.40	2834.8	2501.4	−1.221	10.378	9.156
0	.6108	1.0908	206.3	−333.43	2708.8	2375.3	−333.43	2834.8	2501.3	−1.221	10.378	9.157
−2	.5176	1.0904	241.7	−337.62	2710.2	2372.6	−337.62	2835.3	2497.7	−1.237	10.456	9.219
−4	.4375	1.0901	283.8	−341.78	2711.6	2369.8	−341.78	2835.7	2494.0	−1.253	10.536	9.283
−6	.3689	1.0898	334.2	−345.91	2712.9	2367.0	−345.91	2836.2	2490.3	−1.268	10.616	9.348
−8	.3102	1.0894	394.4	−350.02	2714.2	2364.2	−350.02	2836.6	2486.6	−1.284	10.698	9.414
−10	.2602	1.0891	466.7	−354.09	2715.5	2361.4	−354.09	2837.0	2482.9	−1.299	10.781	9.481
−12	.2176	1.0888	553.7	−358.14	2716.8	2358.7	−358.14	2837.3	2479.2	−1.315	10.865	9.550
−14	.1815	1.0884	658.8	−362.15	2718.0	2355.9	−362.15	2837.6	2475.5	−1.331	10.950	9.619
−16	.1510	1.0881	786.0	−366.14	2719.2	2353.1	−366.14	2837.9	2471.8	−1.346	11.036	9.690
−18	.1252	1.0878	940.5	−370.10	2720.4	2350.3	−370.10	2838.2	2468.1	−1.362	11.123	9.762
−20	.1035	1.0874	1128.6	−374.03	2721.6	2347.5	−374.03	2838.4	2464.3	−1.377	11.212	9.835
−22	.0853	1.0871	1358.4	−377.93	2722.7	2344.7	−377.93	2838.6	2460.6	−1.393	11.302	9.909
−24	.0701	1.0868	1640.1	−381.80	2723.7	2342.0	−381.80	2838.7	2456.9	−1.408	11.394	9.985
−26	.0574	1.0864	1986.4	−385.64	2724.8	2339.2	−385.64	2838.9	2453.2	−1.424	11.486	10.062
−28	.0469	1.0861	2413.7	−389.45	2725.8	2336.4	−389.45	2839.0	2449.5	−1.439	11.580	10.141
−30	.0381	1.0858	2943	−393.23	2726.8	2333.6	−393.23	2839.0	2445.8	−1.455	11.676	10.221
−32	.0309	1.0854	3600	−396.98	2727.8	2330.8	−396.98	2839.1	2442.1	−1.471	11.773	10.303
−34	.0250	1.0851	4419	−400.71	2728.7	2328.0	−400.71	2839.1	2438.4	−1.486	11.872	10.386
−36	.0201	1.0848	5444	−404.40	2729.6	2325.2	−404.40	2839.1	2434.7	−1.501	11.972	10.470
−38	.0161	1.0844	6731	−408.06	2730.5	2322.4	−408.06	2839.0	2430.9	−1.517	12.073	10.556
−40	.0129	1.0841	8354	−411.70	2731.3	2319.6	−411.70	2838.9	2427.2	−1.532	12.176	10.644

附表6　飽和氨

溫度 (°C) (*T*)	壓力 (kPa) (*p*)	比容 (m³/kg)			焓 (kJ/kg)			熵 (kJ/kg-K)		
		v_f	v_{fg}	v_g	h_f	h_{fg}	h_g	s_f	s_{fg}	s_g
−50	40.88	0.001 424	2.6239	2.6254	−44.3	1416.7	1372.4	−0.1942	6.3502	6.1561
−48	45.96	0.001 429	2.3518	2.3533	−35.5	1411.3	1375.8	−0.1547	6.2696	6.1149
−46	51.55	0.001 434	2.1126	2.1140	−26.6	1405.8	1379.2	−0.1156	6.1902	6.0746
−44	57.69	0.001 439	1.9018	1.9032	−17.8	1400.3	1382.5	−0.0768	6.1120	6.0352
−42	64.42	0.001 444	1.7155	1.7170	−8.9	1394.7	1385.8	−0.0382	6.0349	5.9967
−40	71.77	0.001 449	1.5506	1.5521	0.0	1389.0	1389.0	0.0000	5.9589	5.9589
−38	79.80	0.001 454	1.4043	1.4058	8.9	1383.3	1392.2	0.0380	5.8840	5.9220
−36	88.54	0.001 460	1.2742	1.2757	17.8	1377.6	1395.4	0.0757	5.8101	5.8858
−34	98.05	0.001 465	1.1582	1.1597	26.8	1371.8	1398.5	0.1132	5.7372	5.8504
−32	108.37	0.001 470	1.0547	1.0562	35.7	1365.9	1401.6	0.1504	5.6652	5.8156
−30	119.55	0.001 476	0.9621	0.9635	44.7	1360.0	1404.6	0.1873	5.5942	5.7815
−28	131.64	0.001 481	0.8790	0.8805	53.6	1354.0	1407.6	0.2240	5.5241	5.7481
−26	144.70	0.001 487	0.8044	0.8059	62.6	1347.9	1410.5	0.2605	5.4548	5.7153
−24	158.78	0.001 492	0.7373	0.7388	71.6	1341.8	1413.4	0.2967	5.3864	5.6831
−22	173.93	0.001 498	0.6768	0.6783	80.7	1335.6	1416.2	0.3327	5.3188	5.6515
−20	190.22	0.001 504	0.6222	0.6237	89.7	1329.3	1419.0	0.3684	5.2520	5.6205
−18	207.71	0.001 510	0.5728	0.5743	98.8	1322.9	1421.7	0.4040	5.1860	5.5900
−16	226.45	0.001 515	0.5280	0.5296	107.8	1316.5	1424.4	0.4393	5.1207	5.5600
−14	246.51	0.001 521	0.4874	0.4889	116.9	1310.0	1427.0	0.4744	5.0561	5.5305
−12	267.95	0.001 528	0.4505	0.4520	126.0	1303.5	1429.5	0.5093	4.9922	5.5015
−10	290.85	0.001 534	0.4169	0.4185	135.2	1296.8	1432.0	0.5440	4.9290	5.4730
−8	315.25	0.001 540	0.3863	0.3878	144.3	1290.1	1434.4	0.5785	4.8664	5.4449
−6	341.25	0.001 546	0.3583	0.3599	153.5	1283.3	1436.8	0.6128	4.8045	5.4173
−4	368.90	0.001 553	0.3328	0.3343	162.7	1276.4	1439.1	0.6469	4.7432	5.3901
−2	398.27	0.001 559	0.3094	0.3109	171.9	1269.4	1441.3	0.6808	4.6825	5.3633

附表6 （續）

溫度 (°C) (T)	壓力 (kPa) (p)	比容 (m³/kg) v_f	v_{fg}	v_g	焓 (kJ/kg) $\dot{h}_f$	h_{fg}	$\dot{h}_g$	熵 (kJ/kg-K) s_f	s_{fg}	s_g
0	429.44	0.001 566	0.2879	0.2895	181.1	1262.4	1443.5	0.7145	4.6223	5.3369
2	462.49	0.001 573	0.2683	0.2698	190.4	1255.2	1445.6	0.7481	4.5627	5.3108
4	497.49	0.001 580	0.2502	0.2517	199.6	1248.0	1447.6	0.7815	4.5037	5.2852
6	534.51	0.001 587	0.2335	0.2351	208.9	1240.6	1449.6	0.8148	4.4451	5.2599
8	573.64	0.001 594	0.2182	0.2198	218.3	1233.2	1451.5	0.8479	4.3871	5.2350
10	614.95	0.001 601	0.2040	0.2056	227.6	1225.7	1453.3	0.8808	4.3295	5.2104
12	658.52	0.001 608	0.1910	0.1926	237.0	1218.1	1455.1	0.9136	4.2725	5.1861
14	704.44	0.001 616	0.1789	0.1805	246.4	1210.4	1456.8	0.9463	4.2159	5.1621
16	752.79	0.001 623	0.1677	0.1693	255.9	1202.6	1458.5	0.9788	4.1597	5.1385
18	803.66	0.001 631	0.1574	0.1590	265.4	1194.7	1460.0	1.0112	4.1039	5.1151
20	857.12	0.001 639	0.1477	0.1494	274.9	1186.7	1461.5	1.0434	4.0486	5.0920
22	913.27	0.001 647	0.1388	0.1405	284.4	1178.5	1462.9	1.0755	3.9937	5.0692
24	972.19	0.001 655	0.1305	0.1322	294.0	1170.3	1464.3	1.1075	3.9392	5.0467
26	1033.97	0.001 663	0.1228	0.1245	303.6	1162.0	1465.6	1.1394	3.8850	5.0244
28	1098.71	0.001 671	0.1156	0.1173	313.2	1153.6	1466.8	1.1711	3.8312	5.0023
30	1166.49	0.001 680	0.1089	0.1106	322.9	1145.0	1467.9	1.2028	3.7777	4.9805
32	1237.41	0.001 689	0.1027	0.1044	332.6	1136.4	1469.0	1.2343	3.7246	4.9589
34	1311.55	0.001 698	0.0969	0.0986	342.3	1127.6	1469.9	1.2656	3.6718	4.9374
36	1389.03	0.001 707	0.0914	0.0931	352.1	1118.7	1470.8	1.2969	3.6192	4.9161
38	1469.92	0.001 716	0.0863	0.0880	361.9	1109.7	1471.5	1.3281	3.5669	4.8950
40	1554.33	0.001 726	0.0815	0.0833	371.7	1100.5	1472.2	1.3591	3.5148	4.8740
42	1642.35	0.001 735	0.0771	0.0788	381.6	1091.2	1472.8	1.3901	3.4630	4.8530
44	1734.09	0.001 745	0.0728	0.0746	391.5	1081.7	1473.2	1.4209	3.4112	4.8322
46	1829.65	0.001 756	0.0689	0.0707	401.5	1072.0	1473.5	1.4518	3.3595	4.8113
48	1929.13	0.001 766	0.0652	0.0669	411.5	1062.2	1473.7	1.4826	3.3079	4.7905
50	2032.62	0.001 777	0.0617	0.0635	421.7	1052.0	1473.7	1.5135	3.2561	4.7696

附表7 過熱氨

壓 力 (kPa) (飽和溫度 °C)		溫度(°C) -20	-10	0	10	20	30	40	50	60	70	80	100
	v	2.4474	2.5481	2.6482	2.7479	2.8473	2.9464	3.0453	3.1441	3.2427	3.3413	3.4397	
50	h	1435.8	1457.0	1478.1	1499.2	1520.4	1541.7	1563.0	1584.5	1606.1	1627.8	1649.7	
(−46.54)	s	6.3256	6.4077	6.4865	6.5625	6.6360	6.7073	6.7766	6.8441	6.9099	6.9743	7.0372	
	v	1.6233	1.6915	1.7591	1.8263	1.8932	1.9597	2.0261	2.0923	2.1584	2.2244	2.2903	
75	h	1433.0	1454.7	1476.1	1497.5	1518.9	1540.3	1561.8	1583.4	1605.1	1626.9	1648.9	
(−39.18)	s	6.1190	6.2028	6.2828	6.3597	6.4339	6.5058	6.5756	6.6434	6.7096	6.7742	6.8373	
	v	1.2110	1.2631	1.3145	1.3654	1.4160	1.4664	1.5165	1.5664	1.6163	1.6659	1.7155	1.8145
100	h	1430.1	1452.2	1474.1	1495.7	1517.3	1538.9	1560.5	1582.2	1604.1	1626.0	1648.0	1692.6
(−33.61)	s	5.9695	6.0552	6.1366	6.2144	6.2894	6.3618	6.4321	6.5003	6.5668	6.6316	6.6950	6.8177
	v	0.9635	1.0059	1.0476	1.0889	1.1297	1.1703	1.2107	1.2509	1.2909	1.3309	1.3707	1.4501
125	h	1427.2	1449.8	1472.0	1493.9	1515.7	1537.5	1559.3	1581.1	1603.0	1625.0	1647.2	1691.8
(−29.08)	s	5.8512	5.9389	6.0217	6.1006	6.1763	6.2494	6.3201	6.3887	6.4555	6.5206	6.5842	6.7072
	v	0.7984	0.8344	0.8697	0.9045	0.9388	0.9729	1.0068	1.0405	1.0740	1.1074	1.1408	1.2072
150	h	1424.1	1447.3	1469.8	1492.1	1514.1	1536.1	1558.0	1580.0	1602.0	1624.1	1646.3	1691.1
(−25.23)	s	5.7526	5.8424	5.9266	6.0066	6.0831	6.1568	6.2280	6.2970	6.3641	6.4295	6.4933	6.6167
	v		0.6199	0.6471	0.6738	0.7001	0.7261	0.7519	0.7774	0.8029	0.8282	0.8533	0.9035
200	h		1442.0	1465.5	1488.4	1510.9	1533.2	1555.5	1577.7	1599.9	1622.2	1644.6	1689.6
(−18.86)	s		5.6863	5.7737	5.8559	5.9342	6.0091	6.0813	6.1512	6.2189	6.2849	6.3491	6.4732
	v		0.4910	0.5135	0.5354	0.5568	0.5780	0.5989	0.6196	0.6401	0.6605	0.6809	0.7212
250	h		1436.6	1461.0	1484.5	1507.6	1530.3	1552.9	1575.4	1597.8	1620.3	1642.8	1688.2
(−13.67)	s		5.5609	5.6517	5.7365	5.8165	5.8928	5.9661	6.0368	6.1052	6.1717	6.2365	6.3613
	v			0.4243	0.4430	0.4613	0.4792	0.4968	0.5143	0.5316	0.5488	0.5658	0.5997
300	h			1456.3	1480.6	1504.2	1527.4	1550.3	1573.0	1595.7	1618.4	1641.1	1686.7
(−9.23)	s			5.5493	5.6366	5.7186	5.7963	5.8707	5.9423	6.0114	6.0785	6.1437	6.2693
	v			0.3605	0.3770	0.3929	0.4086	0.4239	0.4391	0.4541	0.4689	0.4837	0.5129

附表7 （續）

壓力 (kPa) (飽和溫度 °C)		溫度(°C)											
		−20	−10	0	10	20	30	40	50	60	70	80	100
350	*h*			1451.5	1476.5	1500.7	1524.4	1547.6	1570.7	1593.6	1616.5	1639.3	1685.2
(−5.35)	*s*			5.4600	5.5502	5.6342	5.7135	5.7890	5.8615	5.9314	5.9990	6.0647	6.1910
	v			0.3125	0.3274	0.3417	0.3556	0.3692	0.3826	0.3959	0.4090	0.4220	0.4478
400	*h*			1446.5	1472.4	1497.2	1521.3	1544.9	1568.3	1591.5	1614.5	1637.6	1683.7
(−1.89)	*s*			5.3803	5.4735	5.5597	5.6405	5.7173	5.7907	5.8613	5.9296	5.9957	6.1228
	v			0.2752	0.2887	0.3017	0.3143	0.3266	0.3387	0.3506	0.3624	0.3740	0.3971
450	*h*			1441.3	1468.1	1493.6	1518.2	1542.2	1565.9	1589.3	1612.6	1635.8	1682.2
(1.26)	*s*			5.3078	5.4042	5.4926	5.5752	5.6532	5.7275	5.7989	5.8678	5.9345	6.0623
		20	30	40	50	60	70	80	100	120	140	160	180
	v	0.2698	0.2813	0.2926	0.3036	0.3144	0.3251	0.3357	0.3565	0.3771	0.3975		
500	*h*	1489.9	1515.0	1539.5	1563.4	1587.1	1610.6	1634.0	1680.7	1727.5	1774.7		
(4.14)	*s*	5.4314	5.5157	5.5950	5.6704	5.7425	5.8120	5.8793	6.0079	6.1301	6.2472		
	v	0.2217	0.2317	0.2414	0.2508	0.2600	0.2691	0.2781	0.2957	0.3130	0.3302		
600	*h*	1482.4	1508.6	1533.8	1558.5	1582.7	1606.6	1630.4	1677.7	1724.9	1772.4		
(9.29)	*s*	5.3222	5.4102	5.4923	5.5697	5.6436	5.7144	5.7826	5.9129	6.0363	6.1541		
	v	0.1874	0.1963	0.2048	0.2131	0.2212	0.2291	0.2369	0.2522	0.2672	0.2821		
700	*h*	1474.5	1501.9	1528.1	1553.4	1578.2	1602.6	1626.8	1674.6	1722.4	1770.2		
(13.81)	*s*	5.2259	5.3179	5.4029	5.4826	5.5582	5.6303	5.6997	5.8316	5.9562	6.0749		
	v	0.1615	0.1696	0.1773	0.1848	0.1920	0.1991	0.2060	0.2196	0.2329	0.2459	0.2589	
800	*h*	1466.3	1495.0	1522.2	1548.3	1573.7	1598.6	1623.1	1671.6	1719.8	1768.0	1816.4	
(17.86)	*s*	5.1387	5.2351	5.3232	5.4053	5.4827	5.5562	5.6268	5.7603	5.8861	6.0057	6.1202	
	v		0.1488	0.1559	0.1627	0.1693	0.1757	0.1820	0.1942	0.2061	0.2178	0.2294	
900	*h*		1488.0	1516.2	1543.0	1569.1	1594.4	1619.4	1668.5	1717.1	1765.7	1814.4	
(21.54)	*s*		5.1593	5.2508	5.3354	5.4147	5.4897	5.5614	5.6968	5.8237	5.9442	6.0594	

附表7 （續）

壓力 (kPa) (飽和溫度 °C)		溫度(°C) 20	30	40	50	60	70	80	100	120	140	160	180
1000	v		0.1321	0.1388	0.1450	0.1511	0.1570	0.1627	0.1739	0.1847	0.1954	0.2058	0.2162
	h		1480.6	1510.0	1537.7	1564.4	1590.3	1615.6	1665.4	1714.5	1763.4	1812.4	1861.7
(24.91)	s		5.0889	5.1840	5.2713	5.3525	5.4292	5.5021	5.6392	5.7674	5.8888	6.0047	6.1159
1200	v			0.1129	0.1185	0.1238	0.1289	0.1338	0.1434	0.1526	0.1616	0.1705	0.1792
	h			1497.1	1526.6	1554.7	1581.7	1608.0	1659.2	1709.2	1758.9	1808.5	1858.2
(30.96)	s			5.0629	5.1560	5.2416	5.3215	5.3970	5.5379	5.6687	5.7919	5.9091	6.0214
1400	v			0.0944	0.0995	0.1042	0.1088	0.1132	0.1216	0.1297	0.1376	0.1452	0.1528
	h			1483.4	1515.1	1544.7	1573.0	1600.2	1652.8	1703.9	1754.3	1804.5	1854.7
(36.28)	s			4.9534	5.0530	5.1434	5.2270	5.3053	5.4501	5.5836	5.7087	5.8273	5.9406
1600	v				0.0851	0.0895	0.0937	0.0977	0.1053	0.1125	0.1195	0.1263	0.1330
	h				1502.9	1534.4	1564.0	1592.3	1646.4	1698.5	1749.7	1800.5	1851.2
(41.05)	s				4.9584	5.0543	5.1419	5.2232	5.3722	5.5084	5.6355	5.7555	5.8699
1800	v				0.0739	0.0781	0.0820	0.0856	0.0926	0.0992	0.1055	0.1116	0.1177
	h				1490.0	1523.5	1554.6	1584.1	1639.8	1693.1	1745.1	1796.5	1847.7
(45.39)	s				4.8693	4.9715	5.0635	5.1482	5.3018	5.4409	5.5699	5.6914	5.8069
2000	v				0.0648	0.0688	0.0725	0.0760	0.0824	0.0885	0.0943	0.0999	0.1054
	h				1476.1	1512.0	1544.9	1575.6	1633.2	1687.6	1740.4	1792.4	1844.1
(49.38)	s				4.7834	4.8930	4.9902	5.0786	5.2371	5.3793	5.5104	5.6333	5.7499

附表8 飽和冷媒-12

溫度 (°C) (T)	壓力 (MPa) (p)	比容 (m³/kg)			焓 (kJ/kg)			熵 (kJ/kg-K)		
		v_f	v_{fg}	v_g	h_f	h_{fg}	h_g	s_f	s_{fg}	s_g
−90	0.0028	0.000 608	4.414 937	4.415 545	−43.243	189.618	146.375	−0.2084	1.0352	0.8268
−85	0.0042	0.000 612	3.036 704	3.037 316	−38.968	187.608	148.640	−0.1854	0.9970	0.8116
−80	0.0062	0.000 617	2.137 728	2.138 345	−34.688	185.612	150.924	−0.1630	0.9609	0.7979
−75	0.0088	0.000 622	1.537 030	1.537 651	−30.401	183.625	153.224	−0.1411	0.9266	0.7855
−70	0.0123	0.000 627	1.126 654	1.127 280	−26.103	181.640	155.536	−0.1197	0.8940	0.7744
−65	0.0168	0.000 632	0.840 534	0.841 166	−21.793	179.651	157.857	−0.0987	0.8630	0.7643
−60	0.0226	0.000 637	0.637 274	0.637 910	−17.469	177.653	160.184	−0.0782	0.8334	0.7552
−55	0.0300	0.000 642	0.490 358	0.491 000	−13.129	175.641	162.512	−0.0581	0.8051	0.7470
−50	0.0391	0.000 648	0.382 457	0.383 105	−8.772	173.611	164.840	−0.0384	0.7779	0.7396
−45	0.0504	0.000 654	0.302 029	0.302 682	−4.396	171.558	167.163	−0.0190	0.7519	0.7329
−40	0.0642	0.000 659	0.241 251	0.241 910	−0.000	169.479	169.479	−0.0000	0.7269	0.7269
−35	0.0807	0.000 666	0.194 732	0.195 398	4.416	167.368	171.784	0.0187	0.7027	0.7214
−30	0.1004	0.000 672	0.158 703	0.159 375	8.854	165.222	174.076	0.0371	0.6795	0.7165
−25	0.1237	0.000 679	0.130 487	0.131 166	13.315	163.037	176.352	0.0552	0.6570	0.7121
−20	0.1509	0.000 685	0.108 162	0.108 847	17.800	160.810	178.610	0.0730	0.6352	0.7082
−15	0.1826	0.000 693	0.090 326	0.091 018	22.312	158.534	180.846	0.0906	0.6141	0.7046
−10	0.2191	0.000 700	0.075 946	0.076 646	26.851	156.207	183.058	0.1079	0.5936	0.7014
−5	0.2610	0.000 708	0.064 255	0.064 963	31.420	153.823	185.243	0.1250	0.5736	0.6986
0	0.3086	0.000 716	0.054 673	0.055 389	36.022	151.376	187.397	0.1418	0.5542	0.6960
5	0.3626	0.000 724	0.046 761	0.047 485	40.659	148.859	189.518	0.1585	0.5351	0.6937

附表8 （續）

溫度 (°C) (T)	壓力 (MPa) (p)	比容 (m³/kg) v_f	v_{fg}	v_g	焓 (kJ/kg) h_f	h_{fg}	h_g	熵 (kJ/kg-K) s_f	s_{fg}	s_g
10	0.4233	0.000 733	0.040 180	0.040 914	45.337	146.265	191.602	0.1750	0.5165	0.6916
15	0.4914	0.000 743	0.034 671	0.035 413	50.058	143.586	193.644	0.1914	0.4983	0.6897
20	0.5673	0.000 752	0.030 028	0.030 780	54.828	140.812	195.641	0.2076	0.4803	0.6879
25	0.6516	0.000 763	0.026 091	0.026 854	59.653	137.933	197.586	0.2237	0.4626	0.6863
30	0.7449	0.000 774	0.022 734	0.023 508	64.539	134.936	199.475	0.2397	0.4451	0.6848
35	0.8477	0.000 786	0.019 855	0.020 641	69.494	131.805	201.299	0.2557	0.4277	0.6834
40	0.9607	0.000 798	0.017 373	0.018 171	74.527	128.525	203.051	0.2716	0.4104	0.6820
45	1.0843	0.000 811	0.015 220	0.016 032	79.647	125.074	204.722	0.2875	0.3931	0.6806
50	1.2193	0.000 826	0.013 344	0.014 170	84.868	121.430	206.298	0.3034	0.3758	0.6792
55	1.3663	0.000 841	0.011 701	0.012 542	90.201	117.565	207.766	0.3194	0.3582	0.6777
60	1.5259	0.000 858	0.010 253	0.011 111	95.665	113.443	209.109	0.3355	0.3405	0.6760
65	1.6988	0.000 877	0.008 971	0.009 847	101.279	109.024	210.303	0.3518	0.3224	0.6742
70	1.8858	0.000 897	0.007 828	0.008 725	107.067	104.255	211.321	0.3683	0.3038	0.6721
75	2.0874	0.000 920	0.006 802	0.007 723	113.058	99.068	212.126	0.3851	0.2845	0.6697
80	2.3046	0.000 946	0.005 875	0.006 821	119.291	93.373	212.665	0.4023	0.2644	0.6667
85	2.5380	0.000 976	0.005 029	0.006 005	125.818	87.047	212.865	0.4201	0.2430	0.6631
90	2.7885	0.001 012	0.004 246	0.005 258	132.708	79.907	212.614	0.4385	0.2200	0.6585
95	3.0569	0.001 056	0.003 508	0.004 563	140.068	71.658	211.726	0.4579	0.1946	0.6526
100	3.3440	0.001 113	0.002 790	0.003 903	148.076	61.768	209.843	0.4788	0.1655	0.6444
105	3.6509	0.001 197	0.002 045	0.003 242	157.085	49.014	206.099	0.5023	0.1296	0.6319
110	3.9784	0.001 364	0.001 098	0.002 462	168.059	28.425	196.484	0.5322	0.0742	0.6064
112	4.1155	0.001 792	0.000 005	0.001 797	174.920	0.151	175.071	0.5651	0.0004	0.5655

附表9　過熱冷媒-12

溫度 ℃	v m³/kg	h kJ/kg	s kJ/kg K	v m³/kg	h kJ/kg	s kJ/kg K	v m³/kg	h kJ/kg	s kJ/kg K
		0.05 MPa			0.10 MPa			0.15 MPa	
−20.0	0.341 857	181.042	0.7912	0.167 701	179.861	0.7401			
−10.0	0.356 227	186.757	0.8133	0.175 222	185.707	0.7628	0.114 716	184.619	0.7318
0.0	0.370 508	192.567	0.8350	0.182 647	191.628	0.7849	0.119 866	190.660	0.7543
10.0	0.384 716	198.471	0.8562	0.189 994	197.628	0.8064	0.124 932	196.762	0.7763
20.0	0.398 863	204.469	0.8770	0.197 277	203.707	0.8275	0.129 930	202.927	0.7977
30.0	0.412 959	210.557	0.8974	0.204 506	209.866	0.8482	0.134 873	209.160	0.8186
40.0	0.427 012	216.733	0.9175	0.211 691	216.104	0.8684	0.139 768	215.463	0.8390
50.0	0.441 030	222.997	0.9372	0.218 839	222.421	0.8883	0.144 625	221.835	0.8591
60.0	0.455 017	229.344	0.9565	0.225 955	228.815	0.9078	0.149 450	228.277	0.8787
70.0	0.468 978	235.774	0.9755	0.233 044	235.285	0.9269	0.154 247	234.789	0.8980
80.0	0.482 917	242.282	0.9942	0.240 111	241.829	0.9457	0.159 020	241.371	0.9169
90.0	0.496 838	248.868	1.0126	0.247 159	248.446	0.9642	0.163 774	248.020	0.9354
		0.20 MPa			0.25 MPa			0.30 MPa	
0.0	0.088 608	189.669	0.7320	0.069 752	188.644	0.7139	0.057 150	187.583	0.6984
10.0	0.092 550	195.878	0.7543	0.073 024	194.969	0.7366	0.059 984	194.034	0.7216
20.0	0.096 418	202.135	0.7760	0.076 218	201.322	0.7587	0.062 734	200.490	0.7440
30.0	0.100 228	208.446	0.7972	0.079 350	207.715	0.7801	0.065 418	206.969	0.7658
40.0	0.103 989	214.814	0.8178	0.082 431	214.153	0.8010	0.068 049	213.480	0.7869
50.0	0.107 710	221.243	0.8381	0.085 470	220.642	0.8214	0.070 635	220.030	0.8075
60.0	0.111 397	227.735	0.8578	0.088 474	227.185	0.8413	0.073 185	226.627	0.8276
70.0	0.115 055	234.291	0.8772	0.091 449	233.785	0.8608	0.075 705	233.273	0.8473
80.0	0.118 690	240.910	0.8962	0.094 398	240.443	0.8800	0.078 200	239.971	0.8665

90.0	0.122 304	247.593	0.9149	0.097 327	247.160	0.8987	0.080 673	246.723	0.8853
100.0	0.125 901	254.339	0.9332	0.100 238	253.936	0.9171	0.083 127	253.530	0.9038
110.0	0.129 483	261.147	0.9512	0.103 134	260.770	0.9352	0.085 566	260.391	0.9220

	0.40 MPa			0.50 MPa			0.60 MPa		
20.0	0.045 836	198.762	0.7199	0.035 646	196.935	0.6999			
30.0	0.047 971	205.428	0.7423	0.037 464	203.814	0.7230	0.030 422	202.116	0.7063
40.0	0.050 046	212.095	0.7639	0.039 214	210.656	0.7452	0.031 966	209.154	0.7291
50.0	0.052 072	218.779	0.7849	0.040 911	217.484	0.7667	0.033 450	216.141	0.7511
60.0	0.054 059	225.488	0.8054	0.042 565	224.315	0.7875	0.034 887	223.104	0.7723
70.0	0.056 014	232.230	0.8253	0.044 184	231.161	0.8077	0.036 285	230.062	0.7929
80.0	0.057 941	239.012	0.8448	0.045 774	238.031	0.8275	0.037 653	237.027	0.8129
90.0	0.059 846	245.837	0.8638	0.047 340	244.932	0.8467	0.038 995	244.009	0.8324
100.0	0.061 731	252.707	0.8825	0.048 886	251.869	0.8656	0.040 316	251.016	0.8514
110.0	0.063 600	259.624	0.9008	0.050 415	258.845	0.8840	0.041 619	258.053	0.8700
120.0	0.065 455	266.590	0.9187	0.051 929	265.862	0.9021	0.042 907	265.124	0.8882
130.0	0.067 298	273.605	0.9364	0.053 430	272.923	0.9198	0.044 181	272.231	0.9061

	0.70 MPa			0.80 MPa			0.90 MPa		
40.0	0.026 761	207.580	0.7148	0.022 830	205.924	0.7016	0.019 744	204.170	0.6982
50.0	0.028 100	214.745	0.7373	0.024 068	213.290	0.7248	0.020 912	211.765	0.7131
60.0	0.029 387	221.854	0.7590	0.025 247	220.558	0.7469	0.022 012	219.212	0.7358
70.0	0.030 632	228.931	0.7799	0.026 380	227.766	0.7682	0.023 062	226.564	0.7575
80.0	0.031 843	235.997	0.8002	0.027 477	234.941	0.7888	0.024 072	233.856	0.7785
90.0	0.033 027	243.066	0.8199	0.028 545	242.101	0.8088	0.025 051	241.113	0.7987
100.0	0.034 189	250.146	0.8392	0.029 588	249.260	0.8283	0.026 005	248.355	0.8184
110.0	0.035 332	257.247	0.8579	0.030 612	256.428	0.8472	0.026 937	255.593	0.8376
120.0	0.036 458	264.374	0.8763	0.031 619	263.613	0.8657	0.027 851	262.839	0.8562
130.0	0.037 572	271.531	0.8943	0.032 612	270.820	0.8838	0.028 751	270.100	0.8745
140.0	0.038 673	278.720	0.9119	0.033 592	278.055	0.9016	0.029 639	277.381	0.8923
150.0	0.039 764	285.946	0.9292	0.034 563	285.320	0.9189	0.030 515	284.687	0.9098

附表9 （續）

溫度 ℃	v m³/kg	h kJ/kg	s kJ/kg-K	v m³/kg	h kJ/kg	s kJ/kg-K	v m³/kg	h kJ/kg	s kJ/kg-K
	1.00 MPa			1.20 MPa			1.40 MPa		
50.0	0.018 366	210.162	0.7021	0.014 483	206.661	0.6812			
60.0	0.019 410	217.810	0.7254	0.015 463	214.805	0.7060	0.012 579	211.457	0.6876
70.0	0.020 397	225.319	0.7476	0.016 368	222.687	0.7293	0.013 448	219.822	0.7123
80.0	0.021 341	232.739	0.7689	0.017 221	230.398	0.7514	0.014 247	227.891	0.7355
90.0	0.022 251	240.101	0.7895	0.018 032	237.995	0.7727	0.014 997	235.766	0.7575
100.0	0.023 133	247.430	0.8094	0.018 812	245.518	0.7931	0.015 710	243.512	0.7785
110.0	0.023 993	254.743	0.8287	0.019 567	252.993	0.8129	0.016 393	251.170	0.7988
120.0	0.024 835	262.053	0.8475	0.020 301	260.441	0.8320	0.017 053	258.770	0.8183
130.0	0.025 661	269.369	0.8659	0.021 018	267.875	0.8507	0.017 695	266.334	0.8373
140.0	0.026 474	276.699	0.8839	0.021 721	275.307	0.8689	0.018 321	273.877	0.8558
150.0	0.027 275	284.047	0.9015	0.022 412	282.745	0.8867	0.018 934	281.411	0.8738
160.0	0.028 068	291.419	0.9187	0.023 093	290.195	0.9041	0.019 535	288.946	0.8914
	1.60 MPa			1.80 MPa			2.00 MPa		
70.0	0.011 208	216.650	0.6959	0.009 406	213.049	0.6794			
80.0	0.011 984	225.177	0.7204	0.010 187	222.198	0.7057	0.008 704	218.859	0.6909
90.0	0.012 698	233.390	0.7433	0.010 884	230.835	0.7298	0.009 406	228.056	0.7166
100.0	0.013 366	241.397	0.7651	0.011 526	239.155	0.7524	0.010 035	236.760	0.7402
110.0	0.014 000	249.264	0.7859	0.012 126	247.264	0.7739	0.010 615	245.154	0.7624
120.0	0.014 608	257.035	0.8059	0.012 697	255.228	0.7944	0.011 159	253.341	0.7835
130.0	0.015 195	264.742	0.8253	0.013 244	263.094	0.8141	0.011 676	261.384	0.8037
140.0	0.015 765	272.406	0.8440	0.013 772	270.891	0.8332	0.012 172	269.327	0.8232
150.0	0.016 320	280.044	0.8623	0.014 284	278.642	0.8518	0.012 651	277.201	0.8420

160.0	0.016 864	287.669	0.8801	0.014 784	286.364	0.8698	0.013 116	285.027	0.8603
170.9	0.017 398	295.290	0.8975	0.015 272	294.069	0.8874	0.013 570	292.822	0.8781
180.0	0.017 923	302.914	0.9145	0.015 752	301.767	0.9046	0.014 013	300.598	0.8955
	2.50 MPa			3.00 MPa			3.50 MPa		
90.0	0.006 595	219.562	0.6823						
100.0	0.007 264	229.852	0.7103	0.005 231	220.529	0.6770			
110.0	0.007 837	239.271	0.7352	0.005 886	232.068	0.7075	0.004 324	222.121	0.6750
120.0	0.008 351	248.192	0.7582	0.006 419	242.208	0.7336	0.004 959	234.875	0.7078
130.0	0.008 827	256.794	0.7798	0.006 887	251.632	0.7573	0.005 456	245.661	0.7349
140.0	0.009 273	265.180	0.8003	0.007 313	260.620	0.7793	0.005 884	255.524	0.7591
150.0	0.009 697	273.414	0.8200	0.007 709	269.319	0.8001	0.006 270	264.846	0.7814
160.0	0.010 104	281.540	0.8390	0.008 083	277.817	0.8200	0.006 626	273.817	0.8023
170.0	0.010 497	289.589	0.8574	0.008 439	286.171	0.8391	0.006 961	282.545	0.8222
180.0	0.010 879	297.583	0.8752	0.008 782	294.422	0.8575	0.007 279	291.100	0.8413
190.0	0.011 250	305.540	0.8926	0.009 114	302.597	0.8753	0.007 584	299.528	0.8597
200.0	0.011 614	313.472	0.9095	0.009 436	310.718	0.8927	0.007 878	307.864	0.8775
	4.00 MPa								
120.0	0.003 736	224.863	0.6771						
130.0	0.004 325	238.443	0.7111						
140.0	0.004 781	249.703	0.7386						
150.0	0.005 172	259.904	0.7630						
160.0	0.005 522	269.492	0.7854						
170.0	0.005 845	278.684	0.8063						
180.0	0.006 147	287.602	0.8262						
190.0	0.006 434	296.326	0.8453						
200.0	0.006 708	304.906	0.8636						
210.0	0.006 972	313.380	0.8813						
220.0	0.007 228	321.774	0.8985						
230.0	0.007 477	330.108	0.9152						

附表10　飽和氧

溫度 (°K)	壓力 (MPa)	比容 (kJ/kg)			焓 (m³/kg)			熵 (kJ/kg-K)		
(T)	(p)	v_f	v_{fg}	v_g	h_f	h_{fg}	h_g	s_f	s_{fg}	s_g
54.3507	0.00015	0.000 765	92.9658	92.9666	−193.432	242.553	49.121	2.0938	4.4514	6.5452
60	0.00073	0.000 780	21.3461	21.3469	−184.029	238.265	54.236	2.2585	3.9686	6.2271
70	0.00623	0.000 808	2.9085	2.9093	−167.372	230.527	63.155	2.5151	3.2936	5.8087
80	0.03006	0.000 840	0.681 04	0.681 88	−150.646	222.289	71.643	2.7382	2.7779	5.5161
90	0.09943	0.000 876	0.226 49	0.227 36	−133.758	213.070	79.312	2.9364	2.3663	5.3027
100	0.25425	0.000 917	0.094 645	0.095 562	−116.557	202.291	85.734	3.1161	2.0222	5.1383
110	0.54339	0.000 966	0.045 855	0.046 821	−98.829	189.320	90.491	3.2823	1.7210	5.0033
120	1.0215	0.001 027	0.024 336	0.025 363	−80.219	173.310	93.091	3.4401	1.4445	4.8846
130	1.7478	0.001 108	0.013 488	0.014 596	−60.093	152.887	92.794	3.5948	1.1766	4.7714
140	2.7866	0.001 230	0.007 339	0.008 569	−37.045	125.051	88.006	3.7567	0.8935	4.6502
150	4.2190	0.001 480	0.003 180	0.004 660	−7.038	79.459	72.421	3.9498	0.5301	4.4799
154.576	5.0427	0.002 293	0.000 000	0.002 293	32.257	0.000	32.257	4.1977	0.0000	4.1977

附表11　過熱氧

溫　度 K	v m³/kg	h kJ/kg	s kJ/kg-K	v m³/kg	h kJ/kg	s kJ/kg-K	v m³/kg	h kJ/kg	s kJ/kg-K
	0.10 MPa			0.20 MPa			0.50 MPa		
100	0.253 503	88.828	5.4016	0.123 394	86.864	5.2083			
125	0.320 717	112.214	5.6107	0.158 268	110.988	5.4241	0.060 674	107.093	5.1650
150	0.386 914	135.301	5.7787	0.192 016	134.440	5.5947	0.075 039	131.788	5.3448
175	0.452 645	158.255	5.9202	0.225 276	157.609	5.7376	0.088 842	155.643	5.4919
200	0.518 127	181.145	6.0427	0.258 282	180.638	5.8609	0.102 371	179.105	5.6175
225	0.583 465	204.007	6.1502	0.291 140	203.596	5.9688	0.115 746	202.359	5.7268
250	0.648 711	226.869	6.2468	0.323 906	226.529	6.0657	0.129 025	225.506	5.8246
275	0.713 895	249.769	6.3369	0.356 610	249.483	6.1560	0.142 242	248.621	5.9156
300	0.779 036	272.720	6.4140	0.389 271	272.475	6.2332	0.155 415	271.740	5.9932
	1.00 MPa			2.00 MPa			4.00 MPa		
125	0.027 869	99.653	4.9431						
150	0.035 976	127.112	5.1433	0.016 270	116.476	4.9130	0.005 526	81.481	4.5475
175	0.043 341	152.269	5.2986	0.020 544	145.112	5.0899	0.009 029	128.618	4.8414
200	0.050 394	176.508	5.4283	0.024 395	171.150	5.2293	0.011 376	159.715	5.0080
225	0.057 282	200.280	5.5401	0.028 051	196.052	5.3464	0.013 444	187.333	5.1380
250	0.064 068	223.795	5.6394	0.031 597	220.348	5.4491	0.015 378	213.374	5.2480
275	0.070 790	247.185	5.7314	0.035 073	244.309	5.5433	0.017 233	238.560	5.3469
300	0.077 467	270.516	5.8098	0.038 502	268.076	5.6263	0.019 039	263.234	5.4300

附表11 （續）

溫度 K	v m³/kg	h kJ/kg	s kJ/kg-K	v m³/kg	h kJ/kg	s kJ/kg-K	v m³/kg	h kJ/kg	s kJ/kg-K
	6.00 MPa			8.00 MPa			10.00 MPa		
175	0.005 051	107.496	4.6431	0.003 002	79.513	4.4384	0.002 020	52.661	4.2573
200	0.007 027	147.232	4.8565	0.004 864	133.760	4.7308	0.003 603	119.767	4.6189
225	0.008 589	178.304	5.0029	0.006 181	169.069	4.8973	0.004 757	159.686	4.8072
250	0.009 991	206.340	5.1214	0.007 316	199.317	5.0251	0.005 730	192.401	4.9455
275	0.011 306	232.848	5.2253	0.008 360	227.219	5.1344	0.006 606	221.685	5.0572
300	0.012 570	258.464	5.3116	0.009 351	253.797	5.2240	0.007 432	249.262	5.1533
	20.00 MPa								
175	0.001 343	24.551	4.0086						
200	0.001 727	75.318	4.2798						
225	0.002 236	122.595	4.5024						
250	0.002 755	163.109	4.6739						
275	0.003 241	198.021	4.8069						
300	0.003 700	229.655	4.9174						

附表12 飽和氮

溫度 (°K) (T)	壓力 (MPa) (p)	比容 (m³/kg)			焓 (kJ/kg)			熵 (kJ/kg-K)		
		v_f	v_{fg}	v_g	h_f	h_{fg}	h_g	s_f	s_{fg}	s_g
63.143	0.01253	0.001 152	1.480 060	1.481 212	−150.348	215.188	64.840	2.4310	3.4076	5.8386
65	0.01742	0.001 162	1.093 173	1.094 335	−146.691	213.291	66.600	2.4845	3.2849	5.7694
70	0.03858	0.001 189	0.525 785	0.526 974	−136.569	207.727	71.158	2.6345	2.9703	5.6048
75	0.07612	0.001 221	0.280 970	0.282 191	−126.287	201.662	75.375	2.7755	2.6915	5.4670
77.347	0.101325	0.001 237	0.215 504	0.216 741	−121.433	198.645	77.212	2.8390	2.5706	5.4096
80	0.1370	0.001 256	0.162 794	0.164 050	−115.926	195.089	79.163	2.9083	2.4409	5.3492
85	0.2291	0.001 296	0.100 434	0.101 730	−105.461	187.892	82.431	3.0339	2.2122	5.2461
90	0.3608	0.001 340	0.064 950	0.066 290	−94.817	179.894	85.077	3.1535	2.0001	5.1536
95	0.5411	0.001 392	0.043 504	0.044 896	−83.895	170.877	86.982	3.2688	1.7995	5.0683
100	0.7790	0.001 452	0.029 861	0.031 313	−72.571	160.562	87.991	3.3816	1.6060	4.9876
105	1.0843	0.001 524	0.020 745	0.022 269	−60.691	148.573	87.882	3.4930	1.4150	4.9080
110	1.4673	0.001 613	0.014 402	0.016 015	−48.027	134.319	86.292	3.6054	1.2209	4.8263
115	1.9395	0.001 797	0.009 696	0.011 493	−34.157	116.701	82.544	3.7214	1.0145	4.7359
120	2.5135	0.001 904	0.006 130	0.008 034	−18.017	93.092	75.075	3.8450	0.7803	4.6253
125	3.2079	0.002 323	0.002 568	0.004 891	+6.202	50.114	56.316	4.0356	0.3989	4.4345
126.1	3.4000	0.003 184	0.000 000	0.003 184	+30.791	0.000	30.791	4.2269	0.0000	4.2269

附表13 過熱氮

溫度 K	v m³/kg	h kJ/kg	s kJ/kg-K	v m³/kg	h kJ/kg	s kJ/kg-K	v m³/kg	h kJ/kg	s kJ/kg-K
	0.1 MPa			0.2 MPa			0.5 MPa		
100	0.290 978	101.965	5.6944	0.142 475	100.209	5.4767	0.055 520	94.345	5.1706
125	0.367 217	128.505	5.9313	0.181 711	127.371	5.7194	0.073 422	123.824	5.4343
150	0.442 619	154.779	6.1228	0.220 014	153.962	5.9132	0.090 150	151.470	5.6361
175	0.517 576	180.935	6.2841	0.257 890	180.314	6.0760	0.106 394	178.434	5.8025
200	0.592 288	207.029	6.4234	0.295 531	206.537	6.2160	0.122 394	205.063	5.9447
225	0.666 552	233.085	6.5460	0.332 841	232.690	6.3388	0.138 173	231.459	6.0690
250	0.741 375	259.122	6.6561	0.370 418	258.796	6.4491	0.154 006	257.828	6.1801
275	0.815 563	285.144	6.7550	0.407 619	284.876	6.5485	0.169 642	284.076	6.2800
300	0.890 205	311.158	6.8457	0.445 047	310.937	6.6393	0.185 346	310.273	6.3715
	1.0 MPa			2.0 MPa			4.0 MPa		
125	0.033 065	117.422	5.1872	0.014 021	101.489	4.8878			
150	0.041 884	147.176	5.4042	0.019 546	137.916	5.1547	0.008 234	115.716	4.8384
175	0.050 125	175.255	5.5779	0.024 155	168.709	5.3449	0.011 186	154.851	5.0804
200	0.058 096	202.596	5.7237	0.028 436	197.609	5.4992	0.013 648	187.521	5.2553
225	0.065 875	229.526	5.8502	0.035 697	225.578	5.6309	0.015 894	217.757	5.3976
250	0.073 634	256.220	5.9632	0.036 557	253.032	5.7469	0.018 060	246.793	5.5202
275	0.081 260	282.720	6.0639	0.040 485	280.132	5.8501	0.020 133	275.056	5.6277
300	0.088 899	309.173	6.1563	0.044 398	307.014	5.9436	0.022 178	302.848	5.7248

	6.0 MPa			8.0 MPa			10.0 MPa		
150	0.004 413	87.090	4.5667	0.002 917	61.903	4.3518	0.002 388	48.687	4.2287
175	0.006 913	140.183	4.8966	0.004 863	125.536	4.7470	0.003 750	112.489	4.6239
200	0.008 772	177.447	5.0961	0.006 390	167.680	4.9726	0.005 016	158.578	4.8709
225	0.010 396	210.139	5.2410	0.007 691	202.867	5.1384	0.006 104	196.079	5.0474
250	0.011 934	240.806	5.3796	0.008 903	235.141	5.2750	0.007 112	229.861	5.1900
275	0.013 383	270.222	5.4917	0.010 034	265.676	5.3910	0.008 046	261.450	5.3103
300	0.014 800	298.907	5.5916	0.011 133	295.219	5.4942	0.008 950	291.800	5.4163

	15.0 MPa			20.0 MPa		
150	0.001 956	36.922	4.0798	0.001 781	33.637	3.9956
175	0.002 603	92.284	4.4213	0.002 186	83.453	4.3029
200	0.003 369	140.886	4.6813	0.002 685	130.291	4.5535
225	0.004 106	182.034	4.8752	0.003 208	172.307	4.7511
250	0.004 808	218.710	5.0303	0.003 728	210.456	4.9127
275	0.005 461	252.465	5.1845	0.004 223	245.640	5.0467
300	0.006 091	284.523	5.2707	0.004 704	278.942	5.1629

附表14　飽和水銀

壓力 (MPa)	溫度 (°C)	焓 (kJ/kg)			熵 (kJ/kg-K)			比容 (m³/kg)
p	T	h_f	h_{fg}	h_g	s_f	s_{fg}	s_g	v_g
0.000 06	109.2	15.13	297.20	312.33	0.0466	0.7774	0.8240	259.6
0.000 07	112.3	15.55	297.14	312.69	0.0477	0.7709	0.8186	224.3
0.000 08	115.0	15.93	297.09	313.02	0.0487	0.7654	0.8141	197.7
0.000 09	117.5	16.27	297.04	313.31	0.0496	0.7604	0.8100	176.8
0.000 10	119.7	16.58	297.00	313.58	0.0503	0.7560	0.8063	160.1
0.0002	134.9	18.67	296.71	315.38	0.0556	0.7271	0.7827	83.18
0.0004	151.5	20.93	296.40	317.33	0.0610	0.6981	0.7591	43.29
0.0006	161.8	22.33	296.21	318.54	0.0643	0.6811	0.7454	29.57
0.0008	169.4	23.37	296.06	319.43	0.0666	0.6690	0.7356	22.57
0.0010	175.5	24.21	295.95	320.16	0.0685	0.6596	0.7281	18.31
0.002	195.6	26.94	295.57	322.51	0.0744	0.6305	0.7049	9.570
0.004	217.7	29.92	295.15	325.07	0.0806	0.6013	0.6819	5.013
0.006	231.6	31.81	294.89	326.70	0.0843	0.5842	0.6685	3.438
0.008	242.0	33.21	294.70	327.91	0.0870	0.5721	0.6591	2.632
0.010	250.3	34.33	294.54	328.87	0.0892	0.5627	0.6519	2.140
0.02	278.1	38.05	294.02	332.07	0.0961	0.5334	0.6295	1.128
0.04	309.1	42.21	293.43	335.64	0.1034	0.5039	0.6073	0.5942
0.06	329.0	44.85	293.06	337.91	0.1078	0.4869	0.5947	0.4113
0.08	343.9	46.84	292.78	339.62	0.1110	0.4745	0.5855	0.3163
0.1	356.1	48.45	292.55	341.00	0.1136	0.4649	0.5785	0.2581
0.2	397.1	53.87	291.77	345.64	0.1218	0.4353	0.5571	0.1377
0.3	423.8	57.38	291.27	348.65	0.1268	0.4179	0.5447	0.095 51
0.4	444.1	60.03	290.89	350.92	0.1305	0.4056	0.5361	0.073 78
0.5	460.7	62.20	290.58	352.78	0.1334	0.3960	0.5294	0.060 44
0.6	474.9	64.06	290.31	354.37	0.1359	0.3881	0.5240	0.051 37
0.7	487.3	65.66	290.08	355.74	0.1380	0.3815	0.5195	0.044 79
0.8	498.4	67.11	289.87	356.98	0.1398	0.3757	0.5155	0.039 78
0.9	508.5	68.42	289.68	358.10	0.1415	0.3706	0.5121	0.035 84
1.0	517.8	69.61	289.50	359.11	0.1429	0.3660	0.5089	0.032 66
1.2	534.4	71.75	289.19	360.94	0.1455	0.3581	0.5036	0.027 81
1.4	549.0	73.63	288.92	362.55	0.1478	0.3514	0.4992	0.024 29
1.6	562.0	75.37	288.67	364.04	0.1498	0.3456	0.4954	0.021 61
1.8	574.0	76.83	288.45	365.28	0.1515	0.3405	0.4920	0.019 49
2.0	584.9	78.23	288.24	366.47	0.1531	0.3359	0.4890	0.017 78
2.2	595.1	79.54	288.05	367.59	0.1546	0.3318	0.4864	0.016 37
2.4	604.6	80.75	287.87	368.62	0.1559	0.3280	0.4839	0.015 18
2.6	613.5	81.89	287.70	369.59	0.1571	0.3245	0.4816	0.014 16
2.8	622.0	82.96	287.54	370.50	0.1583	0.3212	0.4795	0.013 29
3.0	630.0	83.97	287.39	371.36	0.1594	0.3182	0.4776	0.012 52
3.5	648.5	86.33	287.04	373.37	0.1619	0.3115	0.4734	0.010 96
4.0	665.1	88.43	286.73	375.16	0.1641	0.3056	0.4697	0.009 78

附表14 (續)

壓力 (MPa)	溫度 (°C)	焓 (kJ/kg)			熵 (kJ/kg-K)			比容 (m³/kg)
p	T	h_f	h_{fg}	h_g	s_f	s_{fg}	s_g	v_g
4.5	680.3	90.35	286.44	376.79	0.1660	0.3004	0.4664	0.008 85
5.0	694.4	92.11	236.18	378.29	0.1678	0.2958	0.4636	0.008 09
5.5	707.4	93.76	285.93	379.69	0.1694	0.2916	0.4610	0.007 46
6.0	719.7	95.30	285.70	381.00	0.1709	0.2878	0.4587	0.006 93
6.5	731.3	96.75	285.48	382.23	0.1723	0.2842	0.4565	0.006 48
7.0	742.3	98.12	285.28	383.40	0.1736	0.2809	0.4545	0.006 09
7.5	752.7	99.42	285.08	384.50	0.1748	0.2779	0.4527	0.005 75

附表15 理想氣體之性質

Gas	Chemical Formula	Molecular Weight	R $\frac{kJ}{kg\text{-}K}$	C_{po} $\frac{kJ}{kg\text{-}K}$	C_{vo} $\frac{kJ}{kg\text{-}K}$	k
Air	—	28.97	0.287 00	1.0035	0.7165	1.400
Argon	Ar	39.948	0.208 13	0.5203	0.3122	1.667
Butane	C_4H_{10}	58.124	0.143 04	1.7164	1.5734	1.091
Carbon Dioxide	CO_2	44.01	0.188 92	0.8418	0.6529	1.289
Carbon Monoxide	CO	28.01	0.296 83	1.0413	0.7445	1.400
Ethane	C_2H_6	30.07	0.276 50	1.7662	1.4897	1.186
Ethylene	C_2H_4	28.054	0.296 37	1.5482	1.2518	1.237
Helium	He	4.003	2.077 03	5.1926	3.1156	1.667
Hydrogen	H_2	2.016	4.124 18	14.2091	10.0849	1.409
Methane	CH_4	16.04	0.518 35	2.2537	1.7354	1.299
Neon	Ne	20.183	0.411 95	1.0299	0.6179	1.667
Nitrogen	N_2	28.013	0.296 80	1.0416	0.7448	1.400
Octane	C_8H_{18}	114.23	0.072 79	1.7113	1.6385	1.044
Oxygen	O_2	31.999	0.259 83	0.9216	0.6618	1.393
Propane	C_3H_8	44.097	0.188 55	1.6794	1.4909	1.126
Steam	H_2O	18.015	0.461 52	1.8723	1.4108	1.327

附表16　空氣在低壓下之熱力性質

T, K	h, kJ/kg	P_r	u, kJ/kg	v_r	s°, kJ/kg-K
100	99.76	0.029 90	71.06	2230	1.4143
110	109.77	0.041 71	78.20	1758.4	1.5098
120	119.79	0.056 52	85.34	1415.7	1.5971
130	129.81	0.074 74	92.51	1159.8	1.6773
140	139.84	0.096 81	99.67	964.2	1.7515
150	149.86	0.123 18	106.81	812.0	1.8206
160	159.87	0.154 31	113.95	691.4	1.8853
170	169.89	0.190 68	121.11	594.5	1.9461
180	179.92	0.232 79	128.28	515.6	2.0033
190	189.94	0.281 14	135.40	450.6	2.0575
200	199.96	0.3363	142.56	396.6	2.1088
210	209.97	0.3987	149.70	351.2	2.1577
220	219.99	0.4690	156.84	312.8	2.2043
230	230.01	0.5477	163.98	280.0	2.2489
240	240.03	0.6355	171.15	251.8	2.2915
250	250.05	0.7329	178.29	227.45	2.3325
260	260.09	0.8405	185.45	206.26	2.3717
270	270.12	0.9590	192.59	187.74	2.4096
280	280.14	1.0889	199.78	171.45	2.4461
290	290.17	1.2311	206.92	157.07	2.4813
300	300.19	1.3860	214.09	144.32	2.5153
310	310.24	1.5546	221.27	132.96	2.5483
320	320.29	1.7375	228.45	122.81	2.5802
330	330.34	1.9352	235.65	113.70	2.6111
340	340.43	2.149	242.86	105.51	2.6412
350	350.48	2.379	250.05	98.11	2.6704
360	360.58	2.626	257.23	91.40	2.6987
370	370.67	2.892	264.47	85.31	2.7264
380	380.77	3.176	271.72	79.77	2.7534
390	390.88	3.481	278.96	74.71	2.7796
400	400.98	3.806	286.19	70.07	2.8052
410	411.12	4.153	293.45	65.83	2.8302
420	421.26	4.522	300.73	61.93	2.8547
430	431.43	4.915	308.03	58.34	2.8786
440	441.61	5.332	315.34	55.02	2.9020
450	451.83	5.775	322.66	51.96	2.9249
460	462.01	6.245	329.99	49.11	2.9473
470	472.25	6.742	337.34	46.48	2.9693
480	482.48	7.268	344.74	44.04	2.9909
490	492.74	7.824	352.11	41.76	3.0120
500	503.02	8.411	359.53	39.64	3.0328
510	513.32	9.031	366.97	37.65	3.0532
520	523.63	9.684	374.39	35.80	3.0733
530	533.98	10.372	381.88	34.07	3.0930
540	544.35	11.097	389.40	32.45	3.1124

附表16 （續）

T, K	h, kJ/kg	P_r	u, kJ/kg	v_r	$s°$, kJ/kg-K
550	554.75	11.858	396.89	30.92	3.1314
560	565.17	12.659	404.44	29.50	3.1502
570	575.57	13.500	411.98	28.15	3.1686
580	586.04	14.382	419.56	26.89	3.1868
590	596.53	15.309	427.17	25.70	3.2047
600	607.02	16.278	434.80	24.58	3.2223
610	617.53	17.297	442.43	23.51	3.2397
620	628.07	18.360	450.13	22.52	3.2569
630	638.65	19.475	457.83	21.57	3.2738
640	649.21	20.64	465.55	20.674	3.2905
650	659.84	21.86	473.32	19.828	3.3069
660	670.47	23.13	481.06	19.026	3.3232
670	681.15	24.46	488.88	18.266	3.3392
680	691.82	25.85	496.65	17.543	3.3551
690	702.52	27.29	504.51	16.857	3.3707
700	713.27	28.80	512.37	16.205	3,3861
710	724.01	30.38	520.26	15.585	3.4014
720	734.20	31.92	527.72	15.027	3.4156
730	745.62	33.72	536.12	14.434	3.4314
740	756.44	35.50	544.05	13.900	3.4461
750	767.30	37.35	552.05	13.391	3.4607
760	778.21	39.27	560.08	12.905	3.4751
770	789.10	41.27	568.10	12.440	3.4894
780	800.03	43.35	576.15	11.998	3.5035
790	810.98	45.51	584.22	11.575	3.5174
800	821.94	47.75	592.34	11.172	3.5312
810	832.96	50.08	600.46	10.785	3.5449
820	843.97	52.49	608.62	10.416	3.5584
830	855.01	55.00	616.79	10.062	3.5718
840	866.09	57.60	624.97	9.724	3.5850
850	877.16	60.29	633.21	9.400	3.5981
860	888.28	63.09	641.44	9.090	3.6111
870	899.42	65.98	649.70	8.792	3.6240
880	910.56	68.98	658.00	8.507	3.6367
890	921.75	72.08	666.31	8.233	3.6493
900	932.94	75.29	674.63	7.971	3.6619
910	944.15	78.61	682.98	7.718	3.6743
920	955.38	82.05	691.33	7.476	3.6865
930	966.64	85.60	699.73	7.244	3.6987
940	977.92	89.28	708.13	7.020	3.7108
950	989.22	93.08	716.57	6.805	3.7227
960	1000.53	97.00	725.01	6.599	3.7346
970	1011.88	101.06	733.48	6.400	3.7463
980	1023.25	105.24	741.99	6.209	3.7580
990	1034.63	109.57	750.48	6.025	3.7695

附表16 （續）

T, K	h, kJ/kg	P_r	u, kJ/kg	v_r	$s°$, kJ/kg-K
1000	1046.03	114.03	759.02	5.847	3.7810
1020	1068.89	123.12	775.67	5.521	3.8030
1040	1091.85	133.34	793.35	5.201	3.8259
1060	1114.85	143.91	810.61	4.911	3.8478
1080	1137.93	155.15	827.94	4.641	3.8694
1100	1161.07	167.07	845.34	4.390	3.8906
1120	1184.28	179.71	862.85	4.156	3.9116
1140	1207.54	193.07	880.37	3.937	3.9322
1160	1230.90	207.24	897.98	3.732	3.9525
1180	1254.34	222.2	915.68	3.541	3.9725
1200	1277.79	238.0	933.40	3.362	3.9922
1220	1301.33	254.7	951.19	3.194	4.0117
1240	1324.89	272.3	969.01	3.037	4.0308
1260	1348.55	290.8	986.92	2.889	4.0497
1280	1372.25	310.4	1004.88	2.750	4.0684
1300	1395.97	330.9	1022.88	2.619	4.0868
1320	1419.77	352.5	1040.93	2.497	4.1049
1340	1443.61	375.3	1059.03	2.381	4.1229
1360	1467.50	399.1	1077.17	2.272	4.1406
1380	1491.43	424.2	1095.36	2.169	4.1580
1400	1515.41	450.5	1113.62	2.072	4.1753
1420	1539.44	478.0	1131.90	1.9808	4.1923
1440	1563.49	506.9	1150.23	1.8942	4.2092
1460	1587.61	537.1	1168.61	1.8124	4.2258
1480	1611.80	568.8	1187.03	1.7350	4.2422
1500	1635.99	601.9	1205.47	1.6617	4.2585

附表17　飽和冷媒-134 a

溫度 (°C)	壓力 (MPa)	比容 (m³/kg)			焓 (kJ/kg)			熵 (kJ/kg-k)		
T	P	v_f	v_{fg}	v_g	h_f	h_{fg}	h_g	s_f	s_{fg}	s_g
−33	0.0737	0.000718	0.25574	0.25646	157.417	220.491	377.908	0.8346	0.9181	1.7528
−30	0.0851	0.000722	0.22330	0.22402	161.118	218.683	379.802	0.8499	0.8994	1.7493
−26.25	0.1013	0.000728	0.18947	0.19020	165.802	216.360	382.162	0.8690	0.8763	1.7453
−25	0.1073	0.000730	0.17956	0.18029	167.381	215.569	382.950	0.8754	0.8687	1.7441
−20	0.1337	0.000738	0.14575	0.14649	173.744	212.340	386.083	0.9007	0.8388	1.7395
−15	0.1650	0.000746	0.11932	0.12007	180.193	209.004	389.197	0.9258	0.8096	1.7354
−10	0.2017	0.000755	0.098454	0.099209	186.721	205.564	392.285	0.9507	0.7812	1.7319
−5	0.2445	0.000764	0.081812	0.082576	193.324	202.016	395.340	0.9755	0.7534	1.7288
0	0.2940	0.000773	0.068420	0.069193	200.000	198.356	398.356	1.0000	0.7262	1.7262
5	0.3509	0.000783	0.057551	0.058334	206.751	194.572	401.323	1.0243	0.6995	1.7239
10	0.4158	0.000794	0.048658	0.049451	213.580	190.652	404.233	1.0485	0.6733	1.7218
15	0.4895	0.000805	0.041326	0.042131	220.492	186.582	407.075	1.0725	0.6475	1.7200
20	0.5728	0.000817	0.035238	0.036055	227.493	182.345	409.838	1.0963	0.6220	1.7183
25	0.6663	0.000829	0.030148	0.030977	234.590	177.920	412.509	1.1201	0.5967	1.7168
30	0.7710	0.000843	0.025865	0.026707	241.790	173.285	415.075	1.1437	0.5716	1.7153
35	0.8876	0.000857	0.022237	0.023094	249.103	168.415	417.518	1.1673	0.5465	1.7139
40	1.0171	0.000873	0.019147	0.020020	256.539	163.282	419.821	1.1909	0.5214	1.7123

附表17 （續）

溫度 (°C)	壓力 (MPa)	比容 (m³/kg)			焓 (kJ/kg)			熵 (kJ/kg-k)		
T	P	v_f	v_{fg}	v_g	h_f	h_{fg}	h_g	s_f	s_{fg}	s_g
45	1.1602	0.000890	0.016499	0.017389	264.110	157.852	421.962	1.2145	0.4962	1.7106
50	1.3180	0.000908	0.014217	0.015124	271.830	152.085	423.915	1.2381	0.4706	1.7088
55	1.4915	0.000928	0.012237	0.013166	279.718	145.933	425.650	1.2619	0.4447	1.7066
60	1.6818	0.000951	0.010511	0.011462	287.794	139.336	427.130	1.2857	0.4182	1.7040
65	1.8898	0.000976	0.008995	0.009970	296.088	132.216	428.305	1.3099	0.3910	1.7009
70	2.1169	0.001005	0.007653	0.008657	304.642	124.468	429.110	1.3343	0.3627	1.6970
75	2.3644	0.001038	0.006453	0.007491	313.513	115.939	429.451	1.3592	0.3330	1.6923
80	2.6337	0.001078	0.005368	0.006446	322.794	106.395	429.189	1.3849	0.3013	1.6862
85	2.9265	0.001128	0.004367	0.005495	332.644	95.440	428.084	1.4117	0.2665	1.6782
90	3.2448	0.001195	0.003412	0.004606	343.380	82.295	425.676	1.4404	0.2266	1.6670
95	3.5914	0.001297	0.002432	0.003729	355.834	64.984	420.818	1.4733	0.1765	1.6498
101.15	4.0640	0.001969	0	0.001969	390.977	0	390.977	1.5658	0	1.5658

附表18 過熱冷媒-134 a

溫度 °C	v m³/kg	h kJ/kg	s kJ/kg K	v m³/kg	h kJ/kg	s kJ/kg K	v m³/kg	h kJ/kg	s kJ/kg K
	0.10 MPa			0.15 MPa			0.20 MPa		
−25	0.19400	383.212	1.75058	—	—	—	—	—	—
−20	0.19860	387.215	1.76655	—	—	—	—	—	—
−10	0.20765	395.270	1.79775	0.13603	393.839	1.76058	0.10013	392.338	1.73276
0	0.21652	403.413	1.82813	0.14222	402.187	1.79171	0.10501	400.911	1.76474
10	0.22527	411.668	1.85780	0.14828	410.602	1.82197	0.10974	409.500	1.79562
20	0.23393	420.048	1.88689	0.15424	419.111	1.85150	0.11436	418.145	1.82563
30	0.24250	428.564	1.91545	0.16011	427.730	1.88041	0.11889	426.875	1.85491
40	0.25102	437.223	1.94355	0.16592	436.473	1.90879	0.12335	435.708	1.88357
50	0.25948	446.029	1.97123	0.17168	445.350	1.93669	0.12776	444.658	1.91171
60	0.26791	454.986	1.99853	0.17740	454.366	1.96416	0.13213	453.735	1.93937
70	0.27631	464.096	2.02547	0.18308	463.525	1.99125	0.13646	462.946	1.96661
80	0.28468	473.359	2.05208	0.18874	472.831	2.01798	0.14076	472.296	1.99346
90	0.29303	482.777	2.07837	0.19437	482.285	2.04438	0.14504	481.788	2.01997
100	0.30136	492.349	2.10437	0.19999	491.888	2.07046	0.14930	491.424	2.04614

附表18 （續）

溫度 °C	v m³/kg	h kJ/kg	s kJ/kg K	v m³/kg	h kJ/kg	s kJ/kg K	v m³/kg	h kJ/kg	s kJ/kg K
	0.25 MPa			0.30 MPa			0.40 MPa		
0	0.082 637	399.579	1.74284	—	—	—	—	—	—
10	0.086 584	408.357	1.77440	0.071 110	407.171	1.75637	0.051 681	404.651	1.72611
20	0.090 408	417.151	1.80492	0.074 415	416.124	1.78744	0.054 362	413.965	1.75844
30	0.094 139	425.997	1.83460	0.077 620	425.096	1.81754	0.056 926	423.216	1.78947
40	0.097 798	434.925	1.86357	0.080 748	434.124	1.84684	0.059 402	432.465	1.81949
50	0.101 401	443.953	1.89195	0.083 816	443.234	1.87547	0.061 812	441.751	1.84868
60	0.104 958	453.094	1.91980	0.086 838	452.442	1.90354	0.064 169	451.104	1.87718
70	0.108 480	462.359	1.94720	0.089 821	461.763	1.93110	0.066 484	460.545	1.90510
80	0.111 972	471.754	1.97419	0.092 774	471.206	1.95823	0.068 767	470.088	1.93252
90	0.115 440	481.285	2.00080	0.095 702	480.777	1.98495	0.071 022	479.745	1.95948
100	0.118 888	490.955	2.02707	0.098 609	490.482	2.01131	0.073 254	489.523	1.98604
110	0.122 318	500.766	2.05302	0.101 498	500.324	2.03734	0.075 468	499.428	2.01223
120	0.125 734	510.720	2.07866	0.104 371	510.304	2.06305	0.077 665	509.464	2.03809
	0.50 MPa			0.60 MPa			0.70 MPa		
20	0.042 256	411.645	1.73420	—	—	—	—	—	—
30	0.044 457	421.221	1.76632	0.036 094	419.093	1.74610	0.030 069	416.809	1.72770
40	0.046 557	430.720	1.79715	0.037 958	428.881	1.77786	0.031 781	426.933	1.76056
50	0.048 581	440.205	1.82696	0.039 735	438.589	1.80838	0.033 392	436.895	1.79187
60	0.050 547	449.718	1.85596	0.041 447	448.279	1.83791	0.034 929	446.782	1.82201
70	0.052 467	459.290	1.88426	0.043 108	457.994	1.86664	0.036 410	456.655	1.85121
80	0.054 351	468.942	1.91199	0.044 730	467.764	1.89471	0.037 848	466.554	1.87964
90	0.056 205	478.690	1.93921	0.046 319	477.611	1.92220	0.039 251	476.507	1.90743
100	0.058 035	488.546	1.96598	0.047 883	487.550	1.94920	0.040 627	486.535	1.93467
110	0.059 845	498.518	1.99235	0.049 426	497.594	1.97576	0.041 980	496.654	1.96143
120	0.061 639	508.613	2.01836	0.050 951	507.750	2.00193	0.043 314	506.875	1.98777
130	0.063 418	518.835	2.04403	0.052 461	518.026	2.02774	0.044 633	517.207	2.01372
140	0.065 184	529.187	2.06940	0.053 958	528.425	2.05322	0.045 938	527.656	2.03932

附表18　(續)

溫度 °C	v m³/kg	h kJ/kg	s kJ/kg K	v m³/kg	h kJ/kg	s kJ/kg K	v m³/kg	h kJ/kg	s kJ/kg K
	0.80 MPa			0.90 MPa			1.00 MPa		
40	0.027 113	424.860	1.74457	0.023 446	422.642	1.72943	0.020 473	420.249	1.71479
50	0.028 611	435.114	1.77680	0.024 868	433.235	1.76273	0.021 849	431.243	1.74936
60	0.030 024	445.223	1.80761	0.026 192	443.595	1.79431	0.023 110	441.890	1.78181
70	0.031 375	455.270	1.83732	0.027 447	453.835	1.82459	0.024 293	452.345	1.81273
80	0.032 678	465.308	1.86616	0.028 649	464.025	1.85387	0.025 417	462.703	1.84248
90	0.033 944	475.375	1.89427	0.029 810	474.216	1.88232	0.026 497	473.027	1.87131
100	0.035 180	485.499	1.92177	0.030 940	484.441	1.91010	0.027 543	483.361	1.89938
110	0.036 392	495.698	1.94874	0.032 043	494.726	1.93730	0.028 561	493.736	1.92682
120	0.037 584	505.988	1.97525	0.033 126	505.088	1.96399	0.029 556	504.175	1.95371
130	0.038 760	516.379	2.00135	0.034 190	515.542	1.99025	0.030 533	514.694	1.98013
140	0.039 921	526.880	2.02708	0.035 241	526.096	2.01611	0.031 495	525.305	2.00613
150	0.041 071	537.496	2.05247	0.036 278	536.760	2.04161	0.032 444	536.017	2.03175
	1.20 MPa			1.40 MPa			1.60 MPa		
50	0.017 243	426.845	1.72373	—	—	—	—	—	—
60	0.018 439	438.210	1.75837	0.015 032	434.079	1.73597	0.012 392	429.322	1.71349
70	0.019 530	449.179	1.79081	0.016 083	445.720	1.77040	0.013 449	441.888	1.75066
80	0.020 548	459.925	1.82168	0.017 040	456.944	1.80265	0.014 378	453.722	1.78466
90	0.021 512	470.551	1.85135	0.017 931	467.931	1.83333	0.015 225	465.145	1.81656
100	0.022 436	481.128	1.88009	0.018 775	478.790	1.86282	0.016 015	476.333	1.84695
110	0.023 329	491.702	1.90805	0.019 583	489.589	1.89139	0.016 763	487.390	1.87619
120	0.024 197	502.307	1.93537	0.020 362	500.379	1.91918	0.017 479	498.387	1.90452
130	0.025 044	512.965	1.96214	0.021 118	511.192	1.94634	0.018 169	509.371	1.93211
140	0.025 874	523.697	1.98844	0.021 856	522.054	1.97296	0.018 840	520.376	1.95908
150	0.026 691	534.514	2.01431	0.022 579	532.984	1.99910	0.019 493	531.427	1.98551
160	0.027 495	545.426	2.03980	0.023 289	543.994	2.02481	0.020 133	542.542	2.01147
170	0.028 239	556.443	2.06494	0.023 988	555.097	2.05015	0.020 761	553.735	2.03702

附表18 （續）

溫度 °C	v m³/kg	h kJ/kg	s kJ/kg K	v m³/kg	h kJ/kg	s kJ/kg K	v m³/kg	h kJ/kg	s kJ/kg K
		1.80 MPa			2.0 MPa			2.50 MPa	
70	0.011 341	437.562	1.73085	0.009 581	432.531	1.71011	—	—	—
80	0.012 273	450.202	1.76717	0.010 550	446.304	1.74968	0.007 221	433.797	1.70180
90	0.013 099	462.164	1.80057	0.011 374	458.951	1.78500	0.008 157	449.499	1.74567
100	0.013 854	473.741	1.83202	0.012 111	470.996	1.81772	0.008 907	463.279	1.78311
110	0.014 560	485.095	1.86205	0.012 789	482.693	1.84866	0.009 558	476.129	1.81709
120	0.015 230	496.325	1.89098	0.013 424	494.187	1.87827	0.010 148	488.457	1.84886
130	0.015 871	507.498	1.91905	0.014 028	505.569	1.90686	0.010 694	500.474	1.87904
140	0.016 490	518.659	1.94639	0.014 608	516.900	1.93463	0.011 208	512.307	1.90804
150	0.017 091	529.841	1.97314	0.015 168	528.224	1.96171	0.011 698	524.037	1.93609
160	0.017 677	541.068	1.99936	0.015 712	539.571	1.98821	0.012 169	535.722	1.96338
170	0.018 251	552.357	2.02513	0.016 242	550.963	2.01421	0.012 624	547.399	1.99004
180	0.018 814	563.724	2.05049	0.016 762	562.418	2.03977	0.013 066	559.098	2.01614
190	0.019 369	575.177	2.07549	0.017 272	573.950	2.06494	0.013 498	570.841	2.04177
		3.0 MPa			3.50 MPa			4.0 MPa	
90	0.005 755	436.193	1.69950	—	—	—	—	—	—
100	0.006 653	453.731	1.74717	0.004 839	440.433	1.70386	—	—	—
110	0.007 339	468.500	1.78623	0.005 667	459.211	1.75355	0.004 277	446.844	1.71480
120	0.007 924	482.043	1.82113	0.006 289	474.697	1.79346	0.005 005	465.987	1.76415
130	0.008 446	494.915	1.85347	0.006 813	488.771	1.82881	0.005 559	481.865	1.80404
140	0.008 926	507.388	1.88403	0.007 279	502.079	1.86142	0.006 027	496.295	1.83940
150	0.009 375	519.618	1.91328	0.007 706	514.928	1.89216	0.006 444	509.925	1.87200
160	0.009 801	531.704	1.94151	0.008 103	527.496	1.92151	0.006 825	523.072	1.90271
170	0.010 208	543.713	1.96892	0.008 480	539.890	1.94980	0.007 181	535.917	1.93203
180	0.010 601	555.690	1.99565	0.008 839	552.185	1.97724	0.007 517	548.573	1.96028
190	0.010 982	567.670	2.02180	0.009 185	564.430	2.00397	0.007 837	561.117	1.98766
200	0.011 353	579.678	2.04745	0.009 519	576.665	2.03010	0.008 145	573.601	2.01432

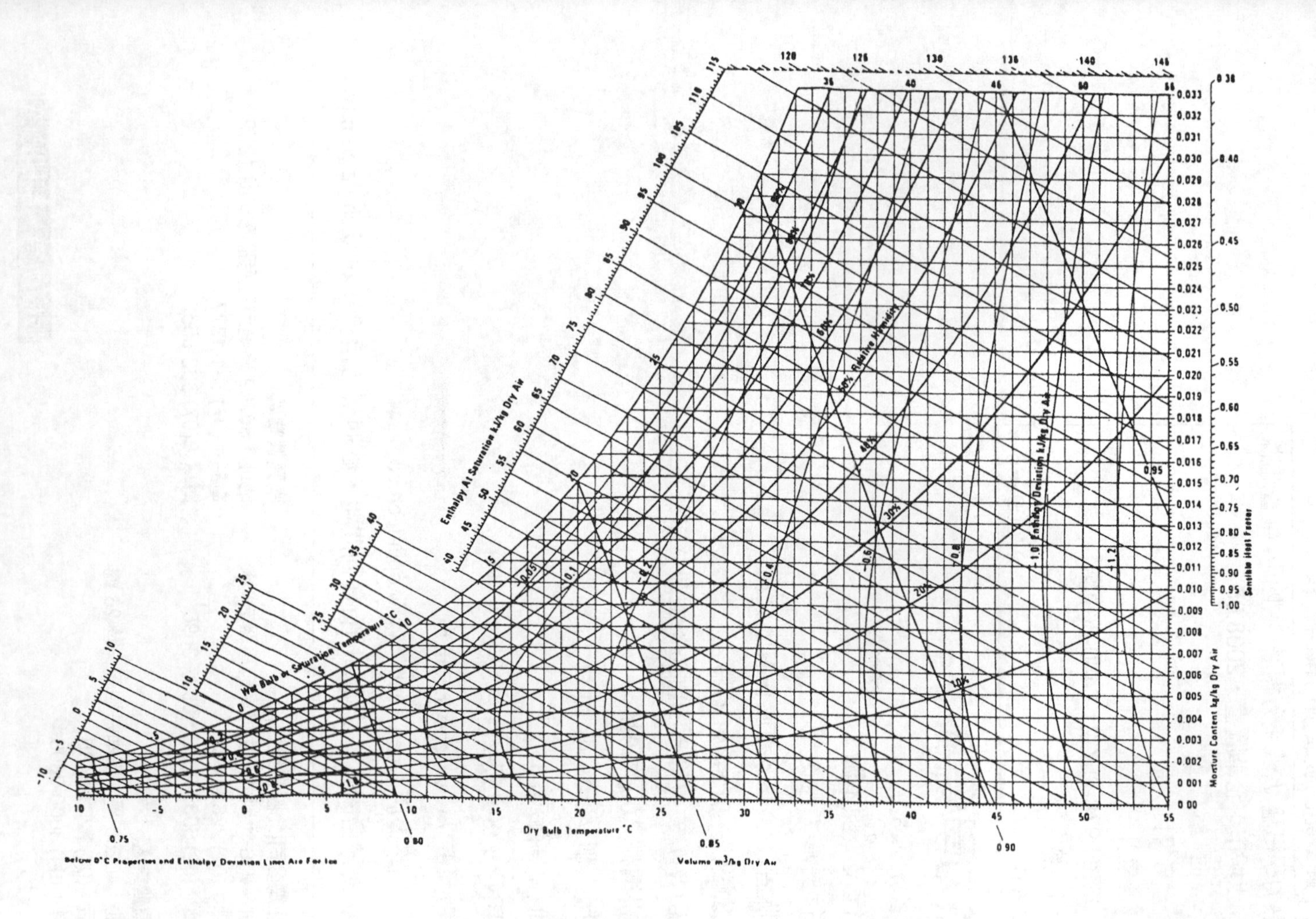
Enthalpy At Saturation kJ/kg Dry Air
Wet Bulb or Saturation Temperature °C
Relative Humidity
Enthalpy Deviation kJ/kg Dry Air
Moisture Content kg/kg Dry Air
Sensible Heat Factor
Dry Bulb Temperature °C
Volume m³/kg Dry Air
Below 0°C Properties and Enthalpy Deviation Lines Are For Ice

附圖1 濕度線圖

國家圖書館出版品預行編目資料

熱力學概論 / 陳呈芳編著. – 四版. – 臺北縣
土城市：全華圖書，2008.05
面 ； 公分
參考書目：面
含索引
ISBN 978-957-21-6480-8(平裝)
1. 熱力學
335.6 97009265

熱力學概論

作者 / 陳呈芳
發行人 / 陳本源
執行編輯 / 蔣德亮
出版者 / 全華圖書股份有限公司
郵政帳號 / 0100836-1 號
印刷者 / 宏懋打字印刷股份有限公司
圖書編號 / 0067203
四版六刷 / 2019 年 10 月
定價 / 新台幣 350 元
ISBN / 978-957-21-6480-8 (平裝)
全華圖書 / www.chwa.com.tw
全華網路書店 Open Tech / www.opentech.com.tw
若您對書籍內容、排版印刷有任何問題，歡迎來信指導 book@chwa.com.tw

臺北總公司(北區營業處)
地址：23671 新北市土城區忠義路 21 號
電話：(02) 2262-5666
傳真：(02) 6637-3695、6637-3696

南區營業處
地址：80769 高雄市三民區應安街 12 號
電話：(07) 381-1377
傳真：(07) 862-5562

中區營業處
地址：40256 臺中市南區樹義一巷 26 號
電話：(04) 2261-8485
傳真：(04) 3600-9806

讀者回函卡

掃 QRcode 線上填寫 ▶▶▶

姓名：________ 生日：西元____年____月____日 性別：□男 □女

電話：（ ）________ 手機：________

e-mail：（必填）________

註：數字零，請用 Φ 表示，數字 1 與英文 L 請另註明並書寫端正，謝謝。

通訊處：□□□□□

學歷：□高中・職 □專科 □大學 □碩士 □博士

職業：□工程師 □教師 □學生 □軍・公 □其他

學校／公司：________ 科系／部門：________

・需求書類：

□A. 電子 □B. 電機 □C. 資訊 □D. 機械 □E. 汽車 □F. 工管 □G. 土木 □H. 化工

□I. 設計 □J. 商管 □K. 日文 □L. 美容 □M. 休閒 □N. 餐飲 □O. 其他

・本次購買圖書為：________ 書號：________

・您對本書的評價：

封面設計：□非常滿意 □滿意 □尚可 □需改善，請說明________

內容表達：□非常滿意 □滿意 □尚可 □需改善，請說明________

版面編排：□非常滿意 □滿意 □尚可 □需改善，請說明________

印刷品質：□非常滿意 □滿意 □尚可 □需改善，請說明________

書籍定價：□非常滿意 □滿意 □尚可 □需改善，請說明________

整體評價：請說明________

・您在何處購買本書？

□書局 □網路書店 □書展 □團購 □其他________

・您購買本書的原因？（可複選）

□個人需要 □公司採購 □親友推薦 □老師指定用書 □其他________

・您希望全華以何種方式提供出版訊息及特惠活動？

□電子報 □DM □廣告（媒體名稱________）

・您是否上過全華網路書店？（www.opentech.com.tw）

□是 □否 您的建議________

・您希望全華出版哪方面書籍？________

・您希望全華加強哪些服務？________

感謝您提供寶貴意見，全華將秉持服務的熱忱，出版更多好書，以饗讀者。

填寫日期： / /

2020.09 修訂

親愛的讀者：

感謝您對全華圖書的支持與愛護，雖然我們很慎重的處理每一本書，但恐仍有疏漏之處，若您發現本書有任何錯誤，請填寫於勘誤表內寄回，我們將於再版時修正，您的批評與指教是我們進步的原動力，謝謝！

全華圖書 敬上

勘 誤 表

書號		書名	作者
頁數	行數	錯誤或不當之詞句	建議修改之詞句

我有話要說：（其它之批評與建議，如封面、編排、內容、印刷品質等・・・）